“十三五”江苏省高等学校重点教材（编号：2017-1-131）

全国普通高校电子信息与电气学科基础规划教材

信号与系统

（MATLAB实现）

张艳萍　常建华　主编
宦　海　陆振宇　张　闯　编著

清华大学出版社
北 京

内容简介

本书全面系统地介绍了信号与系统的基本理论和基本分析方法。全书共6章，内容包括绪论、连续时间系统的时域分析、傅里叶变换、拉普拉斯变换及 s 域分析、离散时间系统的时域分析、z 变换与离散时间系统的 z 域分析。本书不仅介绍相关理论，更注重突出每一个知识点的讲解，采用示意图、流程图等元素，优化教材内容的理论描述，提高学生的学习兴趣。每章都包含了应用示例及 MATLAB 实践，并精选了例题解析及习题，内容精练，重点突出。

本书可作为电子信息类本科生"信号与系统"课程的教材，也可以为相关专业人员提供帮助和参考。

图书在版编目(CIP)数据

信号与系统：MATLAB实现/张艳萍，常建华主编. —北京：清华大学出版社，2020.1(2023.7重印)
全国普通高校电子信息与电气学科基础规划教材
ISBN 978-7-302-52824-1

Ⅰ.①信… Ⅱ.①张… ②常… Ⅲ.①信号系统—高等学校—教材 Ⅳ.①TN911.6

中国版本图书馆 CIP 数据核字(2019)第082673号

责任编辑：梁　颖
封面设计：傅瑞学
责任校对：李建庄
责任印制：宋　林

出版发行：清华大学出版社
网　　址：http://www.tup.com.cn，http://www.wqbook.com
地　　址：北京清华大学学研大厦A座　　**邮　　编**：100084
社 总 机：010-83470000　　**邮　　购**：010-62786544
投稿与读者服务：010-62776969，c-service@tup.tsinghua.edu.cn
质量反馈：010-62772015，zhiliang@tup.tsinghua.edu.cn
课件下载：http://www.tup.com.cn，010-83470236
印 装 者：三河市铭诚印务有限公司
经　　销：全国新华书店
开　　本：185mm×260mm　　**印　　张**：17.25　　**字　　数**：421千字
版　　次：2020年1月第1版　　**印　　次**：2023年7月第5次印刷
定　　价：49.00元

产品编号：083451-01

前言

本书依据江苏省高等院校使用教材要求规范编写，理论知识与实践知识相结合，符合工学学科的教学特点，概念清楚、知识点清晰、可读性强、实例丰富且有针对性，非常适用于本科教学。

“信号与系统”是高等学校电类各专业一门非常重要的专业基础课程，不仅在教学体系中发挥着承上启下的作用，而且课程中涉及的概念、理论和方法在许多科学和技术领域都有着极其重要的应用。

多年的教学过程中发现多数信号与系统书籍的内容过于繁杂，即“大而全”，与高校实际教学课时及教学大纲要求有一定差距，不便于学生课前预习和课后复习，难以实现初学者对相关知识点的把握。同时，对很多相关理论缺乏更为清晰的物理概念，使得学生对一些重点概念的理解抽象化。本书作者根据多年对课程建设的探索和教学改革的实践经验，以及学生学习中存在的问题，凝练课程内容，梳理课程要点，使本书达到了内容与形式的完美结合。

在实际教学过程中，对课程内容的掌握，离不开大量的例题解析，以夯实基础，加深对概念和方法的理解。为此本书精选了数量较多的典型例题。原则上每个知识点都有对应的例题，每章都配有相应的综合例题。此外，本书部分章节还配有相关的计算例题，利用 MATLAB 语言对课程理论知识点及例题进行仿真(有关软件的使用有很多相关书籍可供参考，本书不做介绍)。读者通过 MATLAB 软件仿真，可以巩固基本概念，加深对知识点的理解。

通过对这些例题的分析和解读，不仅有助于学生掌握解题方法，更重要的是引导学生掌握分析问题的思路，熟悉基本方法的应用。大量的实例讲解更加有利于学生对概念和方法的进一步理解，一题多解的形式能够培养学生分析问题及解决问题的能力，达到学以致用的目的。

本书内容精练，知识点突出，通俗易懂，明确理论知识在工科领域信号处理方面的工具作用。形式上，强化理论知识的物理概念，注重联系学科前沿，培养学生以基础理论为依据、解决实际问题的能力。

根据编者的实际教学经验，本书主要内容的课堂授课需要约 60 学时，也可根据教学对象和教学目标进行适度删减。

本书由南京信息工程大学电子与信息工程学院有多年教学经验的老师共同编写完成，其中第 1 章和第 2 章由张闯编写，第 3 章由常建华编写，第 4 章由陆振宇编写，第 5 章和第 6 章由宦海编写，全书由常建华老师统稿，张艳萍老师完成全书的审核和校对工作。

在本书的修订过程中，张艳艳、孙心宇、张婷等老师参与各章节内容和习题的校对工作，在此表示衷心的感谢。

由于编者水平有限,书中错误和不妥之处在所难免,敬请广大读者和同行专家批评指正,非常感谢。

编　者
2019年6月

目录

第1章 绪论 …… 1
1.1 引言 …… 1
1.2 信号的数学描述与分类 …… 2
1.2.1 信号的数学描述 …… 2
1.2.2 信号的分类 …… 3
1.3 基本连续信号介绍 …… 7
1.3.1 典型的连续信号 …… 7
1.3.2 奇异信号 …… 11
1.4 信号的基本运算与分解 …… 16
1.4.1 信号的基本运算 …… 16
1.4.2 信号的分解 …… 20
1.5 系统的数学描述与分类 …… 25
1.5.1 系统的数学模型和描述方法 …… 25
1.5.2 系统的分类 …… 27
1.6 线性时不变系统介绍 …… 28
1.6.1 线性时不变系统的特性 …… 28
1.6.2 线性时不变系统的分析方法概述 …… 31
1.7 MATLAB操作界面及示例 …… 31
1.7.1 MATLAB操作界面介绍 …… 31
1.7.2 MATLAB操作典型示例 …… 33
习题 …… 36
习题答案 …… 39

第2章 连续时间系统的时域分析 …… 46
2.1 引言 …… 46
2.2 微分方程的建立 …… 46
2.3 微分方程的求解 …… 50
2.3.1 求齐次解 …… 50
2.3.2 求特解 …… 50
2.3.3 求待定系数 A …… 51
2.3.4 求 0_+ 时刻的初始值 …… 52
2.4 零输入响应 …… 54
2.5 零状态响应 …… 55

2.6 阶跃响应与冲激响应 …… 56
2.7 全响应 …… 59
2.7.1 全响应的求解 …… 59
2.7.2 全响应的分解 …… 60
2.8 卷积 …… 63
2.8.1 卷积的定义 …… 63
2.8.2 卷积的计算 …… 63
2.9 卷积的性质及其应用 …… 65
2.9.1 卷积代数 …… 65
2.9.2 卷积的微分与积分 …… 65
2.9.3 与冲激函数或阶跃函数的卷积 …… 66
2.9.4 卷积的应用举例 …… 66
2.10 连续时间系统时域分析的 MATLAB 实现 …… 69
习题 …… 74
习题答案 …… 77

第 3 章 傅里叶变换 …… 80
3.1 引言 …… 80
3.2 周期信号的频谱分析——傅里叶级数 …… 81
3.2.1 傅里叶级数的三角形式 …… 81
3.2.2 傅里叶级数的复指数形式 …… 82
3.2.3 具有对称性的周期信号的频谱 …… 84
3.3 非周期信号的频谱——傅里叶变换 …… 87
3.3.1 傅里叶变换的导出 …… 87
3.3.2 傅里叶变换存在的条件 …… 89
3.4 傅里叶变换的基本性质 …… 89
3.5 典型非周期信号的频谱 …… 104
3.5.1 单边指数信号 …… 104
3.5.2 双边指数信号 …… 104
3.5.3 矩形脉冲信号 …… 105
3.5.4 钟形脉冲信号 …… 106
3.5.5 符号函数 …… 107
3.5.6 升余弦脉冲信号 …… 108
3.6 周期信号的傅里叶变换 …… 109
3.6.1 正弦、余弦信号的傅里叶变换 …… 109
3.6.2 一般周期信号的傅里叶变换 …… 111
3.7 抽样定理 …… 113
3.7.1 时域抽样定理 …… 113

3.7.2 频域抽样定理 …… 115
3.8 无失真传输 …… 116
3.8.1 什么是无失真传输 …… 116
3.8.2 无失真传输系统的条件 …… 117
3.9 理想低通滤波器 …… 118
3.9.1 理想低通滤波器的频率特性和冲激响应 …… 118
3.9.2 理想低通滤波器的阶跃响应 …… 120
3.10 调制与解调 …… 121
3.11 傅里叶变换的 MATLAB 实现 …… 124
习题 …… 129
习题答案 …… 131

第 4 章 拉普拉斯变换及 s 域分析 …… 134
4.1 引言 …… 134
4.2 拉普拉斯变换及其收敛域 …… 135
4.2.1 从傅里叶变换到拉普拉斯变换 …… 135
4.2.2 从算子符号法的概念说明拉普拉斯变换的定义 …… 137
4.2.3 拉普拉斯变换的收敛 …… 138
4.2.4 一些常用函数的拉普拉斯变换 …… 139
4.3 拉普拉斯变换的基本性质 …… 142
4.4 拉普拉斯逆变换 …… 150
4.4.1 部分分式展开法 …… 150
4.4.2 留数法 …… 154
4.5 利用拉普拉斯变换法进行电路分析 …… 155
4.6 系统函数 …… 162
4.7 系统函数及其时域分析 …… 167
4.7.1 $H(s)$零、极点分布与 $h(t)$波形特征的对应 …… 168
4.7.2 $H(s)$、$E(s)$极点分布与自由响应、强迫响应特征的对应 …… 172
4.8 系统函数及其频域分析 …… 174
4.9 线性系统的稳定性 …… 182
4.10 由拉普拉斯变换引出傅里叶变换 …… 186
4.11 拉普拉斯变换的 MATLAB 实现 …… 189
习题 …… 196
习题答案 …… 197

第 5 章 离散时间系统的时域分析 …… 199
5.1 引言 …… 199
5.2 离散时间信号——序列 …… 200

5.2.1 离散信号的定义 …… 200
5.2.2 离散时间信号的运算 …… 201
5.2.3 常用典型序列 …… 202
5.3 离散时间系统的数学模型 …… 204
5.3.1 线性时不变系统 …… 204
5.3.2 离散时间系统的表示 …… 205
5.4 常系数线性差分方程的求解 …… 208
5.5 离散时间系统的单位样值响应(单位冲激响应) …… 214
5.6 卷积(卷积和) …… 216
5.7 离散时间系统时域分析的 MATLAB 实现 …… 219
习题 …… 224
习题答案 …… 226

第 6 章 z 变换与离散时间系统的 z 域分析 …… 228
6.1 引言 …… 228
6.2 z 变换定义、典型序列的 z 变换 …… 229
6.3 z 变换的收敛域 …… 233
6.4 z 变换的基本性质 …… 236
6.5 逆 z 变换 …… 244
6.6 利用 z 变换解差分方程 …… 248
6.7 z 变换与拉普拉斯变换的关系 …… 249
6.8 离散系统的系统函数 …… 252
6.9 离散时间系统的频率响应 …… 256
6.10 离散时间系统 z 域分析的 MATLAB 实现 …… 258
习题 …… 262
习题答案 …… 264

参考文献 …… 266

第1章　绪　　论

【本章导读】

本章讨论信号与系统的基本概念、典型信号的基本运算及系统的基本分析方法。信号采用函数及其波形进行描述，对基本连续信号的基本运算及分解方法给予了详细的说明。着重介绍了系统的分类、区别方法，并以系统框图及微分方程的方式描述线性时不变系统。

【学习要点】

(1) 了解信号与系统的基本概念与定义，会画信号的波形。

(2) 了解常用基本信号的时域描述方法、特点与性质，并会应用这些性质。

(3) 深刻理解信号的时域分解、变换与运算方法，并会求解。

(4) 深刻理解线性时不变系统的定义与性质，并会应用这些性质。

1.1　引　　言

信号是信息的载体，系统是改变信号的工具。以图1-1所示的简单电话系统为例，电话机将携带信息的声音信号经过系统传送到接收端的电话机。在整个通话过程中，包括了系统对音频信号的采集、调制、发送、接收、解调及输出的多种信息变化。

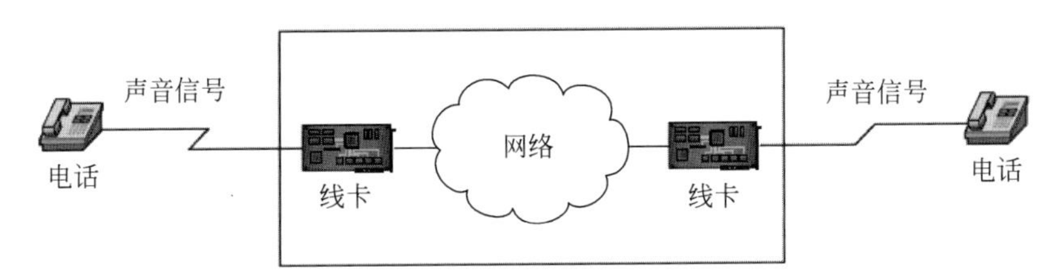

图1-1　简单电话系统

信息有其丰富的内涵。对于信息的定义，国内外不少于百余种，它们都从不同的侧面和不同的层次揭示了信息的本质。其中以香农信息论比较著名，它是香农在1948年的一篇论文《通信的数学理论》中提出的，即信息是事物运动状态或存在方式的不确定性的描述。消息是表达信息的工具，是载荷信息的客体。信息以消息的形式在通信系统中传输。信号是信息的具体表现形式，信息是信号所包含的内容。显然，在通信中传输的信号是不重要的，因为同一个信息可以由不同的信号来传输。总的来说，信息是抽象的，消息是具体的，信号是用来携带消息的，本书主要研究信号。

携带消息的信号有许多种，例如语音信号、图像信号、光信号等，这些信号都是由人类的听觉和视觉直接感知的信号。这些信号的传递通过现代的通信网络，全世界的通信网络非常庞大，整个网络涉及信号的采集、处理、发送、传输、接收、输出等多个部分。虽然通信网非常庞大，是生产生活所不可或缺的重要部分，但是归根结底它们都是和信号与系统密不可分的。

系统是由若干相互作用和相互依赖的事物组合而成的具有特定功能的整体。系统的概念很宽泛,在信息科学与技术领域中,常指通信系统、控制系统、计算机系统等,系统大到整个互联网,小到电容、电阻组成的电路。几乎所有电子信息类学科及相关工程类学科都需要用到信号与系统的概念和原理,如电子电气工程、通信工程、计算机工程、自动化工程等学科,信号与系统更是这些学科的基础课程。在本书中,系统、网络、电路等名词通用,并且通过分析电路的特性来描述系统的功能和作用。

对于系统的研究可以分成系统分析和系统综合。系统分析研究系统对于输入激励信号产生的输出响应,系统综合则研究如何设计系统对给定激励产生符合某种需要的输出。本书着重讨论系统分析,并以通信和控制系统为主要研究对象,注重基本概念和基本分析方法。

1.2 信号的数学描述与分类

信号是信息的载体(蕴含信息的具体内容),信息通过信号表现和传递。信号广泛地出现在各个领域中,以各种各样的表现形式携带着特定的消息。为了有效地传播和利用信息,常常需要将信息转换成便于传输和处理的信号形式。电信号易产生,便于控制,容易处理,电信号与非电信号之间可以相互转换,本书中的信号就是指“电信号”。

1.2.1 信号的数学描述

1. 信号的描述

信号常表现为随若干变量而变化的某种物理量。描述信号的常用方法有两种:表示为一个或多个变量的函数;表示为波形,也就是信号的图形。

电信号一般可以描述为以时间或频率为自变量的数学表达式。如

$$f(t)=\begin{cases}1, & -\frac{\tau}{2}<t+mT<\frac{\tau}{2}\\0, & \text{其余}\end{cases}$$

上式中以时间 t 为自变量,表示了时间域的矩形周期信号,其波形如图 1-2 所示。

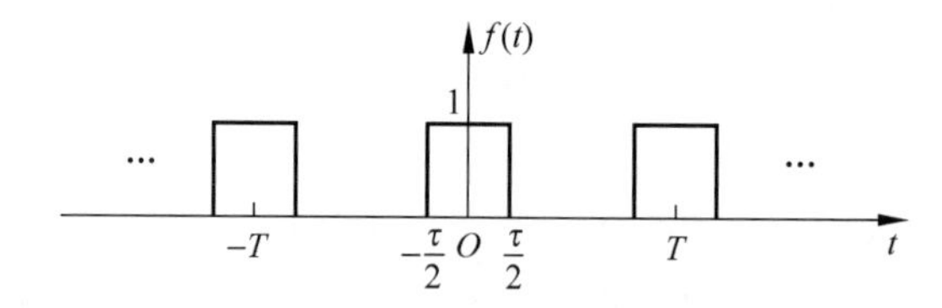

图 1-2 周期矩形脉冲

而数学表达式 $F(\mathrm{j}\omega)=\int_{-\frac{\tau}{2}}^{\frac{\tau}{2}}\mathrm{e}^{-\mathrm{j}\omega t}\mathrm{d}t=\tau\mathrm{Sa}\left(\frac{\omega\tau}{2}\right)$,以频率 ω 为自变量,表示时间域的门函数的频谱,其波形如图 1-3 所示。

2. 信号的特性

信号表现出时间特性,如出现时间的先后、持续时间的长短、重复周期的大小及随时间变化的快慢等。

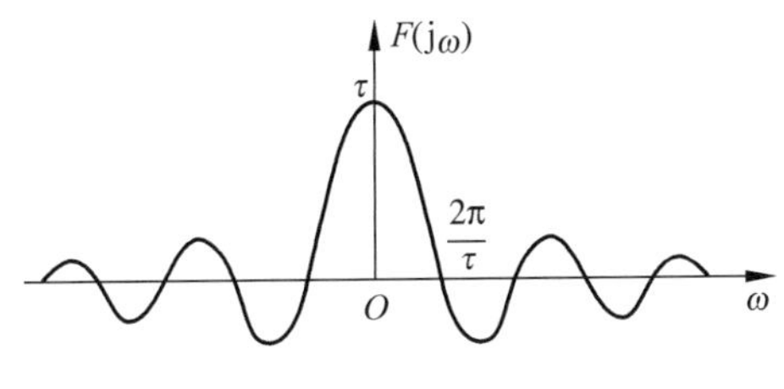

图 1-3 门函数的频谱图

信号表现出频率特性，即任意信号在一定条件下总可以分解为许多不同频率的正弦分量。信号的频谱分析就是研究信号的频率特性。

3. 几种具体信号

(1) 无时限信号：在时间区间($-\infty$，$+\infty$)内均有 $f(t)\neq 0$ 的信号。

(2) 时限信号：在时间区间(t_1，t_2)内 $f(t)\neq 0$，而在此区间外 $f(t)=0$ 的信号。

(3) 因果信号：当 $t<0$ 时 $f(t)=0$，当 $t>0$ 时 $f(t)\neq 0$ 的信号。

(4) 有始信号：当 $t<t_1$ 时 $f(t)=0$，当 $t>t_1$ 时 $f(t)\neq 0$ 的信号，起始时刻为 t_1。因果信号为有始信号的特例。

(5) 有终信号：当 $t>t_2$ 时 $f(t)=0$，当 $t<t_2$ 时 $f(t)\neq 0$ 的信号，终止时刻为 t_2。

1.2.2 信号的分类

信号的形式多种多样，不同的信号适合作为不同系统的输入，并在系统的输出端得到有意义的输出信息。信号的分类通常从不同的角度进行：若把信号作为时间的函数进行分类，可以分为确定信号与随机信号、连续时间信号与离散时间信号、周期信号与非周期信号；信号从能量的角度分为能量信号和功率信号，能量信号可以用能量式或功率式表示；当信号的函数具有多个变量时，又可以根据变量的个数将信号分为一维信号和多维信号等。

1. 确定信号与随机信号

确定信号也称为规则信号，指的是对于指定的某一时刻，有一个确定的函数值与该时刻对应，如图 1-4(a)所示。但是通信系统中传输的信号应该不是一个确定的信号，如果信号都是确定的，那么对于通信系统的接收端来说将会由于得不到任何新的信息而失去其存在的意义。对于随机信号，不能给出确切的时间函数，只能了解信号的统计特性，即取某个值的概率，如图 1-4(b)所示。确定信号与随机信号之间有着密切的联系，例如乐音就是周期变化的波形，而乐曲就具有随机性；再如，天气情况是随机的，但是在不同的时间又有它遵循的规律。

2. 连续信号与离散信号

根据时间函数取值是否连续可将信号分为连续时间信号与离散时间信号。连续时间信号是指在所讨论的时间区间内，除若干不连续点之外，对于任意时间值都可给出确定的函数值，例如正弦波、指数信号等。连续信号的幅值可以不连续，当时间和幅值都连续时就形成了模拟信号。而离散信号在时间上是离散的，只在某些不连续的规定瞬时给出函数值，在其他时间没有定义，如天气走势信号，只在整点提供气温信息。如果离散时间信号的幅值是连续的，则又可称为抽样信号，如图 1-5 所示。当时间与幅度值都是离散值时，则形成数字信

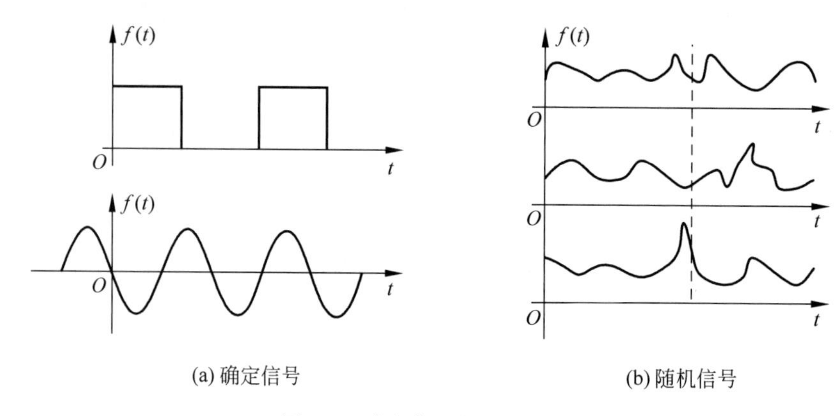

图 1-4　确定信号与随机信号

号，如图 1-6 所示。

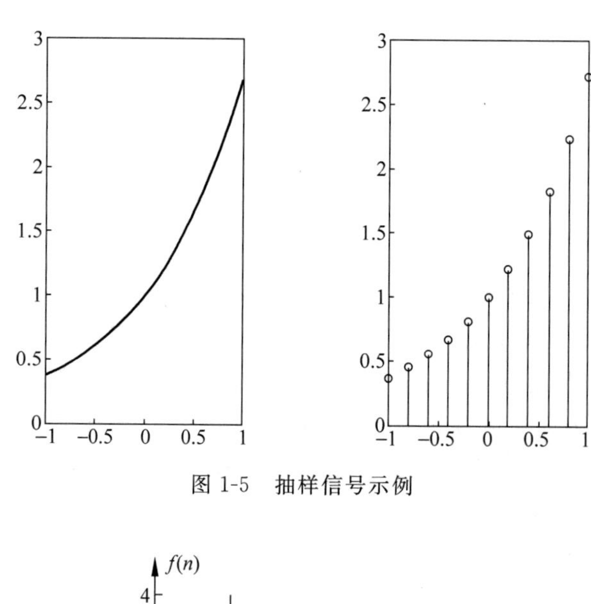

图 1-5　抽样信号示例

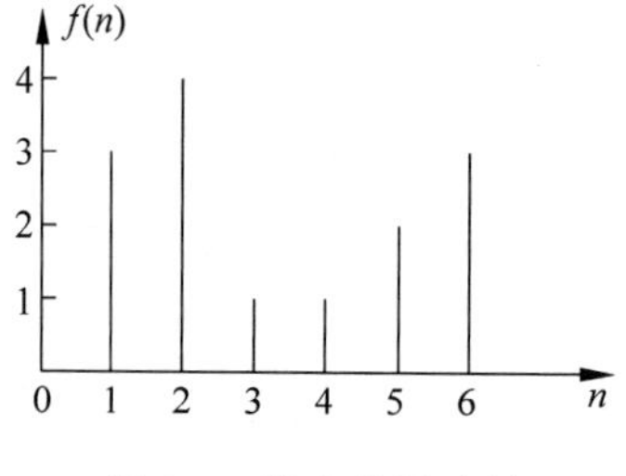

图 1-6　数字信号示例

3. 周期信号与非周期信号

周期信号描述为 $f(t)=f(t+mT)$，其中 m 为整数，周期信号就是以一定时间间隔周而复始的信号。而非周期信号则不具有这种周而复始的特性，如图 1-7 所示，其中图 1-7(a)为连续周期信号，图 1-7(b)为离散周期信号。需要注意的是，当周期信号的周期趋近于无穷大时，周期信号就变成了非周期信号，这是本书后续章节中分析问题的一个重要的方法。

连续周期信号 $f(t)$满足：

$$f(t)=f(t+mT),\quad m=0,\pm1,\pm2,\cdots \tag{1-1}$$

满足上式的最小 T 值称为 $f(t)$的周期。

离散周期信号 $f(n)$满足：

$$f(n)=f(n+mN),\quad m=0,\pm1,\pm2,\cdots \tag{1-2}$$

满足上式的最小 N 值称为 $f(n)$的周期。

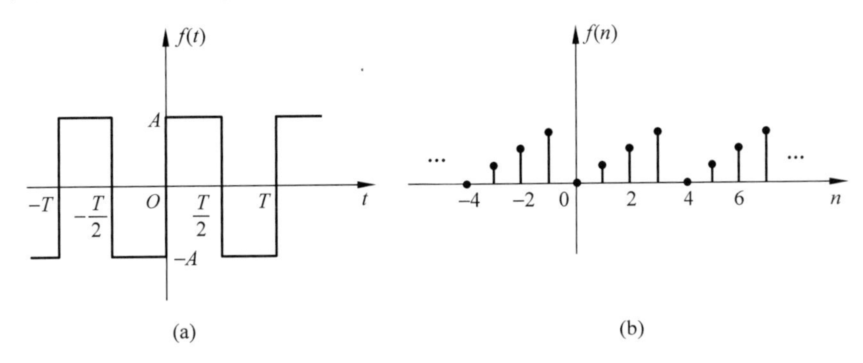

图 1-7　周期信号

【例 1-1】 判断下列信号是否为周期信号，若是周期信号请确定其周期。

(1) $f_1(t)=\sin 2t+\cos 3t$；

(2) $f_2(t)=\cos 2t+\sin \pi t$。

分析：若两个周期信号的周期之比为有理数，则其和信号仍为周期信号，周期为二者的最小公倍数。

解：

(1) $\sin 2t$ 为周期函数，其周期为 π，

$\cos 3t$ 为周期函数，其周期为$\frac{2}{3}\pi$，

两个周期的比值为$\frac{3}{2}$，为有理数，所以 $f_1(t)$的周期为 2π。

(2) $\cos 2t$ 为周期函数，其周期为 π，

$\sin \pi t$ 为周期函数，其周期为 2，

两个周期的比值为$\frac{\pi}{2}$，为无理数，所以 $f_2(t)$不是周期函数。

【例 1-2】 判断下列正弦序列是否周期序列，若是周期序列请确定其周期。

(1) $f_1(k)=\sin(3\pi k/4)+\cos(0.5\pi k)$；

(2) $f_2(k)=\sin 2k$。

分析：正弦序列

$$f(k)=\sin(\beta k)=\sin(\beta k+m2\pi)=\sin\left[\beta\left(k+m\frac{2\pi}{\beta}\right)\right]=\sin[\beta(k+mN)]$$

当正弦序列具有周期性时要求 N 或 mN 为整数，且此整数为序列的周期。

那么 $N=\frac{2\pi}{\beta}$为整数时，序列为周期序列，且周期为 N；

$N=\frac{2\pi}{\beta}$为有理数时,序列为周期序列,且周期为MN,M为使得MN为整数的最小整数;

$N=\frac{2\pi}{\beta}$为无理数时,序列为非周期序列。

解:

(1) $\sin(3\pi k/4)$,其$N=\frac{2\pi}{\beta}=\frac{2\pi}{3\pi/4}=\frac{8}{3}$,为有理数,所以序列为周期序列,且周期为8;

$\cos(0.5\pi k)$,其$N=\frac{2\pi}{\beta}=\frac{2\pi}{0.5\pi}=4$,为整数,所以序列为周期序列,且周期为4;

所以,$f_1(k)$为周期序列,其周期为8。

(2) $\sin(2k)$,其$N=\frac{2\pi}{\beta}=\frac{2\pi}{2}=\pi$,为无理数,所以序列为非周期序列。

4. 能量信号与功率信号

信号可看作是随时间变化的电压或电流,信号$f(t)$在单位电阻上的瞬时功率为$|f(t)|^2$,在时间区间内所消耗的总能量和平均功率分别定义为

总能量
$$E=\lim_{T\to+\infty}\int_{-T}^{T}|f(t)|^2\mathrm{d}t \tag{1-3}$$

平均功率
$$P=\lim_{T\to+\infty}\frac{1}{2T}\int_{-T}^{T}|f(t)|^2\mathrm{d}t \tag{1-4}$$

能量信号定义为信号总能量为有限值而信号平均功率为零的信号。功率信号定义为平均功率为有限值而信号总能量为无限大的信号。

信号$f(t)$可以既非功率信号,又非能量信号,如单位斜坡信号。但一个信号不可能既是功率信号,又是能量信号。

周期信号都是功率信号;非周期信号或者是能量信号[$t\to+\infty, f(t)=0$],或者是功率信号[$t\to+\infty, f(t)\neq 0$]。

【例 1-3】 判断信号$f_1(t)=\mathrm{e}^{-2|t|}$,$f_2(t)=5\cos(10\pi t)(t>0)$是否为能量信号或功率信号。

分析:根据定义判断。

解:

(1) $E_1=\lim_{T\to+\infty}\int_{-T}^{T}(\mathrm{e}^{-2|t|})^2\mathrm{d}t=\int_{-\infty}^{0}\mathrm{e}^{4t}\mathrm{d}t+\int_{0}^{+\infty}\mathrm{e}^{-4t}\mathrm{d}t=2\int_{0}^{+\infty}\mathrm{e}^{-4t}\mathrm{d}t=\frac{1}{2}\mathrm{J}$

$P_1=0$

所以$f_1(t)=\mathrm{e}^{-2|t|}$为能量信号,且满足[$t\to+\infty, f(t)=0$]。

(2) $E_2=\lim_{T\to+\infty}\int_{0}^{T/2}25\cos^2(10\pi t)\mathrm{d}t=\lim_{T\to+\infty}\int_{0}^{T/2}\frac{25}{2}[1+\cos(20\pi t)]\mathrm{d}t=\lim_{T\to+\infty}\frac{25}{2}\cdot\frac{T}{2}=+\infty$

$$P_2=\lim_{T\to+\infty}\frac{1}{T}\int_{0}^{T/2}25\cos^2(10\pi t)\mathrm{d}t=\lim_{T\to+\infty}\frac{1}{T}\int_{0}^{T/2}\frac{25}{2}[1+\cos(20\pi t)]\mathrm{d}t$$
$$=\lim_{T\to+\infty}\frac{1}{T}\cdot\frac{25}{2}\cdot\frac{T}{2}=6.25\mathrm{W}$$

所以$f_2(t)=5\cos(10\pi t)(t>0)$为功率信号,且满足[$t\to+\infty, f(t)\neq 0$]。

5. **一维信号与多维信号**

从数学表达上来看,信号可以表示为一个或多个变量的函数。当函数具有一个自变量时,则称其为一维信号,当具有 n 个变量时,则称为 n 维信号。例如,描述语音信号的函数是声压与时间的函数,时间作为自变量,所以语音信号为一维信号;而描述图像的信号是平面信号,其函数值是平面二个坐标的函数,所以图像信号为二维信号。

1.3 基本连续信号介绍

本书主要研究以时间为自变量的一维确定信号,以及确定的离散信号。例如,图 1-8 所示为连续时间信号,其表达式为

$$f(t) = at + b \tag{1-5}$$

图 1-9 所示为离散时间信号,其表达式可以写为

$$x(n) = \begin{cases} 1.5, & n = 1 \\ \vdots & \\ 2, & n = 8 \end{cases} \tag{1-6}$$

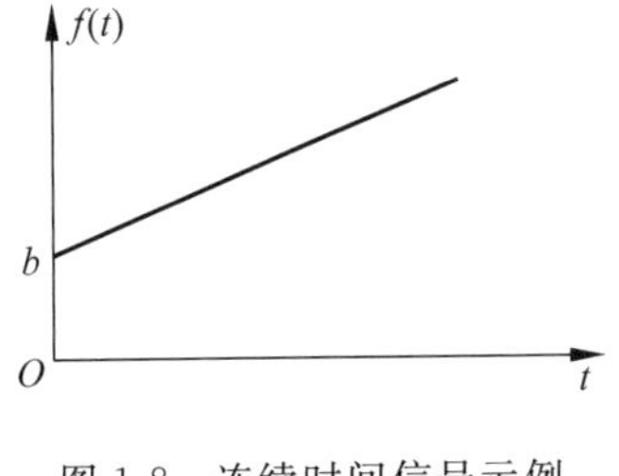

图 1-8 连续时间信号示例

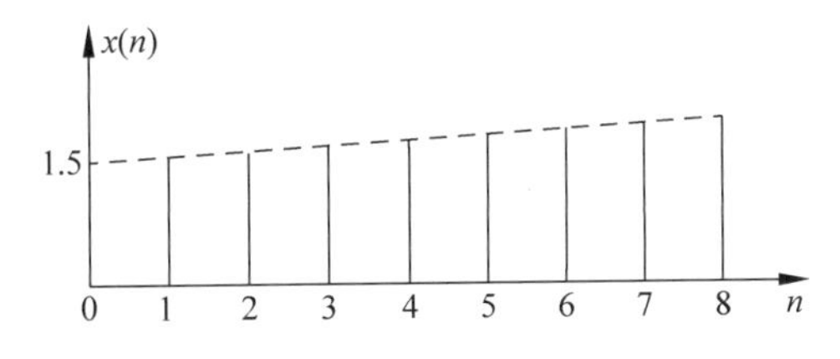

图 1-9 离散时间信号示例

本书研究的基本连续信号包括指数信号、正弦信号、复指数信号、Sa(t)信号、钟形信号、斜变信号、阶跃信号、冲激信号及冲激偶信号。其中,阶跃信号、冲激信号及冲激偶信号被称为奇异信号。

1.3.1 典型的连续信号

本节介绍的基本连续信号包括指数信号、正弦信号、复指数信号、Sa(t)信号、钟形信号、斜变信号。

1. **指数信号**

指数信号的波形如图 1-10 所示,其表示式为

$$f(t) = K\mathrm{e}^{\alpha t} \tag{1-7}$$

式中 α 是实数。若 $\alpha>0$,信号将随时间增长,若 $\alpha<0$,信号则随时间衰减,在 $\alpha=0$ 的特殊情况下,信号不随时间变化,成为直流信号。常数 K 表示指数信号在 $t=0$ 时刻的初始值。

指数 α 的绝对值大小反映了信号增长或衰减的速率,α 越大,增长或衰减的速率越快。通常,把$|\alpha|$的倒数称为指数时间信号的时间常数,记作 τ,即 τ 越大,指数信号增长或衰减的速率越慢。

实际工程中遇到的指数信号大多是衰减指数信号,如图 1-11 所示,其表达式为

$$f(t)=\begin{cases}0, & t<0\\ e^{-\frac{t}{\tau}}, & t\geqslant 0\end{cases} \tag{1-8}$$

在 $t=0$ 点，$f(0)=1$，在 $t=\tau$ 处，$f(\tau)=\frac{1}{e}=0.368$。说明经过时间 τ 以后，信号衰减到原初始值的 36.8%。

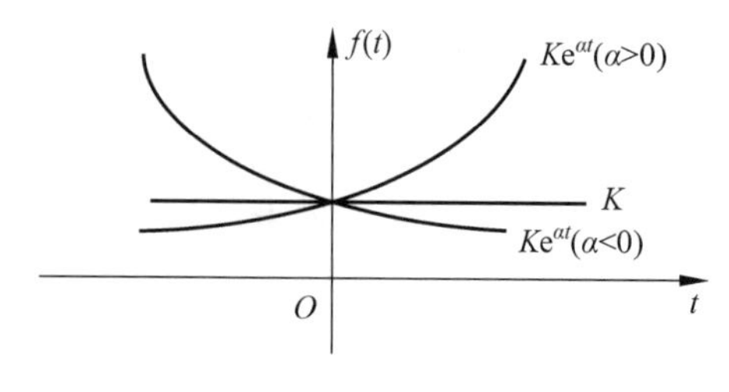

图 1-10　指数信号波形

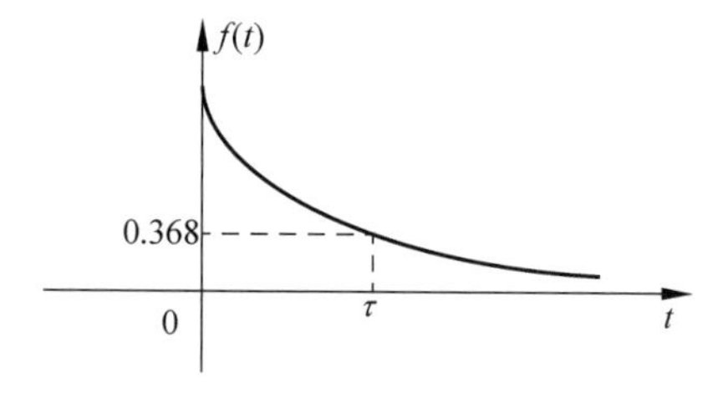

图 1-11　衰减的指数信号

2. 正弦信号

正弦信号与余弦信号二者仅在相位上相差 $\frac{\pi}{2}$，本书中统称为正弦信号，其波形如图 1-12 所示，其表达式为

$$f(t)=K\sin(\omega t+\theta) \tag{1-9}$$

式中 K 为振幅，ω 是角频率，θ 称为初相位。

正弦信号为周期信号，其周期 T 与角频率 ω 和频率 f 满足下列关系式

$$T=\frac{2\pi}{\omega}=\frac{1}{f} \tag{1-10}$$

在信号与系统分析中，有时会遇到衰减的正弦信号，其波形如图 1-13 所示，此正弦振荡的幅度按指数规律衰减，其表达式为

$$f(t)=\begin{cases}0, & t<0\\ Ke^{-\alpha t}\sin(\omega t), & t\geqslant 0\end{cases} \tag{1-11}$$

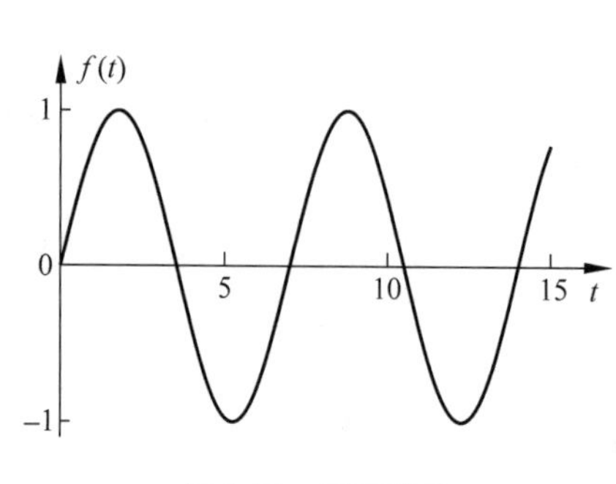

图 1-12　正弦信号

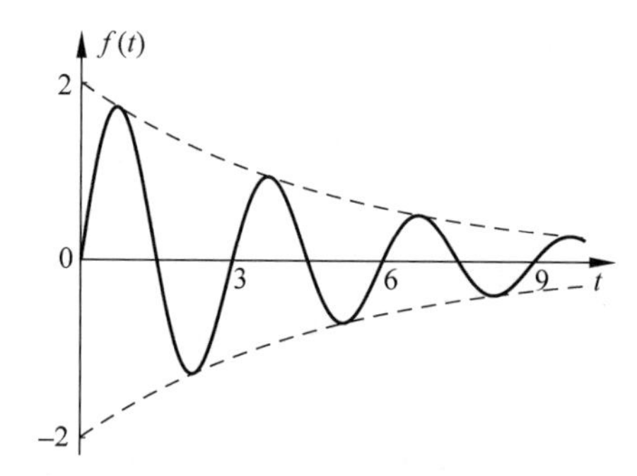

图 1-13　衰减的正弦信号

3. 复指数信号

如果指数信号的指数因子为复数，则称之为复指数信号，其表达式为

$$f(t)=Ke^{st} \tag{1-12}$$

其中

$$s = \sigma + \mathrm{j}\omega \tag{1-13}$$

其中 σ 为复数 s 的实部，ω 为 s 的虚部。由欧拉公式

$$\mathrm{e}^{\mathrm{j}\omega t} = \cos(\omega t) + \mathrm{j}\sin(\omega t) \tag{1-14}$$

$$\mathrm{e}^{-\mathrm{j}\omega t} = \cos(\omega t) - \mathrm{j}\sin(\omega t) \tag{1-15}$$

可得三角函数的复指数信号表示为

$$\sin(\omega t) = \frac{1}{2\mathrm{j}}(\mathrm{e}^{\mathrm{j}\omega t} - \mathrm{e}^{-\mathrm{j}\omega t}) \tag{1-16}$$

$$\cos(\omega t) = \frac{1}{2}(\mathrm{e}^{\mathrm{j}\omega t} + \mathrm{e}^{-\mathrm{j}\omega t}) \tag{1-17}$$

同时复指数信号可以展开成复数形式，即

$$K\mathrm{e}^{st} = K\mathrm{e}^{(\sigma+\mathrm{j}\omega)t} = K\mathrm{e}^{\sigma t}\cos(\omega t) + \mathrm{j}K\mathrm{e}^{\sigma t}\sin(\omega t) \tag{1-18}$$

此结果表明，一个复指数信号可分解为实、虚两部分。其中，实部包含余弦信号，虚部则为正弦信号。

指数因子实部 σ 表征了正弦与余弦函数振幅随时间变化的情况，即

若 $\sigma>0$，则正弦和余弦信号都是增幅振荡；

若 $\sigma<0$，则正弦及余弦信号是衰减振荡。

指数因子的虚部 ω 则表示正弦与余弦信号的角频率。

对于复指数信号，

当 $\sigma=0$，即 s 为虚数，则正弦、余弦信号是等幅振荡；

而当 $\omega=0$，即 s 为实数，则复指数信号成为一般的指数信号；

若 $\sigma=0$ 且 $\omega=0$，即 s 等于零，则复指数信号的实部和虚部都与时间无关，成为直流信号。

虽然实际上不能产生复指数信号，但利用复指数信号可使许多运算和分析得以简化。例如，利用复指数信号来描述各种基本信号，如直流信号、指数信号、正弦或余弦信号以及衰减的正弦与余弦信号。在信号分析理论中，复指数信号是一种非常重要的基本信号。

4. Sa(t)信号

Sa(t)函数即 Sa(t)信号，是指由 $\sin t$ 与 t 之比构成的函数，其波形如图 1-14 所示，其表达式为

$$\mathrm{Sa}(t) = \frac{\sin t}{t} \tag{1-19}$$

Sa(t)函数也称为抽样函数，它是一个偶函数。在 t 的正负两方向振幅都逐渐衰减，且当 $t=\pm\pi,\pm 2\pi,\cdots,\pm n\pi$ 时，函数值等于零。

抽样函数满足表达式：

$$\int_0^{+\infty} \mathrm{Sa}(t)\mathrm{d}t = \frac{\pi}{2} \tag{1-20}$$

$$\int_{-\infty}^{+\infty} \mathrm{Sa}(t)\mathrm{d}t = \pi \tag{1-21}$$

5. 钟形信号

钟形信号的波形如图 1-15 所示，其表达式为

$$f(t) = E\mathrm{e}^{-\left(\frac{t}{\tau}\right)^2} \tag{1-22}$$

当 $t=\frac{\tau}{2}$时，

$$f\left(\frac{\tau}{2}\right)=E\mathrm{e}^{-\frac{1}{4}}\approx 0.78E \tag{1-23}$$

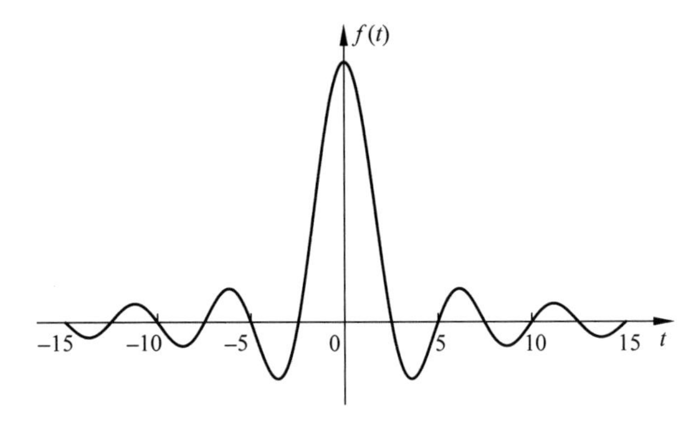

图 1-14　抽样函数波形

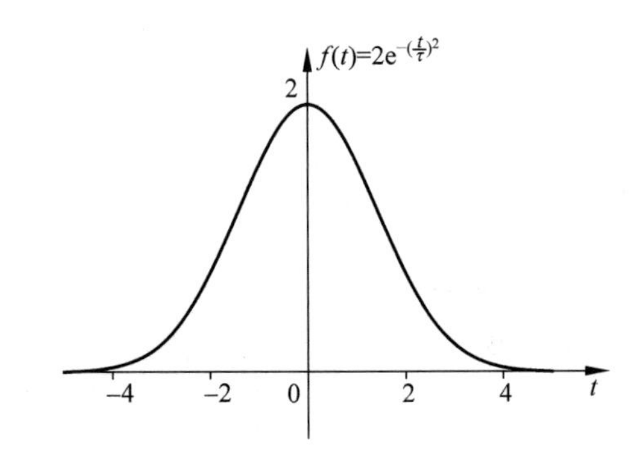

图 1-15　钟形函数

6. 斜变信号

斜变信号也称为斜坡信号或斜升信号。是指从某一时刻开始随时间正比例增长的信号。如果增长的变化率是 1 就称为单位斜变信号,其波形如图 1-16 所示,表达式为

$$f(t)=\begin{cases}0, & t<0\\ t, & t\geqslant 0\end{cases} \tag{1-24}$$

如果将波形起始点移到 t_0,则其波形如图 1-17 所示,表达式为:

$$f(t-t_0)=\begin{cases}0, & t<t_0\\ t-t_0, & t\geqslant t_0\end{cases} \tag{1-25}$$

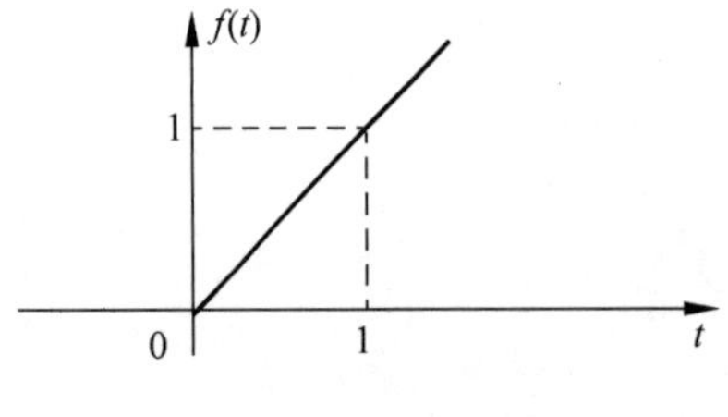

图 1-16　单位斜变信号

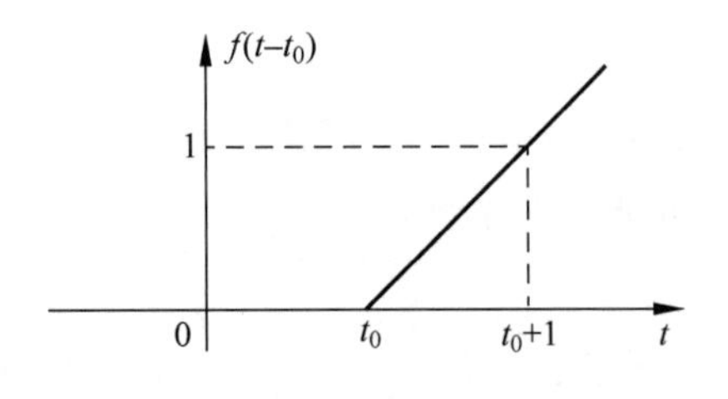

图 1-17　延迟的斜变信号

波形如图 1-18 所示，在时间 τ 以后斜变信号被切平，这种信号称为“截平”的斜变信号，其表达式为

$$f_1(t)=\begin{cases}\dfrac{K}{\tau}f(t), & t<\tau\\ K, & t\geqslant\tau\end{cases} \tag{1-26}$$

图 1-19 所示的三角脉冲信号可以由斜变信号表示，表达式如下：

$$f_2(t)=\begin{cases}\dfrac{K}{\tau}f(t), & t\leqslant\tau\\ 0, & t>\tau\end{cases} \tag{1-27}$$

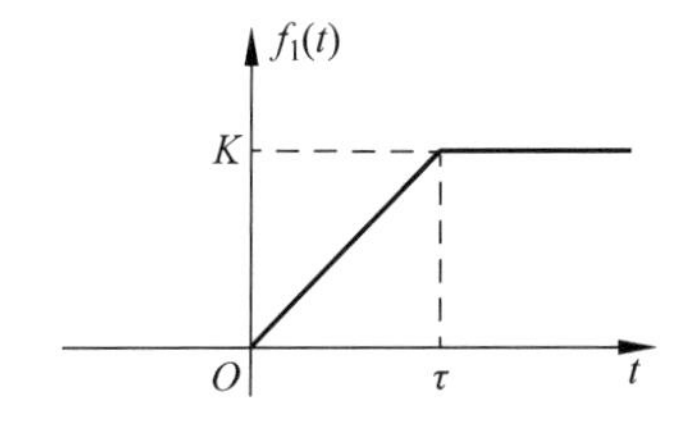

图 1-18 “截平”的斜变信号

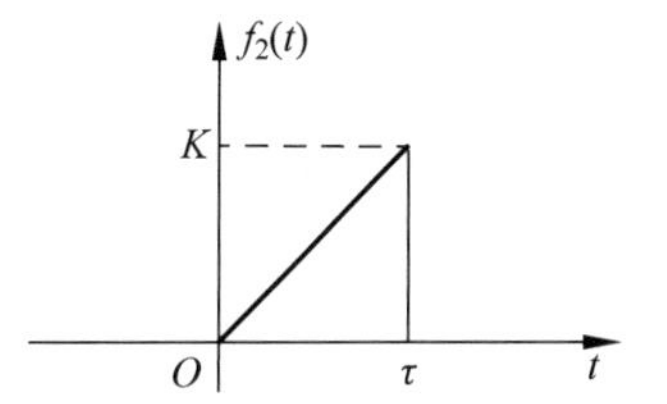

图 1-19 三角形脉冲信号

1.3.2 奇异信号

本节介绍奇异信号，包括阶跃信号、冲激信号及冲激偶信号。

1. 阶跃信号

在某一时刻发生有限值跳变的信号称为阶跃信号，其波形如图 1-20 所示，表达式为

$$f(t)=\begin{cases}K_1, & t<t_0\\ K_2, & t>t_0\end{cases} \tag{1-28}$$

本书中，在跳变点 t_0 处，阶跃函数值不定义。

当跳变发生在 0 时刻，且从 0 跳变到 1 时，称为单位阶跃函数，其波形如图 1-21 所示，其表达式为

$$u(t)=\begin{cases}0, & t<0\\ 1, & t>0\end{cases} \tag{1-29}$$

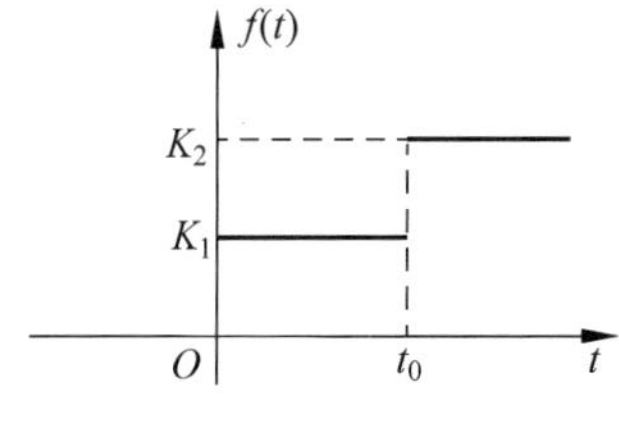

图 1-20 阶跃信号

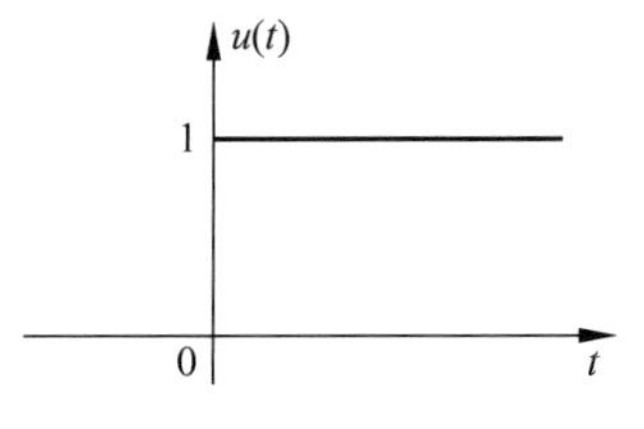

图 1-21 单位阶跃信号

考虑图 1-22 所示电路，电源在 $t=0$ 时刻接入电路，则该物理现象的数学模型可以由单位阶跃函数表示。若电源在 $t=t_0$ 时刻接入，则其数学模型表示为延时的单位阶跃函数，其波形如图 1-23 所示，表达式为

$$u(t-t_0)=\begin{cases}0, & t<t_0\\ 1, & t>t_0\end{cases} \tag{1-30}$$

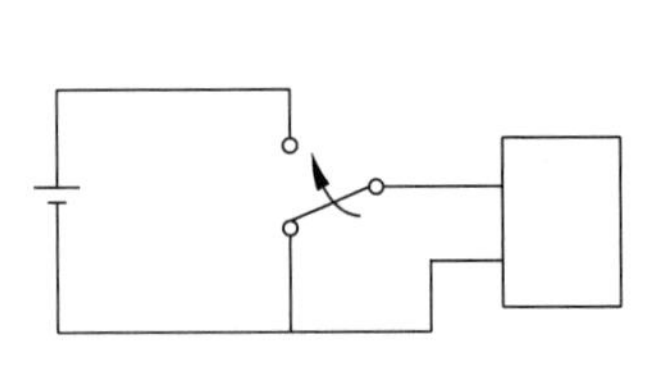

图 1-22　电路模型

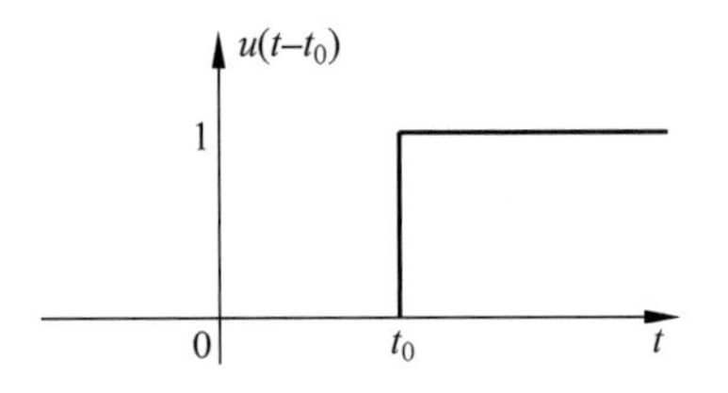

图 1-23　延时的单位阶跃信号

利用阶跃信号也可以描述其他信号。图 1-24 中强度为 E,宽度为 T 的矩形脉冲信号可以描述为

$$R_T(t)=E[u(t)-u(t-T)] \tag{1-31}$$

门函数则可以描述为

$$G_T(t)=E\left[u\left(t+\frac{T}{2}\right)-u\left(t-\frac{T}{2}\right)\right] \tag{1-32}$$

单位阶跃信号还可以描述信号的接入特性,如信号 $f(t)=\sin(t)u(t)$表示正弦信号是在 0 时刻开始的,其波形如图 1-25 所示。

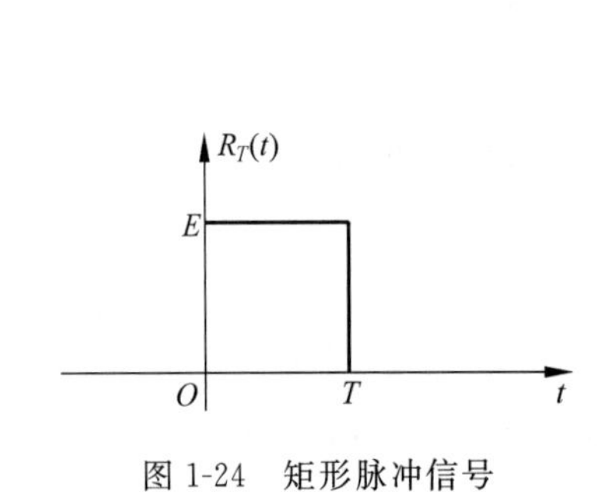

图 1-24　矩形脉冲信号

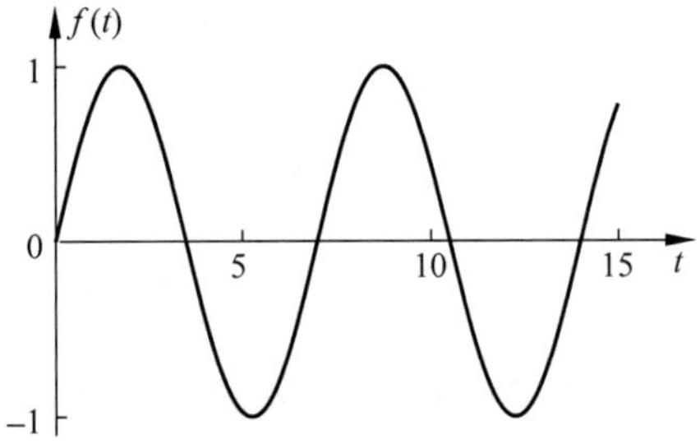

图 1-25　0 时刻接入的正弦信号

同样,图 1-26 所示的符号函数

$$\text{sgn}(t)=\begin{cases}-1, & t<0\\ 1, & t>0\end{cases} \tag{1-33}$$

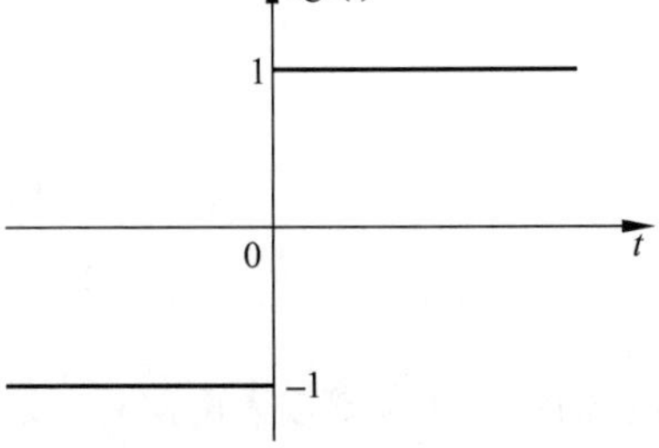

图 1-26　符号函数

用单位阶跃函数表示为

$$\operatorname{sgn}(t) = 2u(t) - 1 \tag{1-34}$$

2. 冲激信号

为描述发生时间极短但强度很大的信号，采用的数学模型称为冲激函数。如图 1-27 所示的矩形脉冲信号，当其宽度与高度的乘积为 1，即 $\tau \cdot \frac{1}{\tau}=1$，如果保持该乘积不变，将 $\tau \to 0$，则 $\frac{1}{\tau} \to +\infty$，此时的信号称为单位冲激信号，其波形如图 1-28 所示，记作 $\delta(t)$，也称为 δ 函数。冲激函数为偶函数，即 $\delta(t)=\delta(-t)$。

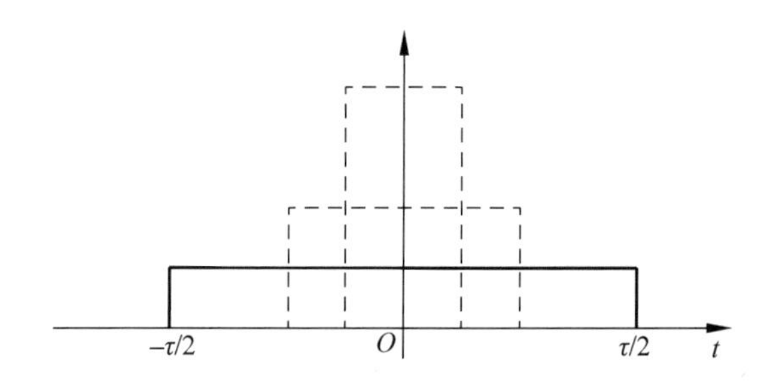

图 1-27 矩形脉冲→冲激函数

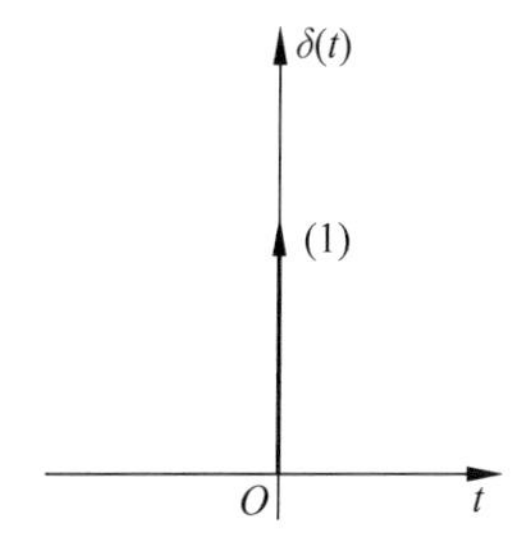

图 1-28 单位冲激函数

当矩形脉冲的面积固定为 E 时，演变成的冲激函数是一个强度为 E 的冲激函数，表示为 $E\delta(t)$，其标注方法如图 1-29 所示。

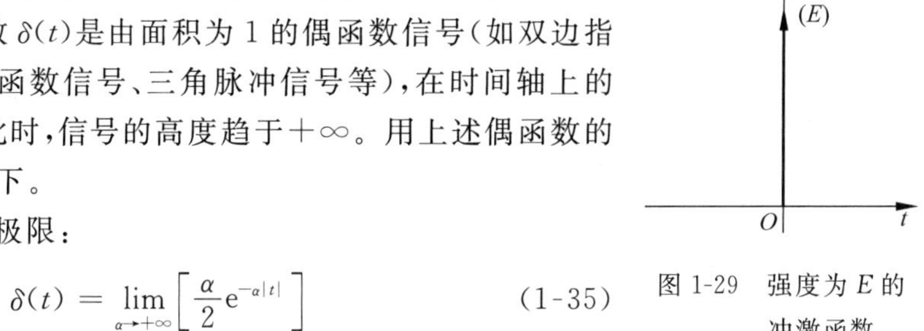

图 1-29 强度为 E 的冲激函数

实际上，冲激函数 $\delta(t)$ 是由面积为 1 的偶函数信号（如双边指数信号、抽样信号、门函数信号、三角脉冲信号等），在时间轴上的宽度趋于 0 时形成，此时，信号的高度趋于 $+\infty$。用上述偶函数的极限可以表示 $\delta(t)$ 如下。

双边指数信号的极限：

$$\delta(t) = \lim_{\alpha \to +\infty}\left[\frac{\alpha}{2}\mathrm{e}^{-\alpha|t|}\right] \tag{1-35}$$

抽样信号的极限：

$$\delta(t) = \lim_{\alpha \to +\infty}\left[\frac{\alpha}{\pi}\mathrm{Sa}(\alpha t)\right] \tag{1-36}$$

门函数信号的极限：

$$\delta(t) = \lim_{\tau \to +\infty}\left\{\frac{1}{\tau}\left[u\left(t+\frac{\tau}{2}\right)-u\left(t-\frac{\tau}{2}\right)\right]\right\} \tag{1-37}$$

三角脉冲信号的极限：

$$\delta(t) = \lim_{\tau \to +\infty}\left\{\frac{1}{\tau}\left(1-\frac{|t|}{\tau}\right)\left[u(t+\tau)-u(t-\tau)\right]\right\} \tag{1-38}$$

冲激函数的狄拉克定义为

$$\begin{cases}\int_{-\infty}^{+\infty}\delta(t)\,\mathrm{d}t = 1 \\ \delta(t) = 0, \quad t \neq 0\end{cases} \tag{1-39}$$

在 $t=t_0$ 时刻出现的冲激函数的波形如图 1-30 所示，其表达式为

$$\begin{cases}\int_{-\infty}^{+\infty}\delta(t-t_0)\mathrm{d}t=1\\ \delta(t-t_0)=0,\quad t\neq t_0\end{cases}\tag{1-40}$$

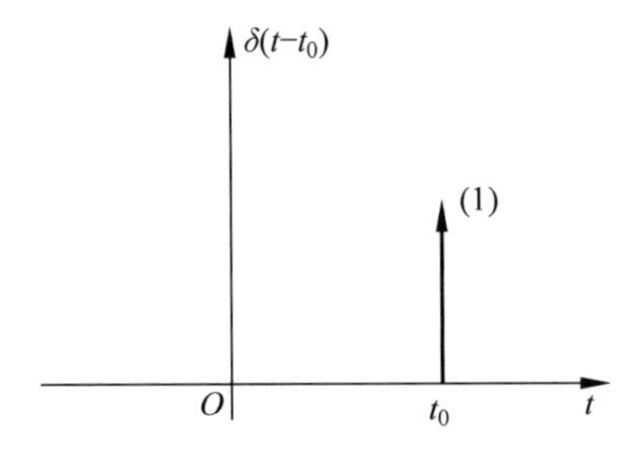

图 1-30 延时的冲激信号

同时，冲激信号与其他函数相乘时，还具有下列典型结果

$$\int_{-\infty}^{+\infty}f(t)\delta(t)\mathrm{d}t=\int_{-\infty}^{+\infty}f(0)\delta(t)\mathrm{d}t=f(0)\int_{-\infty}^{+\infty}\delta(t)\mathrm{d}t=f(0)\tag{1-41}$$

$$\int_{-\infty}^{+\infty}f(t)\delta(t-t_0)\mathrm{d}t=\int_{-\infty}^{+\infty}f(t_0)\delta(t-t_0)\mathrm{d}t=f(t_0)\int_{-\infty}^{+\infty}\delta(t-t_0)\mathrm{d}t=f(t_0)\tag{1-42}$$

可以将冲激信号 $\delta(t)$ 的性质总结如下。

(1) 冲激信号的延迟性质如图 1-31 所示。

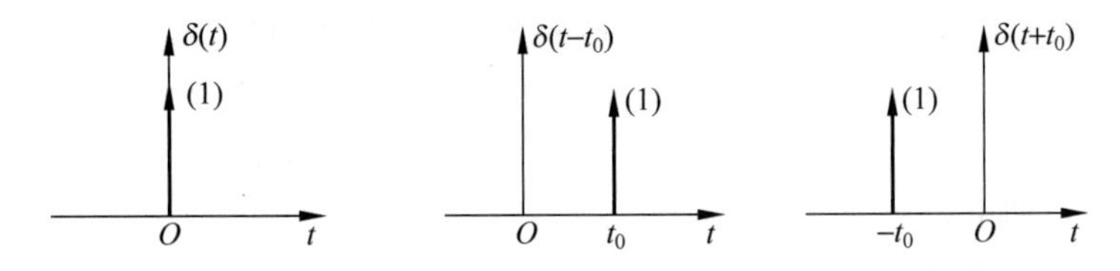

图 1-31 冲激信号的延迟性质

(2) 冲激信号的加权特性如下所示：

$$f(t)\delta(t)=f(0)\delta(t);\quad f(t)\delta(t-t_0)=f(t_0)\delta(t-t_0)\tag{1-43}$$

(3) 冲激信号的抽样特性如下所示：

$$\int_{-\infty}^{+\infty}f(t)\delta(t)\mathrm{d}t=f(0)\tag{1-44}$$

$$\int_{-\infty}^{+\infty}f(t)\delta(t-t_0)\mathrm{d}t=f(t_0)\tag{1-45}$$

(4) 冲激函数为偶函数如下所示：

$$\delta(-t)=\delta(t)\tag{1-46}$$

(5) 冲激信号的尺度变换特性如下所示：

$$\delta(at)=\frac{1}{|a|}\delta(t)\tag{1-47}$$

$$\delta(at-t_0)=\frac{1}{|a|}\delta\left(t-\frac{t_0}{a}\right)\tag{1-48}$$

$$\int_{-\infty}^{+\infty} f(t)\delta(at)\mathrm{d}t = \frac{1}{|a|}f(0) \tag{1-49}$$

$$\int_{-\infty}^{+\infty} f(t)\delta(at-t_0)\mathrm{d}t = \frac{1}{|a|}f\left(\frac{t_0}{a}\right) \tag{1-50}$$

(6) 冲激信号的微分特性。$\delta'(t)=\dfrac{\mathrm{d}\delta(t)}{\mathrm{d}t}$为冲激偶信号,其波形如图 1-32 所示。

3. 冲激偶信号

冲激偶信号的形成如图 1-33 所示。

冲激偶信号具有如下性质。

(1) 冲激偶信号的抽样特性如下所示:

$$\int_{-\infty}^{+\infty} f(t)\delta'(t)\mathrm{d}t = -f'(0) \tag{1-51}$$

$$\int_{-\infty}^{+\infty} f(t)\delta'(t-t_0)\mathrm{d}t = -f'(t_0) \tag{1-52}$$

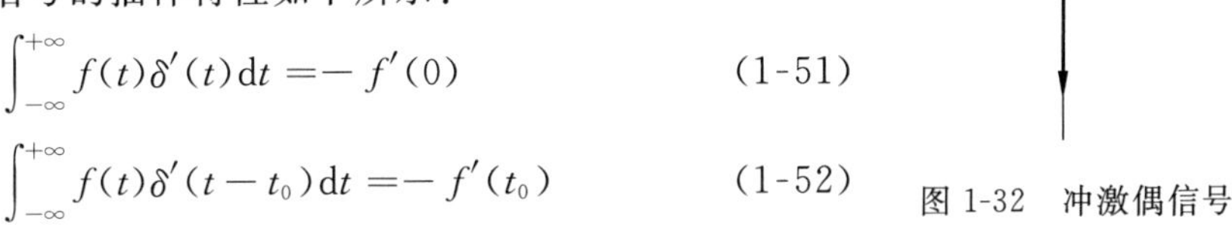

图 1-32 冲激偶信号

(2) 冲激偶信号的加权特性如下所示:

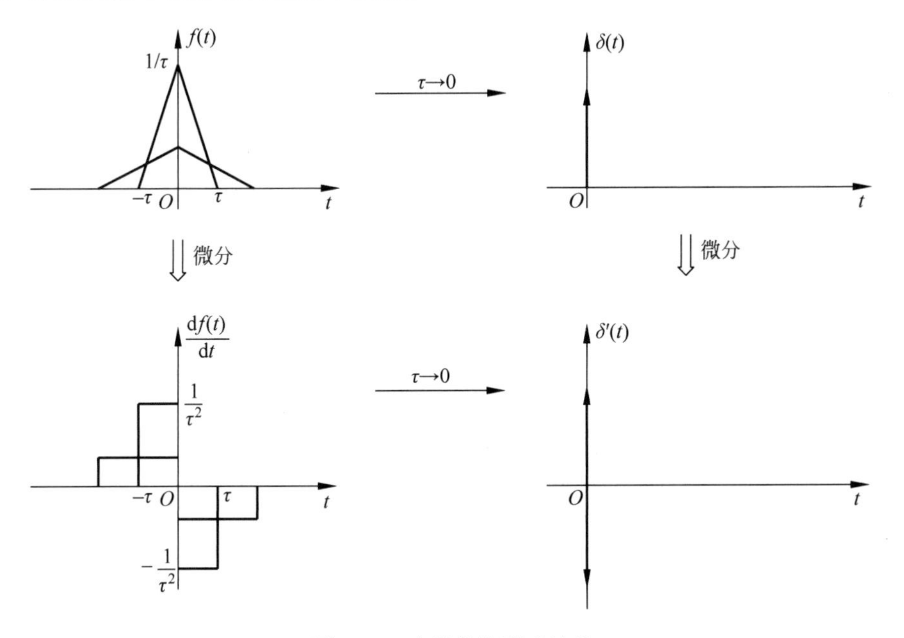

图 1-33 冲激偶的形成过程

$$f(t)\delta'(t) = f(0)\delta'(t) - f'(0)\delta(t) \tag{1-53}$$

$$f(t)\delta'(t-t_0) = f(t_0)\delta'(t-t_0) - f'(t_0)\delta(t-t_0) \tag{1-54}$$

(3) 冲激偶信号为奇函数如下所示:

$$\delta'(t) = -\delta'(-t) \tag{1-55}$$

【例 1-4】 写出下列函数式的值。

解:

(1) $\int_{-\infty}^{+\infty} f(t)\delta(t)\mathrm{d}t = f(0)$

(2) $\int_{-\infty}^{+\infty} f(t)\delta(t-t_0)\mathrm{d}t = f(t_0)$

(3) $\int_{-\infty}^{+\infty} f(t-t_0)\delta(t)\mathrm{d}t = \int_{-\infty}^{+\infty} f(-t_0)\delta(t)\mathrm{d}t = f(-t_0)$

(4) $\int_{-\infty}^{+\infty} f(t-t_0)\delta(t-t_0)\mathrm{d}t = f(0)$

(5) $\delta'(t)=-\delta'(-t)$

(6) $\delta'(t-t_0)=-\delta'(t_0-t)$

(7) $\int_{-\infty}^{+\infty} \delta'(t)\mathrm{d}t = 0$

(8) $\int_{-\infty}^{t} \delta'(\tau)\mathrm{d}\tau = \delta(t)$

【例 1-5】 绘出下列信号的波形。

(1) $tu(2t-1)$；(2) $\sin\pi(t-1)[u(2-t)-u(-t)]$

解：

(1) $tu(2t-1)$的波形如图 1-34(a)所示。

(2) $\sin\pi(t-1)[u(2-t)-u(-t)]$的波形如图 1-34(b)所示。

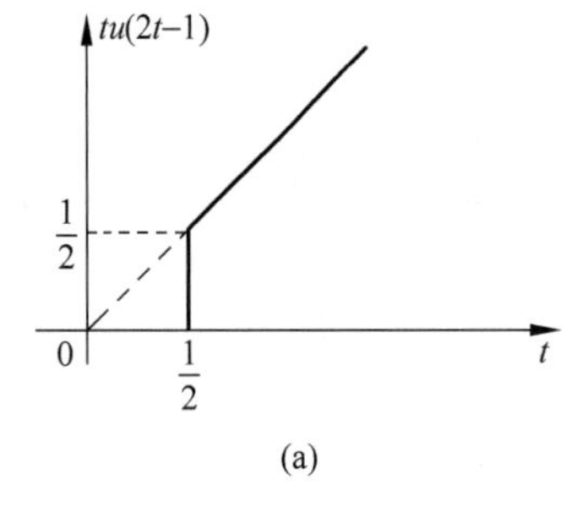

(a)

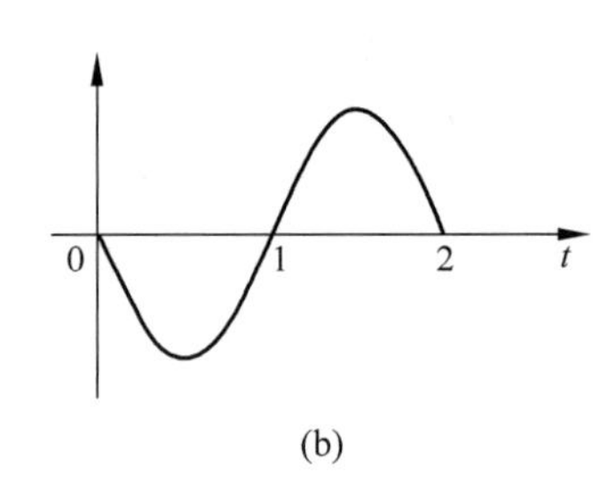

(b)

图 1-34　例 1-5 波形图

1.4　信号的基本运算与分解

1.4.1　信号的基本运算

在信号的传输与处理过程中往往需要进行信号的运算，包括信号的平移、反褶、尺度变换、微分、积分以及两信号的相加或相乘。通过对本节内容的学习，熟练掌握信号的基本运算，并在后续章节的学习中能够巧妙利用信号的运算分析解决问题。

1. 信号的平移

图 1-35 中所示信号 $f(t)$延时 t_0 后得到 $f(t-t_0)$，信号超前 t_0 时，得到 $f(t+t_0)$的信号波形。可以看出，相比 $f(t)$，信号 $f(t-t_0)$整体在时间轴上右移 t_0，而信号 $f(t+t_0)$在时间轴上整体左移 t_0。

2. 信号的反褶

信号的反褶即将 $f(t)$的自变量 t 更换为 $-t$，此时 $f(-t)$的波形如图 1-36 所示，相当于 $f(t)$的波形以 $t=0$ 为轴反褶过来。

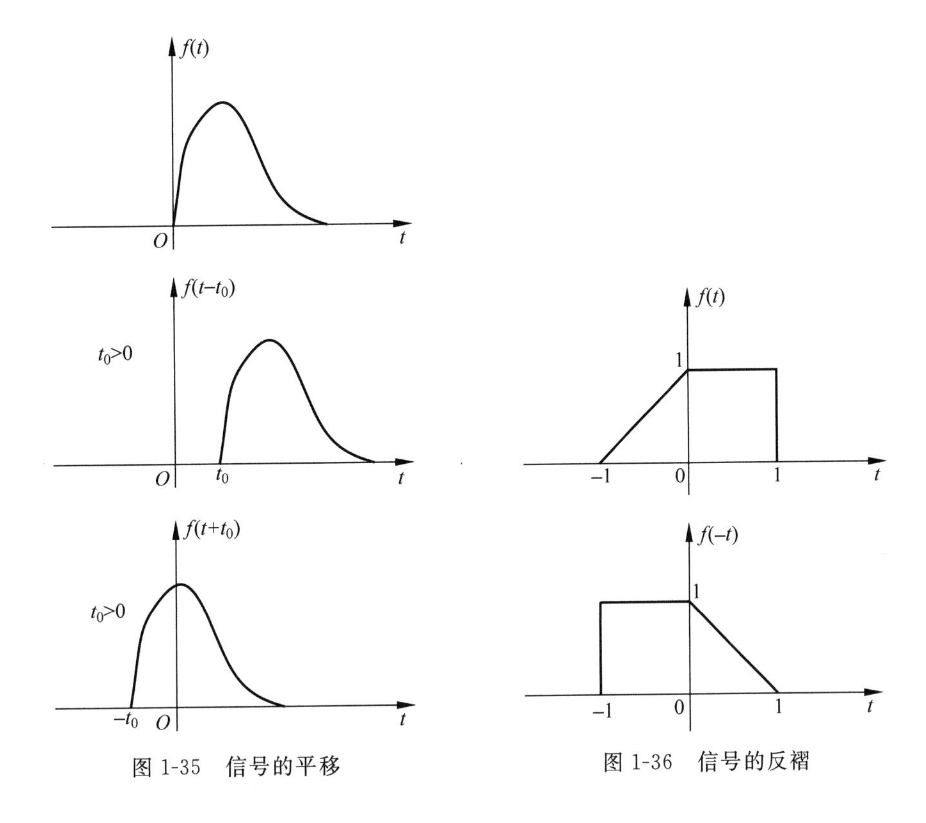

图 1-35 信号的平移

图 1-36 信号的反褶

3. 信号的尺度变换

如图 1-37 所示，如果将信号 $f(t)$ 的自变量 t 乘以正实系数 a，则信号波形 $f(at)$ 将是 $f(t)$ 波形的压缩或扩展，当 $a>1$ 时，波形压缩，当 $a<1$ 时，波形扩展，这种运算称为时间轴的尺度变换。

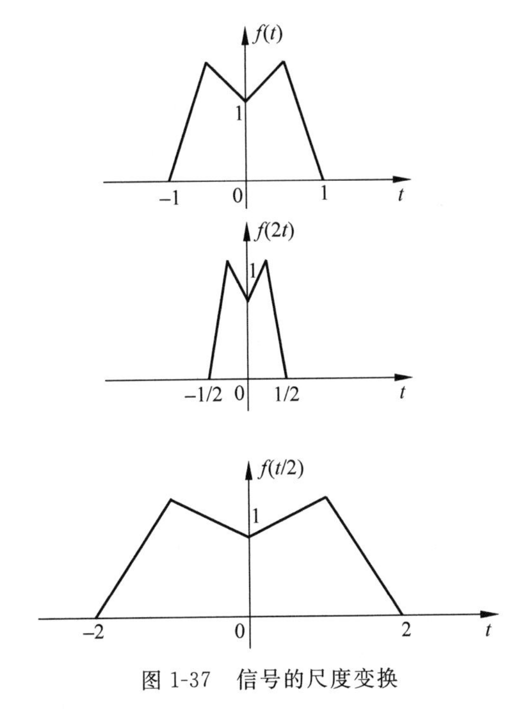

图 1-37 信号的尺度变换

特别地，冲激函数的尺度变换表示为

$$\delta(at)=\frac{1}{|a|}\delta(t) \tag{1-56}$$

【例 1-6】 根据图 1-38(a)所示信号 $f(t)$，画出 $f(t-2)$、$f(3t+5)$的波形。

解：$f(t-2)$、$f(3t+5)$的波形分别如图 1-38(b)和图 1-38(c)所示。

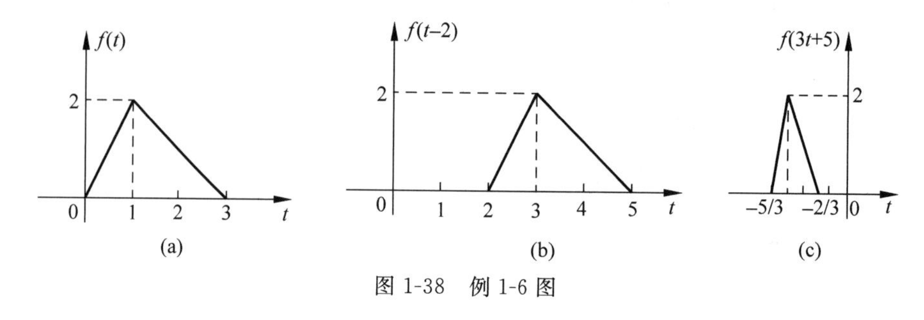

图 1-38 例 1-6 图

4. 信号的微分运算

信号 $f(t)$的微分运算表示为

$$f'(t)=\frac{\mathrm{d}}{\mathrm{d}t}f(t) \tag{1-57}$$

图 1-39 即为信号及其微分后的波形图。

同时，单位斜变信号的微分得到单位阶跃信号，单位阶跃信号微分得到单位冲激信号，单位冲激信号微分得到冲激偶信号 $\delta'(t)$，其变化过程如图 1-40 所示。同时，冲激偶信号满足下列等式：

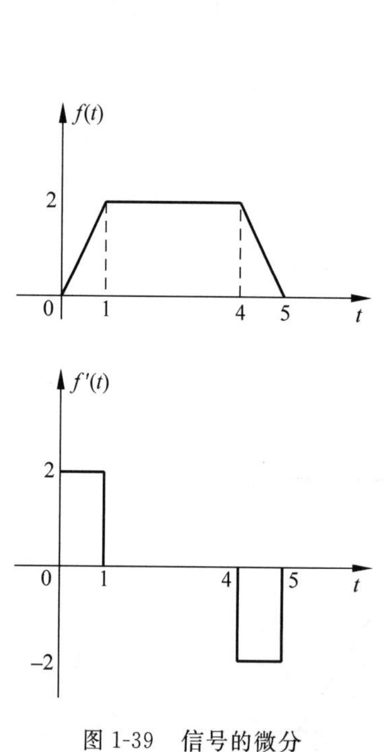

图 1-39 信号的微分

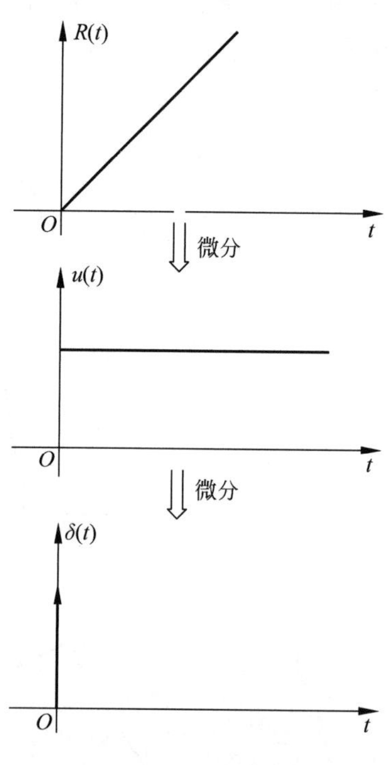

图 1-40 信号的微分

$$\delta'(-t) = -\delta'(t) \tag{1-58}$$

$$\delta'(at) = \frac{1}{|a|} \cdot \frac{1}{a}\delta'(t) \tag{1-59}$$

$$\int_{-\infty}^{+\infty} \delta'(t)\mathrm{d}t = 0 \tag{1-60}$$

$$\int_{-\infty}^{+\infty} \delta'(t)f(t)\mathrm{d}t = f(t)\delta(t)\Big|_{-\infty}^{+\infty} - \int_{-\infty}^{+\infty} \delta(t)f'(t)\mathrm{d}t = -f'(0) \tag{1-61}$$

且

$$\int_{-\infty}^{+\infty} \delta'(t-t_0)f(t)\mathrm{d}t = -f'(t_0) \tag{1-62}$$

5. 信号的积分运算

图 1-41 所示的信号的积分运算表示为定积分

$$\int_{-\infty}^{t} f(\tau)\mathrm{d}\tau \tag{1-63}$$

特别地，单位冲激信号的积分等于单位阶跃信号。

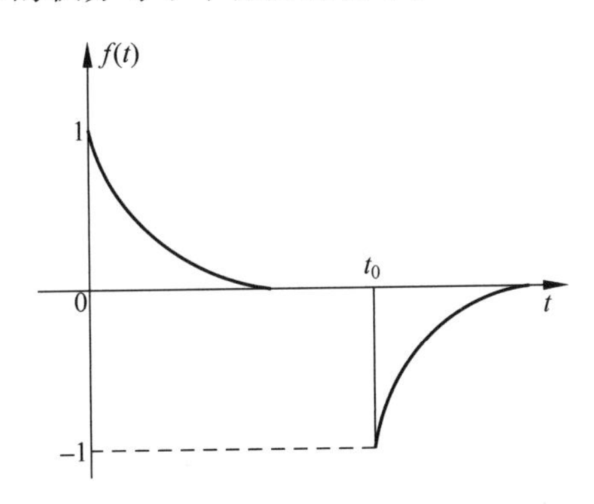

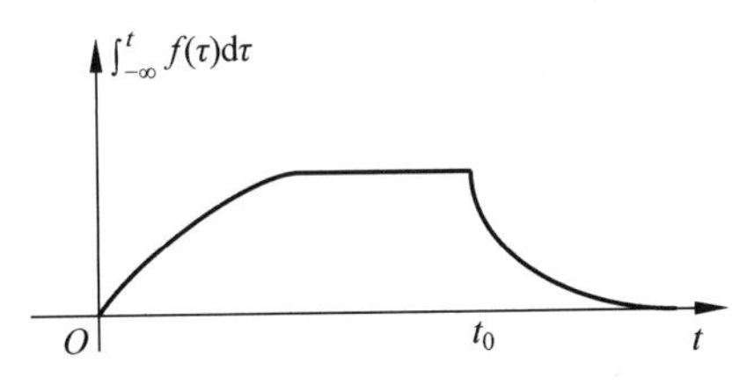

图 1-41 信号积分运算示例

【例 1-7】 根据图 1-42(a)所示的信号波形，画出$\int_{-\infty}^{t} f(2-\tau)\mathrm{d}\tau$，$\frac{\mathrm{d}[f(5-3t)]}{\mathrm{d}t}$的波形。

解：根据信号的微分、积分性质绘制波形如图 1-42(b)和图 1-42(c)所示。

6. 信号的加、乘运算

在通信系统对信号的处理中，经常用到加、乘运算。

加法运算定义为同一时刻两信号值相加得到的新的信号；乘法运算定义为同一时刻两信号值相乘得到的新的信号，如图 1-43 所示。

特别地，对冲激函数及冲激偶函数来说满足下列等式：

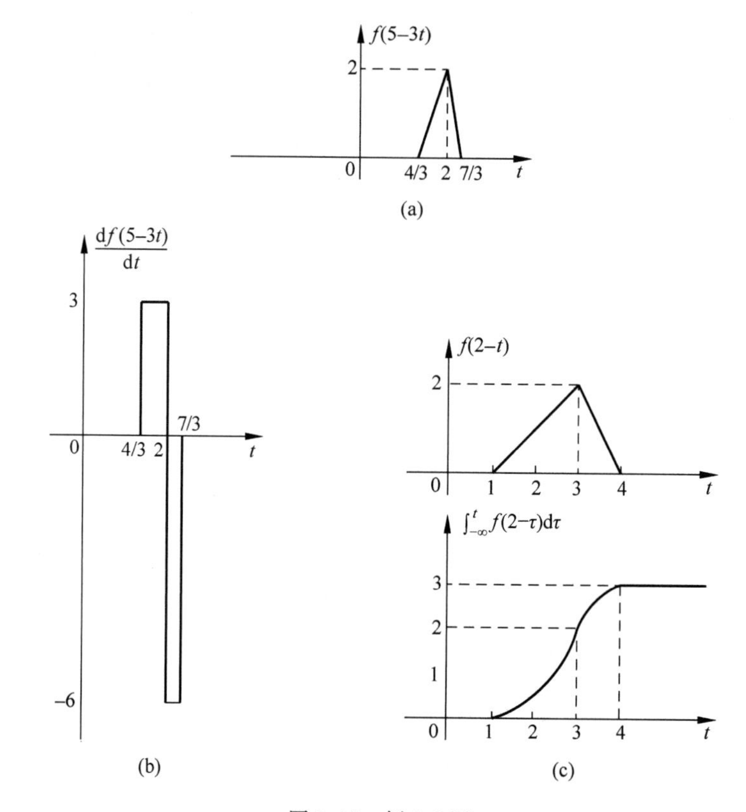

图 1-42　例 1-7 图

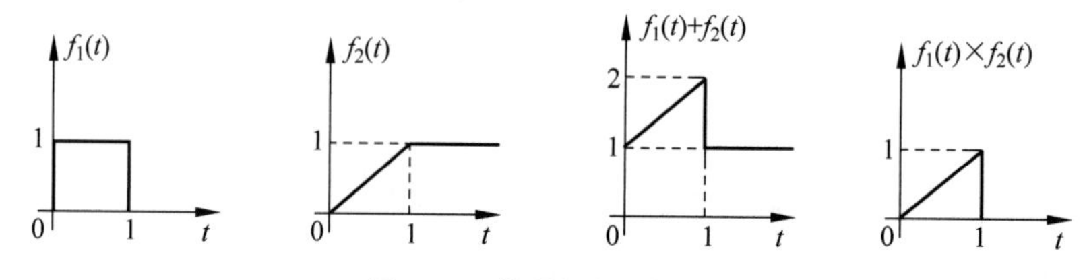

图 1-43　信号的加、乘运算

$$a\delta(t)+b\delta(t)=(a+b)\delta(t) \tag{1-64}$$

$$f(t)\delta(t)=f(0)\delta(t) \tag{1-65}$$

$$f(t)\delta(t-t_0)=f(t_0)\delta(t-t_0) \tag{1-66}$$

$$\delta[f(t)]=\sum_{i=1}^{n}\frac{1}{|f'(t_i)|}\delta(t-t_i) \tag{1-67}$$

式中 t_i 为 $f(t)=0$ 的根。

$$f(t)\delta'(t)=f(0)\delta'(t)-f'(0)\delta(t) \tag{1-68}$$

$$f(t)\delta'(t-t_0)=f(t_0)\delta'(t-t_0)-f'(t_0)\delta(t-t_0) \tag{1-69}$$

1.4.2　信号的分解

中学物理中研究力的分解，即为简化复杂的物理问题，同样在信号与系统的分析中为了简化信号，便于分析与计算，也可以对信号进行分解。信号的主要分解方法包括直流与交流分解、奇偶分解、脉冲分解、虚实分解及正交分解等。这些信号的分解方法都是常用的分解方法。当然在分析一些特殊问题时也可能会用到其他分解方法，例如分形方法、分块方法等。本节主要介绍：直流与交流分解、奇偶分解、脉冲分解、虚实分解及正交分解。

1. 直流与交流分解

信号平均值即信号的直流分量。从原信号中去掉直流分量即得信号的交流分量。设原信号为 $f(t)$，可以分解为直流分量 f_D，(即平均值)与交流分量 $f_A(t)$，表达式为：

$$f(t) = f_D + f_A(t) \tag{1-70}$$

若此时间函数为电流信号，则在时间间隔 T 内流过单位电阻所产生的平均功率应等于：

$$\begin{aligned} P &= \frac{1}{T}\int_{-\frac{T}{2}}^{\frac{T}{2}} f^2(t)\mathrm{d}t \\ &= \frac{1}{T}\int_{-\frac{T}{2}}^{\frac{T}{2}} [f_D + f_A(t)]^2\mathrm{d}t \\ &= \frac{1}{T}\int_{-\frac{T}{2}}^{\frac{T}{2}} [f_D^2 + 2f_D f_A(t) + f_A^2(t)]\mathrm{d}t \\ &= f_D^2 + \frac{1}{T}\int_{-\frac{T}{2}}^{\frac{T}{2}} f_A^2(t)\mathrm{d}t \end{aligned} \tag{1-71}$$

其中

$$\begin{aligned} &\int_{-\frac{T}{2}}^{\frac{T}{2}} f_D f_A(t)\mathrm{d}t \\ &= \int_{-\frac{T}{2}}^{\frac{T}{2}} f_D[f(t) - f_D]\mathrm{d}t \\ &= f_D\int_{-\frac{T}{2}}^{\frac{T}{2}} f(t)\mathrm{d}t - Tf_D^2 \\ &= Tf_D^2 - Tf_D^2 = 0 \end{aligned}$$

由功率表达式可见，一个信号的平均功率等于直流分量功率与交流分量功率之和。

【例 1-8】 分别指出下列各波形的直流分量等于多少。

(1) 全波整流 $f(t) = |\sin(\omega t)|$；

(2) $f(t) = \sin^2(\omega t)$；

(3) $f(t) = \cos(\omega t) + \sin(\omega t)$；

(4) 升余弦 $f(t) = K[1 + \cos(\omega t)]$。

分析：直流分量即信号的平均值，信号的平均值为 $f_D(t) = \frac{1}{T}\int_{-\frac{T}{2}}^{\frac{T}{2}} f(t)\mathrm{d}t$。

解：

(1) $f_D(t) = \frac{1}{T}\int_{-\frac{T}{2}}^{\frac{T}{2}} |\sin(\omega t)|\mathrm{d}t = \frac{2}{T}\int_0^{\frac{T}{2}} \sin\left(\frac{2\pi}{T}t\right)\mathrm{d}t = \frac{2}{\pi}$

(2) $f(t) = \sin^2(\omega t) = \frac{1 - \cos(2\omega t)}{2} = \frac{1}{2} - \frac{1}{2}\cos(2\omega t)$

$$f_D(t) = \frac{1}{T}\int_{-\frac{T}{2}}^{\frac{T}{2}} \sin^2(\omega t)\mathrm{d}t = \frac{1}{T}\int_{-\frac{T}{2}}^{\frac{T}{2}} \left[\frac{1}{2} - \frac{1}{2}\cos(2\omega t)\right]\mathrm{d}t = \frac{1}{2}$$

(3) $f(t)=\cos(\omega t)+\sin(\omega t)=\sqrt{2}\cos\left(\omega t-\frac{\pi}{4}\right)$

$$f_{\mathrm{D}}(t)=\frac{1}{T}\int_{-\frac{T}{2}}^{\frac{T}{2}}[\cos(\omega t)+\sin(\omega t)]\mathrm{d}t=\frac{\sqrt{2}}{T}\int_{-\frac{T}{2}}^{\frac{T}{2}}\cos\left(\omega t-\frac{\pi}{4}\right)\mathrm{d}t=0$$

(4) $f_{\mathrm{D}}(t)=\frac{1}{T}\int_{-\frac{T}{2}}^{\frac{T}{2}}K[1+\cos(\omega t)]\mathrm{d}t=\frac{1}{T}\int_{-\frac{T}{2}}^{\frac{T}{2}}K\mathrm{d}t+\frac{1}{T}\int_{-\frac{T}{2}}^{\frac{T}{2}}\cos(\omega t)\mathrm{d}t=K$

2. 奇偶分解

偶分量的定义为

$$f_{\mathrm{e}}(t)=f_{\mathrm{e}}(-t) \tag{1-72}$$

奇分量定义为

$$f_{\mathrm{o}}(t)=-f_{\mathrm{o}}(-t) \tag{1-73}$$

对于函数 $f(t)$来说,有

$$f_{\mathrm{e}}(t)=\frac{1}{2}[f(t)+f(-t)] \tag{1-74}$$

$$f_{\mathrm{o}}(t)=\frac{1}{2}[f(t)-f(-t)] \tag{1-75}$$

信号进行奇偶分解的实例如图 1-44 所示。并且,信号的平均功率等于信号的偶分量功率与奇分量功率之和。

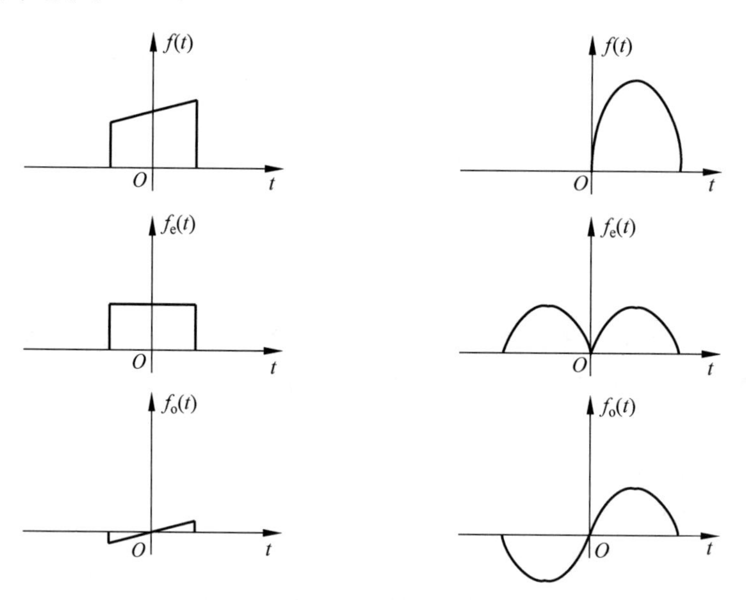

图 1-44　信号的奇偶分解

【例 1-9】 绘出图 1-45 所示 $f(t)$信号的奇偶分量。

分析:根据奇偶分量的定义,先绘出 $f(-t)$或$-f(-t)$,如图 1-46(a)所示,然后再和原信号 $f(t)$相加再除 2,以得到奇分量为 $f_{\mathrm{o}}(t)=\frac{1}{2}[f(t)-f(-t)]$,如图 1-46(c)所示;偶分量为 $f_{\mathrm{e}}(t)=\frac{1}{2}[f(t)+f(-t)]$,如图 1-46(b)所示。

解：

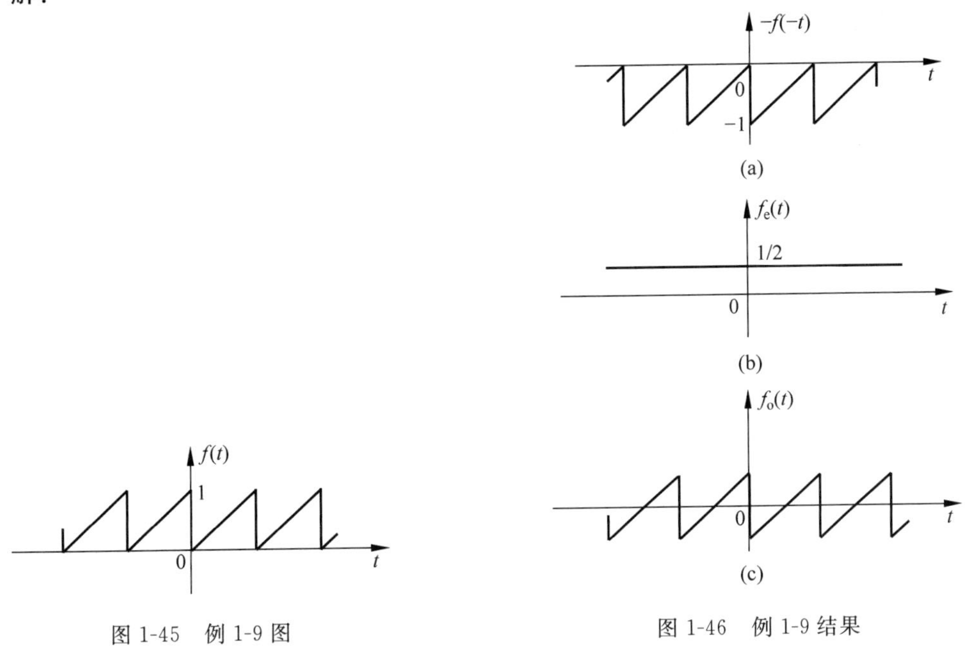

图 1-45 例 1-9 图

图 1-46 例 1-9 结果

3. 脉冲分解

一个信号可以分解为许多脉冲分量之和，分解的方式有两种，一种是分解为矩形窄脉冲的和，一种是分解为阶跃脉冲的和，其分解方式如图 1-47 所示。

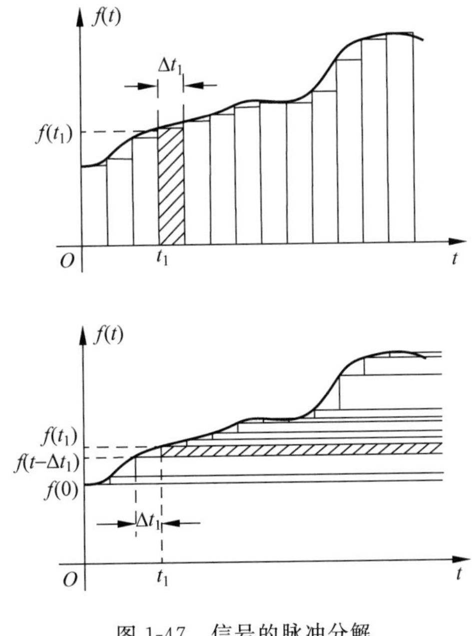

图 1-47 信号的脉冲分解

信号的阶跃脉冲分解方法已经很少采用，所以重点讨论信号的矩形窄脉冲分解方法。由阶跃函数辅助表示，图 1-47 中阴影部分所示的矩形窄脉冲的表达式可以写为

$$f(t_1)[u(t-t_1)-u(t-t_1-\Delta t_1)] \tag{1-76}$$

将 t_1 在整个函数存在的时间区域内进行变化,并叠加所有矩形窄脉冲,得到 $f(t)$ 的近似表达式

$$\begin{aligned} f(t) &\approx \sum_{t_1=-\infty}^{+\infty} f(t_1)[u(t-t_1)-u(t-t_1-\Delta t_1)] \\ &= \sum_{t_1=-\infty}^{+\infty} f(t_1)\frac{[u(t-t_1)-u(t-t_1-\Delta t_1)]}{\Delta t_1}\cdot\Delta t_1 \end{aligned} \tag{1-77}$$

当脉冲宽度趋近于零时,矩形窄脉冲的叠加则可以精确地表示函数 $f(t)$,即

$$\begin{aligned} f(t) &= \lim_{\Delta t_1\to 0}\sum_{t_1=-\infty}^{+\infty} f(t_1)\frac{[u(t-t_1)-u(t-t_1-\Delta t_1)]}{\Delta t_1}\cdot\Delta t_1 \\ &= \lim_{\Delta t_1\to 0}\sum_{t_1=-\infty}^{+\infty} f(t_1)\frac{\Delta u(t-t_1)}{\Delta t_1}\cdot\Delta t_1 \\ &= \lim_{\Delta t_1\to 0}\sum_{t_1=-\infty}^{+\infty} f(t_1)\delta(t-t_1)\cdot\Delta t_1 \\ &= \int_{-\infty}^{+\infty} f(t_1)\delta(t-t_1)\mathrm{d}t_1 \end{aligned} \tag{1-78}$$

进行积分变量代换 $t_1\to t, t\to t_0$,则积分表示为

$$f(t)=\int_{-\infty}^{+\infty} f(t)\delta(t_0-t)\mathrm{d}t \tag{1-79}$$

又因为冲激函数为偶函数,则式(1-79)可以变为

$$f(t)=\int_{-\infty}^{+\infty} f(t)\delta(t-t_0)\mathrm{d}t \tag{1-80}$$

4. 虚实分解

对于瞬时值为复数的信号 $f(t)$ 可分解为实、虚两个部分之和:

$$f(t)=f_r(t)+\mathrm{j}f_i(t) \tag{1-81}$$

它的共轭复函数是

$$f^*(t)=f_r(t)-\mathrm{j}f_i(t) \tag{1-82}$$

根据复数的性质得

$$f_r(t)=\frac{1}{2}[f(t)+f^*(t)] \tag{1-83}$$

$$\mathrm{j}f_i(t)=\frac{1}{2}[f(t)-f^*(t)] \tag{1-84}$$

$$\begin{aligned} |f(t)|^2 &= f(t)f^*(t) \\ &= f_r^2(t)+f_i^2(t) \end{aligned} \tag{1-85}$$

虽然实际产生的信号都为实信号,但在信号分析理论中,常借助复信号来研究某些实信号的问题,它可以建立某些有益的概念或简化运算。例如,复指数常用于表示正弦、余弦信号。近年来,在通信系统、网络理论、数字信号处理等方面,复信号的应用日益广泛。

5. 正交分解

如果用正交函数集来表示一个信号,那么,组成信号的各分量就是相互正交的。例如,

用各次谐波的正弦与余弦信号叠加表示一个矩形脉冲，各正弦、余弦信号就是此矩形脉冲信号的正交函数分量。

把信号分解为正交函数分量的研究方法在信号与系统理论中占有重要地位，这将是本书讨论的主要问题。

1.5 系统的数学描述与分类

信号是运载信息的工具，系统是产生、传输和处理信号的客观实体。系统是由若干个相互作用和相互依赖的事物组成的具有特定功能的整体。

应用数学理论建立系统的数学模型，成为解决实际问题的重要手段和桥梁。对于本书研究的电系统，可以采用数学模型来描述系统由输入信号得到输出信号的物理过程。并从系统所处理的信号及系统本身的特性两个角度对系统进行分类。

1.5.1 系统的数学模型和描述方法

系统的作用是将激励信号转化为响应信号，实现输入到输出的数学运算功能。系统可以由数学模型描述，以描述激励信号转化为响应信号的物理过程。

所谓数学模型是指通过抽象和简化，使用数学语言对实际现象的一个近似的刻画，以便于人们更深刻地认识所研究的对象。数学模型使用数学语言精确地表达对象的内在特征。

在电系统中需要建立系统模型，电系统是由各种具体电子器件组成，以完成对电信号的采集、处理、存储及输出。例如，由电阻器、电容器和线圈组合而成的串联回路，可抽象表示为图 1-48 所示的电路模型。若给出激励信号为电压源 $e(t)$，欲求解电流 $i(t)$，则由元件理想特性与 KVL（基尔霍夫电压定律）可以建立如下的微分方程

$$LC\frac{\mathrm{d}^2 i(t)}{\mathrm{d}t^2}+RC\frac{\mathrm{d}i(t)}{\mathrm{d}t}+i(t)=C\frac{\mathrm{d}e(t)}{\mathrm{d}t} \tag{1-86}$$

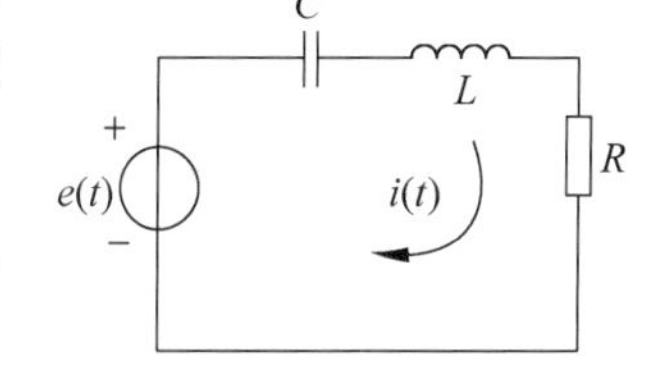

图 1-48 RLC 串联电路

这就是由微分方程表示的电路系统数学模型。

从另一方面讲，对于不同的物理系统，经过抽象和近似，有可能得到形式上完全相同的数学模型。即使对于理想元件组成的系统，在不同电路结构情况下，其数学模型也可能相同。对于较复杂的系统，其数学模型可能是一个高阶微分方程，规定此微分方程的阶次就是系统的阶数。

除利用数学表达式描述系统模型之外，也可借助数学模型的方框图来得到描述系统的系统框图。每个方框图反映某种数学运算功能，若干个方框图组成一个完整的系统。对于由线性微分方程描述的系统，它的基本运算单元是相加、数乘和积分。其运算单元的框图表示方法如图 1-49 所示。

【例 1-10】 由系统的微分方程 $\frac{\mathrm{d}^2 r(t)}{\mathrm{d}t^2}+3\frac{\mathrm{d}r(t)}{\mathrm{d}t}+2r(t)=\frac{\mathrm{d}e(t)}{\mathrm{d}t}+e(t)$ 画出对应的系统框图。

分析：由微分方程得到框图的方法并不唯一，本书采用积分运算单元。

解：首先对微分方程进行形变，即按微分的最高次排列

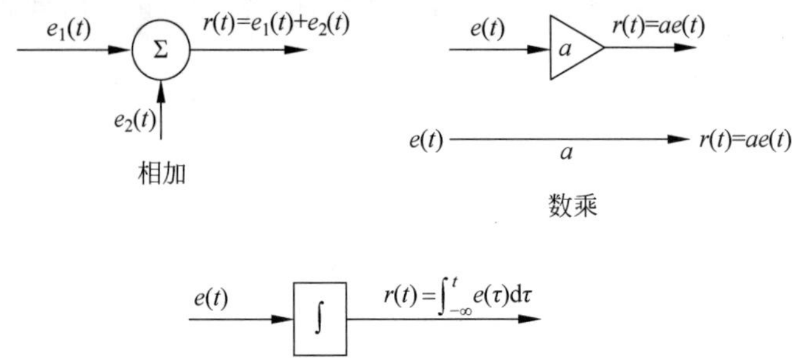

图 1-49　运算单元框图

$$\frac{\mathrm{d}^2 r(t)}{\mathrm{d}t^2} = -3\frac{\mathrm{d}r(t)}{\mathrm{d}t} - 2r(t) + \frac{\mathrm{d}e(t)}{\mathrm{d}t} + e(t)$$

方程两边对时间 t 进行相同次数的积分，得到变形后的方程为

$$r(t) = -3\int r(t)\mathrm{d}t - 2\iint r(t)\mathrm{d}t + \int e(t)\mathrm{d}t + \iint e(t)\mathrm{d}t$$

得到的框图如图 1-50 所示。在建立系统框图时，从求和符号出发，箭头的方向表示信号的方向，指向求和符号的信号表示加数，从求和符号向外的信号表示求和结果。

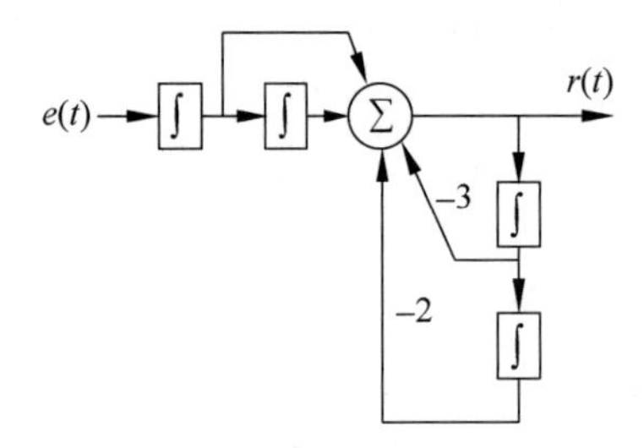

图 1-50　例 1-10 建立的系统框图

【例 1-11】　已知图 1-51 所示的系统框图，求其微分方程。

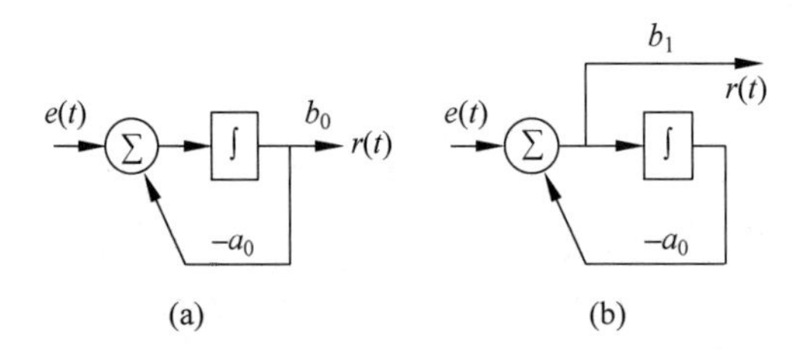

图 1-51　例 1-11 已知的系统框图

分析：从框图的求和符号入手，得到参与求和的分量，再通过求和与信号运算得到微分方程。

解：

(a) 求和的两个信号分别为 $e(t)$ 和 $-a_0\frac{r(t)}{b_0}$，求和运算的结果为 $\frac{\mathrm{d}}{\mathrm{d}t}\frac{r(t)}{b_0}$，即求和运算的

结果$\frac{\mathrm{d}}{\mathrm{d}t}\frac{r(t)}{b_0}$经过积分并再经由值为 b_0 的数乘后得到 $r(t)$，那么

$$e(t)-a_0\frac{r(t)}{b_0}=\frac{\mathrm{d}}{\mathrm{d}t}\frac{r(t)}{b_0}$$

即

$$\frac{\mathrm{d}}{\mathrm{d}t}r(t)+a_0r(t)=b_0e(t)$$

(b) 求和的两个信号分别为 $e(t)$ 和 $-a_0\int\frac{r(t)}{b_1}\mathrm{d}t$，求和运算的结果为$\frac{r(t)}{b_1}$，即求和运算的结果$\frac{r(t)}{b_1}$乘 b_1 后得到 $r(t)$，那么

$$e(t)-a_0\int\frac{r(t)}{b_1}\mathrm{d}t=\frac{r(t)}{b_1}$$

两边对 t 微分，即

$$\frac{\mathrm{d}}{\mathrm{d}t}r(t)+a_0r(t)=b_1\frac{\mathrm{d}}{\mathrm{d}t}e(t)$$

1.5.2 系统的分类

根据系统处理的信号可以将系统划分为连续时间系统与离散时间系统，由系统的特性可分为即时系统与动态系统、集总参数系统与分布参数系统、线性系统与非线性系统、时变系统与时不变系统、可逆系统与不可逆系统、因果系统与非因果系统、稳定系统与不稳定系统。

1. 连续时间系统与离散时间系统

若系统的输入和输出都是连续时间信号，且其内部也未转换为离散时间信号，则称此系统为连续时间系统。若系统的输入和输出都是离散时间信号，则此系统为离散时间系统。连续时间系统的数学模型是微分方程，而离散时间系统则用差分方程表示。通常在实际中，离散时间系统经常与连续时间系统组合运用，这种情况称为混合系统。

2. 即时系统与动态系统

如果系统的输出信号只决定于同时刻的激励信号，与它过去的工作状态无关，则称此系统为即时系统(或无记忆系统)。如果系统的输出信号不仅取决于同时刻的激励信号，而且与它过去的工作状态有关，这种系统称为动态系统(或记忆系统)。凡是包含有记忆作用的元件(如电容、电感、磁芯等)或记忆电路(如寄存器)的系统都属此类。即时系统可用代数方程描述，动态系统的数学模型则是微分方程或差分方程。

3. 集总参数系统与分布参数系统

只有集总参数元件组成的系统称为集总参数系统；含有分布参数元件的系统是分布参数系统。集总参数系统用常微分方程作为它的数学模型。而分布参数系统的数学模型是偏微分方程，这时描述系统的独立变量不仅是时间变量，还要考虑到空间位置。

4. 线性系统与非线性系统

具有叠加性与均匀性的系统称为线性系统。所谓叠加性是指当几个激励信号同时作用于系统时，总的输出响应等于每个激励单独作用所产生的响应之和；而均匀性的含义是，当

输入信号乘以某常数时，响应也乘以相同的常数。不满足叠加性或均匀性的系统是非线性系统。

5. 时变系统与时不变系统

如果系统的参数不随时间变化，则称此系统为时不变系统(或非时变系统、定常系统)；如果系统的参量随时间改变，则称其为时变系统(或参变系统)。

6. 可逆系统与不可逆系统

若系统在不同的激励信号作用下产生不同的响应，则称此系统为可逆系统。对于每个可逆系统都存在一个“逆系统”，当原系统与此逆系统级联组合后，输出信号与输入信号相同。可逆系统的概念在信号传输与处理技术领域中得到广泛的应用。

7. 因果系统与非因果系统

因果系统是指当且仅当输入信号激励系统时，才会出现输出(响应)的系统。也就是说，因果系统的输出(响应)不会出现在输入信号激励系统以前的时刻。实际的物理可实现系统均为因果系统。不满足因果性的系统为非因果系统，非因果系统的概念与特性也有实际的意义，如信号的压缩、扩展，语音信号处理等。若信号的自变量不是时间，如位移、距离、亮度等为变量的物理系统中研究因果性显得不很重要。

8. 稳定系统与不稳定系统

一个系统，如果对任意的有界输入，其零状态响应也是有界的，则称该系统为有界输入有界输出(BIBO)稳定的系统，简称稳定系统。有界输入无界输出的系统则称为不稳定系统。

1.6 线性时不变系统介绍

当确定性信号作用在集总参数线性电路上时，形成线性时不变系统(LTI 系统)，本节主要讨论 LTI 系统的特性，包括连续时间系统和离散时间系统。

1.6.1 线性时不变系统的特性

1. 叠加性与均匀性

如果对于给定的如图 1-52 所示系统，$e_1(t)$、$r_1(t)$和 $e_2(t)$、$r_2(t)$分别代表两对激励与响应，则当激励是 $C_1e_1(t)+C_2e_2(t)$(C_1 和 C_2 分别为常数时)，系统的响应为 $C_1r_1(t)+C_2r_2(t)$，则说系统满足叠加性与均匀性。由常系数线性微分方程描述的系统，如果起始状态为零，则系统满足叠加性与均匀性(齐次性)。若起始状态非零，必须将外加激励信号与起始状态的作用分别处理才能满足叠加性与均匀性，否则可能混淆。

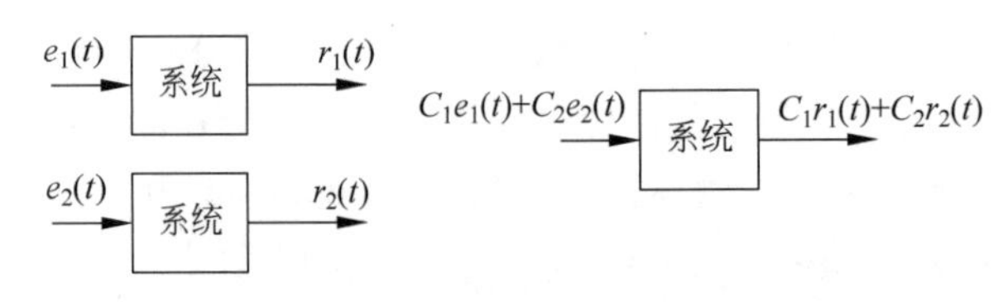

图 1-52 叠加性与均匀性示意图

【例 1-12】 已知系统模型为 $r(t)=\sin[e(t)]u(t)$,判断其是否是线性系统。

分析:在判断一个系统是否满足叠加性与均匀性时,只要激励满足先经过系统再线性变换得到的响应,与先经过线性变换再经过系统得到的响应相同,即可判定系统满足叠加性和均匀性,否则系统则不具有叠加性和均匀性。

解:先经系统

$$r_1(t)=\sin[e_1(t)]u(t),\quad r_2(t)=\sin[e_2(t)]u(t)$$

再经线性变换

$$r(t)=c_1r_1(t)+c_2r_2(t)=c_1\sin[e_1(t)]u(t)+c_2\sin[e_2(t)]u(t)$$

先线性变换

$$c_1e_1(t)+c_2e_2(t)$$

再经过系统

$$\begin{aligned}r'(t)&=\sin[c_1e_1(t)+c_2e_2(t)]u(t)\\&\neq c_1\sin[e_1(t)]u(t)+c_2\sin[e_2(t)]u(t)=r(t)\end{aligned}$$

所以系统为非线性系统。

2. **时不变特性**

对于时不变系统,由于系统参数本身不随时间改变,因此,在同样起始状态之下,系统响应与激励施加于系统的时刻无关,此特性由图 1-53 描述,即若激励为 $e(t)$,产生的响应为 $r(t)$,则当激励为 $e(t-t_0)$时,响应为 $r(t-t_0)$。

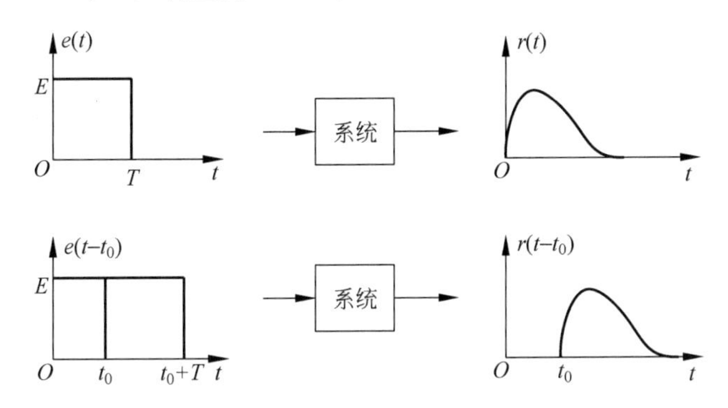

图 1-53 时不变特性

【例 1-13】 判断下列两个系统是否为非时变系统。

(1) $r(t)=\cos[e(t)],t>0$;

(2) $r(t)=e(t)\cos t,t>0$。

分析:在判断一个系统是否满足时不变特性时,只要激励满足先经过系统再时变得到的响应,与先经过时变再经过系统得到的响应相同,即可判定系统满足时不变特性,否则系统则不具有时不变特性,为时变系统。

解:

(1) 先经系统再延时 $r(t)$:

$$e(t)\xrightarrow{\text{经过系统}}\cos[e(t)]\xrightarrow{\text{延时}}\cos[e(t-t_0)],\quad t>0$$

先延时再经系统 $r'(t)$:

$$e(t)\xrightarrow{\text{延时}}e(t-t_0)\xrightarrow{\text{经过系统}}\cos[e(t-t_0)],\quad t>0$$

因为 $r(t)=r'(t)$,所以系统为时不变系统。

(2) 先经系统再延时 $r(t)$:

$$e(t)\xrightarrow{\text{经过系统}}e(t)\cos t\xrightarrow{\text{延时}}e(t-t_0)\cos(t-t_0),\quad t>0$$

先延时再经系统 $r'(t)$:

$$e(t)\xrightarrow{\text{延时}}e(t-t_0)\xrightarrow{\text{经过系统}}e(t-t_0)\cos t,\quad t>0$$

因为 $r(t)\neq r'(t)$,所以系统为时变系统。

3. 微分特性

如图 1-54 所示的微分特性描述为:若系统在激励 $e(t)$的作用下产生的响应为 $r(t)$,则当激励为$\frac{\mathrm{d}e(t)}{\mathrm{d}t}$时,响应为$\frac{\mathrm{d}r(t)}{\mathrm{d}t}$。

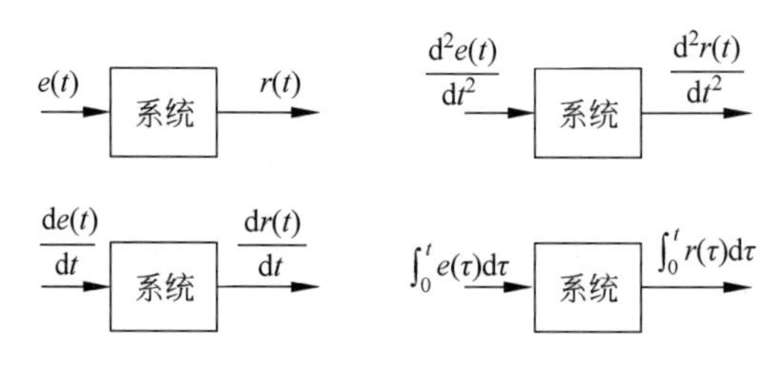

图 1-54　微分特性

在判断一个系统是否满足微分特性时,只要满足先经过系统再微分得到的响应与激励先经过微分再经过系统得到的响应相同即可判定系统满足微分特性,否则系统则不具有微分特性。

4. 因果性

系统满足因果性是指激励是产生响应的原因,响应是激励引起的后果,即系统在 t_0 时刻的响应只与 $t=t_0$ 和 $t<t_0$ 时刻的输入有关,如果和将来时刻有关则称其为非因果系统。

【例 1-14】 微分方程 $r(t)=e(t)+e(t-2)$代表的系统是否为因果系统?

分析:判断一个系统是否为因果系统,只要判断其是否满足"现在的响应=现在的激励+以前的激励"即可。

解:

$$t=0,\quad r(0)=e(0)+e(-2)$$

所以,系统为因果系统。

【例 1-15】 微分方程 $r(t)=e(t)+e(t+2)$代表的系统是否为因果系统?

解:

$$t=0,\quad r(0)=e(0)+e(+2)$$

所以,系统为非因果系统。

1.6.2 线性时不变系统的分析方法概述

系统分析是对给定的具体系统，求出对于给定激励的响应。系统分析需要建立系统的数学模型：

(1) 连续系统的数学模型为线性常系数微分方程；

(2) 离散系统的数学模型为线性常系数差分方程。

对于电系统可以运用电路理论的方法求出数学模型；或从系统框图求出数学模型。

数学模型的求解根据变量所在的空间不同可以分为时域分析法、变换域分析法和频域分析法。

时域分析法：用经典的方法求解微分方程和差分方程。

变换域分析法：连续系统采用拉普拉斯变换方法，离散系统采用 z 变换方法。

频域分析法：以角频率为变量来研究信号和系统的频率特性，即频谱分析，采用傅里叶变换的方法。

对多输入多输出系统采用状态空间变量法分析。状态变量法不仅有输入和输出量，还有系统内部各状态变量，用两组方程描述系统，即状态方程和输出方程。状态方程描述了系统内部的状态变量和激励的关系，是一阶常系数微分(差分)方程组。输出方程描述了输出和内部变量及激励间的关系，是一个代数方程组。

1.7 MATLAB 操作界面及示例

1.7.1 MATLAB 操作界面介绍

MATLAB 启动后主要包括当前目录浏览器窗口(Current Directory)、工作空间浏览器窗口(Workspace)、历史命令窗口(Command History)和命令窗口(Command Window)四个操作窗口，如图 1-55 所示。

下面分别介绍四个窗口的功能及操作。

1. 当前目录浏览器窗口(Current Directory)

(1) 打开.m 文件：在该窗口中双击已有.m 文件即可在 Editor 窗口中打开对应的函数文件。

(2) 创建新.m 文件：在该窗口中通过单击右键选择 New→Blank M-File 或 Function M-File 即可在当前路径下创建新的.m 文件。

(3) 单击菜单 File→New→M-file，可打开空白的 M 文件编辑器。输入文件内容后保存即可在当前路径下生成新的.m 文件。

2. 工作空间浏览器窗口(Workspace)

工作空间浏览器窗口用于显示所有 MATLAB 工作空间中的变量名、数据结构、类型、大小和字节数。可以对变量进行观察、编辑、提取和保存。

(1) 新建变量：在该窗口中单击右键选择 New 即可创建新变量，然后双击新建的变量即可进行编辑。

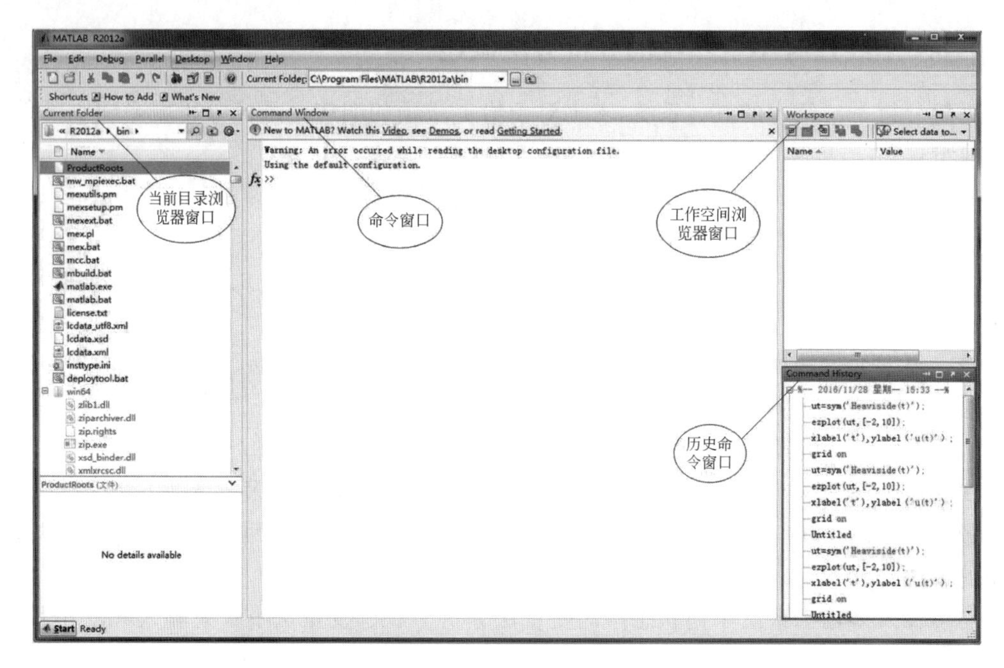

图 1-55　MATLAB 操作界面

(2) 导入变量(数据集)：MATLAB 中可以导入 Mat、Excel、Txt 等文件。导入之后可以双击变量名观察数据集。

(3) 保存变量：选中若干变量单击右键出现快捷菜单，选择 Save As 菜单项，则可把所选变量保存为.mat 数据文件。

(4) 删除变量：选中一个或多个变量单击右键出现快捷菜单，选择 Delete 菜单项。出现 Confirm Delete 对话框，单击 Yes 按钮；或者选择工作空间浏览器窗口的菜单 Edit → Delete 命令。

3. 历史命令窗口(Command History)

在该窗口中主要显示以前输入过的命令，主要操作如表 1-1 所示。

表 1-1　历史命令窗口主要操作

应用功能	操作方法
单行或多行命令的复制(Copy)	选中单行或多行命令，右击出现快捷菜单，再选择 Copy 菜单项，就可以把它复制
单行或多行命令的运行(Evaluate Selection)	选中单行或多行命令，右击出现快捷菜单，选择 Evaluate Selection 菜单项，就可在命令窗口中运行，并得出相应结果。 或者双击选择的命令行也可运行
把多行命令写成 M 文件(Create M-File)	选中单行或多行命令，右击出现快捷菜单，选择 Create M-File 菜单，就可以打开写有这些命令的 M 文件编辑/调试器窗口

4. 命令窗口(Command Window)

在命令窗口中可输入各种 MATLAB 的命令、函数和表达式，并显示除图形外的所有运算结果。

(1) 命令行的显示方式:

命令窗口中的每个命令行前会出现提示符“>>”。

命令窗口内显示的字符和数值采用不同的颜色,在默认情况下,输入的命令、表达式以及计算结果等采用黑色字体。

字符串采用赭红色;if、for等关键词采用蓝色。

(2) 命令窗口中命令行的编辑:MATLAB命令窗口不仅可以对输入的命令进行编辑和运行,而且可以对已输入的命令进行回调、编辑和重运行。常用操作键如表1-2所示。

表1-2 命令窗口键名及作用

键 名	作 用	键 名	作 用
↑	向前调回已输入过的命令行	Home	使光标移到当前行的开头
↓	向后调回已输入过的命令行	End	使光标移到当前行的末尾
←	在当前行中左移光标	Delete	删去光标右边的字符
→	在当前行中右移光标	Backspace	删去光标左边的字符
Page Up	向前翻阅当前窗口中的内容	Esc	清除当前行的全部内容
Page Down	向后翻阅当前窗口中的内容	Ctrl+C	中断MATLAB命令的运行

(3) 命令窗口常用标点符号如表1-3所示。

表1-3 命令窗口常用标点符号及功能

名称	符号	功 能
空格		用于输入变量之间的分隔符以及数组行元素之间的分隔符
逗号	,	用于要显示计算结果的命令之间的分隔符;用于输入变量之间的分隔符;用于数组行元素之间的分隔符
点号	.	用于数值中的小数点
分号	;	用于不显示计算结果命令行的结尾;用于不显示计算结果命令之间的分隔符;用于数组元素行之间的分隔符
冒号	:	用于生成一维数值数组,表示一维数组的全部元素或多维数组的某一维的全部元素
百分号	%	用于注释的前面,在它后面的命令不需要执行
单引号	‘ ’	用于构成字符串
圆括号	()	用于引用数组元素;用于函数输入变量列表;用于确定算术运算的先后次序
方括号	[ ]	用于构成向量和矩阵;用于函数输出列表
花括号	{ }	用于构成元胞数组
下划线	_	用于一个变量、函数或文件名中的连字符
续行号	…	用于把后面的行与该行连接以构成一个较长的命令
At号	@	用于放在函数名前形成函数句柄;用于放在目录名前形成用户对象类目录

1.7.2 MATLAB操作典型示例

【例1-16】 用MATLAB编程生成阶跃函数 $u(t)=\begin{cases}0, & t<0 \\ 1, & t>0\end{cases}$,如图1-56所示。

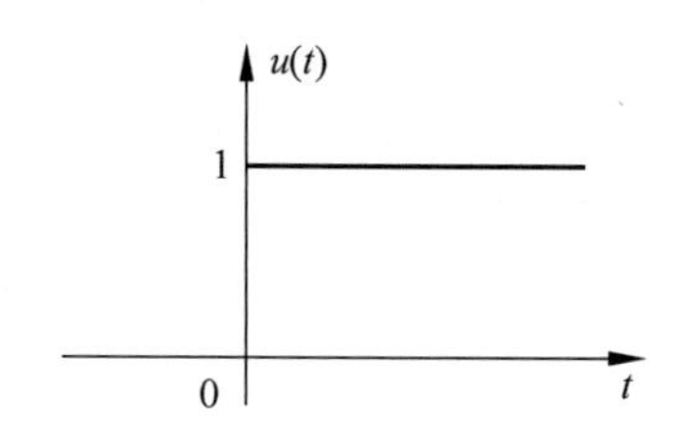

图 1-56　例 1-16 阶跃函数

解：

[MATLAB 程序]

```
ut = sym('heaviside(t)');          % 定义阶跃函数,函数名为 heaviside
ezplot(ut,[ - 2,10]);              % 绘制单位阶跃信号在 - 2～10 之间的波形
xlabel('t'),ylabel('u(t)');        % 分别为图形的横坐标纵坐标加上轴标签
grid on                            % 显示网格线
```

[程序运行结果]

运行结果如图 1-57 所示。

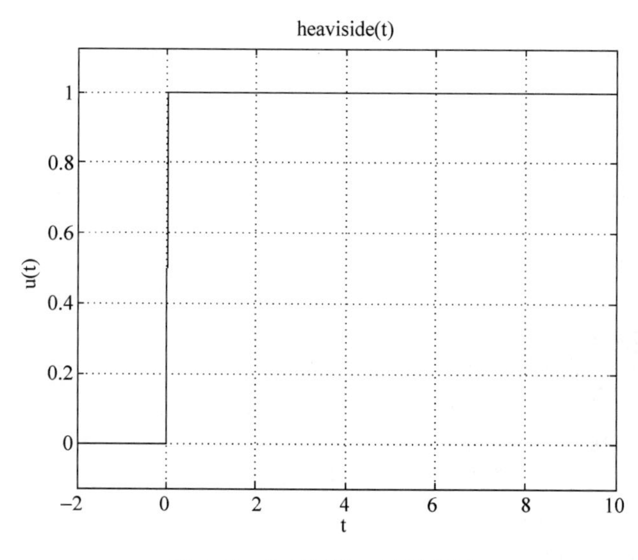

图 1-57　阶跃函数 $u(t)$波形图

【例 1-17】 用 MATLAB 编程生成单边衰减指数信号 $y(t)=3e^{-0.5t}u(t)$。

解：

[MATLAB 程序]

```
t = 0:0.01:10;                     % 设置时间 t 的范围
y = 3 * exp( - 0.5 * t);           % 产生向量形式的单边衰减指数函数 y(t)
plot(t,y);                         % 画出一个以向量 t 表示数据点的横轴坐标值
                                   % 以向量 y 表示数据点纵轴坐标值的连续曲线
xlabel('t'),ylabel('y(t)');        % 分别为图形的横坐标纵坐标加上轴标签
grid on                            % 显示网格线
```

[程序运行结果]

运行结果如图 1-58 所示。

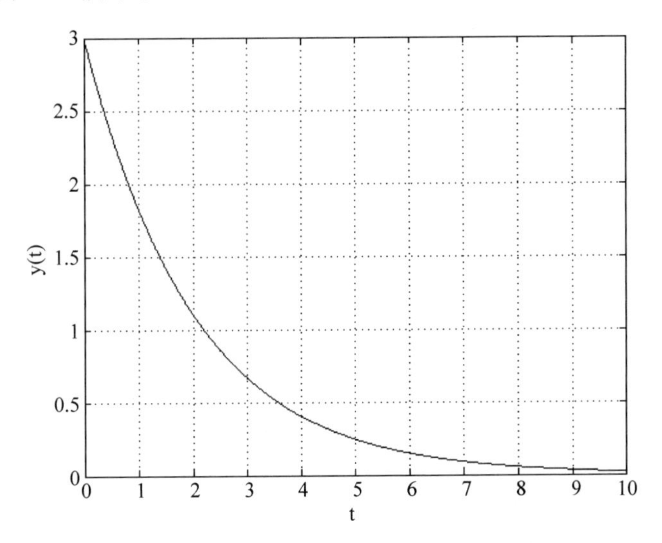

图 1-58 单边衰减指数信号波形图

【例 1-18】 已知梯形脉冲信号 $y(t)$波形如图 1-59 所示，试用 MATLAB 编程画出 $y(t)$奇分量和偶分量。

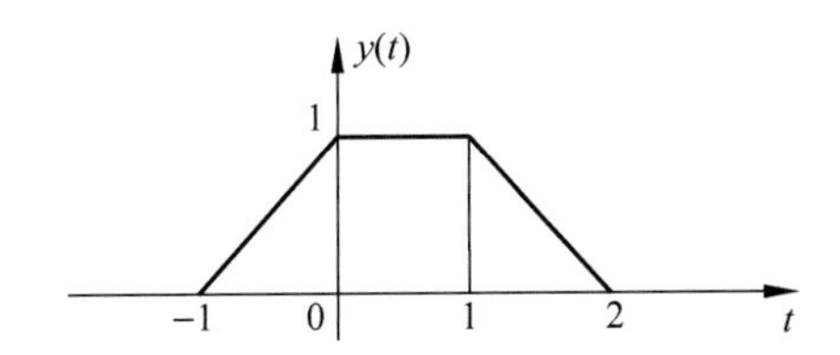

图 1-59 例 1-18 梯形脉冲信号

解：

[MATLAB 程序]

```
t = - 3:0.002:3;
y = (t + 1). * (t >= - 1) - t. * (t >= 0) - (t - 1). * (t >= 1) + (t - 2). * (t >= 2); % 产生信号 y(t)
subplot(3,1,1),plot(t,y),grid on
xlabel('t'),ylabel('y(t)')
axis([ - 3,3,0,1.5])                  % 调整坐标轴
y1 = fliplr(y);                       % 将信号 y(t) 反褶
ye = (y + y1)/2;                      % 求信号 y(t) 的偶分量
yo = (y - y1)/2;                      % 求信号 y(t) 的奇分量
subplot(3,1,2),plot(t,ye),grid on
xlabel('t'),ylabel('ye(t)'),axis([ - 3,3,0,1.5])
subplot(3,1,3),plot(t,yo),grid on
xlabel('t'),ylabel('yo(t)'),axis([ - 3,3, - 1,1])
```

[程序运行结果]

运行结果如图 1-60 所示。

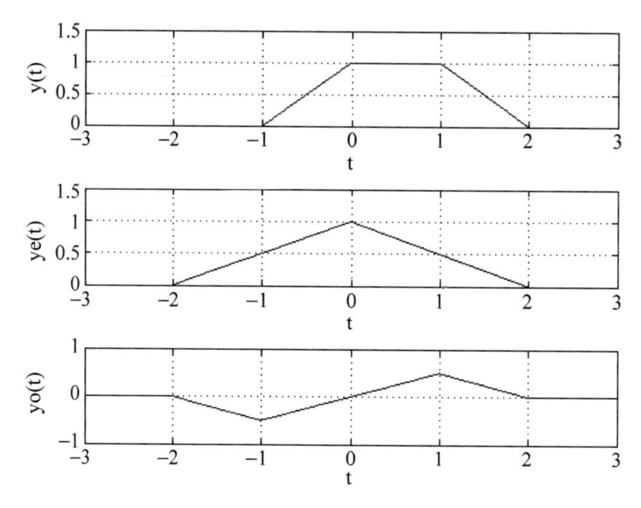

图 1-60　信号 $y(t)$及其奇分量和偶分量的波形图

【本章小结】 通过本章的学习，读者应该了解并掌握信号和系统的概念及分类；掌握典型信号的定义，并能绘制典型信号的波形；了解阶跃信号和冲激信号的定义；了解信号的不同分解方式；深刻理解信号的时域运算及系统的线性、时不变性和因果性；重点掌握冲激信号的抽样性质及其与阶跃信号的关系。

习　题

1-1　绘出下列信号的波形，并注意它们的区别。

(1) $f_1(t)=tu(t)$　　(2) $f_2(t)=(t-1)u(t-1)$

(3) $f_3(t)=tu(t-1)$　　(4) $f_4(t)=(t-1)u(t)$

(5) $f_5(t)=(t+1)[u(t+1)-u(t-1)]$

1-2　画出下列各复合函数的波形。

(1) $f_1(t)=u(t^2-4)$　　(2) $f_2(t)=\mathrm{sgn}(t^2-1)$

(3) $f_3(t)=\mathrm{sgn}[\cos(\pi t)]$

1-3　绘出下列各时间函数的波形图。

(1) $u(t)-2u(t-1)+u(t-2)$　　(2) $\dfrac{\sin[a(t-t_0)]}{a(t-t_0)}$

(3) $\dfrac{\mathrm{d}}{\mathrm{d}t}[\mathrm{e}^{-t}\sin t u(t)]$

1-4　已知 $f(1-2t)$的波形如图 1-61 所示，画出 $f(t)$的波形。写出 $f(t)$的表达式。

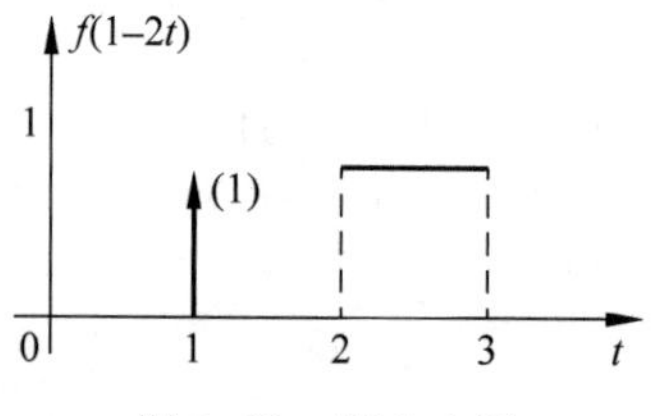

图 1-61　题 1-4 图

1-5 已知信号 $f(t)$的波形如图 1-62 所示,求 $f(3-2t)$的表达式。

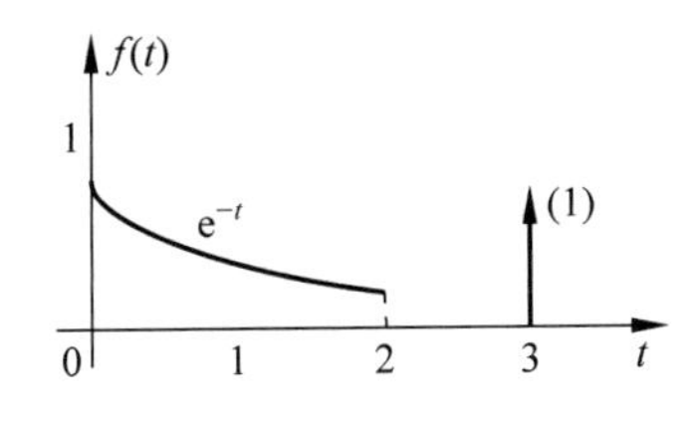

图 1-62 题 1-5 图

1-6 已知 $f(t)$,为求 $f(t_0-at)$应按下列哪种运算求得正确结果(式中 t_0,a 都为正值)?

(1) $f(-at)$左移 t_0　　(2) $f(at)$右移 t_0

(3) $f(at)$左移$\dfrac{t_0}{a}$　　(4) $f(-at)$右移$\dfrac{t_0}{a}$

1-7 写出图 1-63 中各波形的函数式。

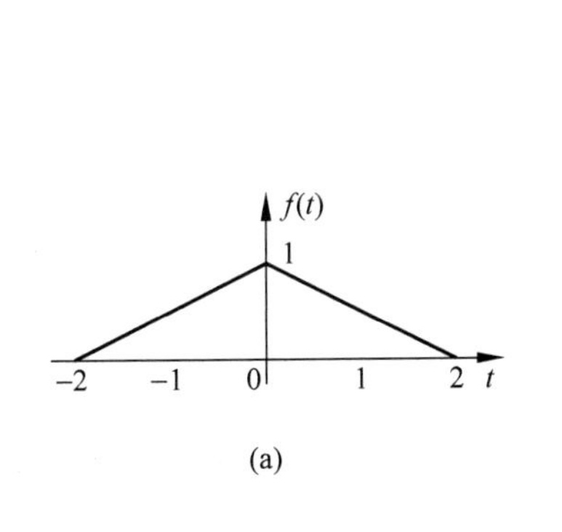

(a)

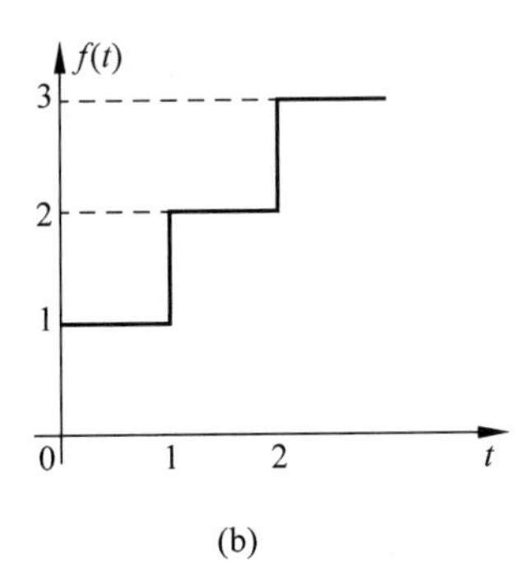

(b)

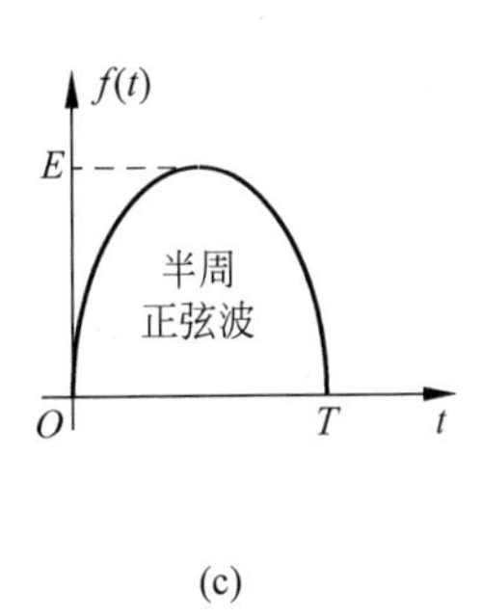

(c)

图 1-63 题 1-7 图

1-8 分别求下列各周期信号的周期 T。

(1) $\cos(10t)-\cos(30t)$　　(2) e^{j10t}　　(3) $[5\sin(8t)]^2$

(4) $\sum\limits_{n=0}^{+\infty}(-1)^n[u(t-nT)-u(t-nT-T)]$ (n 为正整数)

1-9 判断下列信号哪些是能量信号,哪些是功率信号,并计算它们的能量或平均功率。

(1) $f_1(t)=4\sin(10\pi t)u(t)$　　(2) $f_2(t)=8e^{-4t}u(t)$

(3) $f_3(t)=20e^{-10|t|}\cos(\pi t)$　　(4) $f_4(t)=5\cos(2\pi t)+10\sin(3\pi t)$

1-10 求下列函数的微分与积分。

(1) $f_1(t)=\delta(t)\cos t$　　(2) $f_2(t)=u(t)\cos t$　　(3) $f_3(t)=e^{-t}\delta(t)$

1-11 已知 $f(t)=\sin t[u(t)-u(t-\pi)]$,求:

(1) $f_1(t)=\dfrac{d^2}{dt^2}f(t)+f(t)$;　　(2) $f_2(t)=\int_{-\infty}^{t}f(\tau)d\tau$;　　(3) 画出它们的波形。

1-12 试画出如图 1-64 所示信号的奇分量 $f_o(t)$与偶分量 $f_e(t)$。

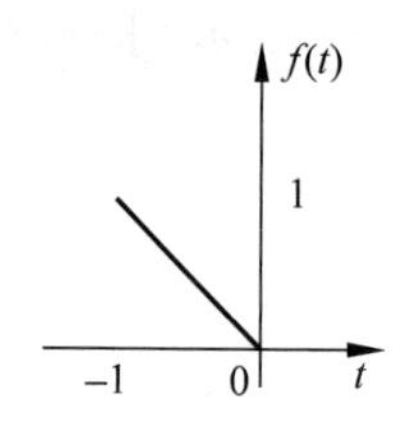

图 1-64　题 1-12 图

1-13　利用冲激函数的抽样性求下列积分值。

(1) $\int_{0_-}^{+\infty} \delta(t-2)\sin t\mathrm{d}t$　　(2) $\int_{0_-}^{+\infty} \frac{\sin 2t}{t}\delta(t)\mathrm{d}t$

(3) $\int_{0_-}^{+\infty} \delta(t+3)\mathrm{e}^{-t}\mathrm{d}t$　　(4) $\int_{0_-}^{+\infty} (t^3+4)\delta(1-t)\mathrm{d}t$

1-14　应用冲激信号的抽样特性,求下列表示式的函数值。

(1) $\int_{-\infty}^{+\infty} \delta(t-t_0)u(t-2t_0)\mathrm{d}t$　　(2) $\int_{-\infty}^{+\infty} (\mathrm{e}^t+t)\delta(t+2)\mathrm{d}t$

(3) $\int_{-\infty}^{+\infty} (t+\sin t)\delta\left(t-\frac{\pi}{6}\right)\mathrm{d}t$

1-15　应用冲激函数的抽样特性求下列表示式的值。

(1) $\int_{-\infty}^{+\infty} \mathrm{e}^{-3t}\sin(\pi t)\left[\delta(t)-\delta\left(t-\frac{1}{3}\right)\right]\mathrm{d}t$　　(2) $\int_{-\infty}^{+\infty} \mathrm{e}^{-\mathrm{j}t}\delta(t-3)\mathrm{d}t$

(3) $\int_{-\infty}^{+\infty} \frac{\sin(2t)}{t}\delta(t)\mathrm{d}t$

1-16　电感 L_1 与 L_2 并联,以阶跃电流源 $i(t)=Iu(t)$ 并联接入,试分别写出电感两端电压 $u(t)$ 和每个电感支路电流 $i_{L_1}(t)$、$i_{L_2}(t)$ 的表示式。

1-17　电容 C_1 与 C_2 串联,以阶跃电压源 $u(t)=E_0u(t)$ 串联接入,试分别写出回路中的电流 $i(t)$ 和每个电容两端电压 $u_{C_1}(t)$、$u_{C_2}(t)$ 的表示式。

1-18　有一线性时不变系统,当激励 $e_1(t)=u(t)$ 时,响应 $r_1(t)=\mathrm{e}^{-at}u(t)$,试求当激励 $e_2(t)=\delta(t)$ 时,响应 $r_2(t)$ 的表示式(假定起始时刻系统无储能)。

1-19　给出下列系统的仿真框图(模拟框图)。

(1) $\frac{\mathrm{d}}{\mathrm{d}t}r(t)+2r(t)=3e(t)$

(2) $\frac{\mathrm{d}^2}{\mathrm{d}t^2}r(t)+2\frac{\mathrm{d}}{\mathrm{d}t}r(t)-3r(t)=4e(t)$

(3) $\frac{\mathrm{d}}{\mathrm{d}t}r(t)+2r(t)=4\frac{\mathrm{d}}{\mathrm{d}t}e(t)+3e(t)$

(4) $\frac{\mathrm{d}^2}{\mathrm{d}t^2}r(t)+2\frac{\mathrm{d}}{\mathrm{d}t}r(t)+3r(t)=5\frac{\mathrm{d}}{\mathrm{d}t}e(t)+4e(t)$

1-20　判断下列系统是否为线性的、时不变的、因果的。

(1) $\frac{\mathrm{d}}{\mathrm{d}t}r(t)+a_0r(t)=b_0e(t)$　　(2) $\frac{\mathrm{d}}{\mathrm{d}t}r(t)+a_0r(t)=b_0e(t)+b_1$

(3) $r(t)=2e(t)u(t)$

1-21 下述方程中 $f(t)$表示系统输入,$y(t)$为输出,试问这些方程描述的系统是否属于时变或线性系统?申述理由。

(1) $y(t)=f(t)+5$　　(2) $y(t)=\int_{-\infty}^{t} f(\tau)\mathrm{d}\tau$

(3) $y(t)=\int_{-\infty}^{2t} f(\tau)\mathrm{d}\tau$

1-22 判断下列系统是否是可逆的。若可逆,给出它的逆系统;若不可逆,给出使该系统产生相同输出的两个输入信号。

(1) $r(t)=e(t+2)$　　(2) $r(t)=3\frac{\mathrm{d}}{\mathrm{d}t}e(t)$

(3) $r(t)=\int_{-\infty}^{t} e(\tau)\mathrm{d}\tau$　　(4) $r(t)=e\left(\frac{1}{4}t\right)$

1-23 判断下列系统是否为线性的、时不变的、因果的?

(1) $\frac{\mathrm{d}}{\mathrm{d}t}y(t)+10y(t)=f(t)$　　(2) $\frac{\mathrm{d}}{\mathrm{d}t}y(t)+y(t)=f(t+10)$

(3) $\frac{\mathrm{d}}{\mathrm{d}t}y(t)+t^2y(t)=f(t)$　　(4) $y(t)=f(t+10)+f^2(t)$

特性	信号			
	(1)	(2)	(3)	(4)
线性				
时不变				
因果				
记忆的				

1-24 判断下列系统是否是可逆的。若可逆,给出它的逆系统;若不可逆指出使该系统产生相同输出的两个输入信号。

(1) $r(t)=e(t-5)$　　(2) $r(t)=\frac{\mathrm{d}}{\mathrm{d}t}e(t)$

(3) $r(t)=\int_{-\infty}^{t} e(\tau)\mathrm{d}\tau$　　(4) $r(t)=e(2t)$

习题答案

1-1

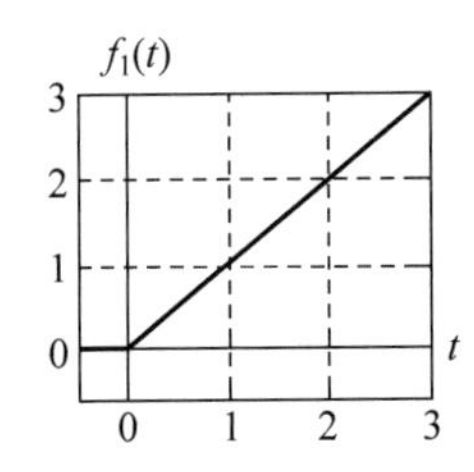

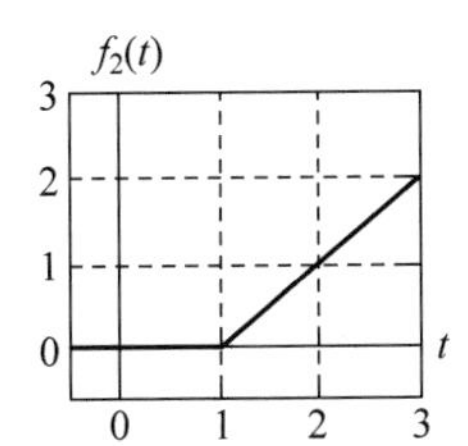

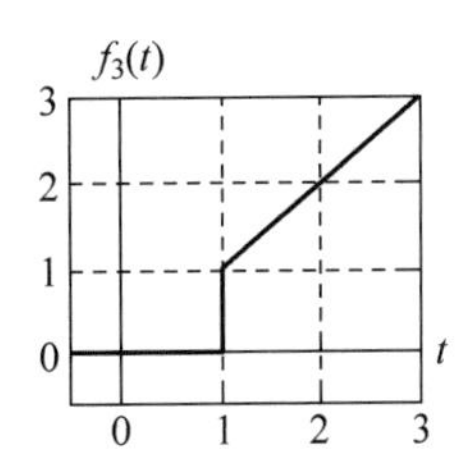

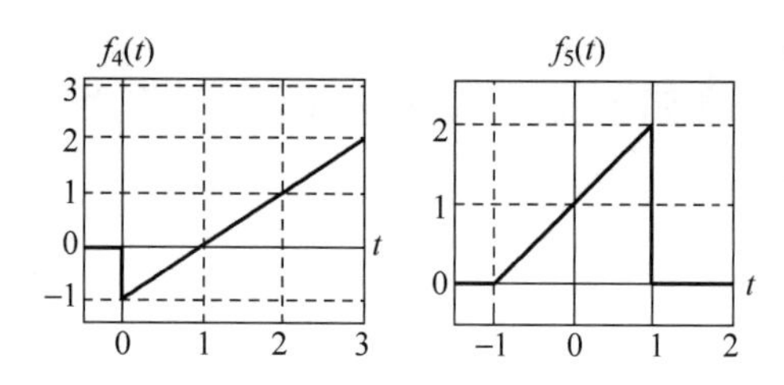

$f_4(t)$
$f_5(t)$

1-2

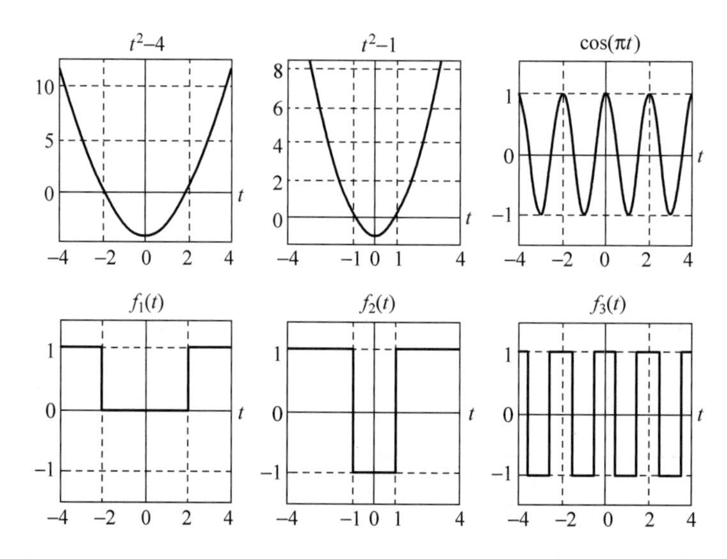

t^2-4
t^2-1
cos(πt)
$f_1(t)$
$f_2(t)$
$f_3(t)$

1-3

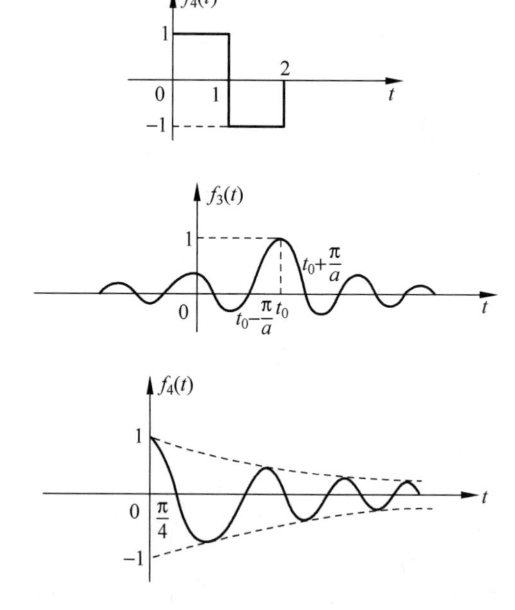

$f_4(t)$
$f_3(t)$
$t_0+\frac{\pi}{a}$
$t_0-\frac{\pi}{a}$
$f_4(t)$

1-4

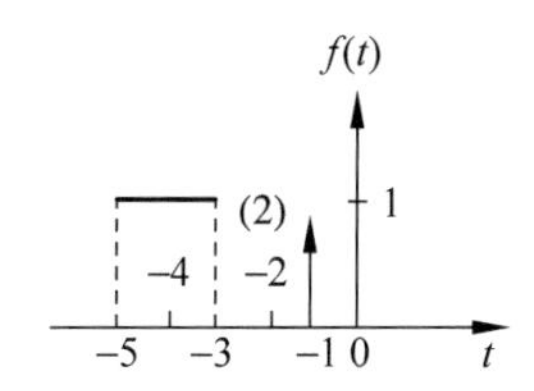

1-5

$$f(3-2t)=\mathrm{e}^{2\left(t-\frac{3}{2}\right)}\left[U\left(t-\frac{1}{2}\right)-U\left(t-\frac{3}{2}\right)\right]+\frac{1}{2}\delta(t)$$

1-6

$$f(t_0-at)=f[-(at-t_0)]=f\left[-a\left(t-\frac{t_0}{a}\right)\right]$$

1-7

(a) $f(t)=\frac{1}{2}(t+2)[u(t+2)-u(t)]-\frac{1}{2}(t-2)[u(t)u(t-2)]$

(b) $f(t)=u(t)-u(t-1)+2[u(t-1)-u(t-2)]+3u(t-2)=u(t)+u(t-1)+u(t-2)$

(c) $f(t)=E\sin\left(\frac{2\pi}{2T}t\right)[u(t)-u(t-T)]=E\sin\left(\frac{\pi}{T}t\right)[u(t)-u(t-T)]$

1-8

(1) $f_1(t)=\cos(10t)-\cos(30t)$

(2) $f_2(t)=\mathrm{e}^{\mathrm{j}10t}=\cos(10t)+\mathrm{j}\sin(10t)$

(3) $f_3(t)=[5\sin(8t)]^2=25\sin^2(8t)=\frac{25}{2}[1-\cos(16t)]$

(4) $$\begin{aligned}f_4(t)&=\sum_{a=0}^{+\infty}(-1)^n[u(t-nT)-u(t-nT-T)]\\&=[u(t)-u(t-T)]-[u(t-T)-u(t-2T)]+[u(t-2T)-u(t-3T)]\cdots\end{aligned}$$

1-9

(1) $f_1(t)$的功率为正弦周期信号 $4\sin(10\pi t)$的功率的一半，4W

(2) $f_2(t)$的能量，8J

(3) $f_3(t)$的能量，382J

(4) $f_4(t)$是个周期信号，其功率为各次谐波功率之和，625W

1-10

(1) $\frac{\mathrm{d}f_1(t)}{\mathrm{d}t}=\frac{\mathrm{d}}{\mathrm{d}t}[\delta(t)\cos t]=\frac{\mathrm{d}}{\mathrm{d}t}[\delta(t)]=\delta(t)$

$$\int_{-\infty}^{t}f_1(\tau)\mathrm{d}t=\int_{-\infty}^{t}\mathrm{d}(\tau)\cos\tau\mathrm{d}\tau=\int_{-\infty}^{t}\delta(\tau)\mathrm{d}\tau=u(t)$$

(2) $\frac{\mathrm{d}f_2(t)}{\mathrm{d}t}=\frac{\mathrm{d}}{\mathrm{d}t}[u(t)\cos t]=\cos\delta(t)-\sin tu(t)=\delta(t)-\sin tu(t)$

$$\int_{-\infty}^{t}f_2(\tau)\mathrm{d}\tau=\int_{-\infty}^{t}u(\tau)\cos\tau\mathrm{d}\tau=\int_{0}^{t}\cos\tau\mathrm{d}\tau=\sin tu(t)$$

(3) $\frac{\mathrm{d}f_3(t)}{\mathrm{d}t}=\frac{\mathrm{d}}{\mathrm{d}t}[\mathrm{e}^{-t}\delta(t)]=\frac{\mathrm{d}\delta(t)}{\mathrm{d}t}=\delta(t)$

$$\int_{-\infty}^{t}f_3(\tau)\mathrm{d}\tau=\int_{-\infty}^{t}\mathrm{e}^{-\tau}\delta(\tau)\mathrm{d}\tau=\int_{-\infty}^{t}\delta(\tau)\mathrm{d}\tau=u(t)$$

1-11

(1) $f_1(t)=\delta(t)+\delta(t-\pi)$

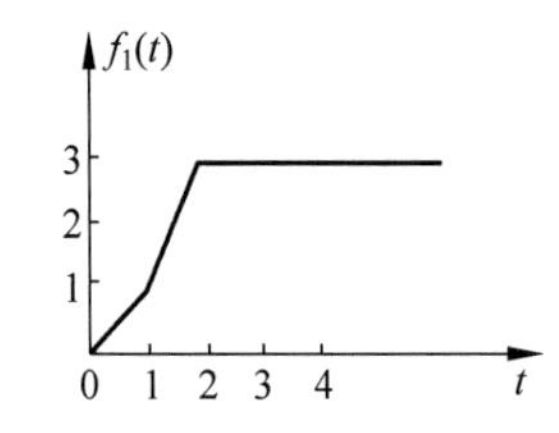

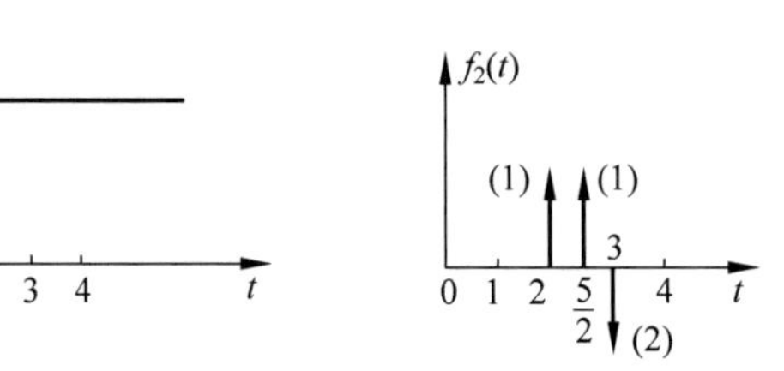

(2) $f_2(t)=\begin{cases}1-\cos t, & 0\leqslant t<\pi \\ 2, & t\geqslant\pi\end{cases}$

(3)

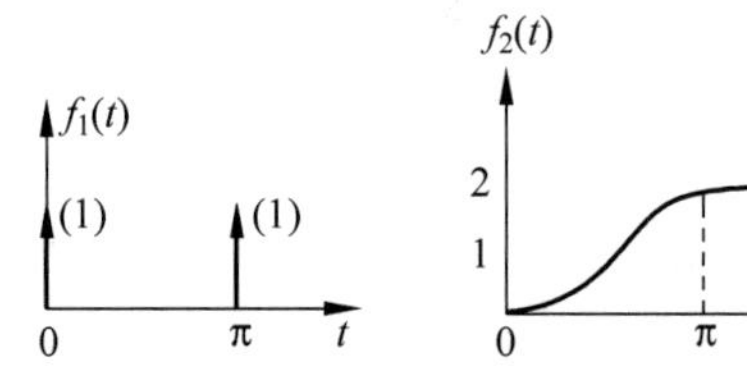

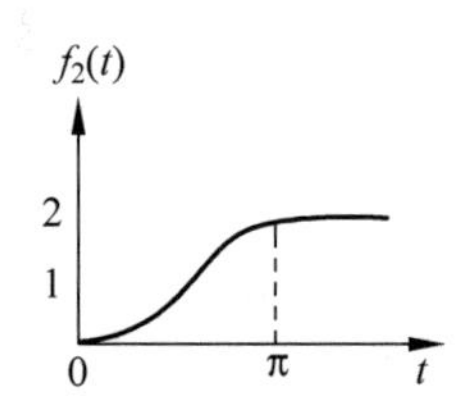

1-12

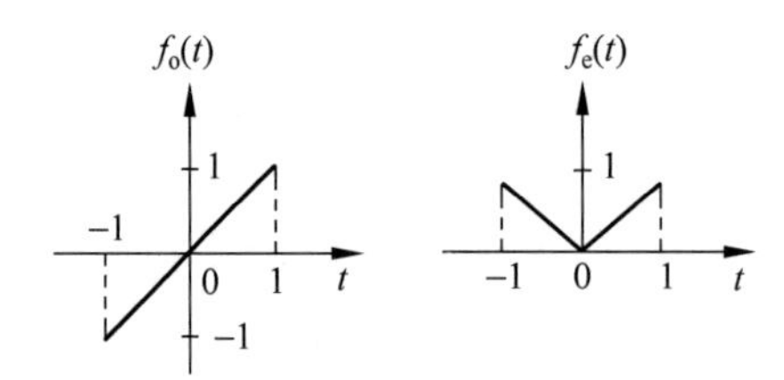

1-13

(1) $\int_{-\infty}^{+\infty}\delta(t-2)\sin t\mathrm{d}t=\int_{-\infty}^{+\infty}\delta(t-2)\sin 2\mathrm{d}t=\sin 2\int_{-\infty}^{+\infty}\delta(t-2)\mathrm{d}t=\sin 2$

(2) $\int_{-\infty}^{+\infty}\frac{\sin 2t}{t}\delta(t)\mathrm{d}t=2\int_{-\infty}^{+\infty}\frac{\sin 2t}{2t}\delta(t)\mathrm{d}t=2\lim_{t\to 0}\frac{\sin 2t}{2t}=2$

(3) $\int_{-\infty}^{+\infty}\delta(t+3)\mathrm{e}^{-t}\mathrm{d}t=\int_{-\infty}^{+\infty}\delta(t+3)\mathrm{e}^{-(-3)}\mathrm{d}t=\int_{-\infty}^{+\infty}\mathrm{e}^{3}\delta(t+3)\mathrm{d}(t+3)=\mathrm{e}^{3}$

(4) $\int_{-\infty}^{+\infty}(t^3+4)\delta(1-t)\mathrm{d}t=\int_{-\infty}^{+\infty}(t^3+4)\delta(t-1)\mathrm{d}t=\int_{-\infty}^{+\infty}(t+4)\delta(t-1)\mathrm{d}t$

$$=t\int_{-\infty}^{+\infty}\delta(t-1)\mathrm{d}(t-1)=5$$

1-14

(1) $\int_{-\infty}^{+\infty}\delta(t-t_0)u(t-2t_0)\mathrm{d}t=\int_{-\infty}^{+\infty}\delta(t-t_0)u(t_0-2t_0)\mathrm{d}t$

$$= u(-t_0)\int_{-\infty}^{+\infty}\delta(t-t_0)\mathrm{d}t$$

$$= u(-t_0) = \begin{cases} 0, & t_0>0 \\ 1, & t_0<0 \end{cases}$$

(2) $\int_{-\infty}^{+\infty}(\mathrm{e}^{-t}+t)\delta(t+2)\mathrm{d}t = \int_{-\infty}^{+\infty}[\mathrm{e}^{-(-2)}-2]\delta(t+2)\mathrm{d}t$

$$= (\mathrm{e}^2-2)\int_{-\infty}^{+\infty}\delta(t+2)\mathrm{d}t$$

$$= \mathrm{e}^2-2$$

(3) $\int_{-\infty}^{+\infty}(t+\sin t)\delta\left(t-\frac{\pi}{6}\right)\mathrm{d}t = \int_{-\infty}^{+\infty}\left(\frac{\pi}{6}+\sin\frac{\pi}{6}\right)\delta\left(t-\frac{\pi}{6}\right)\mathrm{d}t$

$$= \left(\frac{\pi}{6}+\sin\frac{\pi}{6}\right)\int_{-\infty}^{+\infty}\delta\left(t-\frac{\pi}{6}\right)\mathrm{d}t = \frac{\pi}{6}+\frac{1}{2}$$

1-15

(1) $\int_{-\infty}^{+\infty}\mathrm{e}^{-3t}\sin(\pi t)\left[\delta(t)-\delta\left(t-\frac{1}{3}\right)\right]\mathrm{d}t = [\mathrm{e}^{-3t}\sin(\pi t)]_{t=1} - [\mathrm{e}^{-3t}\sin(\pi t)]_{t=\frac{1}{3}} = \frac{\sqrt{3}}{2}\mathrm{e}^{-1}$

(2) $\int_{-\infty}^{+\infty}\mathrm{e}^{-\mathrm{j}\omega t}\delta(t-3)\mathrm{d}t = \mathrm{e}^{-\mathrm{j}\omega}\mid_{t=3} = \mathrm{e}^{-\mathrm{j}3\omega}$

(3) $\int_{-\infty}^{+\infty}\frac{\sin(2t)}{t}\delta(t)\mathrm{d}t = \left[\frac{\sin(2t)}{t}\right]_{t=0} = \lim_{t\to 0}\frac{\sin(2t)}{t} = \lim_{t\to 0}\frac{2\cos(2t)}{1} = 2$

1-16

$$\begin{cases} v(t) = \dfrac{IL_1L_2}{L_1+L_2}\delta(t) \\ i_{L_1}(t) = \dfrac{IL_2}{L_1+L_2}u(t) \\ i_{L_2}(t) = \dfrac{IL_1}{L_1+L_2}u(t) \end{cases}$$

1-17

$$\begin{cases} i(t) = \dfrac{EC_1C_2}{C_1+C_2}\delta(t) \\ u_{C_1}(t) = \dfrac{EC_2}{C_1+C_2}u(t) \\ u_{C_2}(t) = \dfrac{EC_1}{C_1+C_2}u(t) \end{cases}$$

1-18 解：因为起始时刻系统无储能，所以响应就是零状态响应。

由 LTI 系统的微分性质：当激励为 $e(t)$时产生的响应为 $r(t)$，则当激励为$\frac{\mathrm{d}e(t)}{\mathrm{d}t}$时产生的响应为$\frac{\mathrm{d}r(t)}{\mathrm{d}t}$，有

$$e_1(t) = u(t) \to r_1(t) = \mathrm{e}^{-at}u(t)$$

$$e_2(t) = \delta(t) \to r_2(t) = \frac{\mathrm{d}[\mathrm{e}^{-at}u(t)]}{\mathrm{d}t} = -a\mathrm{e}^{-at}u(t)+\mathrm{e}^{-at}\delta(t) = \delta(t)-a\mathrm{e}^{-at}u(t)$$

1-19

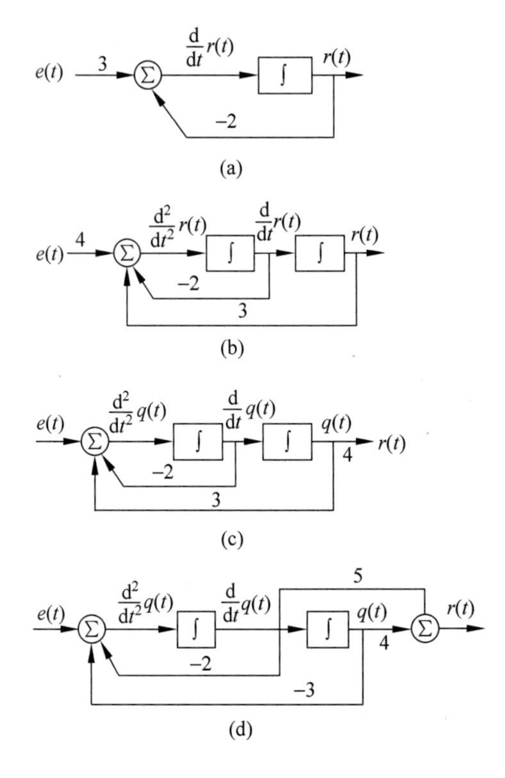

1-20

(1) 是线性的、时不变的、因果的；

(2) 是非线性的、时变的、非因果的；

(3) 是线性的、时变的、因果的。

1-21

(1) 非线性、时不变；

(2) 线性、时变；

(3) 线性、时不变。

1-22

(1) 是可逆系统；

(2) 是不可逆系统；

(3) 是可逆系统；

(4) 是可逆系统。

1-23

特性	信号			
	(1)	(2)	(3)	(4)
线性	√		√	
时不变	√		√	√
因果	√	√		
记忆的	√	√	√	

1-24

（1）是可逆的；

（2）不可逆；

（3）可逆系统；

（4）可逆系统。

第2章 连续时间系统的时域分析

【本章导读】

本章讨论连续时间系统的时域分析方法。主要内容包括：建立连续线性时不变系统的数学模型——常系数线性微分方程，采用经典法求解微分方程，得到系统的完全响应，并建立零输入响应和零状态响应两个重要的基本概念。在零状态响应的基础上，引入描述系统时域特性的单位冲激响应的概念。本章最后引入一个重要的信号运算——卷积积分。

【学习要点】

(1) 理解并掌握线性时不变系统完全响应的求解方法。

(2) 理解冲激响应的定义，掌握冲激响应的求解方法，深刻理解冲激响应表示的系统特性。

(3) 熟练掌握卷积积分的定义和性质。

(4) 掌握利用卷积积分求解系统零状态响应的方法。

2.1 引言

连续时间系统处理连续时间信号，通常用微分方程来描述，也就是系统的输入与输出之间通过时间函数及其对时间 t 的各阶导数的线性组合联系起来。如果输入与输出只用一个高阶的微分方程相联系，而且不研究系统内部其他信号的变化，这种描述的方法称为输入-输出法或端口描述法。系统分析的任务是对给定的系统模型和输入信号求系统的输出响应。分析系统的方法有很多，其中时域分析法不通过任何变换，直接求解系统的微分、积分方程，系统的分析与计算全部在时间变量域内进行，这种方法直观，物理概念清楚，是学习各种变换域分析方法的基础。目前计算机技术的发展及各种算法软件的开发，使得这一经典方法重新得到广泛的关注和应用。

系统时域分析法包含两方面内容，一是微分方程的求解，另一是系统单位冲激响应，将冲激响应与输入激励信号进行卷积积分，求出系统输出响应。本章将对这两种方法进行阐述。在微分方程求解中，除复习数学中经典解法之外，着重说明解的物理意义。同时作为近代系统时域分析的方法，将建立零输入响应和零状态响应两个重要的基本概念，它使线性系统在理论上更完善，为解决实际问题带来方便。虽然用卷积积分只能得到系统的零状态响应，但它的物理概念明确，运算过程方便，往往成为系统分析的基本方法，是近代计算分析系统的强有力工具。卷积积分也是时间域与变换域分析线性系统的一条纽带，通过它把变换域分析赋以清晰的物理概念。

2.2 微分方程的建立

为建立线性时不变系统的数学模型，需要列写描述其工作特性的微分方程式。对于电路系统，构成此方程式的基本依据是电路网络的两类约束特性。一是元件约束特性，即表征电路元件模型的关系式，例如电阻、电容、电感各自的伏安关系或是互感、受控源、运放的输入-输出的电压电流关系。二是网络拓扑约束，即由网络结构决定的各电流、电压之间的约束关系，由基尔霍夫电压和电流定律给出。连续时间系统时域模型的建立及其求解过程如图 2-1 所示。

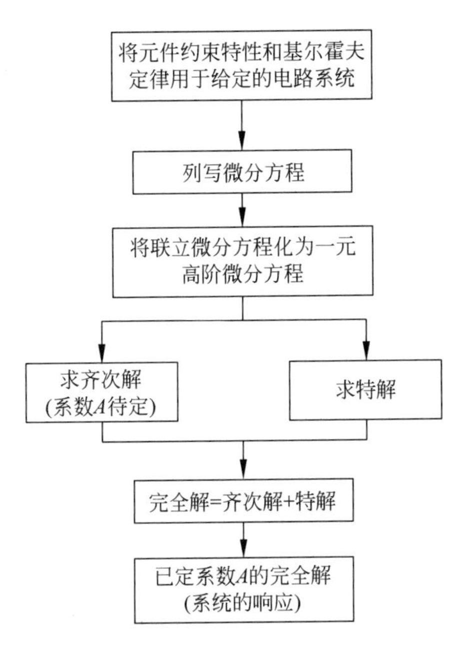

图 2-1　连续时间系统时域模型的建立及求解

首先了解微分方程的建立方法，下一节将着重介绍微分方程的求解方法及其解的物理意义。

在电路知识中所学到的元件约束关系主要为元件的伏安关系，描述线性电阻元件伏安关系的欧姆定律为

$$u(t) = Ri(t) \tag{2-1}$$

即电路中电阻两端的电压跟随电阻中流过的电流发生即时变化。

电容元件为电路系统中电场储能元件，其存储的电场由电流对电容的极板充电完成，当充电电流为有限值时，电容两个极板之间的电压不能产生突变；但当充电电流由冲激函数表示时，即充电电流无限大时，电容极板间的电压可以发生突变。线性电容元件的伏安关系表示为

$$u_{\mathrm{C}}(t) = u_{\mathrm{C}}(0) + \frac{1}{C}\int_{0}^{t} i_{\mathrm{C}}(\zeta)\mathrm{d}\zeta \tag{2-2}$$

$$i_{\mathrm{C}}(t) = C\frac{\mathrm{d}u_{\mathrm{C}}(t)}{\mathrm{d}t} \tag{2-3}$$

电感元件为电路系统中磁场储能元件，其存储的磁场由电压对电感的线圈通过电流，形成磁场来实现。电感两端所加电压为有限值时，流过电感的电流不能产生突变；但当所加电压由冲激函数表示，即电感所加电压无限大时，流过电感的电流可以发生突变。线性电感元件的伏安关系表示为

$$i_{\mathrm{L}}(t) = i_{\mathrm{L}}(0) + \frac{1}{L}\int_{0}^{t} u_{\mathrm{L}}(\zeta)\mathrm{d}\zeta \tag{2-4}$$

$$u_{\mathrm{L}}(t)=L\frac{\mathrm{d}i_{\mathrm{L}}(t)}{\mathrm{d}t} \tag{2-5}$$

描述电路网络结构约束关系的基尔霍夫电路定律表述为：流入或流出结点的电流的代数和为零——基尔霍夫电流定律；沿闭合回路电压的代数和为零——基尔霍夫电压定律。

当电路网络如图 2-2 所示时，根据各元件的伏安关系及电路的结构，首先由伏安关系知电阻、电感及电容所在支路的电流分别为

$$i_{\mathrm{R}}(t)=\frac{1}{R}v(t) \tag{2-6}$$

$$i_{\mathrm{L}}(t)=i_{\mathrm{L}}(0)+\frac{1}{L}\int_{0}^{t}v(\zeta)\mathrm{d}\zeta \tag{2-7}$$

$$i_{\mathrm{C}}(t)=C\frac{\mathrm{d}v(t)}{\mathrm{d}t} \tag{2-8}$$

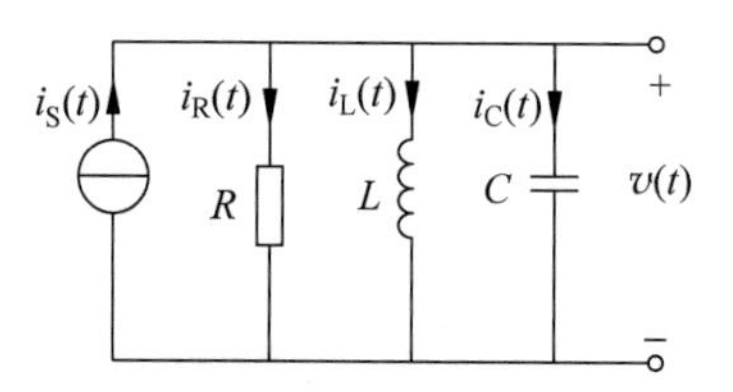

图 2-2　*RLC* 并联电路

由电路的拓扑关系得电流之间的关系如下

$$i_{\mathrm{R}}(t)+i_{\mathrm{L}}(t)+i_{\mathrm{C}}(t)=i_{\mathrm{S}}(t) \tag{2-9}$$

$$\frac{1}{R}v(t)+i_{\mathrm{L}}(0)+\frac{1}{L}\int_{0}^{t}v(\zeta)\mathrm{d}\zeta+C\frac{\mathrm{d}v(t)}{\mathrm{d}t}=i_{\mathrm{S}}(t) \tag{2-10}$$

方程两边对时间 t 微分并整理，得

$$C\frac{\mathrm{d}^2v(t)}{\mathrm{d}t^2}+\frac{1}{R}\frac{\mathrm{d}v(t)}{\mathrm{d}t}+\frac{1}{L}v(t)=\frac{\mathrm{d}i_{\mathrm{S}}(t)}{\mathrm{d}t} \tag{2-11}$$

由微分方程得到的系统框图如图 2-3 所示。

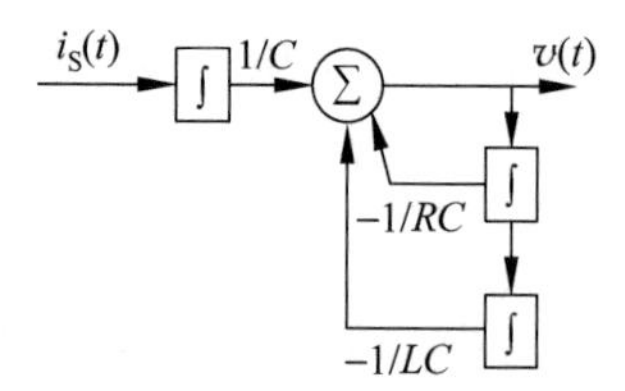

图 2-3　微分方程式的系统框图

再如，若电路网络如图 2-4 所示，其微分方程列写过程为

$$i_2(t)=i_2(0)+\frac{1}{2}\int_{0}^{t}v_{\mathrm{o}}(\zeta)\mathrm{d}\zeta \tag{2-12}$$

$$i_1(t)-i_2(t)=C\frac{\mathrm{d}u_{\mathrm{C}}(t)}{\mathrm{d}t}=\frac{\mathrm{d}(i_2(t)+v_{\mathrm{o}}(t))}{\mathrm{d}t} \tag{2-13}$$

$$e(t)=2i_1(t)+\frac{\mathrm{d}i_1(t)}{\mathrm{d}t}+i_2(t)+v_o(t) \tag{2-14}$$

将 $i_1(t)$、$i_2(t)$代入上式得

$$\begin{aligned}e(t)=&2\left[\frac{1}{2}v_o(t)+\frac{\mathrm{d}v_o(t)}{\mathrm{d}t}+i_2(0)+\frac{1}{2}\int_0^t v_o(\zeta)\mathrm{d}\zeta\right]\\&+\left[\frac{1}{2}\frac{\mathrm{d}v_o(t)}{\mathrm{d}t}+\frac{\mathrm{d}^2v_o(t)}{\mathrm{d}t^2}+\frac{1}{2}v_o(t)\right]\\&+\left[i_2(0)+\frac{1}{2}\int_0^t v_o(\zeta)\mathrm{d}\zeta\right]+v_o(t)\end{aligned} \tag{2-15}$$

整理得

$$e(t)=\frac{\mathrm{d}^2v_o(t)}{\mathrm{d}t^2}+\frac{5}{2}\frac{\mathrm{d}v_o(t)}{\mathrm{d}t}+\frac{5}{2}v_o(t)+\frac{3}{2}\int_0^t v_o(\zeta)\mathrm{d}\zeta+3i_2(0) \tag{2-16}$$

方程两边对 t 微分,方程两边再乘 2,得

$$2\frac{\mathrm{d}^3}{\mathrm{d}t^3}v_o(t)+5\frac{\mathrm{d}^2}{\mathrm{d}t^2}v_o(t)+5\frac{\mathrm{d}}{\mathrm{d}t}v_o(t)+3v_o(t)=2\frac{\mathrm{d}}{\mathrm{d}t}e(t) \tag{2-17}$$

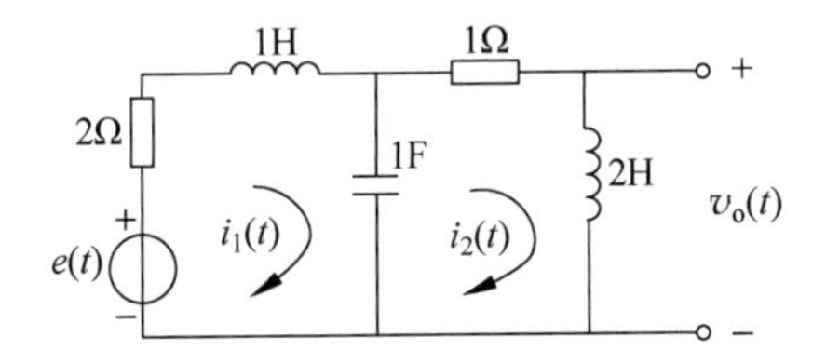

图 2-4 电路网络图

由微分方程得到的系统框图如图 2-5 所示。

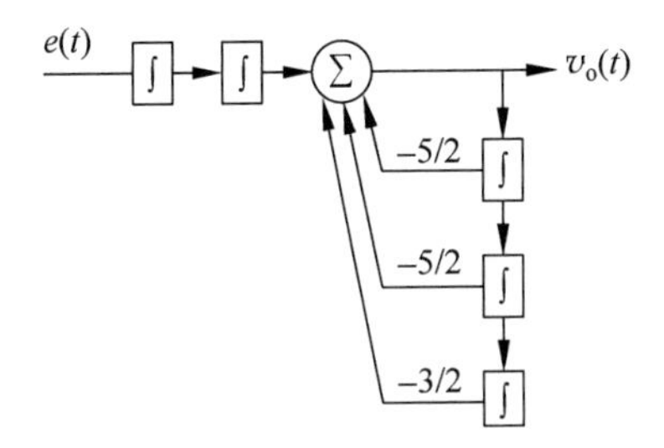

图 2-5 微分方程式的系统框图

由以上两例微分方程的建立可知,如果组成系统的元件都是参数恒定的线性元件,则相应的数学模型是一个线性常系数微分方程。若此系统中各元件起始无储能,则构成一个线性时不变系统。

设系统的激励信号为 $e(t)$,响应为 $r(t)$,其数学模型可利用高阶微分方程表示,微分方程的阶次与电路中的线性动态元件的个数一致。微分方程的通式一般表示为

$$\begin{aligned}&C_0\frac{\mathrm{d}^nr(t)}{\mathrm{d}t^n}+C_1\frac{\mathrm{d}^{n-1}r(t)}{\mathrm{d}t^{n-1}}+\cdots+C_{n-1}\frac{\mathrm{d}r(t)}{\mathrm{d}t}+C_nr(t)\\=&E_0\frac{\mathrm{d}^me(t)}{\mathrm{d}t^m}+E_1\frac{\mathrm{d}^{m-1}e(t)}{\mathrm{d}t^{m-1}}+\cdots+E_{m-1}\frac{\mathrm{d}e(t)}{\mathrm{d}t}+E_me(t)\end{aligned} \tag{2-18}$$

2.3 微分方程的求解

系统的微分方程一经建立，如果给定激励信号函数形式以及系统的初始状态，即可求解所需的响应。由时域微分方程的经典求解方法，微分方程的完全解由齐次解与特解两部分组成，而齐次解中的待定系数还需借助初始条件来求解。下面依次说明齐次解、特解及待定系数的求解方法。

2.3.1 求齐次解

当微分方程中的激励项 $e(t)$ 及其各阶导数都为零时，此方程称为齐次方程，该方程的解称为齐次解。

$$C_0 \frac{\mathrm{d}^n r(t)}{\mathrm{d}t^n} + C_1 \frac{\mathrm{d}^{n-1} r(t)}{\mathrm{d}t^{n-1}} + \cdots + C_{n-1} \frac{\mathrm{d}r(t)}{\mathrm{d}t} + C_n r(t) = 0 \tag{2-19}$$

齐次方程通解的求解方法为：首先列写特征方程，其解为特征根，然后由特征根的形式列写不同的齐次通解。齐次方程(2-19)的特征方程表示为

$$C_0\lambda^n + C_1\lambda^{n-1} + \cdots + C_{n-1}\lambda + C_n = 0 \tag{2-20}$$

若特征根 λ_K 各不相同(无重根)，则微分方程的齐次解形如

$$r_{\mathrm{h}}(t) = A_1 \mathrm{e}^{\lambda_1 t} + A_2 \mathrm{e}^{\lambda_2 t} + \cdots + A_n \mathrm{e}^{\lambda_n t} \tag{2-21}$$

若特征根 λ_K 中有重根，且 λ_1 为 m 阶重根，则微分方程的齐次解形如

$$(A_1 t^{m-1} + A_2 t^{m-2} + \cdots + A_{m-1} t + A_m)\mathrm{e}^{\lambda_1 t} \tag{2-22}$$

其中，$A_1, A_2, \cdots, A_m$ 为待定系数，由完全解代入初始条件求出。

从系统分析的角度来说，齐次解表示系统的自由响应。特征根称为系统的“固有频率”或称为“自由频率”“自然频率”，它决定了系统自由响应的全部形式。

【例 2-1】 系统微分方程如下：

$$\frac{\mathrm{d}^2}{\mathrm{d}t^2} r(t) + 3\frac{\mathrm{d}}{\mathrm{d}t} r(t) + 2r(t) = \frac{\mathrm{d}}{\mathrm{d}t} e(t) + 4e(t)$$

求齐次解。

解：齐次解用 $r_{\mathrm{h}}(t)$ 表示。

$$\text{特征方程 } \lambda^2 + 3\lambda + 2 = 0 \Rightarrow \text{特征根 } \lambda_1 = -1, \quad \lambda_2 = -2$$

故齐次解

$$r_{\mathrm{h}}(t) = A_1 \mathrm{e}^{-t} + A_2 \mathrm{e}^{-2t}$$

2.3.2 求特解

微分方程特解的函数形式与激励函数形式有关。将激励 $e(t)$ 代入方程式的右端，化简后右端函数式称为“自由项”。通常，观察自由项选取特解函数式，代入原微分方程后求得特解函数式中的待定系数，即可给出特解 $r_{\mathrm{p}}(t)$。几种典型激励函数对应的特解函数式列于表 2-1 中，求解方程时可以参考。

表 2-1　与几种典型激励函数对应的特解

激励函数 $e(t)$	响应函数 $r(t)$ 的特解
E(常数)	B
t^p	$B_1t^p+B_2t^{p-1}+\cdots+B_pt+B_{p+1}$
$e^{\alpha t}$	$Be^{\alpha t}$
$\cos(\omega t)$	$B_1\cos(\omega t)+B_2\sin(\omega t)$
$\sin(\omega t)$	
$t^pe^{\alpha t}\cos(\omega t)$	$(B_1t^p+\cdots+B_pt+B_{p+1})e^{\alpha t}\cos(\omega t)+$
$t^pe^{\alpha t}\cos(\omega t)$	$(D_1t^p+\cdots+D_pt+D_{p+1})e^{\alpha t}\sin(\omega t)$

【例 2-2】 系统微分方程及激励信号给定如下：

$$\frac{d^2}{dt^2}r(t)+3\frac{d}{dt}r(t)+2r(t)=4e(t),\quad e(t)=e^{-3t}U(t)$$

求系统特解。

解：特解用 $r_p(t)$ 表示。

将 $e(t)=e^{-3t}U(t)$ 代入方程右端，得自由项

$$4e(t)=4e^{-3t}U(t)$$

对照表 2-1，设特解 $r_p(t)=Be^{-3t}$，代回原方程，得

$$9Be^{-3t}-9Be^{-3t}+2Be^{-3t}=4e^{-3t}\Rightarrow B=2$$

故特解

$$r_p(t)=Be^{-3t}=2e^{-3t}$$

完全解中的特解称为系统的强迫响应，可见强迫响应只与激励函数的形式有关。整个系统的完全响应是由系统自身特性决定的自由响应 $r_h(t)$ 和与外加激励信号 $e(t)$ 有关的强迫响应 $r_p(t)$ 两部分组成。即

$$r(t)=r_h(t)+r_p(t) \tag{2-23}$$

2.3.3　求待定系数 A

给定微分方程和激励信号 $e(t)$，为使方程有唯一解还必须给出一组求解区间内的边界条件，用以确定式中的常数 $A_i(i=1,2,\cdots,n)$。对于 n 阶微分方程，若 $e(t)$ 是 $t=0$ 时刻加入，则把求解区间定为 $0\leqslant t<+\infty$，一组边界条件可以给定为此区间内任一时刻 t_0 对应的 $r(t_0)$，$\frac{d}{dt}r(t_0)$，$\frac{d^2}{dt^2}r(t_0)$，$\cdots$，$\frac{d^{n-1}}{dt^{n-1}}r(t_0)$ 的值。通常取 $t_0=0$，这样对应的一组条件就称为初始条件，记为 $r^{(k)}(0)(k=0,1,\cdots,n-1)$。把 $r^{(k)}(0)$ 代入完全解的通式，有

$$\begin{cases} r(0)=A_1+A_2+\cdots+A_n+r_p(0) \\ \frac{d}{dt}r(0)=A_1\lambda_1+A_2\lambda_2+\cdots+A_n\lambda_n+\frac{d}{dt}r_p(0) \\ \vdots \\ \frac{d^{n-1}}{dt^{n-1}}r(0)=A_1\lambda_1^{n-1}+A_2\lambda_2^{n-1}+\cdots+A_n+\frac{d^{n-1}}{dt^{n-1}}r_p(0) \end{cases} \tag{2-24}$$

由此可以求出待定系数 $A_i(i=1,2,\cdots,n)$。用矩阵形式表示为

$$\begin{bmatrix} r(0)-r_{\mathrm{p}}(0) \\ \frac{\mathrm{d}}{\mathrm{d}t}r(0)-\frac{\mathrm{d}}{\mathrm{d}t}r_{\mathrm{p}}(0) \\ \vdots \\ \frac{\mathrm{d}^{n-1}}{\mathrm{d}t^{n-1}}r(0)-\frac{\mathrm{d}^{n-1}}{\mathrm{d}t^{n-1}}r_{\mathrm{p}}(0) \end{bmatrix} = \begin{bmatrix} 1 & 1 & \cdots & 1 \\ \lambda_1 & \lambda_2 & \cdots & \lambda_n \\ \vdots & \vdots & \ddots & \vdots \\ \lambda_1^{n-1} & \lambda_2^{n-1} & \cdots & \lambda_n^{n-1} \end{bmatrix} \begin{bmatrix} A_1 \\ A_2 \\ \vdots \\ A_n \end{bmatrix} \tag{2-25}$$

其中由各 λ 值构成的矩阵称为范德蒙德矩阵。由于 λ_i 值各不相同,因而它的逆矩阵存在,这样就可以唯一地确定常数 $A_i(i=1,2,\cdots,n)$。

【例 2-3】 设系统的微分方程表示为

$$\frac{\mathrm{d}^2}{\mathrm{d}t^2}r(t)+5\frac{\mathrm{d}}{\mathrm{d}t}r(t)+6r(t)f(t),\text{其中 } f(t)=\mathrm{e}^{-t}u(t)$$

求系统的完全解 $r(t)$。系统起始状态 $r(0_+)=1$ 和 $r'(0_+)=-1$。

解:求齐次解 $r_{\mathrm{h}}(t)$:

$$\text{特征方程 } \lambda^2+5\lambda+6=0 \Rightarrow \text{特征根 } \lambda_1=-2,\quad \lambda_2=-3$$

故齐次解

$$r_{\mathrm{h}}(t)=(A_1\mathrm{e}^{-2t}+A_2\mathrm{e}^{-3t})u(t)$$

求特解 $r_{\mathrm{p}}(t)$,设

$$r_{\mathrm{p}}(t)=B\mathrm{e}^{-t}u(t)$$

将 0_+ 时刻的特解形式代回原方程,

$$(B\mathrm{e}^{-t})''+5(B\mathrm{e}^{-t})'+6B\mathrm{e}^{-t}=\mathrm{e}^{-t}$$

得 $B=0.5$,故特解

$$r_{\mathrm{p}}(t)=B\mathrm{e}^{-t}u(t)=0.5\mathrm{e}^{-t}u(t)$$

求完全解 $r(t)$:

$$r(t)=r_{\mathrm{h}}(t)+r_{\mathrm{p}}(t)=(A_1\mathrm{e}^{-2t}+A_2\mathrm{e}^{-3t}+0.5\mathrm{e}^{-t})u(t)$$

由初始条件

$$r(0_+)=1=A_1+A_2+0.5$$
$$r'(0_+)=-1=-2A_1-3A_2-0.5$$

解得

$$A_1=1,\quad A_2=-0.5$$

所以,完全解

$$r(t)=(\mathrm{e}^{-2t}+0.5\mathrm{e}^{-3t}+0.5\mathrm{e}^{-t})u(t)$$

2.3.4 求 0_+ 时刻的初始值

求完全解中的待定系数,需要使用响应在 0_+ 时刻的初始值,若只给出 0_- 时刻的初始值及其各阶导数值作为初始条件时,需要由 0_- 时刻的值求出 0_+ 时刻的值。当微分方程右端的自由项不包含冲激函数及其各阶导数时,响应不会发生突变,0_+ 时刻的初始值等于 0_- 时刻的值;而当微分方程右端的自由项包含冲激函数及其各阶导数时,响应则会发生突变,0_+ 时刻的初始值由 0_- 时刻的值采用冲激平衡法求出。

对于微分方程

$$C_0\frac{\mathrm{d}^n r(t)}{\mathrm{d}t^n}+C_1\frac{\mathrm{d}^{n-1}r(t)}{\mathrm{d}t^{n-1}}+\cdots+C_{n-1}\frac{\mathrm{d}r(t)}{\mathrm{d}t}+C_n r(t)$$
$$=E_0\frac{\mathrm{d}^m\delta(t)}{\mathrm{d}t^m}+E_1\frac{\mathrm{d}^{m-1}\delta(t)}{\mathrm{d}t^{m-1}}+\cdots+E_{m-1}\frac{\mathrm{d}\delta(t)}{\mathrm{d}t}+E_m\delta(t)+f_m(t) \tag{2-26}$$

响应的最高阶次微分项$\frac{\mathrm{d}^n r(t)}{\mathrm{d}t^n}$必包含自由项中冲激函数的最高阶导数项$\frac{\mathrm{d}^m\delta(t)}{\mathrm{d}t^m}$，可设

$$\begin{cases}\frac{\mathrm{d}^n r(t)}{\mathrm{d}t^n}=A_m\frac{\mathrm{d}^m\delta(t)}{\mathrm{d}t^m}+A_{m-1}\frac{\mathrm{d}^{m-1}\delta(t)}{\mathrm{d}t^{m-1}}+\cdots+A_1\frac{\mathrm{d}\delta(t)}{\mathrm{d}t}+A_0\delta(t)+f_m(t)\\ \frac{\mathrm{d}^{n-1}r(t)}{\mathrm{d}t^{n-1}}=A_m\frac{\mathrm{d}^{m-1}\delta(t)}{\mathrm{d}t^{m-1}}+A_{m-1}\frac{\mathrm{d}^{m-2}\delta(t)}{\mathrm{d}t^{m-2}}+\cdots+A_1\delta(t)+A_0\Delta u(t)+f_{m-1}(t)\\ \vdots\\ \frac{\mathrm{d}r(t)}{\mathrm{d}t}=A_m\frac{\mathrm{d}\delta(t)}{\mathrm{d}t}+A_{m-1}\delta(t)+A_{m-2}\Delta u(t)+f_1(t)\\ r(t)=A_m\delta(t)+A_{m-1}\Delta u(t)+f_0(t)\end{cases} \tag{2-27}$$

将上式代入微分方程，将方程两边各微分项的系数进行平衡，可求得所有的系数 A，并可求得 0_+ 时刻的各初始值。

$$\begin{cases}r(0_+)-r(0_-)=A_{m-1}\\ \frac{\mathrm{d}r(0_+)}{\mathrm{d}t}-\frac{\mathrm{d}r(0_-)}{\mathrm{d}t}=A_{m-2}\\ \frac{\mathrm{d}^2 r(0_+)}{\mathrm{d}t^2}-\frac{\mathrm{d}^2 r(0_-)}{\mathrm{d}t^2}=A_{m-3}\\ \frac{\mathrm{d}^3 r(0_+)}{\mathrm{d}t^3}-\frac{\mathrm{d}^3 r(0_-)}{\mathrm{d}t^3}=A_{m-4}\\ \vdots\\ \frac{\mathrm{d}^{n-1} r(0_+)}{\mathrm{d}t^{n-1}}-\frac{\mathrm{d}^{n-1} r(0_-)}{\mathrm{d}t^{n-1}}=A_0\end{cases} \tag{2-28}$$

上述方法称为冲激平衡法。

【例 2-4】 已知微分方程为

$$\frac{\mathrm{d}^2}{\mathrm{d}t^2}r(t)+3\frac{\mathrm{d}}{\mathrm{d}t}r(t)+2r(t)=\delta''(t)+2\delta'(t)+3\delta(t)$$

其初始状态 $r(0_-)=1$ 和 $r'(0_-)=-1$，求 0_+ 时刻的系统起始状态。

解：由冲激平衡法，设

$$\begin{cases}\frac{\mathrm{d}^2 r(t)}{\mathrm{d}t^2}=\delta''(t)+A_1\delta'(t)+A_0\delta(t)\\ \frac{\mathrm{d}r(t)}{\mathrm{d}t}=\delta'(t)+A_1\delta(t)+A_0\Delta u(t)\\ r(t)=\delta(t)+A_1\Delta u(t)\end{cases}$$

代入原方程得

$$\begin{cases}A_1+3=2\\ A_0+3A_1+2=3\end{cases}\Rightarrow\begin{cases}A_1=-1\\ A_0=4\end{cases}$$

即

$$\begin{cases} r(0_+)-r(0_-)=A_1=-1 \\ \dfrac{dr(0_+)}{dt}-\dfrac{dr(0_-)}{dt}=A_0=4 \end{cases} \Rightarrow \begin{cases} r(0_+)=-1+1=0 \\ r'(0_+)=4-1=3 \end{cases}$$

2.4 零输入响应

由 2.3 节知，齐次解的函数特性仅依赖于系统本身，与激励信号的函数形式无关，因而称为系统的自由响应（或固有响应）。但应注意，齐次解的系数 A 仍与激励信号有关。特解的形式完全由激励函数决定，因而称为系统的强迫响应（或受迫响应）。

把完全解分成齐次解与特解的组合仅仅是可能分解的形式之一。按照分析计算的方便或适应不同要求的物理解释，还可采取其他形式的分解。另一种广泛应用的重要形式是分解为“零输入响应”与“零状态响应”。

零输入响应定义为：没有外加激励信号的作用，只由起始状态（起始时刻系统储能）所产生的响应，以 $r_{zi}(t)$表示，且求得的响应是 $t>0$ 时刻系统的响应。

按照定义的描述，$r_{zi}(t)$必然满足方程

$$C_0\frac{d^n}{dt^n}r_{zi}(t)+C_1\frac{d^{n-1}}{dt^{n-1}}r_{zi}(t)+\cdots+C_{n-1}\frac{d}{dt}r_{zi}(t)+C_n r_{zi}(t)=0 \tag{2-29}$$

并符合起始状态 $r^{(k)}(0_-)$的约束，它的形式当和齐次解相同。因为初始条件是在 0_- 时刻的系统初始状态，只与系统初始储能有关，而与激励信号无关。在此处 0_- 表示 $t<0$ 时刻的系统状态，在求解零输入响应的过程中，完全不考虑激励信号对系统的作用，所以整个求解过程与在 0 时刻加入的激励无关。

【例 2-5】 如图 2-6 所示电路处于稳定状态，$t=0$ 时开关闭合，试求电容电压 $u_C(t)$、电感电流 $i_L(t)$和流过开关的电流 $i(t)$。

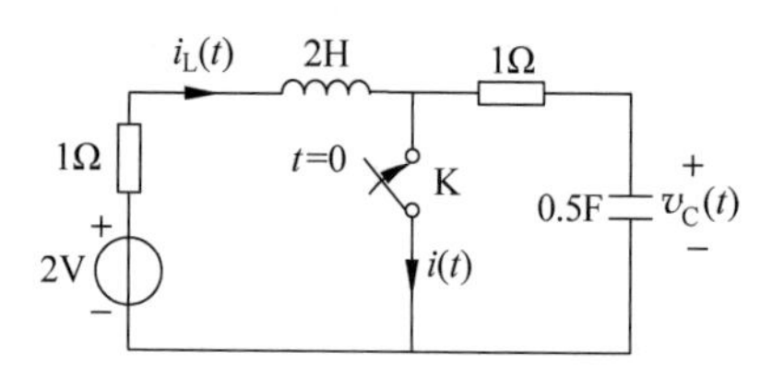

图 2-6 例 2-5 的电路网络

解：由 $t<0$ 时电路处于稳定状态可知

$$i_L(0_-)=0,\quad u_C(0_-)=2\text{V}$$

$t=0$ 时开关闭合，得以下两个方程：

$$\frac{du_C(t)}{dt}+2u_C(t)=0 \qquad ①$$

$$i_L(t)+\frac{2di_L(t)}{dt}=e(t) \qquad ②$$

(1) 电容电压 $u_C(t)$的求解

方程①的特征方程为 $a+2=0$，特征根 $a=-2$，则

$$u_C(t) = A_1 e^{at} = A_1 e^{-2t} u(t)$$

由于

$$u_C(0_+) = A_1 = u_C(0_-) = 2$$

所以

$$u_C(t) = 2e^{-2t} u(t)$$

(2) 电感电流 $i_L(t)$的求解

方程②的特征方程为 $2a+1=0$,特征根 $a=-\frac{1}{2}$,则齐次解

$$i_{LC}(t) = Ae^{-\frac{1}{2}t} u(t)$$

由于 $e(t)=2V$,故特解为常数,故设 $i_{LP}(t)=B$,代入方程②得 $B=2$,即

$$i_{LP}(t) = 2u(t)$$

由

$$i_L(0_+) = i_L(0_-) = 0$$

得

$$i_L(0_+) = A + 2 = 0$$

$$A = -2$$

所以

$$i_L(t) = -2e^{-\frac{1}{2}t} u(t) + 2u(t) = 2(1 - e^{-\frac{1}{2}t}) u(t)$$

(3) 流过开关的电流 $i(t)$的求解

由于

$$i_C(t) = C \frac{du_C(t)}{dt} = \frac{1}{2}(4)e^{-2t} = -2e^{-2t} u(t)$$

故

$$i(t) = i_L(t) - i_C(t) = 2(1 - e^{-\frac{1}{2}t}) u(t) + 2e^{-2t} u(t)$$

2.5 零状态响应

零状态响应定义为:不考虑起始时刻系统储能的作用(起始状态等于零),仅仅由系统外加激励信号所产生的响应,以 $r_{zs}(t)$表示。

按照零状态响应的定义,$r_{zs}(t)$应满足方程

$$C_0 \frac{d^n r_{zs}(t)}{dt^n} + C_1 \frac{d^{n-1} r_{zs}(t)}{dt^{n-1}} + \cdots + C_{n-1} \frac{dr_{zs}(t)}{dt} + C_n r_{zs}(t)$$

$$= E_0 \frac{d^m e(t)}{dt^m} + E_1 \frac{d^{m-1} e(t)}{dt^{m-1}} + \cdots + E_{m-1} \frac{de(t)}{dt} + E_m e(t) \tag{2-30}$$

并符合 $r^{(k)}(0_-)=0$ 的约束。若使 $r_{zs}(t)$满足以上方程及约束条件,则其表达式为

$$r_{zs}(t) = \sum_{k=1}^{n} A_{zsk} e^{\lambda_k (t)} + B(t) \tag{2-31}$$

式中 $B(t)$是微分方程的特解。而式中的待定系统 A_{zsk}则是将 0_+ 时刻的 $r_{zs}^{(k)}(0_+)$代入后得到的。

【例 2-6】 已知某系统的数学描述为：$\frac{d^2r(t)}{dt^2}+6\frac{dr(t)}{dt}+9r(t)=9e(t)$。试求当 $e(t)=U(t)$时系统的零状态响应 $r_{zs}(t)$。

解：求齐次解 $r_h(t)$：

$$\text{特征方程 } \lambda^2+6\lambda+9=0 \Rightarrow \text{特征根 } \lambda_1=-3,\quad \lambda_2=-3$$

故齐次解

$$r_h(t)=(A_1e^{-3t}+A_2te^{-3t})u(t)$$

求特解 $r_p(t)$：

设 $r_p(t)=Bu(t)$，代回原方程，得

$$B\delta'(t)+6B\delta(t)+9Bu(t)=9u(t)\Rightarrow B=1$$

故特解

$$r_p(t)=Bu(t)=u(t)$$

求完全解 $r(t)$：

$$r(t)=r_h(t)+r_p(t)=(A_1e^{-3t}+A_2te^{-3t}+1)u(t)$$

由求零状态响应的初始条件

$$r(0_+)=0=A_1+1$$
$$r'(0_+)=0=-3A_1+A_2$$

解得

$$A_1=-1,\quad A_2=-3$$

所以，零状态响应

$$r_{zs}(t)=(-e^{-3t}-3te^{-3t}+1)u(t)$$

2.6 阶跃响应与冲激响应

由零状态响应的定义，当激励信号分别为阶跃信号和冲激信号时，定义阶跃响应及冲激响应如下。

以单位冲激信号 $\delta(t)$作激励，系统产生的零状态响应称为“单位冲激响应”或简称“冲激响应”，以 $h(t)$表示。

以单位阶跃信号 $u(t)$作激励，系统产生的零状态响应称为“单位阶跃响应”或简称“阶跃响应”，以 $g(t)$表示。

冲激函数与阶跃函数代表了两种典型信号，求它们引起的零状态响应是线性系统分析中常见的典型问题。同时，可以把待研究的信号分解为许多冲激信号的基本单元之和，或阶跃信号之和，从而可以先计算系统对冲激信号的冲激响应或阶跃响应，然后叠加得到激励信号对系统产生的零状态响应。

已知描述系统的微分方程为

$$C_0\frac{d^nr(t)}{dt^n}+C_1\frac{d^{n-1}r(t)}{dt^{n-1}}+\cdots+C_{n-1}\frac{dr(t)}{dt}+C_nr(t)$$
$$=E_0\frac{d^me(t)}{dt^m}+E_1\frac{d^{m-1}e(t)}{dt^{m-1}}+\cdots+E_{m-1}\frac{de(t)}{dt}+E_me(t) \qquad (2\text{-}32)$$

在给定 $e(t)$ 为单位冲激信号的条件下，求得的零状态响应即为冲激响应 $h(t)$。很明显，将 $e(t)=\delta(t)$ 代入方程，则等式右端就出现了冲激函数和它的逐次导数，即各阶的奇异函数。求冲激响应的方法主要有冲激函数平衡法及系统特性求解法。

1. **冲激函数平衡法**

待求的 $h(t)$ 函数应保证微分方程左右两端奇异函数相平衡。$h(t)$ 的形式将与式(2-32)中的 m 和 n 的相对大小有着密切关系。

根据定义，$\delta(t)$ 及其各阶导数在 $t>0$ 时都等于零。于是上式的右端在 $t>0$ 时恒等于零，因此，冲激响应 $h(t)$ 应与齐次解的形式相同，如果特征根包括 n 个非重根，则

$$h(t)=\sum_{i=1}^{n}C_i e^{\alpha_i t} \tag{2-33}$$

此结果表明，$\delta(t)$ 信号的加入，在 $t=0$ 时刻引起了系统的能量储存，而在 $t=0_+$ 以后，系统的外加激励不复存在，只有由冲激引入的能量储存作用，这样，就把冲激信号源转换为非零的起始条件，响应形式必然与零输入响应相同（相当于求齐次解）。

所以由 n 与 m 值的关系，可得冲激响应的不同形式。

当 $n>m$ 时，
$$h(t)=\left(\sum_{i=1}^{n}C_i e^{\alpha_i t}\right)u(t) \tag{2-34}$$

当 $n=m$ 时，
$$h(t)=B\delta(t)+\left(\sum_{i=1}^{n}C_i e^{\alpha_i t}\right)u(t) \tag{2-35}$$

当 $n<m$ 时，
$$h(t)=\sum_{j=0}^{m-n}B_j\delta^{(j)}(t)+\left(\sum_{i=1}^{n}C_i e^{\alpha_i t}\right)u(t) \tag{2-36}$$

【例 2-7】 已知系统微分方程为 $r''(t)+3r'(t)+2r(t)=e'''(t)+4e''(t)-5e(t)$，求冲激响应 $h(t)$。

解：由冲激函数平衡法

由特征方程可求得特征根为 $\lambda_1=-1,\lambda_2=-2$；

由于 $n<m$，则冲激响应可设为

$$\begin{aligned}h(t)&=\sum_{j=0}^{m-n}B_j\delta^{(j)}(t)+\left(\sum_{i=1}^{n}C_i e^{\alpha_i t}\right)u(t)\\&=B_1\delta'(t)+B_0\delta(t)+(C_1e^{-t}+C_2e^{-2t})u(t)\end{aligned}$$

则

$$\begin{aligned}h'(t)&=B_1\delta''(t)+B_0\delta'(t)+(C_1+C_2)\delta(t)+(-C_1e^{-t}-2C_2e^{-2t})u(t)\\h''(t)&=B_1\delta'''(t)+B_0\delta''(t)+(C_1+C_2)\delta'(t)+(-C_1-2C_2)\delta(t)\\&\quad+(C_1e^{-t}+4C_2e^{-2t})u(t)\end{aligned}$$

代入微分方程得

$$\begin{aligned}&B_1\delta'''(t)+(3B_1+B_0)\delta''(t)+(2B_1+3B_0+C_1+C_2)\delta'(t)+(2B_0+2C_1+C_2)\delta(t)\\&=\delta'''(t)+4\delta''(t)-5\delta(t)\end{aligned}$$

比较方程两端各项的系统，得

$$B_1=1,\quad B_0=1,\quad C_1=-2,\quad C_2=-3;$$

则冲激响应为

$$h(t)=\delta'(t)+\delta(t)-2e^{-t}u(t)-3e^{-2t}u(t)$$

2. 系统特性求解法

对于 n 阶系统，

$$a_n r^{(n)} + a_{n-1} r^{(n-1)} + \cdots + a_1 r' + a_0 r = \delta(t)$$

其响应为 $h_0(t)$，则

$$a_n h_0^{(n)}(t) + a_{n-1} h_0^{(n-1)}(t) + \cdots + a_1 h'_0(t) + a_0 h_0(t) = \delta(t)$$

此式中，$h_0^{(n)}(t)$中含有冲激项，而其他项为有限值。

对方程积分，

$$a_n \int_{0_-}^{0_+} h_0^{(n)}(t)\mathrm{d}t + a_{n-1} \int_{0_-}^{0_+} h_0^{(n-1)}(t)\mathrm{d}t + \cdots + a_0 \int_{0_-}^{0_+} h_0(t)\mathrm{d}t = \int_{0_-}^{0_+} \delta(t)\mathrm{d}t$$

则有

$$a_n [h_0^{(n-1)}(0_+) - h_0^{(n-1)}(0_-)] + a_{n-1}[h_0^{(n-2)}(0_+) - h_0^{(n-2)}(0_-)] + \cdots = 1$$

其中

$$h_0^{(n-2)}(0_+) - h_0^{(n-2)}(0_-) = 0, \cdots, h_0(0_+) - h_0(0_-) = 0$$

对于因果系统有，

$$h_0(0_-) = h'_0(0_-) = \cdots = h_0^{(n-2)}(0_-) = h_0^{(n-1)}(0_-) = 0$$

那么，

$$h_0(0_+) = h'_0(0_+) = \cdots = h_0^{(n-2)}(0_+) = 0, \quad h_0^{(n-1)}(0_+) = \frac{1}{a_n}$$

对于线性时不变系统，则

$$\delta(t) \to h_0(t), \quad \delta^{(n)}(t) \to h_0^{(n)}(t), \quad \sum A\delta^{(i)}(t) \to \sum A h_0^{(i)}(t) \tag{2-37}$$

可求出冲激响应 $h(t)$。

【例 2-8】 已知系统微分方程为 $r''(t)+3r'(t)+2r(t)=e'''(t)+4e''(t)-5e(t)$，求冲激响应 $h(t)$。

解：按照系统特性求解法可知：

根据特征方程可求得特征根为 $\lambda_1=-1, \lambda_2=-2$；

设 $\delta(t)$单独作用时的冲激响应：

$$h_0(t) = (C_1 \mathrm{e}^{-t} + C_2 \mathrm{e}^{-2t})u(t)$$

其初始值为：

$$h_0(0_+) = 0, \quad h'_0(0_+) = 1$$

代入上式有：

$$C_1 + C_2 = 0, \quad -C_1 - 2C_2 = 1$$

解得

$$C_1 = 1, \quad C_2 = -1$$

则

$$h_0(t) = (\mathrm{e}^{-t} - \mathrm{e}^{-2t})u(t)$$

故系统的冲激响应为

$$\begin{aligned} h(t) &= h'''_0(t) + 4h''_0(t) - 5h_0(t) \\ &= -5(\mathrm{e}^{-t} - \mathrm{e}^{-2t})u(t) + 4(\mathrm{e}^{-t} - 4\mathrm{e}^{-2t})u(t) + 4\delta(t) + \delta'(t) - 3\delta(t) \\ &\quad + (-\mathrm{e}^{-t} + 8\mathrm{e}^{-2t})u(t) \\ &= \delta'(t) + \delta(t) - 2\mathrm{e}^{-t}u(t) - 3\mathrm{e}^{-2t}u(t) \end{aligned}$$

2.7　全　响　应

2.7.1　全响应的求解

线性时不变系统的全响应为零输入响应与零状态响应的和。回顾电路分析理论中的叠加定理：在线性电路中，任意一条支路中的响应都可以看成是由电路中各个独立电源单独作用时所产生的分响应之代数和。那么，储能元件的初始储能则可看作电路的独立源单独作用而得到零输入响应，外加激励单独作用则得到零状态响应。

【例 2-9】 如图 2-7 所示电路，已知 $f_1(t)=u(t)$，$f_2(t)=-\mathrm{e}^{-t}u(t)$，$i_2(0)=1\mathrm{A}$，$i_2'(0)=2\mathrm{A/s}$，求全响应 $i_2(t)$。

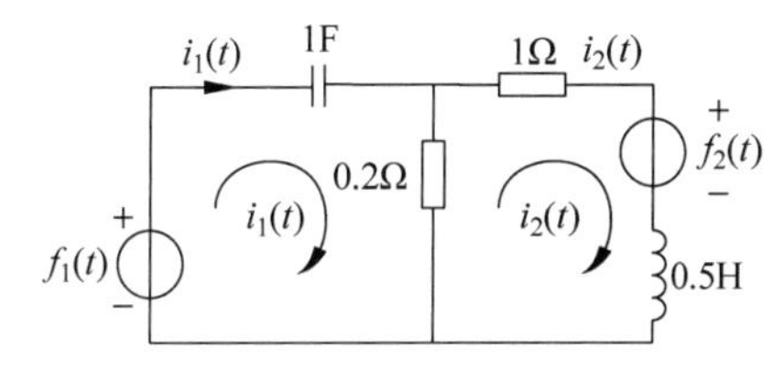

图 2-7　例 2-9 电路

解：

(1) 对两个网孔回路可列出 KVL 方程为

$$f_1(t)=\int_0^t i_1(\zeta)\mathrm{d}\zeta+0.2i_1(t)-0.2i_2(t)$$

$$-f_2(t)=1.2i_2(t)+0.5\frac{\mathrm{d}i_2(t)}{\mathrm{d}t}-0.2i_1(t)$$

联解得

$$\frac{\mathrm{d}i_2^2(t)}{\mathrm{d}t^2}+7\frac{\mathrm{d}i_2(t)}{\mathrm{d}t}+12i_2(t)=-2\frac{\mathrm{d}f_1(t)}{\mathrm{d}t}-2\frac{\mathrm{d}f_2(t)}{\mathrm{d}t}-10f_2(t)$$

(2) 零输入响应即微分方程的齐次解，由特征根得

$$i_{2\mathrm{zi}}(t)=A_1\mathrm{e}^{-3t}+A_2\mathrm{e}^{-4t}$$

将初始条件

$$i_2(0)=1\quad \mathrm{A},\quad i'_2(0)=2\quad \mathrm{A/s}$$

代入上式得 $A_1=6$，$A_2=-5$。

故得零输入响应为

$$i_{2\mathrm{zi}}(t)=(6\mathrm{e}^{-3t}-5\mathrm{e}^{-4t})u(t)$$

(3) 采用叠加定理求零状态响应。

当 $f_1(t)=u(t)$ 单独作用时

$$-2\frac{\mathrm{d}f_1(t)}{\mathrm{d}t}=-2\delta(t)$$

所以其零状态响应为冲激响应，由于激励的最高微分阶次为一阶，所以

$$h(t)=(A_1\mathrm{e}^{-3t}+A_2\mathrm{e}^{-4t})u(t)$$

分别求得

$$\frac{\mathrm{d}h(t)}{\mathrm{d}t}=(A_1+A_2)\delta(t)+(-3A_1\mathrm{e}^{-3t}-4A_2\mathrm{e}^{-4t})u(t)$$

$$\frac{\mathrm{d}^2h(t)}{\mathrm{d}t^2}=(A_1+A_2)\delta'(t)+(-3A_1-4A_2)\delta(t)+(9A_1\mathrm{e}^{-3t}+16A_2\mathrm{e}^{-4t})u(t)$$

将上述两式代入微分方程,则为平衡方程两端系数有

$$\begin{cases}A_1+A_2=0\\4A_1+3A_2=-2\end{cases}\quad 得 \quad \begin{cases}A_1=-2\\A_2=2\end{cases}$$

所以 $f_1(t)=u(t)$ 单独作用时的零状态响应为

$$i_{2\mathrm{zs1}}(t)=(-2\mathrm{e}^{-3t}+2\mathrm{e}^{-4t})u(t)$$

当 $f_2(t)=-\mathrm{e}^{-t}u(t)$ 单独作用时,方程右端为

$$2\mathrm{e}^{-t}\delta(t)+8\mathrm{e}^{-t}u(t)$$

设其零状态响应为

$$i_{2\mathrm{zs2}}(t)=(A_1\mathrm{e}^{-3t}+A_2\mathrm{e}^{-4t}+A_3\mathrm{e}^{-t})u(t)$$

将其代入微分方程,为平衡两端系数有

$$\begin{cases}A_1+A_2+A_3=0\\4A_1+3A_2+6A_3=2\\6A_3=8\end{cases}\quad 解得 \quad \begin{cases}A_1=-2\\A_2=\dfrac{2}{3}\\A_3=\dfrac{4}{3}\end{cases}$$

故其零状态响应为

$$i_{2\mathrm{zs2}}(t)=\left(-2\mathrm{e}^{-3t}+\frac{2}{3}\mathrm{e}^{-4t}+\frac{4}{3}\mathrm{e}^{-t}\right)u(t)$$

所以系统的零状态响应为

$$i_{2\mathrm{zs}}(t)=\left(-4\mathrm{e}^{-3t}+\frac{8}{3}\mathrm{e}^{-4t}+\frac{4}{3}\mathrm{e}^{-t}\right)u(t)$$

(4) 全响应为

$$\begin{aligned}i_2(t)&=i_{2\mathrm{zi}}(t)+i_{2\mathrm{zs}}(t)=(6\mathrm{e}^{-3t}-5\mathrm{e}^{-4t})u(t)+\left(-4\mathrm{e}^{-3t}+\frac{8}{3}\mathrm{e}^{-4t}+\frac{4}{3}\mathrm{e}^{-t}\right)u(t)\\&=\left(2\mathrm{e}^{-3t}-\frac{7}{3}\mathrm{e}^{-4t}+\frac{4}{3}\mathrm{e}^{-t}\right)u(t)\end{aligned}$$

2.7.2 全响应的分解

线性时不变系统的全响应可以表示为零输入响应与零状态响应的和。由电路分析理论中的叠加定理,储能元件的初始储能则可看作电路的独立源单独作用而得到零输入响应;外加激励单独作用则得到零状态响应。

线性时不变系统的全响应还可以表示为自由响应与强迫响应的和。系统的自由响应(或固有响应)对应于微分方程的齐次解,由于齐次解的函数特性仅依赖于系统本身,与激励信号的函数形式无关;系统的强迫响应(或受迫响应)与方程的特解对应,特解的形式完全由激励函数决定。

线性时不变系统的全响应还可以表示为暂态响应与稳态响应的和。暂态响应是指随着

变量的增大而消失的分量，反之则称为稳态响应。

【例 2-10】 如图 2-8 所示电路，求完全响应 $u_C(t)$，并指出瞬态响应与稳态响应，零输入响应与零状态响应。

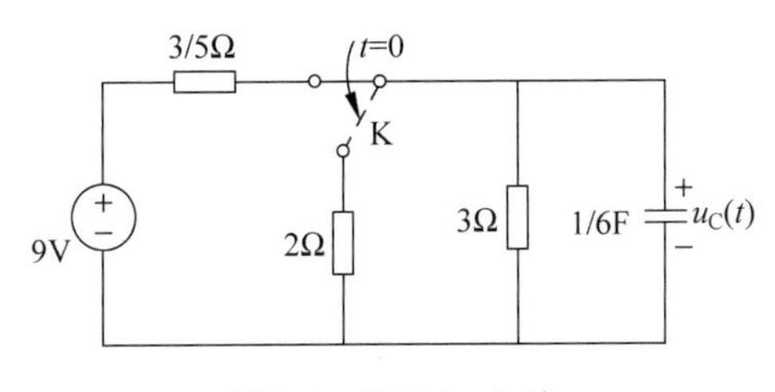

图 2-8　例 2-10 电路

解： 当 $t<0$ 时，

$$u_C(0_-)=\frac{3\Omega}{3\Omega+\frac{3}{5}\Omega}\times 9\text{V}=7.5\quad \text{V}$$

当 $t>0$ 时，

$$\frac{1}{6}\frac{\mathrm{d}u_C(t)}{\mathrm{d}t}+\frac{1}{2}u_C(t)+\frac{1}{3}u_C(t)=0$$

整理方程为

$$\frac{\mathrm{d}u_C(t)}{\mathrm{d}t}+5u_C(t)=0$$

求得特征根为 $\lambda=-5$，所以电容电压的通解为

$$u_C(t)=A\mathrm{e}^{-5t}u(t)$$

代入初始条件

$$u_C(0_+)=u_C(0_-)=7.5\quad \text{V}$$

得

$$A=7.5,\quad u_C(t)=7.5\mathrm{e}^{-5t}u(t)$$

由于 $t>0$ 时，电路中没有外加激励，所以求得的解为零输入响应，即暂态响应，其零状态响应及稳态响应为 0。

【例 2-11】 已知系统微分方程为

$$\frac{\mathrm{d}^2r(t)}{\mathrm{d}t^2}+3\frac{\mathrm{d}r(t)}{\mathrm{d}t}+2r(t)=\frac{\mathrm{d}e(t)}{\mathrm{d}t}+3e(t)$$

若 $e(t)=u(t)$，$r(0_-)=1$，$r'(0_-)=2$，求全响应，并指出自由响应、强迫响应、暂态响应及稳态响应。

分析： 系统的完全响应可分解为零输入响应和零状态响应之和，也可分解为自由响应和强迫响应之和。系统微分方程的齐次解即是系统的自由响应分量，微分方程的特解是系统的强迫响应分量，而系统的零输入响应则是系统自由响应的一部分，零状态响应是系统另一部分自由响应与系统的强迫响应之和。系统的自由响应分量由系统特征方程的特征根决定其形式，强迫响应分量与激励具有相同的形式。

解：

特征方程为

$$\lambda^2+3\lambda+2=0 \quad \Rightarrow \quad \lambda_1=-1, \quad \lambda_2=-2$$

(1) 零输入响应为

$$r_{zi}(t)=A_1 e^{-t}u(t)+A_2 e^{-2t}u(t)$$

当没有外加激励时，

$$r(0_+)=r(0_-)=1, \quad r'(0_+)=r'(0_-)=2$$

所以代入

$$r_{zi}(0_+)=A_1+A_2=1$$
$$r'_{zi}(0_+)=-A_1-2A_2=2$$

求得

$$A_1=4, \quad A_2=-3$$

所以零输入响应为

$$r_{zi}(t)=4e^{-t}u(t)-3e^{-2t}u(t)$$

(2) 求零状态响应 $r_{zs}(t)$

将 $e(t)=u(t)$,代入系统方程,得

$$\frac{d^2r(t)}{dt^2}+3\frac{dr(t)}{dt}+2r(t)=\delta(t)+3u(t)$$

先求解

$$\frac{d^2r(t)}{dt^2}+3\frac{dr(t)}{dt}+2r(t)=\delta(t)$$

由 $n>m$ 可知

$$h(t)=C_1 e^{-t}u(t)+C_2 e^{-2t}u(t)$$

由系统特性法可知，

$$h(0_+)=0, \quad h'(0_+)=1$$

可解得

$$C_1=1, \quad C_2=-1$$

那么

$$h(t)=e^{-t}u(t)-e^{-2t}u(t)$$

则，

$$\begin{aligned} r_{zs}(t)&=h(t)+3\int_0^t h(\xi)d\xi \\ &=e^{-t}u(t)-e^{-2t}u(t)+3\int_0^t[e^{-\xi}-e^{-2\xi}]d\xi u(t) \\ &=-2e^{-t}u(t)+\frac{1}{2}e^{-2t}u(t)+\frac{3}{2} \end{aligned}$$

故系统的全响应为

$$\begin{aligned} r(t)&=r_{zi}(t)+r_{zs}(t) \\ &=2e^{-t}u(t)-\frac{5}{2}e^{-2t}u(t)+\frac{3}{2} \end{aligned}$$

其中,自由响应为 $2e^{-t}u(t)-\frac{5}{2}e^{-2t}u(t)$,也为暂态响应；$\frac{3}{2}$为强迫响应,也为稳态响应。

2.8 卷　　积

2.8.1 卷积的定义

如果将施加于线性系统的信号分解,而且对于每个分量作用于系统产生的响应易于求得,那么,根据叠加定理,将这些响应求和即可得到原激励信号引起的响应。这种分解可表示为诸如冲激函数、阶跃函数或三角函数、指数函数这样一些基本函数的组合。卷积方法的原理就是将信号分解为冲激信号之和,借助系统的冲激响应,从而求解系统对任意激励信号的零状态响应。

卷积方法最早的研究可追溯至19世纪初期的数学家欧拉、泊松等人,以后许多科学家陆续对此问题做了大量工作。随着信号与系统理论研究的深入以及计算机技术的发展,卷积方法得到日益广泛的应用。在现代信号处理技术的多个领域,如通信系统、地震勘探、超声诊断、光学成像等方面都在借助卷积或解卷积来解决问题。

设激励信号为 $e(t)$,系统的冲激响应为 $h(t)$。由信号分解,激励信号可以表示为

$$e(t) = \lim_{\Delta t_1} \sum_{t=0}^{+\infty} e(t_1)\delta(t-t_1)\Delta t_1 \tag{2-38}$$

则 $t=t_2$ 时刻的响应 $r(t_2)$,需要将 t_2 时刻以前所有的冲激响应相加即得,

$$r(t_2) = \lim_{\Delta t_1} \sum_{t_1=0}^{t_2} e(t_1)h(t_2-t_1)\Delta t_1 \tag{2-39}$$

将变量进行改写,t_2 改写为 t,t_1 改写为 τ,则

$$r(t) = \int_0^t e(\tau)h(t-\tau)\mathrm{d}\tau \tag{2-40}$$

上式称为卷积运算,表示为 $e(t) * h(t)$。

任意两个函数的卷积并不总是存在的,当两个函数都是因果信号或反因果信号时,卷积积分存在。

2.8.2 卷积的计算

卷积的求解方法一般有代数法和图形法两种方法。使用代数法求解卷积积分时,积分限的确定尤其重要。

【例 2-12】 由代数法求卷积(注意积分限的确定),已知 $f_1(t)=\mathrm{e}^{-\frac{t}{2}}[u(t)-u(t-3)]$,$f_2(t)=\mathrm{e}^{-t}u(t)$,求 $s(t)=f_1(t) * f_2(t)$。

解:由卷积积分的定义式有

$$\begin{aligned} s(t) &= f_1(t) * f_2(t) \\ &= \int_{-\infty}^{+\infty} f_1(\tau) f_2(t-\tau)\mathrm{d}\tau \end{aligned}$$

按照定义式将 $f_1(t)$中的变量 $t\to\tau$,$f_2(t)$中的变量 $t\to t-\tau$,则 $s(t)$表示为

$$\begin{aligned} &\int_{-\infty}^{+\infty} \mathrm{e}^{-\frac{\tau}{2}}[u(\tau)-u(\tau-3)]\mathrm{e}^{-(t-\tau)}u(t-\tau)\mathrm{d}\tau \\ =\ &\mathrm{e}^{-t}\int_{-\infty}^{+\infty} \mathrm{e}^{\frac{\tau}{2}}[u(\tau)-u(\tau-3)]u(t-\tau)\mathrm{d}\tau \end{aligned}$$

$$= e^{-t}\int_{-\infty}^{+\infty} e^{\frac{\tau}{2}}[u(\tau)u(t-\tau)]d\tau - e^{-t}\int_{-\infty}^{+\infty} e^{\frac{\tau}{2}}[u(\tau-3)u(t-\tau)]d\tau$$

根据 $u(\cdot)$ 的特点，当 $\cdot>0$ 时，$u(\cdot)=1$，由此来确定上述表达式的积分限，即被积变量 τ 的取值范围。

$u(\tau)u(t-\tau)$ 要同时满足 $\tau>0$ 和 $t-\tau>0\Rightarrow\tau<t$，所以上式中第一项的积分限为 $\int_0^t d\tau$，而 $u(\tau-3)u(t-\tau)$ 要同时满足 $\tau-3>0\Rightarrow\tau>3$ 和 $t-\tau>0\Rightarrow\tau<t$，所以上式中的第二项的积分限为 $\int_3^t d\tau$。

对于变量 t 来说，第一项则要满足 $t>0$，第二项则要满足 $t>3$，所以 $s(t)$ 表示为

$$s(t) = e^{-t}\left(\int_0^t e^{\frac{\tau}{2}} d\tau\right)u(t) - e^{-t}\left(\int_3^t e^{\frac{\tau}{2}} d\tau\right)u(t-3)$$

$$= 2(e^{-\frac{t}{2}} - e^{-t})u(t) - 2(e^{-\frac{t}{2}} - e^{-t+\frac{3}{2}})u(t-3)$$

【例 2-13】 用图形法求解图 2-9 所示两信号的卷积积分，注意函数的被积变量及其积分限 $s(t)=f_1(t)*f_2(t)$。

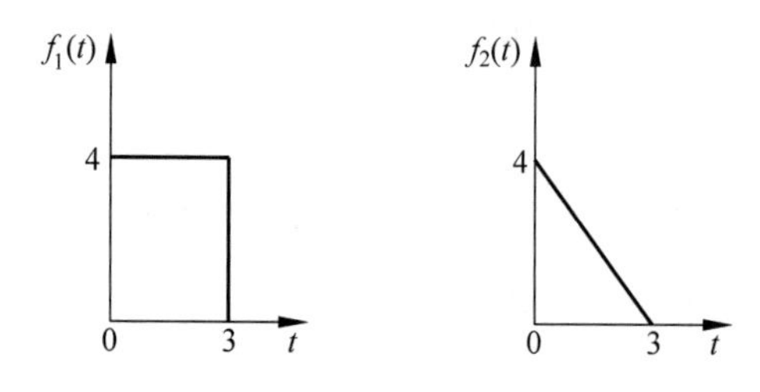

图 2-9　例 2-13 图 1

解：首先按照定义式将坐标变量 $t\rightarrow\tau$，如图 2-10 所示。

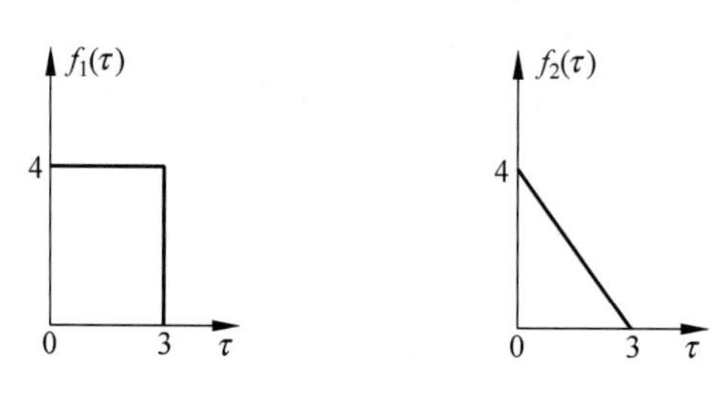

图 2-10　例 2-13 图 2

将 $f_2(\tau)$ 反褶并沿 τ 轴方向平移 t，当 $t<0$ 时 $f_2(t-\tau)$ 如图 2-11 所示。

将 $f_1(\tau)$ 与 $f_2(t-\tau)$ 放在同一个坐标系中，当 $t<0$ 时，$f_1(\tau)$ 与 $f_2(t-\tau)$ 没有交集，所以积分为 0，如图 2-12 所示。

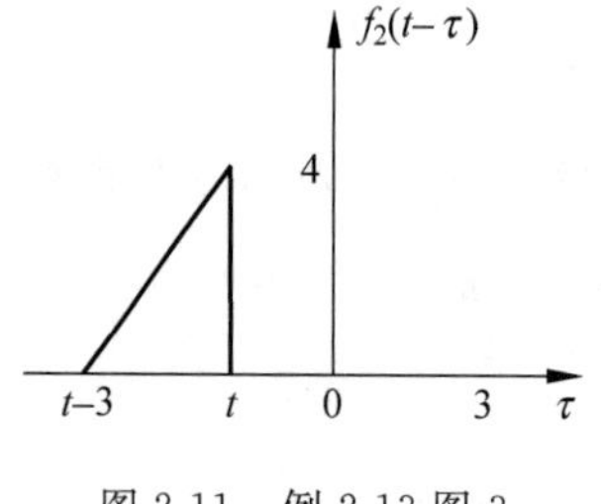

图 2-11　例 2-13 图 3

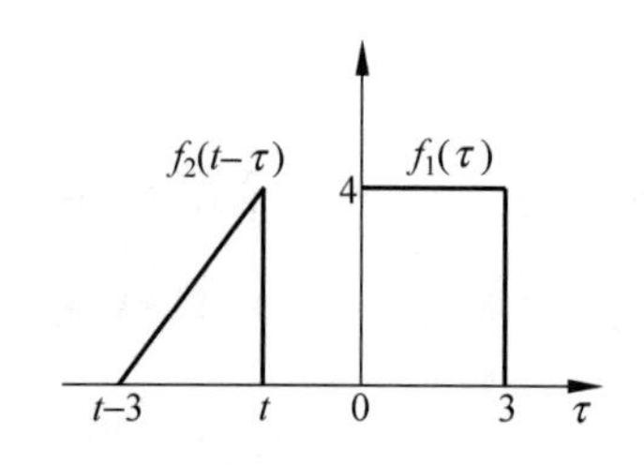

图 2-12　例 2-13 图 4

当 $0<t<3$ 时，$f_1(\tau)$ 与 $f_2(t-\tau)$ 开始相交，且其相交部分的面积如图 2-13 所示。

$$s(t)=f_1(t)*f_2(t)=\int_0^t \frac{4}{3}\tau\mathrm{d}\tau=\frac{2}{3}t^2,\quad 0<t<3$$

当 $3<t<6$ 时，$f_1(\tau)$ 与 $f_2(t-\tau)$ 相交部分的面积如图 2-14 所示。

$$s(t)=f_1(t)*f_2(t)=\int_{t-3}^3 \frac{4}{3}\tau\mathrm{d}\tau=-\frac{2}{3}t^2+4t,\quad 3<t<6$$

当 $t>6$ 时，$f_1(\tau)$ 与 $f_2(t-\tau)$ 没有交集，所以积分为 0，如图 2-15 所示。所以

$$\begin{aligned}s(t)&=f_1(t)*f_2(t)\\&=\frac{2}{3}t^2[u(t)-u(t-3)]+\left(-\frac{2}{3}t^2+4t\right)[u(t-3)-u(t-6)]\end{aligned}$$

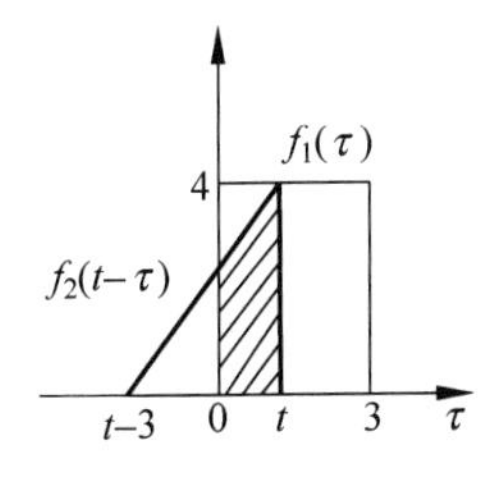

图 2-13 例 2-13 图 5

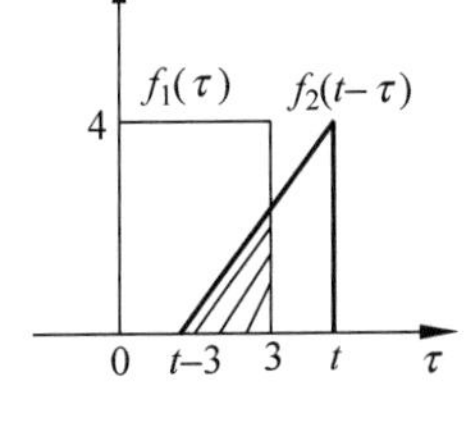

图 2-14 例 2-13 图 6

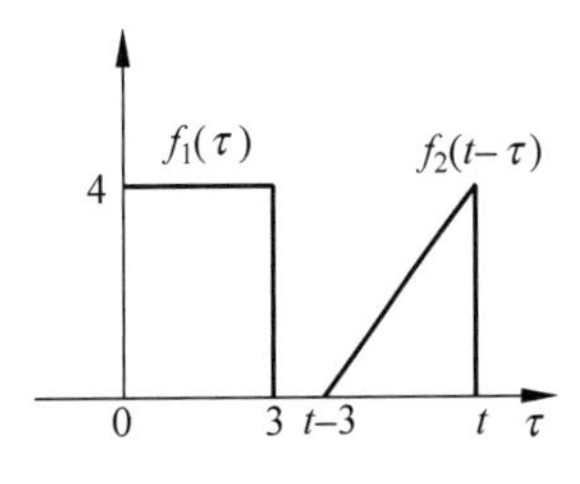

图 2-15 例 2-13 图 7

2.9 卷积的性质及其应用

作为一种数学运算，卷积运算具有某些特殊性质，这些性质在信号与系统分析中有重要作用，利用这些性质还可以简化卷积运算。

2.9.1 卷积代数

1. **交换律**

$$f_1(t)*f_2(t)=f_2(t)*f_1(t)\tag{2-41}$$

2. **分配律**

$$f_1(t)*[f_2(t)+f_3(t)]=f_1(t)*f_2(t)+f_1(t)*f_3(t)\tag{2-42}$$

分配律用于系统分析，相当于并联系统的冲激响应，等于组成并联系统的各子系统冲激响应之和。在并联系统中：

$$h(t)=h_1(t)+h_2(t)\tag{2-43}$$

3. **结合律**

$$[f_1(t)*f_2(t)]*f_3(t)=f_1(t)*[f_2(t)*f_3(t)]\tag{2-44}$$

2.9.2 卷积的微分与积分

两个函数卷积后的导数等于其中一函数的导数与另一函数的卷积，其表示式为

$$\frac{\mathrm{d}}{\mathrm{d}t}[f_1(t)*f_2(t)]=f_1(t)*\frac{\mathrm{d}}{\mathrm{d}t}f_2(t)=\frac{\mathrm{d}}{\mathrm{d}t}f_1(t)*f_2(t)\tag{2-45}$$

可以推演出卷积的高阶导数的运算规律为

$$\frac{\mathrm{d}^i}{\mathrm{d}t^i}[f_1(t)*f_2(t)]=\frac{\mathrm{d}^j}{\mathrm{d}t^j}f_1(t)*\frac{\mathrm{d}^{i-j}}{\mathrm{d}t^{i-j}}f_2(t) \tag{2-46}$$

两函数卷积后的积分等于其中一函数之积分与另一函数之卷积。其表示式为

$$\int_{-\infty}^{t}[f_1(\lambda)*f_2(\lambda)]\mathrm{d}\lambda=f_1(t)*\int_{-\infty}^{t}f_2(\lambda)\mathrm{d}\lambda=f_2(t)*\int_{-\infty}^{t}f_1(\lambda)\mathrm{d}\lambda \tag{2-47}$$

【例 2-14】 已知 $f_1(t)*tu(t)=(t+\mathrm{e}^{-t}-1)u(t)$，$f_2(t)*[\mathrm{e}^{-t}u(t)]=(1-\mathrm{e}^{-t})u(t)-[1-\mathrm{e}^{-(t-1)}]u(t-1)$，求 $f_1(t)$，$f_2(t)$。

分析：由于卷积积分不易求逆运算，求此问题应首先求卷积的微分，使其出现冲激函数，再利用已知条件求出所需函数。

解：

$$\frac{\mathrm{d}^2[f_1(t)*tu(t)]}{\mathrm{d}t^2}=\frac{\mathrm{d}^2(t+\mathrm{e}^{-t}-1)}{\mathrm{d}t^2}u(t)=\mathrm{e}^{-t}u(t)$$

又有

$$\frac{\mathrm{d}^2[f_1(t)*tu(t)]}{\mathrm{d}t^2}=f_1(t)*\frac{\mathrm{d}^2[tu(t)]}{\mathrm{d}t^2}=f_1(t)*\delta(t)=\mathrm{e}^{-t}u(t)$$

则可求出

$$f_1(t)=\mathrm{e}^{-t}u(t)$$

$$\begin{aligned}\frac{\mathrm{d}}{\mathrm{d}t}\{f_2(t)*[\mathrm{e}^{-t}u(t)]\}&=\frac{\mathrm{d}}{\mathrm{d}t}\{(1-\mathrm{e}^{-t})u(t)-[1-\mathrm{e}^{-(t-1)}]u(t-1)\}\\&=\mathrm{e}^{-t}u(t)-\mathrm{e}^{-(t-1)}u(t-1)\end{aligned}$$

又有

$$\frac{\mathrm{d}}{\mathrm{d}t}\{f_2(t)*[\mathrm{e}^{-t}u(t)]\}=f_2(t)*\frac{\mathrm{d}}{\mathrm{d}t}[\mathrm{e}^{-t}u(t)]=f_2(t)*[\delta(t)-\mathrm{e}^{-t}u(t)]$$

即

$$f_2(t)-f_2(t)*[\mathrm{e}^{-t}u(t)]=\mathrm{e}^{-t}u(t)-\mathrm{e}^{-(t-1)}u(t-1)$$

代入

$$f_2(t)*[\mathrm{e}^{-t}u(t)]=(1-\mathrm{e}^{-t})u(t)-[1-\mathrm{e}^{-(t-1)}]u(t-1)$$

得

$$f_2(t)=u(t)-u(t-1)$$

2.9.3 与冲激函数或阶跃函数的卷积

函数 $f(t)$与单位冲激函数 $\delta(t)$卷积的结果仍然是函数 $f(t)$本身，即

$$f(t)*\delta(t)=f(t) \tag{2-48}$$

$$f(t)*\delta(t-t_0)=f(t-t_0) \tag{2-49}$$

对于冲激偶有

$$f(t)*\delta'(t)=f'(t) \tag{2-50}$$

$$f(t)*\delta'(t-t_0)=f'(t-t_0) \tag{2-51}$$

2.9.4 卷积的应用举例

在线性时不变系统的分析中，卷积可用于求系统的零状态响应，即 $r_{zs}(t)=h(t)*$

$e(t)$。如图 2-16 所示的系统，$h_2(t)$、$h_1(t)$与$h_3(t)$三个子系统串联，那么串联后的冲激响应表示为$h'(t)=h_2(t)*h_1(t)*h_3(t)$，且图 2-16 中$h_1(t)$与$h'(t)$并联，那么并联后系统的冲激响应表示为$h(t)=h_1(t)+h'(t)$，即$h(t)=h_1(t)+h'(t)=h_1(t)+h_2(t)*h_1(t)*h_3(t)$。

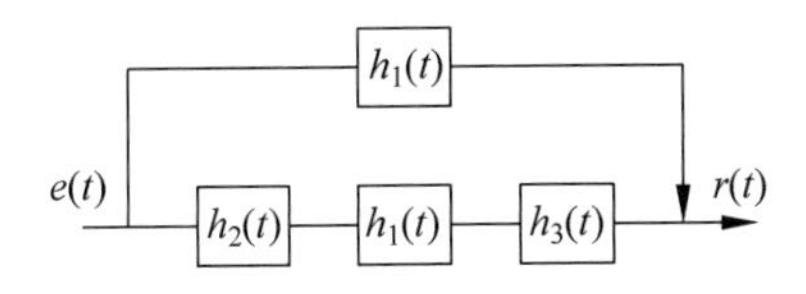

图 2-16 子系统组成的系统图

【例 2-15】 一线性时不变的连续时间系统，其初始状态一定，当输入$e_1(t)=\delta(t)$时，其全响应$r_1(t)=-3e^{-t}U(t)$；当输入$e_2(t)=U(t)$时，其全响应$r_2(t)=(1-5e^{-t})U(t)$。求当输入$e(t)=tU(t)$时的全响应。

解：$r_1(t)$是在$\delta(t)$激励下引起的全响应，$r_2(t)$是在$U(t)$激励下引起的全响应，它们可以分别表示为零输入响应$r_{zi}(t)$与零状态响应$h(t)$、$g(t)$之和。

$$r_1(t)=r_{zi}(t)+h(t)=-3e^{-t}U(t) \tag{a}$$

$$r_2(t)=r_{zi}(t)+g(t)=(1-5e^{-t})U(t) \tag{b}$$

用式(a)减去式(b)，得

$$h(t)-g(t)=(2e^{-t}-1)U(t)$$

又

$$h(t)=\frac{d}{dt}g(t)$$

故

$$\frac{d}{dt}g(t)-g(t)=(2e^{-t}-1)U(t) \tag{c}$$

解方程(c)可求出零状态响应$g(t)$。

由特征方程$\lambda-1=0$，解出特征根$\lambda=1$，故齐次解$g_h(t)=Ae^t$，设特解

$$g_p(t)=B_1e^{-t}+B_2$$

代入式(c)，得

$$-B_1e^{-t}-B_1e^{-t}-B_2=2e^{-t}-1$$

解出$B_1=-1$，$B_2=1$，故

$$g_p(t)=-e^{-t}+1$$

完全解

$$g(t)=g_p(t)+g_h(t)=-e^{-t}+1+Ae^t$$

代入

$$g(0_+)=g(0_-)=0$$

得出

$$A=0$$

故

$$g(t)=(1-e^{-t})U(t)$$

进一步求出

$$r_{zi}(t)=r_2(t)-g(t)=-4e^{-t}U(t)$$

$$h(t)=\frac{d}{dt}g(t)=e^{-t}U(t)$$

由激励 $e(t)=tU(t)$引起的全响应

$$\begin{aligned}r_3(t)&=r_{zi}(t)+e(t)*h(t)\\&=-4e^{-t}U(t)+(t-1+e^{-t})U(t)\\&=(t-1-3e^{-t})U(t)\end{aligned}$$

其中

$$\begin{aligned}e(t)*h(t)&=tU(t)*e^{-t}U(t)=U(t)*(1-e^{-t})U(t)\\&=tU(t)-(1-e^{-t})U(t)=(t-1+e^{-t})U(t)\end{aligned}$$

【例 2-16】（例 2-8 的冲激响应求解）。

如图 2-17 所示电路，已知 $f_1(t)=u(t)$，$f_2(t)=-e^{-t}u(t)$，$i_2(0)=1\text{A}$，$i_2'(0)=2\text{A/s}$。求全响应 $i_2(t)$。

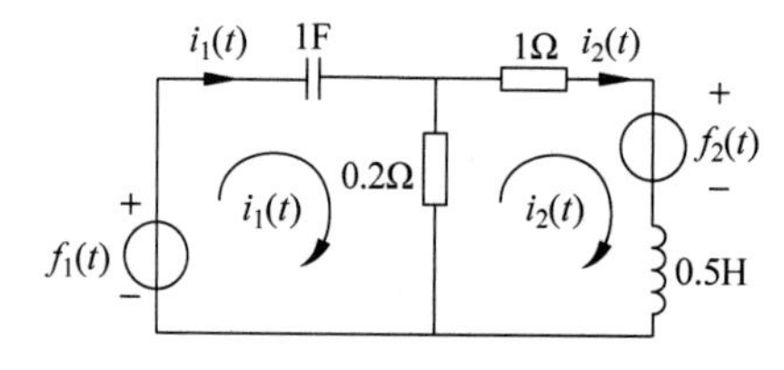

图 2-17　例 2-16 电路

解：

(1) 对两个网孔回路可列出 KVL 方程为

$$\begin{cases}f_1(t)=\int_0^t i_1(\zeta)d\zeta+0.2i_1(t)-0.2i_2(t)\\f_2(t)=1.2i_2(t)+0.5\dfrac{di_2(t)}{dt}-0.2i_1(t)\end{cases}$$

联解得

$$\frac{di_2^2(t)}{dt^2}+7\frac{di_2(t)}{dt}+12i_2(t)=-2\frac{df_1(t)}{dt}-2\frac{df_2(t)}{dt}-10f_2(t)$$

(2) 零输入响应的通解。

零输入响应即微分方程的齐次解，由特征根得

$$i_{2zi}(t)=A_1e^{-3t}+A_2e^{-4t}$$

将初始条件

$$i_2(0)=1\quad\text{A},\quad i'_2(0)=2\quad\text{A/s}$$

代入上式得 $A_1=6$，$A_2=-5$。

故得零输入响应为

$$i_{2zi}(t)=(6e^{-3t}-5e^{-4t})u(t)$$

(3) 采用叠加定理求零状态响应。

当 $f_1(t)$单独作用时的冲激响应为

$$h_1(t)=(6e^{-3t}-8e^{-4t})u(t)$$

当 $f_2(t)$=单独作用时的冲激响应为

$$h_2(t) = (4e^{-3t} - 2e^{-4t})u(t)$$

则电路的零状态响应为

$$\begin{aligned} i_{2zs}(t) &= f_1(t) * h_1(t) + f_2(t) * h_2(t) \\ &= (-2e^{-3t} + 2e^{-4t})u(t) + \left(-2e^{-3t} + \frac{2}{3}e^{-4t} + \frac{4}{3}e^{-t}\right)u(t) \\ &= \left(-4e^{-3t} + \frac{8}{3}e^{-4t} + \frac{4}{3}e^{-t}\right)u(t) \end{aligned}$$

(4) 全响应为

$$\begin{aligned} i_2(t) &= i_{2zi}(t) + i_{2zs}(t) = (6e^{-3t} - 5e^{-4t})u(t) + \left(-4e^{-3t} + \frac{8}{3}e^{-4t} + \frac{4}{3}e^{-t}\right)u(t) \\ &= \left(2e^{-3t} - \frac{7}{3}e^{-4t} + \frac{4}{3}e^{-t}\right)u(t) \end{aligned}$$

【例 2-17】 图 2-18 所示系统是由几个“子系统”组成,各子系统的冲激响应分别为

$$\begin{aligned} h_1(t) &= u(t) \quad &(\text{积分器}) \\ h_2(t) &= \delta(t-1) \quad &(\text{单位延时}) \\ h_3(t) &= -\delta(t) \quad &(\text{倒相器}) \end{aligned}$$

试求总的系统的冲激响应 $h(t)$。

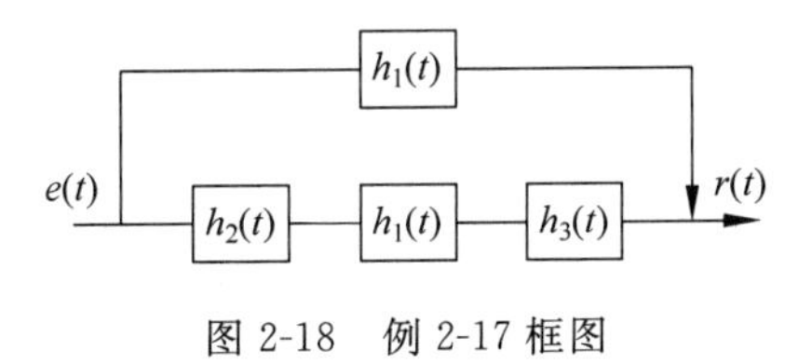

图 2-18　例 2-17 框图

解:对此系统而言,

$$h(t) * e(t) = r(t) \qquad ①$$

又由系统框图,有

$$\begin{aligned} r(t) &= e(t) * h_1(t) + e(t) * h_2(t) * h_1(t) * h_3(t) \\ &= e(t) * [h_1(t) + h_2(t) * h_1(t) * h_3(t)] \qquad ② \end{aligned}$$

比较式①、②,可得

$$h(t) = h_1(t) + h_2(t) * h_1(t) * h_3(t)$$

即

$$\begin{aligned} h(t) &= u(t) + \delta(t-1) * u(t) * [-\delta(t)] \\ &= u(t) - u(t-1) \end{aligned}$$

2.10　连续时间系统时域分析的 MATLAB 实现

微分方程的求解可以借助 MATLAB 的符号工具箱 SYMBOLIC 的 dsolve 函数,而卷积积分主要采用数值求解方法。在 SYMBOLIC 工具箱中,冲激信号 $\delta(t)$用 Dirac(t)表示,

阶跃信号 $u(t)$用 Heaviside(t)表示。常微分方程的求解主要用 dsolve 函数。

dsolve 函数的使用方法：

(1) dsolve 函数的调用格式为 dsolve('eqn1','eqn2',…)。其中，每个参数都是一个字符串，代表一个方程。

(2) 分别用 Dy、D2y、D3y 等表示对函数 $y(t)$求一阶、二阶、三阶导数，依次类推。

(3) 用 dsolve 函数求解微分方程时，必须把零输入响应和零状态响应分开求解。

(4) 求解零状态响应时，因为在 MATLAB 中无定义 0_- 时刻和 0_+ 时刻，所以零状态响应不能用 $t=0$，而应选择一个靠近 $t=0$，且 $t<0$ 的时刻。例如取时刻 $t=-0.001$ 等。而求解零输入响应则可以用 $t=0$ 时刻。

(5) 如果是多个方程多个未知函数的情况下，还必须用类似 C 语言取结构元素的方法取出输出结果中所需的函数。最后，可以用 simplify 函数对结果进行简化。

下面举例分析对连续时间线性时不变系统各种响应的求解。

【例 2-18】 求解下列齐次微分方程在给定初值条件下的零输入响应。

(1) $y''(t)+4y(t)=0$，给定 $y(0\_)=1, y'(0\_)=1$；

(2) $y'''(t)+2y''(t)+y'(t)=0$，给定 $y(0\_)=1, y'(0\_)=1, y''(0\_)=2$。

解：

[MATLAB 程序]

```
eq1 = 'D2y + 4 * y = 0';ic1 = 'y(0) = 1,Dy(0) = 1';                    % 设定方程(1)及其初始条件
eq2 = 'D3y + 2 * D2y + Dy = 0';ic2 = 'y(0) = 1,Dy(0) = 1,D2y(0) = 2';   % 设定方程(2)及其初始条件
ans1 = dsolve(eq1,ic1);yzi1 = simplify(ans1)
ans2 = dsolve(eq2,ic2);yzi2 = simplify(ans2)
```

[程序运行结果]

```
yzi1 = 1/2 * sin(2 * t) + cos(2 * t)
yzi2 = 5 - 4 * exp( - t) - 3 * exp( - t) * t
```

【例 2-19】 已知系统的微分方程和激励信号，求下列系统的零状态响应。

(1) $y''(t)-5y'(t)+6y(t)=f(t), f(t)=\mathrm{e}^{-2t}u(t)$；

(2) $y'''(t)+y''(t)-6y'(t)=f'(t)+2f(t), f(t)=u(t)$。

解：

[MATLAB 程序]

```
eq1 = 'D2y - 5 * Dy + 6 * y = exp( - 2 * t) * Heaviside(t)';
ic1 = 'y( - 0.01) = 0,Dy( - 0.01) = 0';
eq2 = 'D3y + D2y - 6 * Dy = Df + 2 * f';in2 = 'f = Heaviside(t)';
ic2 = 'y( - 0.01) = 0,Dy( - 0.01) = 0,D2y( - 0.01) = 0';
ans1 = dsolve(eq1,ic1);ans1 = simplify(ans1)
ans2 = dsolve(eq2,in2,ic2);ans = simplify(ans2.y)
```

[程序运行结果]

```
ans1 = - 1/20 * Heaviside(t) * ( - exp( - 2 * t) + 5 * exp(2 * t) - 4 * exp(3 * t))
ans2 = - 1/45 * Heaviside(t) * ( - exp( - 3 * t) + 10 + 15 * t - 9 * exp(2 * t))
```

【例 2-20】 给定系统微分方程

$$y''(t)+3y'(t)+2y(t)=f'(t)+3f(t)$$

若激励信号为 $f(t)=\mathrm{e}^{-3t}u(t)$，初始条件为 $y(0\_)=1, y'(0\_)=2$，试求解系统的全响应。

解：

[MATLAB 程序]

```
eq = 'D2y + 3 * D * y + 2 * y = Df + 3 * f';
in = 'f = exp( - 3 * t) * Heaviside(t)';
ic = 'y( - 0.0001) = 1,Dy( - 0.0001) = 2';
ans = dsolve(eq, in, ic);y = simplify(ans.y)
```

[程序运行结果]

```
y = - exp( - 2 * t) * Heaviside(t) + exp( - t) * Heaviside(t) - 3 * exp( - 2 * t - 1/5000)
 + 4 * exp( - t - 1/10000)
```

其中，零输入响应分量为－3 * exp(－2 * t－1/5000)＋4 * exp(－t－1/10000)，零状态响应分为－exp(－2 * t) * Heaviside(t)＋exp(－t) * Heaviside(t)。

【例 2-21】 已知 LTI 系统的微分方程为

$$y''(t)+y'(t)+y(t)=f'(t)+f(t)$$

试求系统的冲激响应和阶跃响应。

解：

[MATLAB 程序]

```
eq = 'D2y + Dy + y = Df + f';
in1 = 'f = Dirac(t)';in2 = 'f = Heaviside(t)';
ic = 'Dy( - 0.0001) = 0,y( - 0.0001) = 0';
ans1 = dsolve(eq,in1,ic);ans1 = simplify(ans1.y)
ans2 = dsolve(eq,in2,ic);ans2 = simplify(ans2.y)
```

[程序运行结果]

```
ans1 =  - 2/3 * exp( - 1/2 * t) * 3 ^(1/2) * ( - Int(cos(1/2 * 3 ^(1/2) * z1) * (Dirac(z1) +
diff(Dirac(z1),z1)) * exp(1/2 * z1),z1 = - 1/10000..t) * sin(1/2 * 3 ^(1/2) * t)
 + Int(sin(1/ * 3 ^ (1/2) * z1) * (Dirac(z1) + diff(Dirac(z1), z1)) * exp(1/2 * z1), z1 = - 1/
10000..t) * cos(1/2 * 3 ^(1/2) * t))
ans2 = 1/3 * Heaviside(t) * (3 + exp( - 1/2 * t) * 3 ^(1/2) * sin(1/2 * 3 ^(1/2) * t) - 3 *
exp( - 1/2 * t) * cos(1/2 * 3 ^(1/2) * t))
```

上述例题中求解系统响应是利用符号工具箱中的函数进行求解。另外，MATLAB 的控制工具箱中也提供了一个求解零状态响应数值解的函数 lsim。其调用方式为

y＝lism(sys,f,t)

其中，t 表示计算系统响应的抽样点向量；f 是系统输入信号向量；sys 是 LTI 系统模型，用来表示微分方程、差分方程或状态方程。在求解微分方程时，微分方程的系统模型要借助于 tf 函数获得，其具体调用方式为

sys＝tf(b,a)

其中，a 和 b 分别为微分方程左边和右边各项的系统向量。例如三阶微分方程

$$a_3 y'''(t) + a_2 y''(t) + a_1 y'(t) + a_0 y(t) = b_3 f'''(t) + b_2 f''(t) + b_1 f'(t) + b_0 f(t)$$

其中,a=[a3,a2,a1,a0]; b=[b3,b2,b1,b0]; sys=tf(b,a)得到该微分方程的 LTI 系统模型。注意,微分方程中为零的系数也一定要写入向量 a 和 b 中。

【例 2-22】 已知 LTI 系统的微分方程为

$$y''(t) + 2y'(t) + 3y(t) = f'(t) + 2f(t)$$

系统的激励信号为 $f(t)=5\sin(2\pi t)$,试用 MATLAB 编程求解系统的零状态响应。

解:

[MATLAB 程序]

```
sys = tf([1,2],[1,2,3]);
t = 0:0.01:5;
f = 5 * sin(2 * pi * t);
y = lsim(sys,f,t);
plot(t,y)
xlabel('t'),ylabel('y(t)'),grid on
```

[程序运行结果]

得到系统的零状态响应如图 2-19 所示。

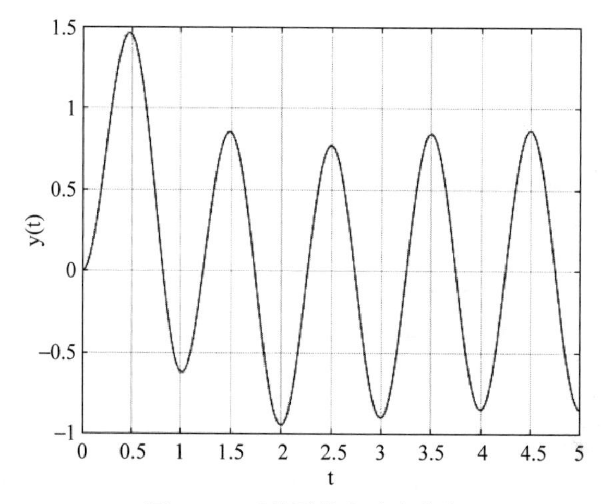

图 2-19　系统零状态响应曲线

在 MATLAB 中,控制系统工具箱中还提供了数值求解系统冲激响应的函数 impulse 和求解阶跃响应的函数 step。其调用方式为

y=impluse(sys,t)

Y=step(sys,t)

其中,t 表示计算系统响应的抽样点向量; sys 表示 LTI 系统的系统模型。

【例 2-23】 已知 LTI 系统的微分方程为

$$y''(t) + 2y'(t) + 100y(t) = f(t)$$

系统的激励信号为 f(t),使用 MATLAB 编程求解系统的冲激响应和阶跃响应。

解:

[MATLAB 程序]

```
t1 = 0;t2 = 5;dt = 0.01;
```

```
sys = tf([1],[1,2,100]);                        % 定义 LTI 系统的系统模型
t = t1:dt:t2;
yh = impulse(sys,t);                            % 求解系统的冲激响应
subplot(2,1,1),plot(t,yh)
xlabel('t'),ylabel('yh(t)'),grid on
yr = step(sys,t);                               % 求解系统的阶跃响应
subplot(2,1,2),plot(t,yr)
xlabel('t'),ylabel('yr(t)'),grid on
```

[程序运行结果]

运行得到的系统冲激响应和阶跃响应如图 2-20 所示。

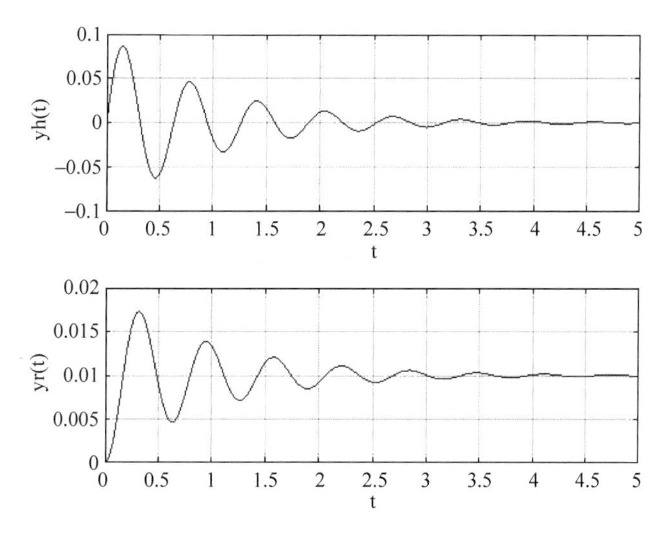

图 2-20　系统冲激响应和阶跃响应

【例 2-24】 已知 $f_1(t)=tu(t)$，$f_2(t)=\begin{cases} te^{-t}, & t\geqslant 0 \\ e^{t}, & t<0 \end{cases}$，试求卷积 $c(t)=f_1(t)*f_2(t)$，并画出波形。

解：

[MATLAB 程序]

```
T = 0.01;
t1 = 0:T:1;f1 = t1. * (t1 > 0);
t2  =  - 1:T:2;f2 = t2. * exp( - t2). * (t2 > = 0) + exp(t2). * (t2 < 0);
c = conv(f1,f2);c = c * T;
t3 =  - 1:T:3;
subplot(3,1,1),plot(t1,f1),xlabel('t'),ylabel('f1(t)')
subplot(3,1,2),plot(t2,f2),xlabel('t'),ylabel('f2(t)')
subplot(3,1,3),plot(t3,c),xlabel('t'),ylabel('c(t)')
```

[程序运行结果]

运行得到两信号及卷积的波形如图 2-21 所示。

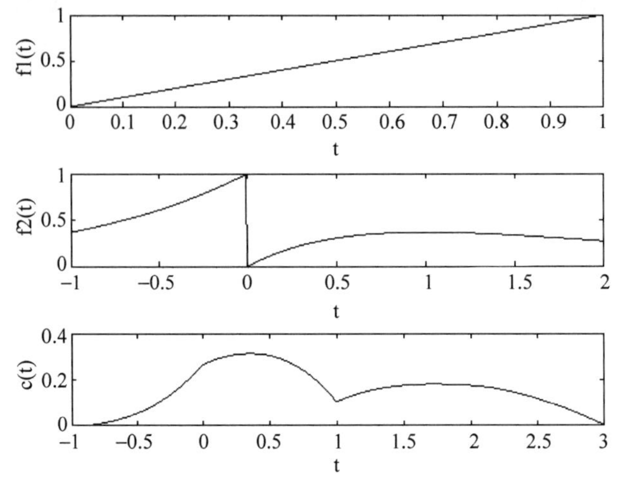

图 2-21　两信号及卷积波形

【本章小结】 通过本章的学习，读者应深刻理解 0_- 和 0_+ 时刻系统状态的含义，并掌握冲激函数匹配法；理解冲激响应、阶跃响应的意义，掌握其求解方法；掌握系统全响应的两种求解方式：自由响应和强迫响应、零输入响应和零状态响应；会分辨全响应中的瞬态响应分量及稳态响应分量；重点掌握卷积积分的定义、代数运算规律和主要性质，并会用卷积积分法求解线性时不变系统的零状态响应。

习　　题

2-1　计算下列各题：

(1) $\int_{-1}^{1}\delta(t^2-4)\mathrm{d}t$

(2) $\int_{-\infty}^{t}\mathrm{e}^{-\tau}\delta'(\tau)\mathrm{d}\tau$

(3) $\int_{-\infty}^{+\infty}\delta(t^2-4)\mathrm{d}t$

(4) $\frac{\mathrm{d}}{\mathrm{d}t}[\mathrm{e}^{-t}\delta(t)]$

(5) $\int_{-\infty}^{+\infty}f(t+t_0)\delta(t+t_0)\mathrm{d}t$

(6) $f(t+t_0)\delta(t)$

(7) $\delta(\sin t)$

(8) $\sin t\delta'(t)$

2-2　电路如图 2-22 所示，$t=0$ 前开关位于 1，且系统处于稳态，当 $t=0$ 时开关从 1 到 2，试写出 $i(t)$的一阶导数在 0^+ 时刻的值。

2-3　一线性时不变系统在相同的起始状态下，当输入为 $x(t)$时，全响应为$(2\mathrm{e}^{-3t}+\sin 2t)u(t)$；当输入为 $2x(t)$时，全响应为$(\mathrm{e}^{-3t}+2\sin 2t)u(t)$，求：

(1) 输入为 $x(t-1)$时的全响应，并指出零输入响应和零状态响应。

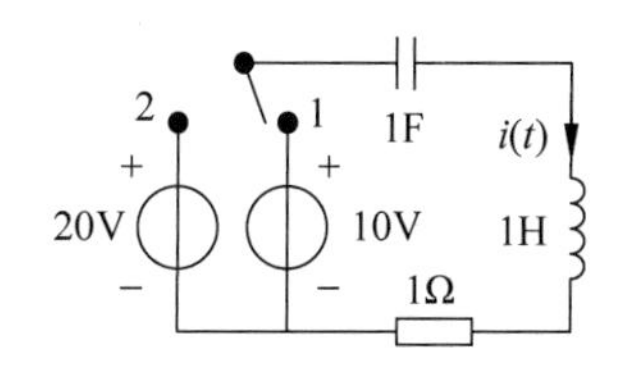

图 2-22 题 2-2 图

(2) 起始状态是原来的两倍，输入为 $2x(t)$时的全响应。

2-4 已知系统微分方程相应的齐次方程为

(1) $\frac{d^3r(t)}{dt^3}+3\frac{d^2r(t)}{dt^2}+2\frac{dr(t)}{dt}=0$，给定初始条件 $r(0_+)=0, r'(0_+)=1, r''(0_+)=0$

(2) $\frac{d^3r(t)}{dt^3}+2\frac{d^2r(t)}{dt^2}+\frac{dr(t)}{dt}=0$，给定初始条件 $r(0_+)=0, r'(0_+)=0, r''(0_+)=1$

分别求以上两种情况下的零输入响应。

2-5 给定系统的微分方程为 $y''(t)+3y'(t)+2y(t)=f'(t)+3f(t)$，输入信号为 $f(t)=e^{-4t}u(t)$时，系统全响应为 $y(t)=\frac{14}{3}e^{-t}-\frac{7}{2}e^{-2t}-\frac{1}{6}e^{-4t}, t\geqslant 0$，试求系统的零输入响应和零状态响应。

2-6 系统微分方程、0_-状态及激励信号如下：

$$\frac{d^2r(t)}{dt^2}+3\frac{dr(t)}{dt}+2r(t)=\frac{de(t)}{dt}+3e(t), r(0^-)=1, r'(0^-)=2, e(t)=u(t)$$

试分别求它们的完全响应，并指出其零输入响应，零状态响应，自由响应，强迫响应各分量，暂态响应分量和稳态响应分量。

2-7 一线性时不变系统，输入为 $x(t)=e^{-t}u(t)$时，零状态响应为 $y_{zs}(t)=\left(\frac{1}{2}e^{-t}-e^{-2t}+\frac{1}{2}e^{-3t}\right)u(t)$，求系统的冲激响应 $h(t)$。

2-8 图 2-23 所示电路中，$t<0$ 时，开关位于“1”且已到达稳态，$t=0$ 时刻，开关自“1”转到“2”。写出 $t\geqslant 0_+$ 时描述系统的微分方程，并求 $i(t)$的完全响应。

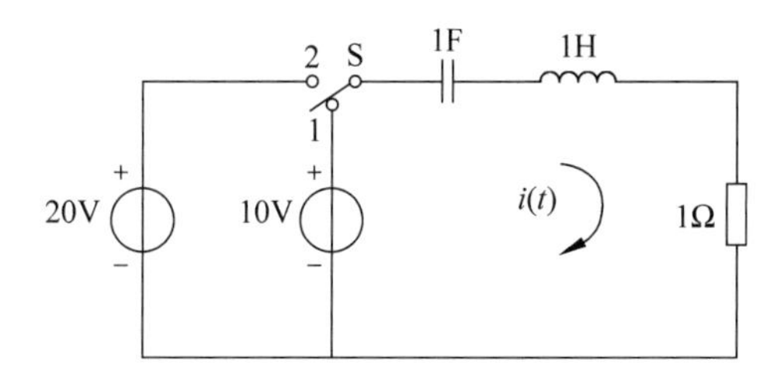

图 2-23 题 2-8 图

2-9 某系统的输入输出方程式为 $\frac{d^2r(t)}{dt^2}+5\frac{dr(t)}{dt}+6r(t)=3\frac{de(t)}{dt}+2e(t)$，若 $r(0)=1, r'(0)=1, e(t)=4e^{-t}u(t)$，试求系统的全响应。

2-10 一个 LTI 系统在相同的初始状态下，当输入为 $f(t)$时，全响应为 $y(t)=2e^{-t}+\cos(2t)$；当输入为 $2f(t)$时，全响应为 $y(t)=e^{-t}+2\cos(2t)$；求在相同的初始状态下，输入

为 $4f(t)$时的全响应。(提示：先求解出零状态响应和零输入响应,并注意相同初始状态的意义。)

2-11 给定系统微分方程$\frac{d^2}{dt^2}y(t)+3\frac{d}{dt}y(t)+2y(t)=\frac{d}{dt}f(t)+3f(t)$,若激励 $f(t)=e^{-3t}u(t)$,初始状态 $y(0)=1,y'(0)=2$。试求系统的零输入响应、零状态响应和全响应。

2-12 已知一个 LTI 系统初始不储能,当输入激励为 $u(t)$时,系统的零状态响应为$\delta(t)+2e^{-2t}u(t)$;则当输入激励为 $e^{-t}u(t)$时,求系统的零状态响应。

2-13 如图 2-24 所示分别为 $f(t)$,$h(t)$的波形,设 $y(t)=f(t)*h(t)$,则 $y(6)$为________。

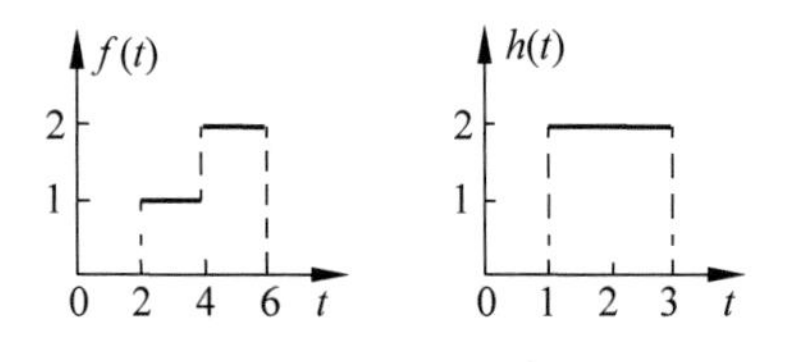

图 2-24 题 2-13 图

2-14 已知系统的冲激响应 $h(t)=(-2e^{-2t}+3e^{-3t})u(t)$,当输入激励为 $f(t)=e^{-2t}[u(t)-u(t-2)]$ 时,求输出响应 $y(t)$。

2-15 已知一个 LTI 系统输入为 $x_1(t)$时,输出 $y_1(t)$,如图 2-25 所示,求系统的单位冲激响应。

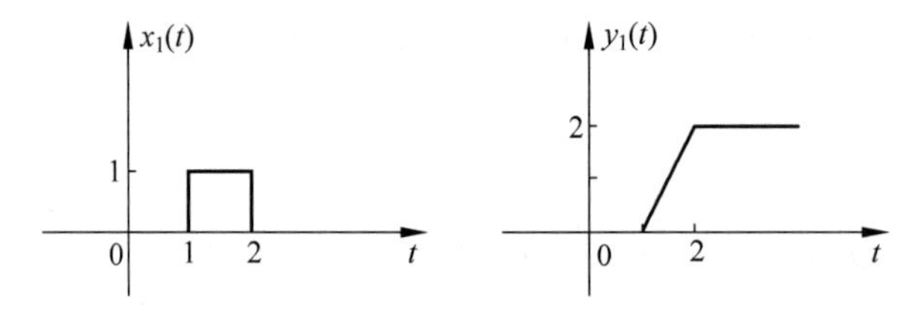

图 2-25 题 2-15 图

2-16 图 2-26 所示电路中,$L_1=L_2=M=1\text{H}$,$R_1=4\Omega$,$R_2=2\Omega$,激励为 $i_S(t)$,响应为 $i_2(t)$,求冲激响应 $h(t)$和阶跃响应 $g(t)$。

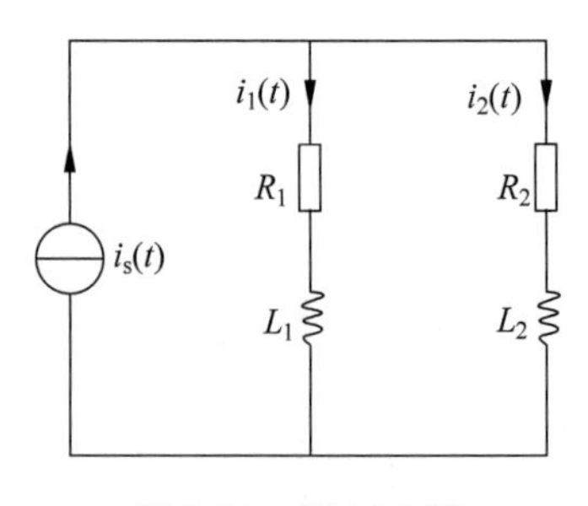

图 2-26 题 2-16 图

2-17 若激励为 $e(t)$,响应为 $r(t)$的系统微分方程由下式描述,分别求下列两种情况下的冲激响应。

(1) $\frac{\mathrm{d}r(t)}{\mathrm{d}t}+3r(t)=2\frac{\mathrm{d}e(t)}{\mathrm{d}t}$

(2) $\frac{\mathrm{d}r(t)}{\mathrm{d}t}+2r(t)=\frac{\mathrm{d}^2e(t)}{\mathrm{d}t^2}+3\frac{\mathrm{d}e(t)}{\mathrm{d}t}+3e(t)$

2-18 求下列卷积,并注意相互间的区别。

(1) $f_a(t)=A[u(t+1)-u(t-1)]$,求 $f_1(t)=f_a(t)*f_a(t)$;

(2) $f_b(t)=A[u(t)-u(t-2)]$,求 $f_2(t)=f_a(t)*f_b(t)$。

2-19 求下列函数 $f_1(t)$与 $f_2(t)$的卷积 $f_1(t)*f_2(t)$。

(1) $f_1(t)=u(t),f_2(t)=\mathrm{e}^{-2t}u(t)$

(2) $f_1(t)=u(t+2),f_2(t)=\mathrm{e}^{-2(t-2)}u(t-2)$

(3) $f_1(t)=\sin\left(5t+\frac{\pi}{6}\right),f_2(t)=\delta(t-1)$

2-20 试求下列函数的卷积 $r(t)=h(t)*e(t)$。

(1) $h(t)=\mathrm{e}^{-t}u(t),e(t)=tu(t)$

(2) $h(t)=\sin(2\pi t)[u(t)-u(t-1)],e(t)=u(t)$

(3) $h(t)=t^2[u(t)-u(t-1)],e(t)=\mathrm{e}^{-t}u(t)$

2-21 已知某线性时不变系统的输入、输出关系为 $y(t)=\int_{-\infty}^{t}\mathrm{e}^{-(t-\tau)}x(\tau-2)\mathrm{d}\tau$

(1) 求该系统的单位冲激响应;

(2) 求输入为图 2-27 所示信号时系统的零状态响应。

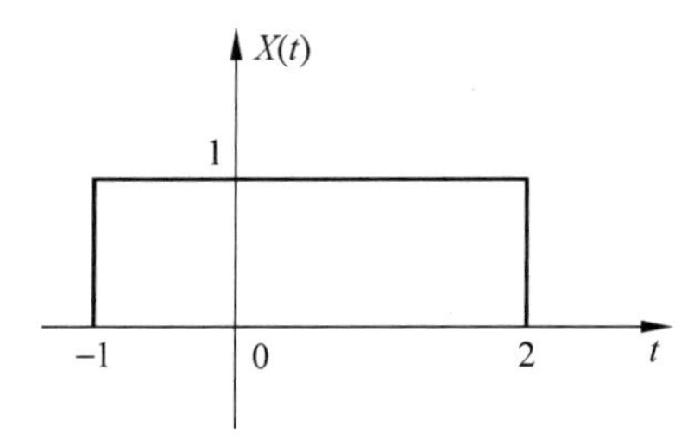

图 2-27 题 2-21 图

习题答案

2-1

(1) 0

(2) $\delta(t)+u(t)$

(3) $-\frac{1}{8}$

(4) $\delta'(t)$

(5) $f(0)$

(6) $f(t_0)\delta(t)$

(7) $\sum_{k=-\infty}^{\infty}\delta(t-k\pi)$

(8) $-\delta(t)$

2-2 10A/s

2-3 (1) 全响应：$3e^{-3t}u(t)+[-e^{-3(t-1)}+\sin 2(t-1)]u(t-1)$

零输入响应：$y_{zi}=3e^{-3t}u(t)$

零状态响应：$y_{zs}=[-e^{-3(t-1)}+\sin 2(t-1)]u(t-1)$

(2) 全响应：$2(2e^{-3t}+\sin 2t)u(t)$

2-4 (1) $r(t)=\frac{3}{2}-2e^{-t}+\frac{1}{2}e^{-2t}$

(2) $r(t)=1-(1+t)e^{-t}$

2-5 零输入响应 $y_f(t)=\frac{2}{3}e^{-t}-\frac{1}{2}e^{-2t}-\frac{1}{6}e^{-4t}, t\geqslant 0$

零状态响应 $y_x(t)=4e^{-t}-3e^{-2t}$

2-6 $r_{zi}(t)=(4e^{-t}-3e^{-2t})u(t)$

$r_{zs}(t)=(-2e^{-t}+0.5e^{-2t}+1.5)u(t)$

暂态响应：$(2e^{-t}-2.5e^{-2t})u(t)$

稳态响应：1.5

自由响应：$(2e^{-t}-2.5e^{-2t})u(t)$

强迫响应：1.5

2-7 $h(t)=(e^{-2t}-e^{-3t})u(t)$

2-8 $\frac{d^2}{dt^2}i(t)+\frac{d}{dt}i(t)+i(t)=0, t\geqslant 0_+$

$i(t)=\frac{20}{\sqrt{3}}e^{-\frac{1}{2}t\sin\left(\frac{\sqrt{3}}{3}t\right)}$

2-9 $r(t)=r_{zi}(t)+r_{zs}(t)=(20e^{-2t}-17e^{-3t}-2e^{-t})u(t)$

2-10 $y(t)=y_0(t)+4y_f(t)= -e^{-t}+4\cos(2t)$

2-11 零输入响应 $y(t)=4e^{-t}-3e^{-2t}, t\geqslant 0$

零状态响应 $y(t)=e^{-t}-e^{-2t}, t\geqslant 0$

全响应 $5e^{-t}-4e^{-2t}, t\geqslant 0$

2-12 $y(t)=\delta(t)-3e^{-t}u(t)+4e^{-2t}u(t)$

2-13 6

2-14 $(3-2t)e^{-2t}u(t)-3e^{-3t}u(t)+(2t-7)e^{-2t}u(t-2)+3e^2e^{-3t}u(t-2)$

2-15 $2u(t)$

2-16 $h(t)=H(p)\delta(t)=\frac{1}{2}\delta(t)+\frac{1}{4}e^{-15t}u(t)$

$g(t)=\int_{\infty}^{\tau}h(\tau)d\tau=\left(\frac{2}{3}-\frac{1}{6}e^{-1.5t}\right)u(t)$

2-17 (1) $h(t)=2\delta(t)-6e^{-3t}U(t)$

(2) $h(t)=\delta'(t)+\delta(t)+e^{-2t}U(t)$

2-18 (1) $f_a(t) * f_a(t)=\left[\frac{\alpha\sin(t)-\cos(t)+e^{-\alpha t}}{1+\alpha^2}\right]u(t)$

(2) $f_a(t) * f_b(t)=\frac{1}{2\pi}(1-\cos2\pi t)[u(t)-u(t-1)]$

2-19 (1) $f_1(t) * f_2(t)=\frac{1}{2}(1-e^{-2t})u(t)$

(2) $f_1(t) * f_2(t)=\frac{1}{2}(1-e^{-2t})u(t)$

(3) $f_1(t) * f_2(t)=\sin\left[5(t-1)+\frac{\pi}{6}\right]$

2-20 (1) $r(t)=(t+e^{-t}-1)u(t)$

(2) $r(t)=\frac{1}{2\pi}(1-\cos2\pi t)[u(t)-u(t-1)]$

(3) $r(t)=(t^2-t-2e^{-t}+2)u(t)-[t^2-2t-e^{-(t-1)}+2]u(t-1)$

2-21 (1) $h(t)=e^{-(t-2)}u(t)$

(2) $y(t)=[1-e^{-(t-1)}]u(t-1)+[e^{-(t-4)}-1]u(t-4)$

第3章 傅里叶变换

【本章导读】

本章讨论连续时间信号与系统的傅里叶分析方法，从正交函数出发，得出三角函数形式和复指数形式的傅里叶级数展开式，引出傅里叶变换并建立信号频谱概念。通过典型信号频谱以及傅里叶变换性质的研究，初步掌握连续信号的频域分析方法。在此基础上延伸至周期信号与抽样信号的傅里叶变换。在最后介绍傅里叶变换最主要的应用——滤波、调制和抽样。

【学习要点】

(1) 掌握傅里叶级数(三角函数形式与指数形式)的定义、性质及将周期信号展开为傅里叶级数的方法。

(2) 掌握傅里叶正变换和逆变换的定义、性质及计算方法。

(3) 掌握信号的频域分析的概念以及各种信号(周期信号、非周期信号、抽样信号、调幅信号)频谱的特点及绘制频谱图的方法，了解信号的频域特性与时域特性的关系，深刻理解信号的频带宽度与信号脉冲宽度之间的关系。

(4) 了解时域抽样与频域抽样的方法及应用，掌握时域抽样定理与频域抽样定理的内容，深刻理解其物理意义。

3.1 引　　言

傅里叶变换是以正交函数集为理论基础，对连续时间函数进行的积分变换。利用周期信号取极限变成非周期信号的方法，可以由周期信号的傅里叶级数推导出傅里叶变换。对于周期信号而言，在进行频谱分析时可以利用傅里叶级数，也可以利用傅里叶变换，傅里叶级数相当于傅里叶变换的一种特殊表达形式。而对非周期信号而言，则不存在傅里叶级数，此时就要用傅里叶变换求出它的频谱。

傅里叶分析方法从建立到应用经历了一段漫长的历史，1822 年法国数学家傅里叶(J. Fourier，1768—1830)在《热的分析理论》一书中提出并证明了周期函数展开成谐波关系的正弦级数的原理，奠定了傅里叶级数的理论基础。此后傅里叶扩展了其研究成果，提出非周期函数也可以表示为正弦函数的加权积分，从而使傅里叶级数推广到傅里叶积分。在傅里叶之后，1829 年狄里克雷(P. L. Dirichlet)给出了严格的傅里叶级数收敛条件，让傅里叶级数和傅里叶积分在许多领域得到了广泛的应用，如热学问题、机械振动等。其后，泊松(Poisson)、高斯(Gauss)等人又把三角函数、指数函数以及傅里叶分析等数学工具应用于电力、通信和自动化控制等实际的工程问题中。迄今，傅里叶分析方法在力学、光学、量子物理和各种线性系统分析中得到了广泛的应用，已成为系统分析不可缺少的重要工具。

3.2 周期信号的频谱分析——傅里叶级数

3.2.1 傅里叶级数的三角形式

给定一个实周期信号 $f(t)$，设其周期为 T_1，角频率为 $\omega_1=2\pi/T_1$，若满足下列狄里克雷条件(通常遇到的周期信号都能满足狄里克雷条件，因此，以后除非特殊说明，一般都认为周期信号满足此条件)：

(1) 在 $f(t)$的任意一个周期内，$f(t)$是绝对可积的；

(2) 在 $f(t)$的任意一个周期内，$f(t)$仅有有限个极大值点和极小值点；

(3) 在 $f(t)$的任意一个周期内，$f(t)$仅有有限个不连续点。

若周期信号 $f(t)$(周期为 T_1，角频率 $\omega_1=2\pi/T_1=2\pi f_1$)满足狄里克雷条件，则它便可以展开成如式(3-1)所示的傅里叶级数三角形式，即：

$$\begin{aligned} f(t) &= a_0 + a_1\cos(\omega_1 t) + b_1\sin(\omega_1 t) + a_2\cos(2\omega_1 t) + b_2\sin(2\omega_1 t) \\ &\quad + \cdots a_n\cos(n\omega_1 t) + b_n\sin(n\omega_1 t) + \cdots \\ &= a_0 + \sum_{n=1}^{+\infty}[a_n\cos(n\omega_1 t) + b_n\sin(n\omega_1 t)] \end{aligned} \tag{3-1}$$

其中，系数 a_n 和 b_n 称为傅里叶级数的系数，简称为傅里叶系数，有

直流分量

$$a_0 = \frac{1}{T_1}\int_{t_0}^{t_0+T_1} f(t)\mathrm{d}t \tag{3-2}$$

余弦分量的幅度

$$a_n = \frac{2}{T_1}\int_{t_0}^{t_0+T_1} f(t)\cos(n\omega_1 t)\mathrm{d}t \tag{3-3}$$

正弦分量的幅度

$$b_n = \frac{2}{T_1}\int_{t_0}^{t_0+T_1} f(t)\sin(n\omega_1 t)\mathrm{d}t \tag{3-4}$$

其中，$n=1,2,\cdots$。

通常，公式中的积分区间取$(0,T_1)$或$\left(-\frac{T_2}{2},+\frac{T_2}{2}\right)$。式(3-2)～式(3-4)表明，$a_n$ 和 b_n 都是 $n\omega_1$ 的函数，其中 a_n 是 $n\omega_1$ 的偶函数，b_n 是 $n\omega_1$ 的奇函数。

若将式(3-1)中同频率项进行合并，可以得到另一种余弦形式的傅里叶级数，即

$$f(t) = c_0 + \sum_{n=1}^{+\infty} c_n\cos(n\omega_1 t + \phi_n) \tag{3-5}$$

或

$$f(t) = d_0 + \sum_{n=1}^{+\infty} d_n\sin(n\omega_1 t + \theta_n)$$

式(3-5)也是傅里叶级数的三角函数展开形式。式中 n 为正整数，c_0 和 d_0 称为周期函数 $f(t)$直流分量，$c_1\cos(n\omega_1 t+\phi_1)$，$d_1\sin(n\omega_1 t+\theta_1)$称为基波分量，$\omega_1$ 称为基波角频率，其余各项($n>1$ 的项)统称为高次谐波分量。高次谐波分量的频率是基波频率的整数倍。当 $n=2$ 时称为二次谐波分量，$n=3$ 时称为三次谐波分量，等等。c_n 和 d_n 为第 n 次谐波的幅

度，ϕ_n 和 θ_n 为第 n 次谐波的相位。

比较式(3-1)和式(3-5)，各参数之间的关系如式(3-6)所示

$$\begin{cases} a_0 = c_0 = d_0 \\ a_n = c_n \cos\phi_n = d_n \sin\theta_n \\ d_n = c_n = \sqrt{a_n^2 + b_n^2} \\ b_n = -c_n \sin\phi_n = d_n \cos\theta_n \\ \phi_n = \arctan\left(-\dfrac{b_n}{a_n}\right) \\ \theta_n = \arctan\left(\dfrac{a_n}{b_n}\right) \end{cases} \tag{3-6}$$

从以上各式可以发现，展开式中各分量的幅度 a_n、b_n、c_n 及相位 ϕ_n 都是 $n\omega_1$ 的函数。c_n 和 $n\omega_1$ 的曲线关系称为信号的幅度频谱，通常简称为幅度谱，如图 3-1(a)所示。相位 ϕ_n 与 $n\omega_1$ 的曲线关系称为相位频谱，通常简称为相位谱，如图 3-1(b)所示。

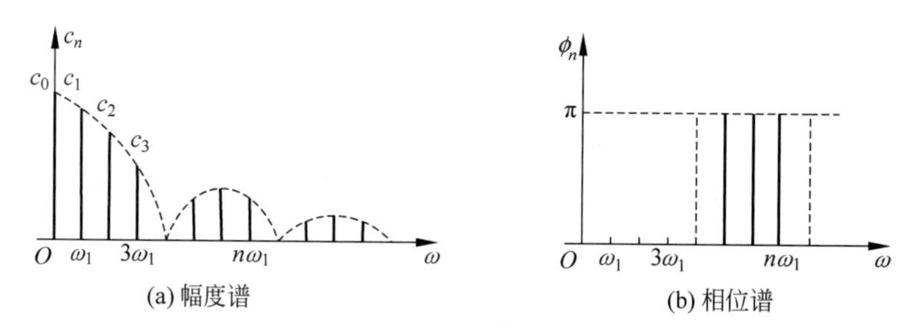

(a) 幅度谱　　(b) 相位谱

图 3-1　周期信号的频谱

从图 3-1(a)中，可以清楚、直观地看出各频率分量的相对大小，每条实线称为谱线，它代表在该频率分量下的幅度大小。ω_1 称为基波角频率。由于 n 为整数，使得周期信号的频谱只会出现在 $0, \omega_1, 2\omega_1$ 等离散频率点上，即频谱是离散的，故称此频谱为离散谱，所以周期信号的频谱是离散谱。

3.2.2　傅里叶级数的复指数形式

由上述内容可知，周期信号 $f(t)$ 可以展开为：

$$f(t) = a_0 + \sum_{n=1}^{+\infty} [a_n \cos(n\omega_1 t) + b_n \sin(n\omega_1 t)] \tag{3-7}$$

根据欧拉公式：

$$\cos(n\omega_1 t) = \frac{1}{2}(\mathrm{e}^{\mathrm{j}n\omega_1 t} + \mathrm{e}^{-\mathrm{j}n\omega_1 t})$$

$$\sin(n\omega_1 t) = \frac{1}{2\mathrm{j}}(\mathrm{e}^{\mathrm{j}n\omega_1 t} - \mathrm{e}^{-\mathrm{j}n\omega_1 t})$$

代入式(3-7)，整理可得

$$f(t) = a_0 + \sum_{n=1}^{+\infty} \left(\frac{a_n - \mathrm{j}b_n}{2} \mathrm{e}^{\mathrm{j}n\omega_1 t} + \frac{a_n + \mathrm{j}b_n}{2} \mathrm{e}^{-\mathrm{j}n\omega_1 t} \right) \tag{3-8}$$

由式(3-3)和式(3-4)知，a_n 是 n 的偶函数，b_n 是 n 的奇函数，可设

$$F(0)=a_0$$
$$F(n\omega_1)=\frac{1}{2}(a_n-\mathrm{j}b_n) \tag{3-9}$$

则

$$F(-n\omega_1)=\frac{1}{2}(a_n+\mathrm{j}b_n),\quad n=1,2,3,\cdots$$

把式(3-9)代入式(3-8),整理可得指数形式的傅里叶级数展开式为

$$f(t)=\sum_{n=-\infty}^{+\infty}F(n\omega_1)\mathrm{e}^{\mathrm{j}n\omega_1 t} \tag{3-10}$$

令 $F_n=F(n\omega_1)$,上式可以写成

$$f(t)=\sum_{n=-\infty}^{+\infty}F_n\mathrm{e}^{\mathrm{j}n\omega_1 t} \tag{3-11}$$

其中,F_n 为指数形式的傅里叶级数的系数。将式(3-3)和式(3-4)代入到式(3-9),得到 F_n 的表达式为:

$$F_n=\frac{1}{T_1}\int_{t_0}^{t_0+T_1}f(t)\mathrm{e}^{-\mathrm{j}n\omega_1 t}\mathrm{d}t \tag{3-12}$$

其中 n 为整数。

不同形式的傅里叶级数展开式系数间的关系如下

$$\begin{cases}F_0=c_0=d_0=a_0\\ |F_n|=|F_{-n}|=\frac{1}{2}c_n=\frac{1}{2}d_n=\frac{1}{2}\sqrt{a_n^2+b_n^2}\\ F_n=|F_n|\mathrm{e}^{\mathrm{j}\phi_n}=\frac{1}{2}(a_n-\mathrm{j}b_n)\\ |F_n|+|F_{-n}|=c_n\\ F_{-n}=|F_{-n}|\mathrm{e}^{-\mathrm{j}\phi_n}=\frac{1}{2}(a_n+\mathrm{j}b_n)\\ F_n+F_{-n}=a_n\\ b_n=\mathrm{j}(F_n-F_{-n})\\ c_n^2=d_n^2=a_n^2+b_n^2=4F_nF_{-n}\end{cases} \tag{3-13}$$

其中,$n=1,2,3,\cdots$。

周期信号的频谱不仅可以根据傅里叶级数的三角函数形式绘出,还可以绘出指数形式表示的信号频谱。已知 F_n 一般都是复函数,所以 F_n 与 ω 间的关系称为周期信号的复数频谱。又已知道 $F_n=|F_n|\mathrm{e}^{\mathrm{j}\phi_n}$,则 $|F_n|\to\omega$ 的关系表示复数幅度谱,$\phi_n\to\omega$ 的关系表示复数相位谱。图 3-2(a)、图 3-2(b)分别画出 $|F_n|$ 对 ω 的关系和相位 φ_n 对 ω 的关系,即周期信号的复数幅度谱和复数相位谱。如图 3-2(c)所示,是当 F_n 为实函数时的情况,此时可用 F_n 的正负来表示 φ_n 的 0 或 π,因此通常把幅度谱和相位谱画在一张图上。由公式 $f(t)=\sum_{n=-\infty}^{+\infty}F(n\omega_1)\mathrm{e}^{\mathrm{j}n\omega_1 t}$ 知,不仅有正频率项 $n\omega_1$,还有负频率项 $-n\omega_1$,所以复指数幅度频谱相对于纵轴是左右对称的,即为双边频谱。由上可知,图 3-2(c)中每条谱线长度为 $F_n=\frac{1}{2}c_n$。

通过介绍傅里叶级数的三角形式和指数形式,可以发现周期信号的两种频谱的表示方

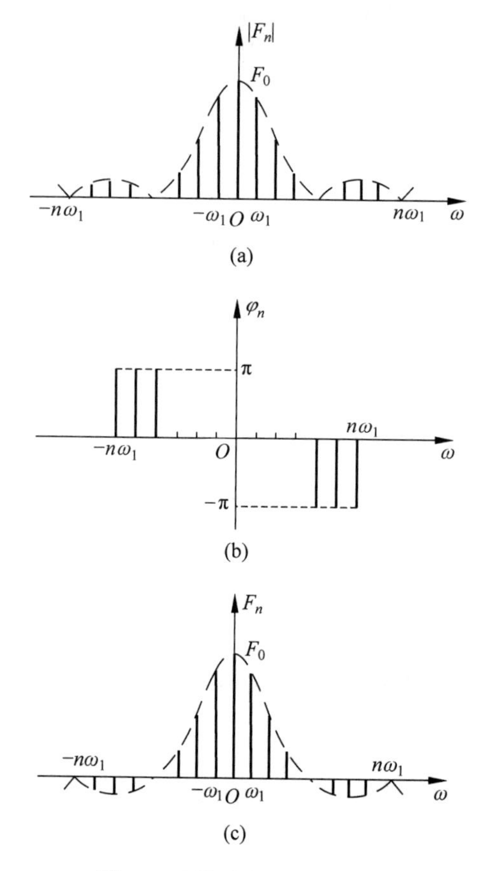

图 3-2　周期信号的复数频谱

法实质上是一样的,只是复数频谱图中的每个分量的幅度一分为二,并且对称地分布在正负频率的位置上。接下来通过研究周期信号的功率特性来了解其功率在各次谐波中的分布情况,即研究周期信号的功率频谱,简称功率谱。

对周期信号的傅里叶级数三角形式表示式或指数形式表示式进行数学处理,可以得到周期信号 $f(t)$的平均功率 P 与傅里叶系数有下列关系:

$$P = \overline{f^2(t)} = \frac{1}{T_1}\int_{t_0}^{t_0+T_1} f^2(t)\mathrm{d}t$$

$$= \sum_{n=-\infty}^{+\infty} | F_n |^2 \tag{3-14}$$

此式表明,周期信号的平均功率等于傅里叶级数展开各谐波分量幅度的平方和,也即时域和频域的能量守恒。式(3-14)称为帕塞瓦尔定理(或帕塞瓦尔方程)。

3.2.3　具有对称性的周期信号的频谱

当周期信号的波形具有某种对称性时,其相应的傅里叶级数的系数会呈现出一定的特征。周期信号的对称性大致分两类,一类是对整个周期对称,如奇函数或偶函数,这种对称性决定了展开式中是否含有正弦项或余弦项;另一类对称性是关于波形前半周期与后半周期是否相同或成镜像的关系,如奇谐信号。这种对称性决定了展开式中是否含有偶次项或奇次项。下面分别讨论不同的对称情况下傅里叶系数的性质。

1. 偶对称信号

如果以 T_0 为周期的实值周期信号 $f(t)$ 具有 $f(t)=f(-t)$ 的关系，则表示周期信号 $f(t)$ 为 t 的偶函数，其信号波形对于纵轴是左右对称的，故也称为纵轴对称信号。图 3-3 是偶对称信号的一个实例。

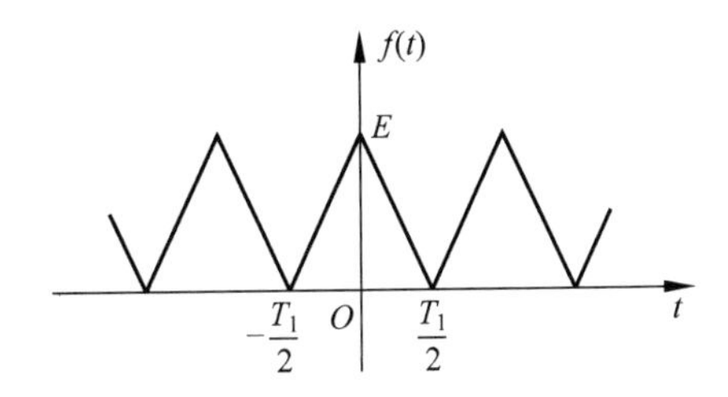

图 3-3　偶对称信号

用式(3-3)和式(3-4)求傅里叶系数时，因为 $f(t)\cos(n\omega_1 t)$ 为偶函数，而 $f(t)\sin(n\omega_1 t)$ 为奇函数，故有

$$\begin{cases} a_n = \dfrac{4}{T_1}\displaystyle\int_0^{\frac{T_1}{2}} f(t)\cos(n\omega_1 t)\mathrm{d}t \\ b_n = 0 \end{cases} \tag{3-15}$$

此时不同展开式各系数的关系如下

$$c_n = d_n = a_n = 2F_n$$

$$F_n = F_{-n} = \frac{a_n}{2}$$

$$\phi_n = 0$$

$$\theta_n = \frac{\pi}{2}$$

可知，实偶信号的傅里叶系数 F_n 是实函数，并是 n 的偶函数，实偶信号的傅里叶系数中不会含正弦项，只可能含有直流项和余弦项。

2. 奇对称信号

如果以 T_0 为周期的实值周期信号 $f(t)$ 具有 $f(t)=-f(-t)$ 这种关系，则表示周期信号 $f(t)$ 为奇函数，其信号波形对于原点是对称的，故称为原点对称信号。图 3-4 是奇对称信号的一个实例。

用式(3-3)和式(3-4)求傅里叶系数时，此时 $f(t)\cos(n\omega_1 t)$ 为奇函数，而 $f(t)\sin(n\omega_1 t)$ 为偶函数，即

$$\begin{cases} a_0 = 0, \quad a_n = 0 \\ b_n = \dfrac{4}{T_1}\displaystyle\int_0^{\frac{T_1}{2}} f(t)\sin(n\omega_1 t)\mathrm{d}t \end{cases} \tag{3-16}$$

此时不同展开式各系数的关系如下

$$c_n = d_n = b_n = 2\mathrm{j}F_n$$

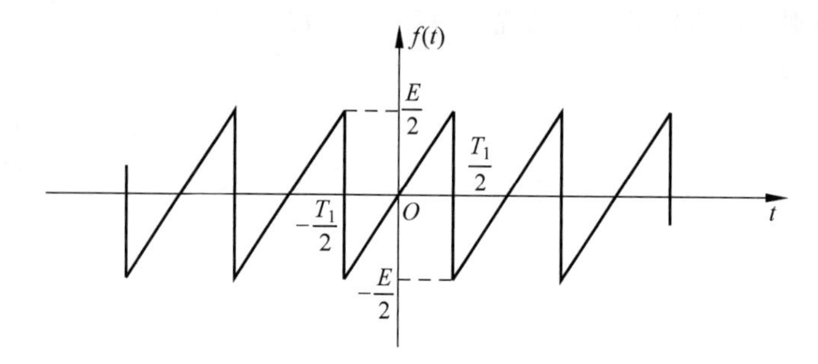

图 3-4　奇对称信号

$$F_n = -F_{-n} = -\frac{1}{2}\mathrm{j}b_n$$

$$\phi_n = -\frac{\pi}{2}$$

$$\theta_n = 0$$

可知,实奇信号的傅里叶系数 F_n 是虚函数,并是 n 的奇函数,实奇信号的傅里叶系数中不包含余弦项,只可能含有正弦项。有的信号是由一奇信号和一直流成分构成,它不再是奇函数,但在其级数展开式中仍然不会含有余弦项。

3. 奇谐信号

如果以 T_0 为周期的周期信号 $f(t)$ 具有的关系为 $f(t)=-f\left(t\pm\frac{T_1}{2}\right)$,则表示周期信号 $f(t)$ 信号波形平移半个周期后,将与原波形上下镜像对称,故也称为半波镜像信号。函数 $f(t)$ 称为半波对称函数或奇谐函数,图 3-5 是奇谐函数的一个实例。

图 3-5 中实线都表示半波对称函数 $f(t)$,而图 3-5(b)～图 3-5(e)中的虚线分别可以表示 $\cos(\omega_1 t)$, $\sin(\omega_1 t)$, $\cos(2\omega_1 t)$, $\sin(2\omega_1 t)$ 的波形。从奇谐函数的实例图 3-5(a)中可以明显地发现直流分量 a_0 一定等于零。从图 3-2(b)和图 3-2(c)可以看出 $f(t)\cos(\omega_1 t)$, $f(t)\sin(\omega_1 t)$ 的积分存在,而从图 3-2(d)和图 3-2(e)可以看出 $f(t)\cos(2\omega_1 t)$, $f(t)\sin(2\omega_1 t)$ 积分为零。所以可以定性地看出式(3-3)、式(3-4)中被积函数 $f(t)\cos(n\omega_1 t)$, $f(t)\sin(n\omega_1 t)$ 的形状,这样以此类推,可以得到

$$\begin{cases} a_0 = 0 \quad a_n = b_n = 0, & n = 2k \\ a_n = \dfrac{4}{T_1}\displaystyle\int_0^{\frac{T_1}{2}} f(t)\cos(n\omega_1 t)\mathrm{d}t, & n = 2k-1 \\ b_n = \dfrac{4}{T_1}\displaystyle\int_0^{\frac{T_1}{2}} f(t)\sin(n\omega_1 t)\mathrm{d}t, & n = 2k-1 \end{cases} \tag{3-17}$$

其中,$k=1,2,3,\cdots$。

因此,在半波镜像信号函数的傅里叶级数中,只会含有基波和奇次谐波的正弦、余弦项,而不会包含偶次谐波项。同时,要注意奇函数和奇谐函数的不同之处,在于奇函数只可能含有正弦项,而奇谐函数只可能包含奇次谐波的正弦、余弦项。

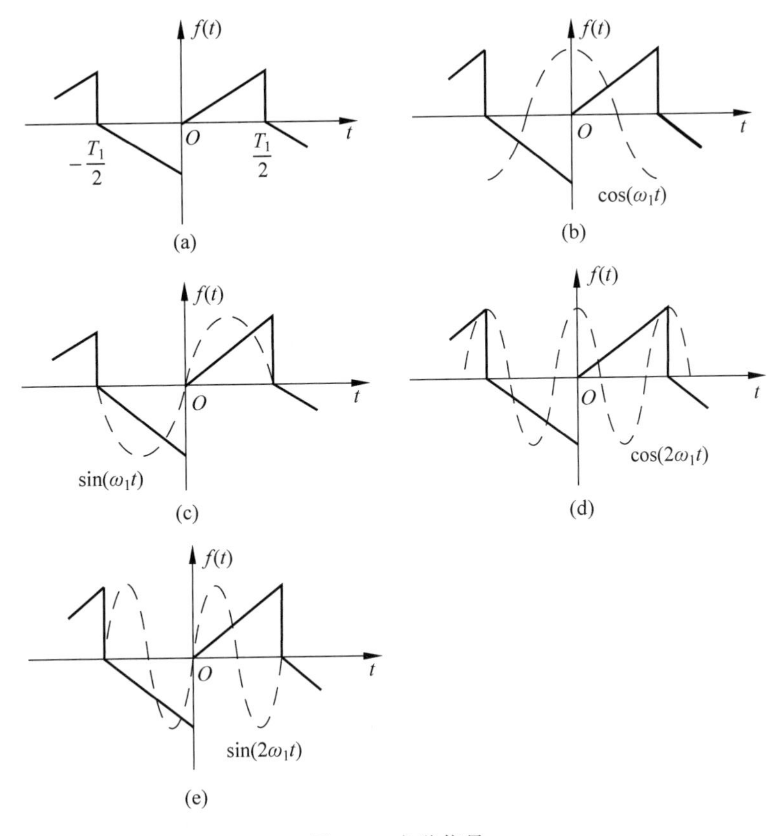

图 3-5 奇谐信号

3.3 非周期信号的频谱——傅里叶变换

之前章节讨论了有关周期信号的傅里叶级数,同时得到了其离散频谱。然而对于非周期信号来说,则是另一类重要的信号,但由于它的波形在有限长的时间段内不能重复出现,因此不能以一个周期内的傅里叶展开式来代表整个信号,这就需要采用不同的分析方法来求解非周期信号的频域特性,这种研究方法称为傅里叶变换方法。

3.3.1 傅里叶变换的导出

傅里叶变换,表示能将满足一定条件的某个函数表示成三角函数(正弦或余弦函数)或者它们的积分的线性组合。在不同的研究领域,傅里叶变换具有多种不同的变化形式,如连续傅里叶变换和离散傅里叶变换。傅里叶变换的导出主要是根据将对周期信号的傅里叶分析方法推广到非周期信号中去,即将周期信号的周期无限增大时,其谱线间隔减小,从而离散频谱变成连续频谱,谱线的长度趋向于零。此时,若再按 3.2 节来表示信号的频谱,频谱将会化为乌有,这就失去了应有的意义。下面将讨论如何实现对非周期信号进行频谱分析。

对于周期矩形脉冲信号 $f(t)$而言,它的频谱为 $F(n\omega_1)$,如图 3-6 所示。

从图 3-6 可以看出当周期信号转化为非周期信号时,谱线间隔趋向于零; 离散谱转化

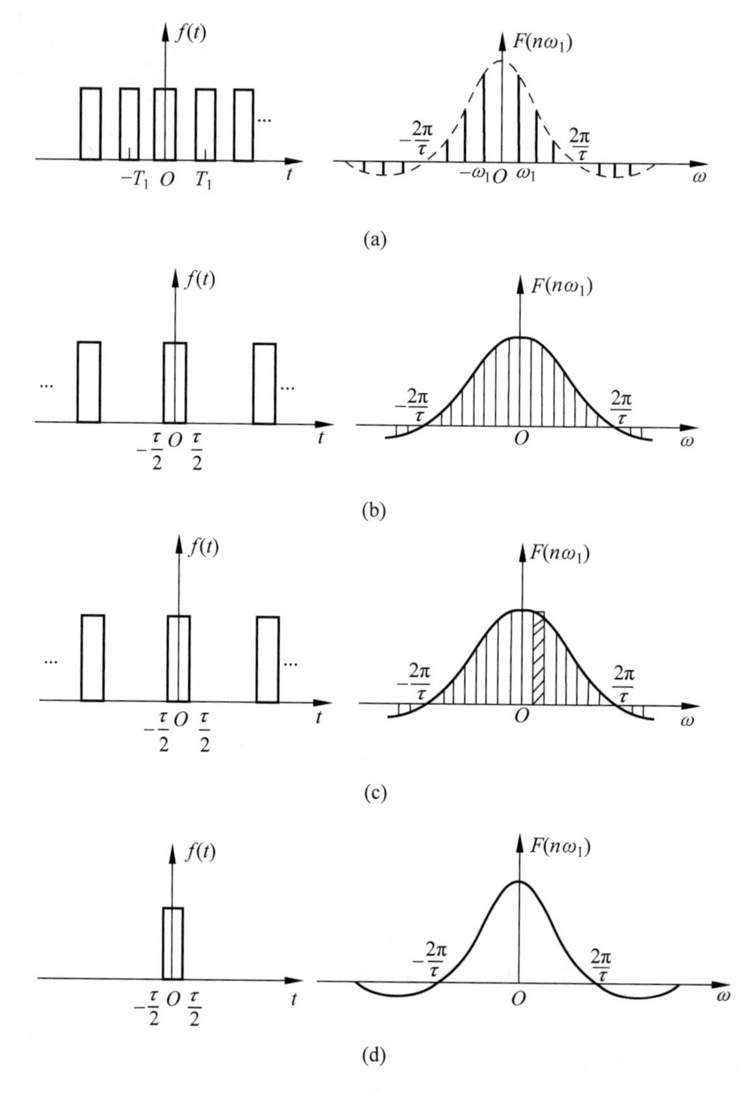

图 3-6 从周期信号的离散频谱到非周期信号的连续频谱

为连续谱。

此时,若再用 $F(n\omega_1)$表示频谱已不再合适,也就是说这样就会失去应有的意义。然而,从物理上分析,信号的产生必然含有一定的能量,不管信号如何分解,其所含的能量是维持不变的。或者从数学上分析,在极限情况下,无限多个无穷小量之和,仍可能等于一个有限数值。因此,对于非周期信号的表示方法,必须要引入一个新的量,称之为“频谱密度函数”,从而可由周期信号的傅里叶级数推导出非周期信号的傅里叶变换。

将该周期信号展开成指数形式的傅里叶级数,如下:

$$f(t)=\sum_{-\infty}^{+\infty}F(n\omega_1)\mathrm{e}^{\mathrm{j}n\omega_1 t}$$

其频谱为:

$$\xrightarrow{\text{两边乘以}T_1} F(n\omega_1)T_1=\frac{2\pi F(n\omega_1)}{\omega_1}=\int_{-\frac{T_1}{2}}^{\frac{T_1}{2}}f(t)\mathrm{e}^{-\mathrm{j}n\omega_1 t}\mathrm{d}t \tag{3-18}$$

对于非周期信号，当 $T_1\to+\infty$时，$\omega_1\to 0$，$\Delta(n\omega_1)=\omega_1\to \mathrm{d}\omega$，$n\omega_1\to\omega$，则：

$$F(n\omega_1)\to 0$$

但$\dfrac{2\pi F(n\omega_1)}{\omega_1}\to$有限值，为连续函数，记为 $F(\omega)$或 $F(\mathrm{j}\omega)$。在此式中$\dfrac{F(n\omega_1)}{\omega_1}$表示频谱密度函数，即频谱密度。因此 $F(\omega)$称为频谱密度函数，简称频谱函数。若以$\dfrac{F(n\omega_1)}{\omega_1}$的幅度为高，以间隔 ω_1 为宽画一个小矩形（如图 3-6(c)所示），则该小矩形的面积等于 $\omega=n\omega_1$ 频谱值 $F(n\omega_1)$。

式(3-18)在非周期信号下变成

$$f(t)=\sum_{n=-\infty}^{+\infty}F(n\omega_1)\mathrm{e}^{\mathrm{j}n\omega_1 t}=\sum_{n\omega_1=-\infty}^{+\infty}\frac{F(n\omega_1)}{\omega_1}\mathrm{e}^{\mathrm{j}n\omega_1 t}\cdot\omega_1$$

即

$$F(\omega)=\int_{-\infty}^{+\infty}f(t)\mathrm{e}^{-\mathrm{j}\omega t}\,\mathrm{d}t \tag{3-19}$$

式(3-19)称为傅里叶正变换。

而

$$f(t)=\sum_{n=-\infty}^{+\infty}F(n\omega_1)\mathrm{e}^{\mathrm{j}n\omega_1 t}=\sum_{n\omega_1=-\infty}^{+\infty}\frac{F(n\omega_1)}{\omega_1}\mathrm{e}^{\mathrm{j}n\omega_1 t}\cdot\omega_1$$

当 $T_1\to+\infty$时

$$\omega_1\to\mathrm{d}\omega,\quad n\omega_1\to\omega$$

从而有

$$\frac{F(n\omega_1)}{\omega_1}\to\frac{F(\omega)}{2\pi},\quad \sum_{-\infty}^{+\infty}\to\int_{-\infty}^{+\infty}$$

可得

$$f(t)=\frac{1}{2\pi}\int_{-\infty}^{+\infty}F(\omega)\mathrm{e}^{\mathrm{j}\omega t}\,\mathrm{d}\omega \tag{3-20}$$

式(3-20)称为傅里叶逆变换。

3.3.2 傅里叶变换存在的条件

之前推导傅里叶变换时并未遵循数学上的严格步骤。从理论上讲，傅里叶变换也应该满足一定的条件才能存在。

严格意义上讲，傅里叶变换存在的充分条件是：$f(t)$在无限区间内满足绝对可积，即

$$\int_{-\infty}^{+\infty}|f(t)|\,\mathrm{d}t<+\infty$$

可见，所有的能量信号均满足此条件。当引入奇异函数的概念后，傅里叶变换的函数类型将会大大扩展。

3.4 傅里叶变换的基本性质

傅里叶变换建立了信号时域和频域的一一对应关系。信号在时域中所具有的特性，必然在频域中有其相对应的特性存在，当在某个域中分析发生困难时，利用傅里叶变换的性质

可以转到另一个域中进行分析计算；另外，根据定义来求取傅里叶正、反变换时，不可避免地会遇到繁杂的积分或不满足绝对可积而可能出现广义函数的麻烦，而傅里叶变换的性质是一种来求取傅里叶正、反变换的简洁方法。

1. **线性(叠加性)**

傅里叶变换是一种线性运算。若

$$f_1(t)\leftrightarrow F_1(\omega),\quad f_2(t)\leftrightarrow F_2(\omega)$$

则

$$af_1(t)+bf_2(t)\leftrightarrow aF_1(\omega)+bF_2(\omega) \tag{3-21}$$

其中 a 和 b 都是常数。这个性质可由傅里叶变换的定义式即可得出。

【例 3-1】 求 $f(t)=\delta(t+2)+2\delta(t)+\delta(t-2)$ 的傅里叶变换。

解：

$$\begin{aligned}F(\omega)&=\int_{-\infty}^{+\infty}[\delta(t+2)+2\delta(t)+\delta(t-2)]\mathrm{e}^{-\mathrm{j}\omega t}\,\mathrm{d}t\\&=\int_{-\infty}^{+\infty}\delta(t+2)\mathrm{e}^{-\mathrm{j}\omega t}\,\mathrm{d}t+2\int_{-\infty}^{+\infty}\delta(t)\mathrm{e}^{-\mathrm{j}\omega t}\,\mathrm{d}t+\int_{-\infty}^{+\infty}\delta(t-2)\mathrm{e}^{-\mathrm{j}\omega t}\,\mathrm{d}t\\&=\mathrm{e}^{\mathrm{j}2\omega}+2+\mathrm{e}^{-\mathrm{j}2\omega}\\&=2+2\cos 2\omega\\&=4+\cos^2\omega\end{aligned}$$

【例 3-2】 求图 3-7(a)所示信号的频谱。

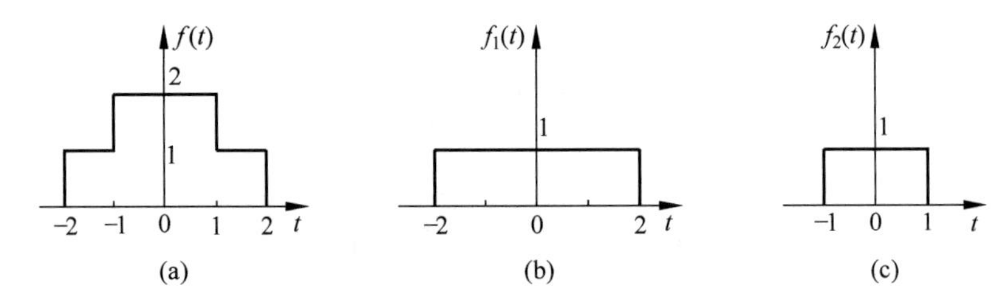

图 3-7　由线性特性得到傅里叶变换

解：因为

$$f(t)=f_1(t)+f_2(t)$$

$$g_\tau(t)\leftrightarrow\tau\mathrm{Sa}\left(\frac{\omega\tau}{2}\right)$$

$$f_1(t)\leftrightarrow 4\mathrm{Sa}(2\omega)$$

$$f_2(t)\leftrightarrow 2\mathrm{Sa}(\omega)$$

所以

$$F(\omega)\leftrightarrow 4\mathrm{Sa}(2\omega)+2\mathrm{Sa}(\omega)$$

显然傅里叶变换是一种线性运算，它满足齐次性和可加性。此结论表明两个含义：一是当某个信号乘以一常数，其频谱函数将乘以同一常数；二是相加信号的频谱等于各个单独信号的频谱之和。

2. **时移特性**

若 $f(t)\leftrightarrow F(\omega)$，则

$$f(t-t_0) \leftrightarrow F(\omega)\mathrm{e}^{-\mathrm{j}\omega t_0} \tag{3-22}$$

证明 因为

$$f(t)=\frac{1}{2\pi}\int_{-\infty}^{+\infty}F(\omega)\mathrm{e}^{\mathrm{j}\omega t}\mathrm{d}\omega$$

在该式中以 $t-t_0$ 代替 t，有

$$f(t-t_0)=\frac{1}{2\pi}\int_{-\infty}^{+\infty}F(\omega)\mathrm{e}^{\mathrm{j}\omega(t-t_0)}\mathrm{d}\omega=\frac{1}{2\pi}\int_{-\infty}^{+\infty}[\mathrm{e}^{-\mathrm{j}\omega t_0}F(\omega)]\mathrm{e}^{\mathrm{j}\omega t}\mathrm{d}\omega$$

所以可得到

$$f(t-t_0) \leftrightarrow F(\omega)\mathrm{e}^{-\mathrm{j}\omega t_0}$$

这个性质表明：信号 $f(t)$ 在时域中沿时间轴右移 t_0 等效于在频域中频谱乘以因子 $\mathrm{e}^{-\mathrm{j}\omega t_0}$。换句话说，也就是信号在时间上移位，并不改变傅里叶变换的模，只是在其变换中引入了相移，即 $-\omega t_0$，与频率 ω 呈线性关系，所要研究的无失真传输系统对信号的作用正是基于此特性。

【例 3-3】 信号如图 3-8(a)所示，求其傅里叶变换。

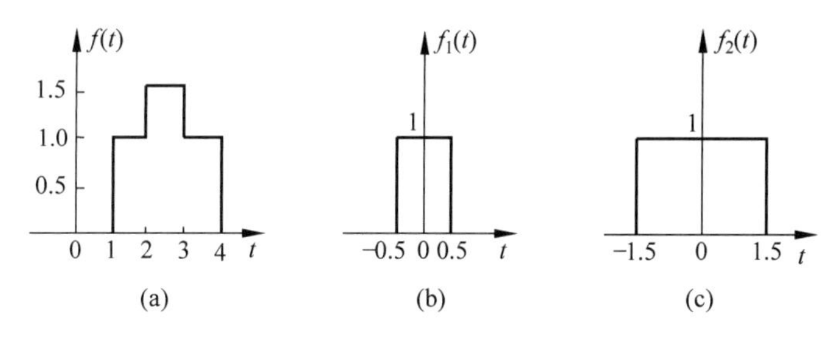

图 3-8 例 3-3 的信号图

解：先将 $f(t)$ 分解成 $f_1(t)$ 和 $f_2(t)$ 的线性组合，$f_1(t)$ 和 $f_2(t)$ 分别如图 3-8(b)和图 3-8(c)所示，

$$f(t)=\frac{1}{2}f_1(t-2.5)+f_2(t-2.5)$$

分别求出 $f_1(t)$ 和 $f_2(t)$ 的傅里叶变换为

$$F_1(\omega)=\int_{-0.5}^{0.5}\mathrm{e}^{-\mathrm{j}\omega t}\mathrm{d}t=\frac{2\sin(\omega/2)}{\omega}$$

$$F_2(\omega)=\int_{-1.5}^{1.5}\mathrm{e}^{-\mathrm{j}\omega t}\mathrm{d}t=\frac{2\sin(3\omega/2)}{\omega}$$

利用傅里叶变换的时移特性有

$$f_1(t-2.5) \leftrightarrow \mathrm{e}^{-\mathrm{j}5\omega/2}F_1(\omega)$$

$$f_2(t-2.5) \leftrightarrow \mathrm{e}^{-\mathrm{j}5\omega/2}F_2(\omega)$$

利用傅里叶变换的线性性质有

$$f(t) \leftrightarrow F(\omega)=\mathrm{e}^{-\mathrm{j}5\omega/2}\left[\frac{\sin(\omega/2)+2\sin(3\omega/2)}{\omega}\right]$$

3. 频移特性

若 $f(t) \leftrightarrow F(\omega)$，则

$$f(t)\mathrm{e}^{\mathrm{j}\omega_0 t} \leftrightarrow F(\omega-\omega_0) \tag{3-23}$$

证明 因为

$$\begin{aligned} f(t)\mathrm{e}^{\mathrm{j}\omega_0 t} &= \int_{-\infty}^{+\infty} f(t)\mathrm{e}^{\mathrm{j}\omega_0 t}\cdot \mathrm{e}^{-\mathrm{j}\omega t}\mathrm{d}t \\ &= \int_{-\infty}^{+\infty} f(t)\mathrm{e}^{-\mathrm{j}(\omega-\omega_0)t}\mathrm{d}t \end{aligned}$$

所以

$$f(t)\mathrm{e}^{\mathrm{j}\omega_0 t} \leftrightarrow F(\omega-\omega_0)$$

同理

$$f(t)\mathrm{e}^{-\mathrm{j}\omega_0 t} \leftrightarrow F(\omega+\omega_0)$$

其中 ω_0 为实常数。

频域特性表明:若时间信号 $f(t)$乘以 $\mathrm{e}^{\mathrm{j}\omega_0 t}$,等效于 $f(t)$的频谱 $F(\omega)$沿频率轴右移 ω_0。基于频域特性的频谱搬移技术,在通信和信号处理中得到了广泛的应用,如在载波幅度调制、同步调制、变频和混频等技术中的应用。

【例 3-4】 已知矩形调幅信号 $f(t)=g(t)\cos\omega_0(t)$,试求其频谱函数。

解:因为

$$f(t) = \frac{1}{2}g_\tau(t)(\mathrm{e}^{\mathrm{j}\omega_0 t} + \mathrm{e}^{-\mathrm{j}\omega_0 t})$$

$$g_\tau(t) \leftrightarrow \tau\mathrm{Sa}\left(\frac{\omega\tau}{2}\right)$$

根据频移特性,可得

$$f(t) \leftrightarrow \frac{1}{2}\tau\mathrm{Sa}\left[\left(\frac{\omega-\omega_0}{2}\right)\tau\right] + \frac{1}{2}\tau\mathrm{Sa}\left[\frac{(\omega+\omega_0)}{2}\tau\right]$$

其波形及频谱如图 3-9 所示。

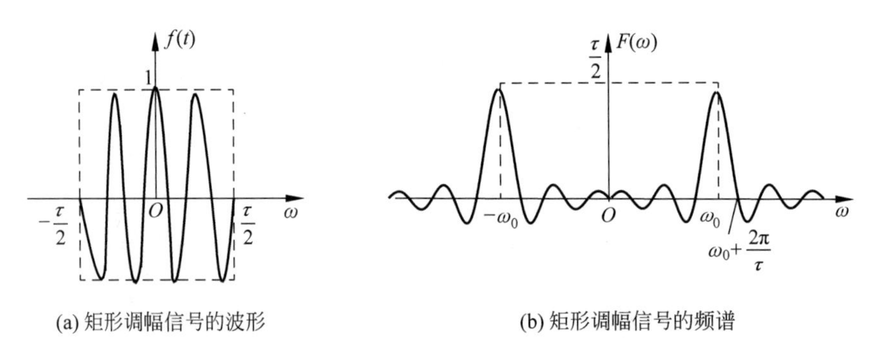

(a) 矩形调幅信号的波形

(b) 矩形调幅信号的频谱

图 3-9 矩形调幅信号的波形及频谱图

可见,调幅信号的频谱等于将 $g_\tau(t)$频谱一分为二,各向左、右移载频 ω_0,进行了频谱搬移。

4. 尺度变换特性

若 $f(t)\leftrightarrow F(\omega)$,则

$$f(at)\leftrightarrow\frac{1}{|a|}F\left(\frac{\omega}{a}\right) \tag{3-24}$$

这里 a 是非零实常数。

证明：

$$f(at)\leftrightarrow\int_{-\infty}^{+\infty}f(at)\mathrm{e}^{-\mathrm{j}\omega t}\mathrm{d}t$$

令 $at=\tau$，则当 $a>0$，

$$\begin{aligned}\int_{-\infty}^{+\infty}f(at)\mathrm{e}^{-\mathrm{j}\omega t}\mathrm{d}t&=\int_{-\infty}^{+\infty}f(\tau)\mathrm{e}^{-\mathrm{j}\omega\frac{\tau}{a}}\ \frac{1}{a}\mathrm{d}\tau\\&=\frac{1}{a}F\left(\frac{\omega}{a}\right)\end{aligned}$$

当 $a<0$，

$$\begin{aligned}\int_{-\infty}^{+\infty}f(at)\mathrm{e}^{-\mathrm{j}\omega t}\mathrm{d}t&=\int_{+\infty}^{-\infty}f(\tau)\mathrm{e}^{-\mathrm{j}\omega\frac{\tau}{a}}\ \frac{1}{a}\mathrm{d}\tau\\&=\frac{-1}{a}F\left(\frac{\omega}{a}\right)\end{aligned}$$

综合上述两种情况，便可得到尺度变换特性表达式为

$$f(at)\leftrightarrow\frac{1}{|a|}F\left(\frac{\omega}{a}\right)$$

特例，当 $a=-1$ 时，有

$$f(-t)\leftrightarrow F(-\omega)$$

尺度变换性质表明：除因子 $1/|a|$ 以外，信号在时域中有尺度变换因子 a，则其频谱在频域中有因子 $1/a$。这就意味着，对一个脉冲信号，如果脉冲宽度越宽，它的频带越窄；脉宽减小 a 倍，其带宽就相应地增加 a 倍，因此脉宽与带宽之乘积是一个常数。在数字通信技术中，必须压缩矩形脉冲的宽度以提高通信速率，这时必须展宽信道的频带。

图 3-10(a)和图 3-10(b)分别表示了单位矩形脉冲信号尺度变换前后的时域波形及其频谱。

【例 3-5】 求偶对称和奇对称双边指数函数的频谱。

解： 由于

$$F(\mathrm{e}^{-at}u(t))=\frac{1}{a+\omega},\quad a>0$$

$$F(\mathrm{e}^{-at}u(-t))=\frac{1}{a-\omega},\quad a<0$$

据此可得偶对称双边指数函数的频谱为

$$\begin{aligned}F[\mathrm{e}^{-a|t|}u(t)]&=F[\mathrm{e}^{-at}u(t)+\mathrm{e}^{-at}u(-t)]\\&=\frac{1}{a+\omega}+\frac{1}{a-\omega}\\&=\frac{2a}{a^2+\omega^2}\end{aligned}$$

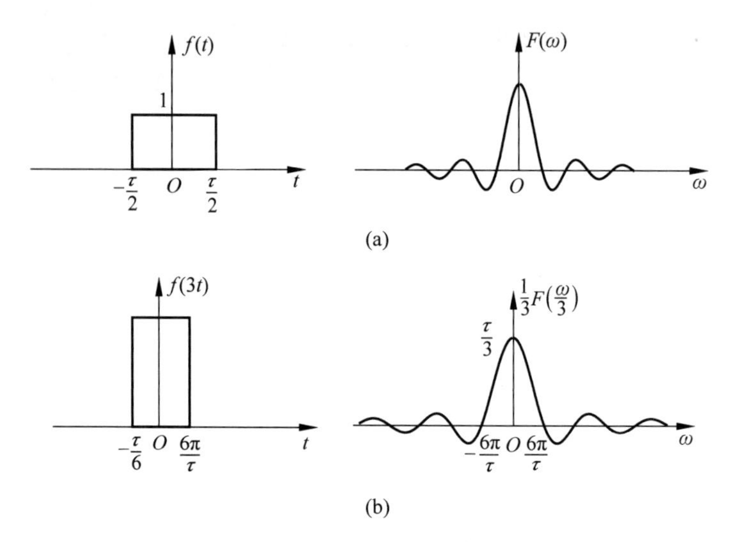

图 3-10 单位矩形脉冲信号的尺度变换

奇对称双边指数函数的频谱为

$$F[e^{-a|t|}u(t)-e^{at}u(-t)]=\frac{1}{a+\omega}-\frac{1}{a-\omega}$$

$$=\frac{-2\omega}{a^2+\omega^2}$$

【例 3-6】 已知图 3-11(a)所示的函数是宽度为 2 的门信号,即 $f_1(t)=g_2(t)$,其傅里叶变换 $F_1(\omega)=2\mathrm{Sa}(\omega)=\frac{2\sin\omega}{\omega}$,求图 3-11(b)和图 3-11(c)中函数 $f_2(t)$,$f_3(t)$的傅里叶变换。

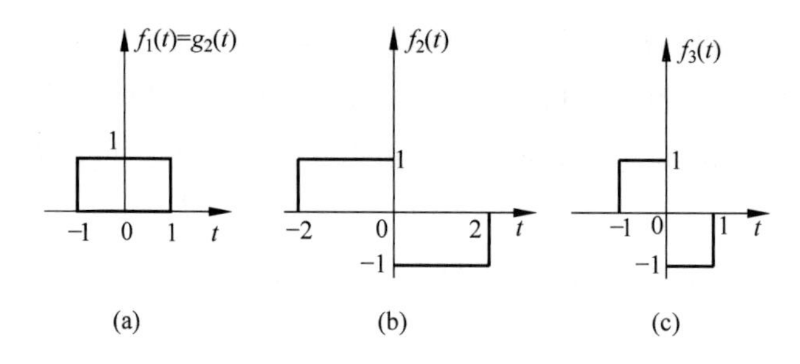

图 3-11 例 3-6 中的函数波形图

解:

(1) 图 3-11(b)中函数 $f_2(t)$可写为时移信号 $f_1(t+1)$与 $f_1(t-1)$之差,即由傅里叶变换的线性和时移特性可得 $f_2(t)$的傅里叶变换

$$F_2(\omega)=F_1(\omega)e^{j\omega}-F_1(\omega)e^{-j\omega}=\frac{2\sin\omega}{\omega}(e^{j\omega}-e^{-j\omega})=j4\frac{\sin^2(\omega)}{\omega}$$

(2) 图 3-11(c)中的函数 $f_2(2t)$是 $f_2(t)$的压缩,可写为

$$f_3(t)=f_2(2t)$$

由尺度变换特性可得

$$F_3(\omega)=\frac{1}{2}F_2\left(\frac{\omega}{2}\right)=\frac{1}{2}\mathrm{j}4\frac{\sin^2\left(\frac{\omega}{2}\right)}{\frac{\omega}{2}}=\mathrm{j}4\frac{\sin^2\left(\frac{\omega}{2}\right)}{\omega}$$

【例 3-7】 已知 $f(t)\leftrightarrow F(\omega)=E\tau\cdot\mathrm{Sa}\left(\frac{\omega\tau}{2}\right)$,求 $f(2t-5)$频谱密度函数。

解:由已知条件和尺度变换特性得

$$f(2t)\leftrightarrow\frac{1}{2}F\left(\frac{\omega}{2}\right)=\frac{1}{2}E\tau\cdot\mathrm{Sa}\left(\frac{\omega\tau}{4}\right)$$

再根据时移特性得

$$f(2t-5)\leftrightarrow\frac{E\tau}{2}\cdot\mathrm{Sa}\left(\frac{\omega\tau}{4}\right)\mathrm{e}^{-\mathrm{j}\frac{5}{2}\omega}$$

【例 3-8】 如果信号 $f(t)$的频谱为 $F(\omega)$,试求信号 $\mathrm{e}^{\mathrm{j}4t}f(3-2t)$的频谱。

解:由傅里叶变换的时移特性得

$$f(t+3)\leftrightarrow F(\omega)\mathrm{e}^{\mathrm{j}3\omega}$$

利用尺度变换,令 $a=-2$,则

$$f(-2t+3)\leftrightarrow\frac{1}{|-2|}F\left(\frac{\omega}{-2}\right)\mathrm{e}^{\mathrm{j}3\left(\frac{\omega}{-2}\right)}=\frac{1}{2}F\left(\frac{\omega}{-2}\right)\mathrm{e}^{-\mathrm{j}\frac{3\omega}{2}}$$

最后,由频移特性得

$$\mathrm{e}^{\mathrm{j}4t}f(3-2t)\leftrightarrow\frac{1}{2}F\left(\frac{\omega-4}{-2}\right)\mathrm{e}^{\mathrm{j}\left(\frac{3(\omega-4)}{2}\right)}$$

5. **对称性**

若 $f(t)\leftrightarrow F(\omega)$,则

$$F(t)\leftrightarrow2\pi f(-\omega)\tag{3-25}$$

该式表明,如果时间函数 $f(t)$的频谱函数是 $F(\omega)$,那么时间函数 $F(t)$的频谱函数是 $2\pi f(-\omega)$。

证明 由傅里叶反变换式

$$f(t)=\frac{1}{2\pi}\int_{-\infty}^{+\infty}F(\omega)\mathrm{e}^{\mathrm{j}\omega t}\mathrm{d}\omega$$

将上式中自变量 t 更换为 $-t$,得

$$f(-t)=\frac{1}{2\pi}\int_{-\infty}^{+\infty}F(\omega)\mathrm{e}^{-\mathrm{j}\omega t}\mathrm{d}\omega$$

将上式中自变量 t 更换为 ω,而把 ω 换为 t,得

$$2\pi f(-\omega)=\int_{-\infty}^{+\infty}F(t)\mathrm{e}^{-\mathrm{j}\omega t}\mathrm{d}t$$

上式表明,时间函数 $F(t)$的傅里叶变换为 $2\pi f(-\omega)$,所以

$$F(t)\leftrightarrow2\pi f(-\omega)$$

当 $f(t)$为偶函数时,就有 $F(t)\leftrightarrow2\pi f(\omega)$。

【例 3-9】 求 $f(t)=\frac{1}{1+t^2}$的傅里叶变换。

解：因为 $e^{-|t|}\leftrightarrow\frac{2}{1+\omega^2}$，从而由傅里叶变换的对称特性得

$$\frac{2}{1+t^2}\leftrightarrow 2\pi e^{-|-\omega|}$$

所以

$$\frac{1}{1+t^2}\leftrightarrow \pi e^{-|\omega|}$$

【例 3-10】 求取样函数 $\mathrm{Sa}(t)=\frac{\sin t}{t}$的傅里叶变换。

解：由傅里叶变换公式 $F(\omega)=\int_{-\infty}^{+\infty}f(t)e^{-j\omega t}dt$ 知宽度为 τ，幅度为 E 的矩形脉冲信号 $g(t)$的傅里叶变换为

$$g(t)\leftrightarrow E\tau\mathrm{Sa}\left(\frac{\omega\tau}{2}\right)$$

若取 $E=\frac{1}{2}$，$\tau=\lambda$，则 $g(t)\leftrightarrow\mathrm{Sa}(\omega)$。

由对称特性，以及已知矩形脉冲信号 $g(t)$是偶函数

$$\mathrm{Sa}(t)=2\pi g(\omega)=\begin{cases}\pi & |\omega|<1\\ 0 & |\omega|>1\end{cases}$$

其波形如图 3-12 所示。其中，图 3-12(a)表示 $E=1/2$，$\tau=2$ 的矩形脉冲信号 $g(t)$及其频谱密度函数 $\mathrm{Sa}(\omega)$，图 3-12(b)表示抽样函数 $\mathrm{Sa}(t)$及其频谱密度函数 $2\pi g(\omega)$，这里已明显地表示了它们之间的对称关系，并表达了这一性质给某些信号的傅里叶变换的求取带来极大的方便。

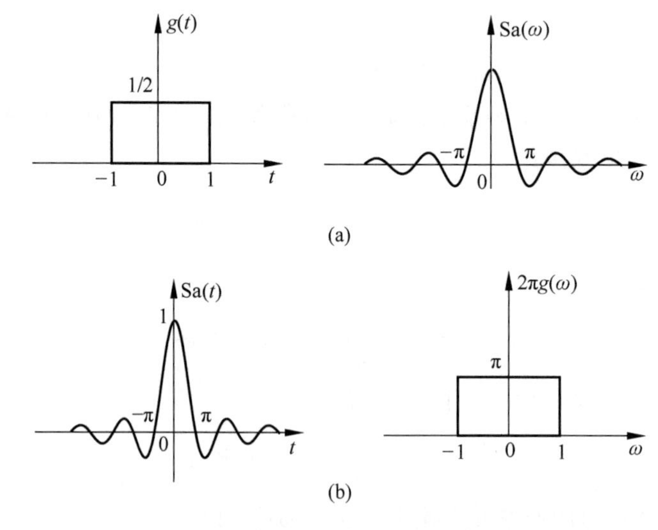

图 3-12 由对称性求取取样函数 Sa(t)的频谱

6. 奇偶虚实性

根据傅里叶变换的定义，信号 $f(t)$的傅里叶变换为

$$f(t)\leftrightarrow F(\omega)=\int_{-\infty}^{+\infty}f(t)\mathrm{e}^{-\mathrm{j}\omega t}\mathrm{d}t$$

$F(\omega)$在一般情况下是频率ω的复函数，它可以表示成实部$R(\omega)$和虚部$X(\omega)$的形式，即有

$$f(\omega)=|F(\omega)|\mathrm{e}^{\mathrm{j}\varphi(\omega)}=R(\omega)+\mathrm{j}X(\omega)$$

且有

$$\begin{cases}\varphi(\omega)=\arctan\dfrac{X(\omega)}{R(\omega)}\\|F(\omega)|=\sqrt{R^2(\omega)+X^2(\omega)}\end{cases}\tag{3-26}$$

讨论：

(1) 当$f(t)$是实函数时，那么$F(\omega)$的实部$R(\omega)$是偶函数，虚部$X(\omega)$是奇函数。

证明

$$F(\omega)=\int_{-\infty}^{+\infty}F(t)\mathrm{e}^{-\mathrm{j}\omega t}\mathrm{d}t=\int_{-\infty}^{+\infty}f(t)\cos(\omega t)\mathrm{d}t-\mathrm{j}\int_{-\infty}^{+\infty}f(t)\sin(\omega t)\mathrm{d}t$$

显然频谱函数的实部和虚部分别为

$$R(\omega)=\int_{-\infty}^{+\infty}f(t)\cos(\omega t)\mathrm{d}t$$

$$X(\omega)=-\int_{-\infty}^{+\infty}f(t)\sin(\omega t)\mathrm{d}t$$

$R(\omega)$是偶函数，$X(\omega)$是奇函数，满足

$$R(\omega)=R(-\omega)$$

$$X(\omega)=X(-\omega)$$

$$F(-\omega)=F^*(\omega)$$

再利用式(3-26)可证得$|F(\omega)|$是偶函数，$\varphi(\omega)$是奇函数。通过验证已求得各种实函数的频谱都应满足这一结论：实函数傅里叶变换的幅度谱和相位谱分别得偶、奇函数。这一特性在信号频谱分析中具有广泛的应用。

当$f(t)$是实偶函数时，有

$$X(\omega)=0$$

$$F(\omega)=R(\omega)=2\int_{0}^{+\infty}f(t)\cos(\omega t)\mathrm{d}t$$

可见，实偶函数的频谱函数也是实偶函数。

当$f(t)$是实奇函数时，有

$$R(\omega)=0$$

$$F(\omega)=\mathrm{j}X(\omega)=-2\mathrm{j}\int_{0}^{+\infty}f(t)\sin(\omega t)\mathrm{d}t$$

(2) 若$f(t)$是虚函数，则$F(\omega)$的实部$R(\omega)$是奇函数，虚部$X(\omega)$是偶函数。

证明 令$f(t)=\mathrm{j}g(t)$，则

$$R(\omega)=\int_{-\infty}^{+\infty}g(t)\sin(\omega t)\mathrm{d}t$$

$$X(\omega)=\int_{-\infty}^{+\infty}g(t)\cos(\omega t)\mathrm{d}t$$

显然,$R(\omega)$为奇函数,$X(\omega)$为偶函数,即满足

$$R(\omega) = -R(-\omega)$$
$$X(\omega) = -X(-\omega)$$

当 $f(t)$是虚函数时,由式(3-26)可知,其幅度频谱$|F(\omega)|$仍为偶函数,相位频谱 $\varphi(\omega)$仍为奇函数。

显然 $F(\omega)$是由三项构成,它们都是矩形脉冲的频谱,只是有两项沿频率轴左、右平移了 $\omega=\frac{\pi}{\tau}$。把上式化简,则可以得到

$$F(\omega) = \frac{E\sin(\omega\tau)}{\omega\left[1-\left(\frac{\omega\tau}{\pi}\right)^2\right]} = \frac{E\tau\mathrm{Sa}(\omega\tau)}{1-\left(\frac{\omega\tau}{\pi}\right)^2} \tag{3-27}$$

其频谱如图 3-13 所示。

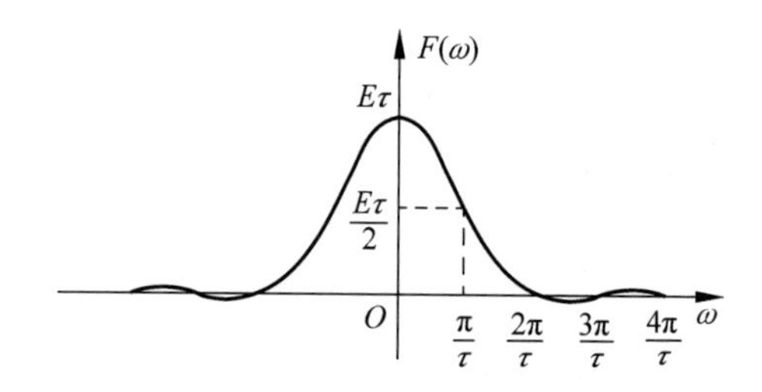

图 3-13　升余弦脉冲信号频谱

由上可见,升余弦脉冲信号的频谱比矩形脉冲的频谱更加集中。对于半幅度宽度为 τ 的升余弦脉冲信号,它的绝大部分能量集中在 $\omega=0\sim\frac{2\pi}{\tau}\left(即\ f=0\sim\frac{1}{\tau}\right)$范围内。

7. 卷积特性

1) 时域卷积定理

若给定两个时间函数 $f_1(t)$、$f_2(t)$,并且已知

$$f_1(t)\leftrightarrow F_1(\omega)$$
$$f_2(t)\leftrightarrow F_2(\omega)$$

则

$$f_1(t) * f_2(t)\leftrightarrow F_1(\omega)F_2(\omega)$$

证明:根据卷积的定义,可得

$$f_1(t) * f_2(t) = \int_{-\infty}^{+\infty} f_1(\tau)f_2(t-\tau)\mathrm{d}\tau \tag{3-28}$$

因此

$$\begin{aligned}
F[f_1(t) * f_2(t)] &= \int_{-\infty}^{+\infty}\left[\int_{-\infty}^{+\infty} f_1(\tau)f_2(t-\tau)\mathrm{d}\tau\right]\mathrm{e}^{-\mathrm{j}\omega t}\,\mathrm{d}t \\
&= \int_{-\infty}^{+\infty} f_1(\tau)\left[\int_{-\infty}^{+\infty} f_2(t-\tau)\mathrm{e}^{-\mathrm{j}\omega t}\,\mathrm{d}t\right]\mathrm{d}\tau \\
&= \int_{-\infty}^{+\infty} f_1(\tau)F_2(\omega)\mathrm{e}^{-\mathrm{j}\omega\tau}\,\mathrm{d}\tau \\
&= F_2(\omega)\int_{-\infty}^{+\infty} f_1(\tau)\mathrm{e}^{-\mathrm{j}\omega\tau}\,\mathrm{d}\tau
\end{aligned}$$

所以

$$F[f_1(t) * f_2(t)] = F_1(\omega)F_2(\omega) \tag{3-29}$$

时域卷积定理表明，两个时间函数卷积的频谱等于各时间函数频谱的乘积，即在时域中两函数的卷积对应于频域中两函数频谱的乘积。

2）频域卷积定理

类似于时域卷积定理，由频域卷积定理可知，若

$$f_1(t) \leftrightarrow F_1(\omega)$$

$$f_2(t) \leftrightarrow F_2(\omega)$$

则

$$f_1(t) \cdot f_2(t) \leftrightarrow \frac{1}{2\pi}F_1(\omega) * F_2(\omega) \tag{3-30}$$

证明方法同时域卷积定理，读者可自行证明，这里不再重复。式(3-30)称为频域卷积定理，它表明两时间函数乘积的频谱等于各个函数频谱的卷积乘以$\frac{1}{2\pi}$，即在时域中两函数的乘积对应于频域中两函数频谱的卷积。

【例 3-11】 若 $f(t)$的频谱 $F(\omega)$如题图 3-14 所示，利用卷积定理粗略画出 $f(t)\cos(\omega_0 t)$、$f(t)e^{j\omega_0 t}$、$f(t)\cos(\omega_1 t)$的频谱(注明频谱的边界频率)。

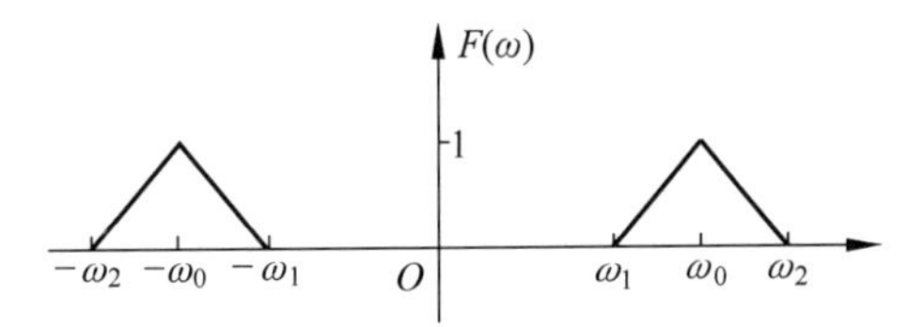

图 3-14 例 3-11 的频谱图

解：

$$\begin{aligned} F_1(\omega) &= F[f(t) \cdot \cos(\omega_0 t)] \\ &= \frac{1}{2}[F(\omega + \omega_0) + F(\omega - \omega_0)] \\ F_2(\omega) &= F[f(t)e^{j\omega_0 t}] \\ &= F(\omega - \omega_0) \\ F_3(\omega) &= F[f(t)\cos(\omega_1 t)] \\ &= \frac{1}{2}[F(\omega + \omega_1) + F(\omega - \omega_1)] \end{aligned}$$

$F_1(\omega)$、$F_2(\omega)$、$F_3(\omega)$的频谱图如 3-15 所示。

卷积定理揭示了时域与频域的运算关系，在通信系统和信号处理研究领域中得到了广泛应用。这一定理对拉普拉斯变换、双边拉普拉斯变换、z 变换、Hartley 变换等各种傅里叶变换的变体同样成立。在调和分析中还可以推广到在局部紧致的阿贝尔群上定义的傅里叶变换，实现有效的计算，节省运算代价。

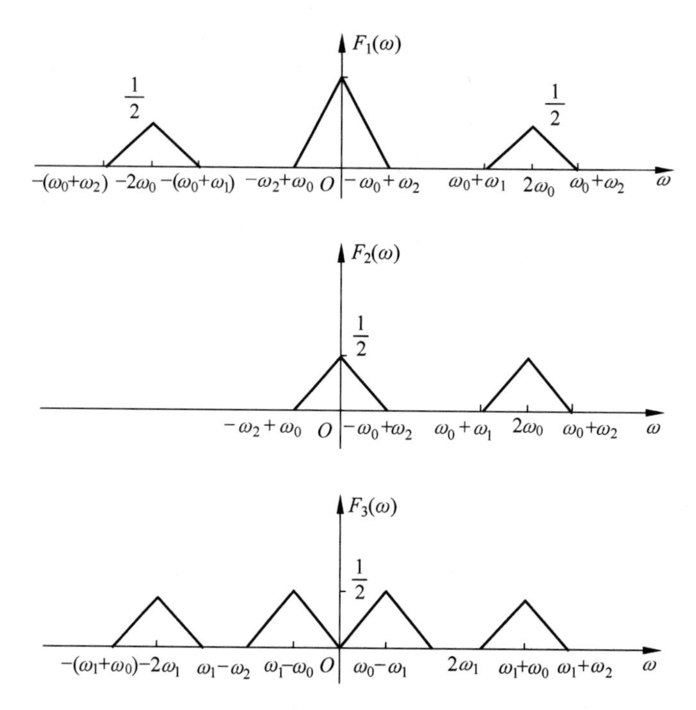

图 3-15 不同函数表达式的频谱图

8. 微分与积分

1)时域微分

若 $f(t)\leftrightarrow F(\omega)$,则

$$\frac{\mathrm{d}f(t)}{\mathrm{d}t}\leftrightarrow \mathrm{j}\omega F(\omega) \tag{3-31}$$

证明 因为

$$f(t)=\frac{1}{2\pi}\int_{-\infty}^{+\infty}F(\omega)\mathrm{e}^{\mathrm{j}\omega t}\,\mathrm{d}\omega$$

两边对 t 求导数,得

$$\frac{\mathrm{d}f(t)}{\mathrm{d}t}=\frac{1}{2\pi}\int_{-\infty}^{+\infty}[\mathrm{j}\omega F(\omega)\mathrm{e}^{\mathrm{j}\omega t}]\mathrm{d}\omega$$

同理

$$\frac{\mathrm{d}^n f(t)}{\mathrm{d}t^n}\leftrightarrow (\mathrm{j}\omega)^n F(\omega)$$

时域的微分特性说明在时域中 $f(t)$对 t 去 n 阶导数等效于在频域中 $f(t)$的频谱 $F(\omega)$乘以$(\mathrm{j}\omega)^n$。

【例 3-12】 求信号 $f(t)=\frac{1}{t^2}$的傅里叶变换。

解:由于$\frac{1}{t}\leftrightarrow -\mathrm{j}\pi\mathrm{sgn}(\omega)$,根据时域微分定理可得

$$-\frac{1}{t^2}\leftrightarrow -\mathrm{j}\pi\mathrm{sgn}(\omega)\cdot \mathrm{j}\omega=\pi\omega\mathrm{sgn}(\omega)$$

即

$$\frac{1}{t^2}\leftrightarrow -\pi\omega\mathrm{sgn}(\omega)=-\pi|\omega|$$

【例 3-13】 求信号 $f(t)=\mathrm{sgn}(t+1)$的傅里叶变换。

解：信号也可以写为

$$f(t)=\mathrm{sgn}(t+1)=2u(t+1)-1$$

则有

$$f'(t)=2\delta(t+1)$$

利用时移特性可得

$$f'(t)\leftrightarrow 2\delta(t+1)=2\mathrm{e}^{\mathrm{j}\omega}$$

根据时域的微分特性有 $f'(t)\leftrightarrow \mathrm{j}\omega F(\omega)$，故得信号的傅里叶变换为

$$F(\omega)=\frac{2}{\mathrm{j}\omega}\mathrm{e}^{\mathrm{j}\omega}$$

2）时域积分

若 $f(t)\leftrightarrow F(\omega)$，则时域积分特性为

$$\int_{-\infty}^{t}f(\tau)\mathrm{d}\tau\leftrightarrow\pi F(0)\delta(\omega)+\frac{1}{\mathrm{j}\omega}F(\omega) \tag{3-32}$$

证明 按定义有

$$\int_{-\infty}^{t}f(\tau)\mathrm{d}\tau\leftrightarrow\int_{-\infty}^{+\infty}\left[\int_{-\infty}^{t}f(\tau)\mathrm{d}\tau\right]\mathrm{e}^{-\mathrm{j}\omega t}$$

$$=\int_{-\infty}^{+\infty}\left[\int_{-\infty}^{+\infty}f(\tau)u(t-\tau)\mathrm{d}\tau\right]\mathrm{e}^{-\mathrm{j}\omega t}\mathrm{d}t$$

变换积分次序，利用阶跃信号 $u(t-\tau)$的频谱函数

$$u(t-\tau)\leftrightarrow\left[\pi\delta(\omega)+\frac{1}{\mathrm{j}\omega}\right]\mathrm{e}^{-\mathrm{j}\omega\tau}\mathrm{d}t$$

可得

$$\int_{-\infty}^{t}f(\tau)\mathrm{d}\tau\leftrightarrow\int_{-\infty}^{+\infty}f(\tau)\left[\int_{-\infty}^{+\infty}u(t-\tau)\mathrm{e}^{-\mathrm{j}\omega t}\mathrm{d}t\right]\mathrm{d}\tau$$

$$=\int_{-\infty}^{+\infty}f(\tau)\pi\delta(\omega)\mathrm{e}^{-\mathrm{j}\omega\tau}\mathrm{d}\tau+\int_{-\infty}^{+\infty}f(\tau)\frac{1}{\mathrm{j}\omega}\mathrm{e}^{-\mathrm{j}\omega\tau}\mathrm{d}\tau$$

$$=\pi\delta(\omega)F(\omega)+\frac{1}{\mathrm{j}\omega}F(\omega)$$

$$=\pi F(0)\delta(\omega)+\frac{1}{\mathrm{j}\omega}F(\omega)$$

式中 $F(0)=\int_{-\infty}^{+\infty}f(t)\mathrm{d}t$ 即为 $f(t)$ 曲线下的面积。

若 $F(0)=0$，则有

$$\int_{-\infty}^{t}f(\tau)\mathrm{d}\tau\leftrightarrow\frac{1}{\mathrm{j}\omega}F(\omega)$$

【例 3-14】 试求平顶斜变信号 $y(t)=\int_{-\infty}^{t}f(\tau)\mathrm{d}\tau$ 的频谱函数 $Y(\omega)$，其中 $f(t)$是如图 3-16 所示的矩形波。

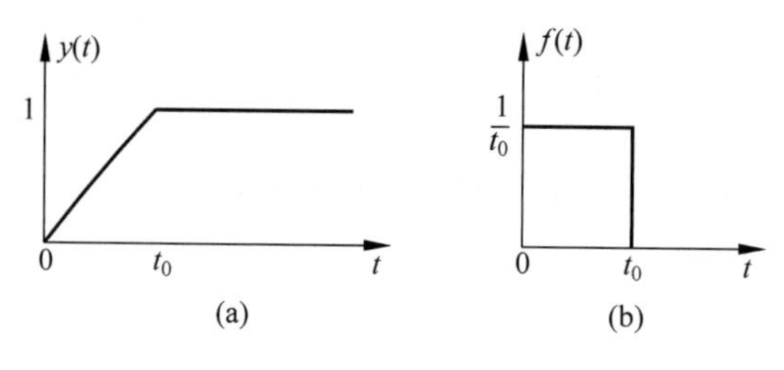

图 3-16　平顶斜变信号

解：$f(t)$是矩形脉冲函数$\frac{1}{t_0}G_{t_0}(t)$右移$\frac{t_0}{2}$所得，其频谱为

$$f(t) \leftrightarrow F(\omega) = \mathrm{Sa}\left(\frac{\omega t_0}{2}\right)\mathrm{e}^{-\mathrm{j}\omega t_0/2}$$

因为 $F(0)=1$，由式(3-12)的时域积分特性，得

$$\begin{aligned} y(t) &\leftrightarrow Y(\omega) \\ &= \pi F(0)\delta(\omega) + \frac{1}{\mathrm{j}\omega}F(\omega) \\ &= \pi\delta(\omega) + \frac{1}{\mathrm{j}\omega}\mathrm{Sa}\left(\frac{\omega t_0}{2}\right)\mathrm{e}^{-\mathrm{j}\omega t_0/2} \end{aligned}$$

例 3-14 的计算过程表明，利用矩形脉冲函数的傅里叶变换及时域微分特性，使平顶斜变信号的傅里叶变换的计算过程大大简化。

3）频域微分特性

若 $f(t) \leftrightarrow F(\omega)$，则

$$F(\omega) = \int_{-\infty}^{+\infty} f(t)\mathrm{e}^{-\mathrm{j}\omega t}\mathrm{d}t \tag{3-33}$$

证明　因为

$$F(\omega) = \int_{-\infty}^{+\infty} f(t)\mathrm{e}^{-\mathrm{j}\omega t}\mathrm{d}t$$

将上式两边对 ω 求导数，得

$$\frac{\mathrm{d}F(\omega)}{\mathrm{d}\omega} = \int_{-\infty}^{+\infty} (-\mathrm{j}t)f(t)\mathrm{e}^{-\mathrm{j}\omega t}\mathrm{d}t$$

根据傅里叶变换的定义可得

$$(-\mathrm{j}t)f(t) \leftrightarrow \frac{\mathrm{d}F(\omega)}{\mathrm{d}\omega}$$

类似推广可得

$$(-\mathrm{j}t)^n f(t) \leftrightarrow \frac{\mathrm{d}^n F(\omega)}{\mathrm{d}\omega}$$

【例 3-15】　求斜升函数 $f(t)=tu(t)$的频谱。

解：因为

$$u(t) \leftrightarrow \pi\delta(\omega) + \frac{1}{\mathrm{j}\omega}$$

由频域微分特性可得

$$-\mathrm{j}tu(t)\leftrightarrow \frac{\mathrm{d}}{\mathrm{d}\omega}\left[\pi\delta(\omega)+\frac{1}{\mathrm{j}\omega}\right]=\pi\delta'(\omega)-\frac{1}{\mathrm{j}\omega^2}$$

再由线性特性得信号的傅里叶变换为

$$F(\omega)=\frac{1}{-\mathrm{j}}\left(\pi\delta'(\omega)-\frac{1}{\mathrm{j}\omega^2}\right)=\mathrm{j}\pi\delta'(\omega)-\frac{1}{\omega^2}$$

【例 3-16】 求信号 $f(t)=t^n$ 的频谱。

解：因为

$$1\leftrightarrow 2\pi\delta(\omega)$$

由频域微分特性可得

$$f(t)=t^n\leftrightarrow \mathrm{j}^n\frac{\mathrm{d}^n}{\mathrm{d}\omega^n}[2\pi\delta(\omega)]=2\pi\mathrm{j}^n\frac{\mathrm{d}^n}{\mathrm{d}\omega^n}\delta^{(n)}(\omega)$$

由上述例子可以看出，利用频域微分特性可以方便求出通常意义下不方便进行傅里叶变换的信号的频谱。

4）频域积分

若 $F[f(t)]=F(\mathrm{j}\omega)$，则

$$F^{-1}\left[\int_{-\infty}^{\Omega}F(\mathrm{j}\mu)\mathrm{d}\mu\right]=\frac{f(t)}{-\mathrm{j}t}+\pi f(0)\delta(t)$$

证明：根据卷积性质可得

$$\int_{-\infty}^{\Omega}F(\mathrm{j}\mu)\mathrm{d}\mu=F(\mathrm{j}\Omega)*u(\Omega)$$

再利用频域卷积定理可知：

$$F^{-1}[\int_{-\infty}^{\Omega}F(\mathrm{j}\mu)\mathrm{d}\mu]=F^{-1}[F(\mathrm{j}\Omega)*u(\Omega)]=2\pi f(t)F^{-1}[u(\Omega)]$$

由于

$$F[u(t)]=\frac{1}{\mathrm{j}\Omega}+\pi\delta(\Omega)$$

利用对偶性可得

$$\begin{aligned}F^{-1}[u(\Omega)]&=\frac{1}{2\pi}F[u(t)]\bigg|_{\Omega=-t}\\&=\frac{1}{2\pi}\left[\frac{1}{\mathrm{j}\Omega}+\pi\delta(\Omega)\right]\bigg|_{\Omega=-t}\\&=\frac{1}{2}\delta(t)-\frac{1}{2\pi}\times\frac{1}{\mathrm{j}t}\end{aligned}$$

将上式代入可得

$$\begin{aligned}F^{-1}\left[\int_{-\infty}^{\Omega}F(\mathrm{j}\mu)\mathrm{d}\mu\right]&=2\pi f(t)\left[\frac{1}{2}\delta(t)-\frac{1}{2\pi}\times\frac{1}{\mathrm{j}t}\right]\\&=\frac{f(t)}{-\mathrm{j}t}+\pi f(0)\delta(t)\end{aligned}$$

其中，$f(0)$是 $f(t)$在 $t=0$ 的值。

3.5 典型非周期信号的频谱

3.5.1 单边指数信号

单边指数信号表达式为

$$f(t)=\begin{cases}\mathrm{e}^{-t}, & t\geqslant 0 \quad a>0\\ 0, & t<0\end{cases}$$

将 $f(t)$代入傅里叶变换定义式,即可得

$$\begin{aligned}F(\omega)&=\int_{-\infty}^{+\infty} f(t)\mathrm{e}^{-\mathrm{j}\omega t}\mathrm{d}t\\&=\int_{0}^{+\infty}\mathrm{e}^{-at}\mathrm{e}^{-\mathrm{j}\omega t}\mathrm{d}t\\&=\int_{0}^{+\infty}\mathrm{e}^{-(a+\mathrm{j}\omega)t}\mathrm{d}t\\&=\frac{1}{a+\mathrm{j}\omega}\end{aligned}$$

其幅度特性和相位特性分别为

$$\begin{cases}|F(\omega)|=\dfrac{1}{\sqrt{a^2+\omega^2}}\\ \varphi(\omega)=-\arctan\dfrac{\omega}{a}\end{cases}\tag{3-34}$$

单边指数信号的波形 $f(t)$、幅度频谱$|F(\omega)|$和相位频谱 $\varphi(\omega)$如图 3-17 所示。

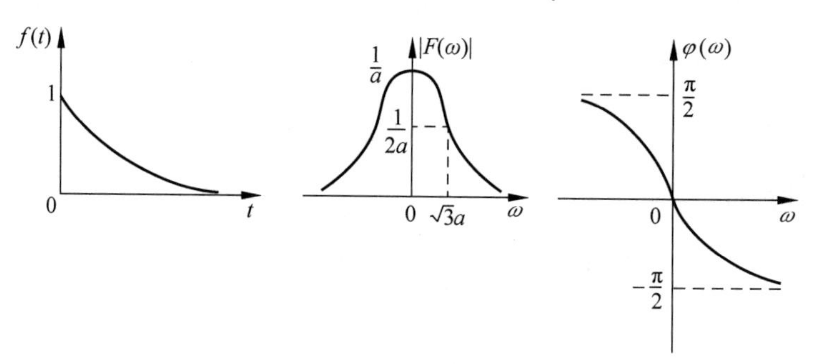

图 3-17 单边指数信号的波形及频谱

3.5.2 双边指数信号

双边指数信号的表达式为

$$f(t)=\mathrm{e}^{-a|t|}\quad(-\infty<t<+\infty)$$

式中 $a>0$。它的傅里叶变换为

$$F(\omega)=\int_{-\infty}^{0}\mathrm{e}^{at}\mathrm{e}^{-\mathrm{j}\omega t}\mathrm{d}t+\int_{0}^{+\infty}\mathrm{e}^{-at}\mathrm{e}^{-\mathrm{j}\omega t}\mathrm{d}t$$

$$=\frac{1}{a-\mathrm{j}\omega}+\frac{1}{a+\mathrm{j}\omega}$$

$$=\frac{2a}{a^2+\omega^2}$$

其幅度频谱和相位频谱分别为

$$\begin{cases}|F(\mathrm{j}\omega)|=\dfrac{2a}{a^2+\omega^2}\\ \phi(\omega)=0\end{cases}\tag{3-35}$$

双边指数信号的波形 $f(t)$、幅度谱 $|F(\omega)|$ 如图 3-18 所示。

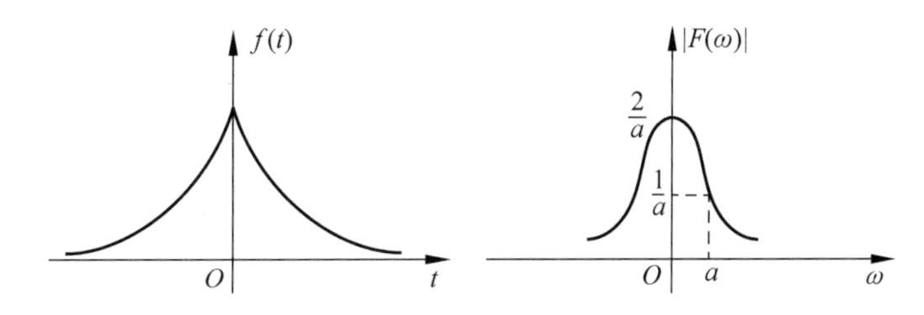

图 3-18　双边指数信号的波形及频谱

3.5.3　矩形脉冲信号

矩形脉冲信号的表达式为

$$f(t)=E\left[u\left(t+\frac{\tau}{2}\right)-u\left(t-\frac{\tau}{2}\right)\right]$$

式中，E 为脉冲幅度，τ 为脉冲宽度。它的傅里叶变换为

$$F(\omega)=\int_{-\frac{\tau}{2}}^{\frac{\tau}{2}}E\mathrm{e}^{-\mathrm{j}\omega t}\,\mathrm{d}t=\frac{E}{-\mathrm{j}\omega}\mathrm{e}^{-\mathrm{j}\omega t}\Big|_{-\frac{\tau}{2}}^{\frac{\tau}{2}}$$

$$=\frac{E\tau}{\omega\,\frac{\tau}{2}}\cdot\frac{\mathrm{e}^{\mathrm{j}\omega\frac{\tau}{2}}-\mathrm{e}^{-\mathrm{j}\omega\frac{\tau}{2}}}{2\mathrm{j}}=E\tau\,\frac{\sin\left(\frac{\omega\tau}{2}\right)}{\frac{\omega\tau}{2}}$$

$$=E\tau\,\mathrm{Sa}\left(\frac{\omega\tau}{2}\right)\tag{3-36}$$

这样，矩形脉冲信号的幅度谱和相位谱分别为

$$|F(\omega)|=E\tau\left|\mathrm{Sa}\left(\frac{\omega\tau}{2}\right)\right|$$

$$\varphi(\omega)=\begin{cases}0 & \left[\dfrac{4n\pi}{\tau}<|\omega|<\dfrac{2(2n+1)\pi}{\tau}\right]\\ \pi & \left[\dfrac{2(2n+1)\pi}{\tau}<|\omega|<\dfrac{4(n+1)\pi}{\tau}\right]\end{cases},\quad n=0,1,2,\cdots$$

因为 $F(\omega)$ 在这里是实函数，通常用一条 $F(\omega)$ 曲线同时表示幅度谱 $F(\omega)$ 和相位谱 $\varphi(\omega)$，如图 3-19 所示。

由上可见，非周期矩形单脉冲的频谱函数曲线与周期矩形脉冲离散频谱的包络线形状相同，都具有抽样函数的形状。和周期矩形脉冲的频谱一样，矩形单脉冲频谱也具有收敛性,信号的绝大部分能量集中在 $f=0\sim\frac{1}{\tau}$ 频率范围内。因而,通常认为这种信号占有的频率范围(即频带宽度)为

$$B\approx\frac{1}{\tau} \tag{3-37}$$

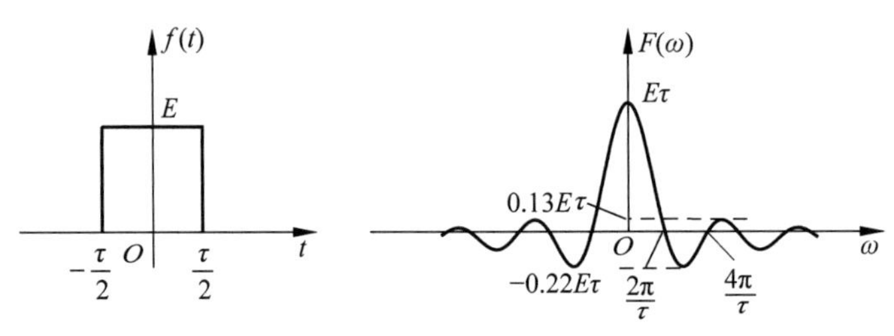

图 3-19　矩形脉冲信号的波形及频谱

3.5.4　钟形脉冲信号

钟形脉冲信号又称高斯脉冲信号,定义为

$$f(t)=E\mathrm{e}^{-\left(\frac{t}{\tau}\right)^2}\quad(-\infty<t<+\infty) \tag{3-38}$$

其中 E、τ 均为正实数

$$\begin{aligned}F(\omega)&=\int_{-\infty}^{+\infty}f(t)\mathrm{e}^{-\mathrm{j}\omega t}\mathrm{d}t\\&=\int_{-\infty}^{+\infty}E\mathrm{e}^{-\left(\frac{t}{\tau}\right)^2}\mathrm{e}^{-\mathrm{j}\omega t}\mathrm{d}t\\&=E\int_{-\infty}^{+\infty}\mathrm{e}^{-\left(\frac{t}{\tau}\right)^2}[\cos(\omega t)-\mathrm{j}\sin(\omega t)]\mathrm{d}t\\&=2E\int_{0}^{+\infty}\mathrm{e}^{-\left(\frac{t}{\tau}\right)^2}\cos(\omega t)\mathrm{d}t\end{aligned}$$

积分后可得

$$F(\omega)=\sqrt{\pi}E\tau\cdot\mathrm{e}^{-\left(\frac{\omega\tau}{2}\right)^2} \tag{3-39}$$

其相位频谱为零,频谱图如图 3-20 所示。可见,钟形脉冲信号的波形和其频谱具有相同的形状,均为钟形脉冲信号。

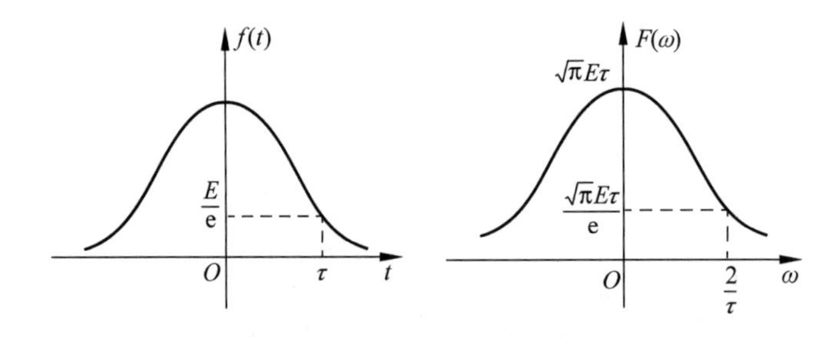

图 3-20　钟形脉冲信号的波形及频谱

3.5.5　符号函数

符号函数的表达式为

$$f(t)=\mathrm{sgn}(t)=\begin{cases}+1, & t>0\\ 0, & t=0\\ -1, & t<0\end{cases} \tag{3-40}$$

显然,符号函数不满足绝对可积的条件,但它存在傅里叶变换,可以借助于符号函数与双边指数函数 $f(t)$ 相乘,先求出此乘积信号 $f(t)$ 的频谱,然后取极限,从而得出符号函数 $\mathrm{sgn}(t)$ 的频谱。下面先求乘积信号 $f_1(t)$ 的频谱 $F_1(\omega)$。因为

$$F_1(\omega)=\int_{-\infty}^{+\infty} f_1(t)\mathrm{e}^{-\mathrm{j}\omega t}\mathrm{d}t$$

所以

$$F_1(\omega)=\int_{-\infty}^{0}(-\mathrm{e}^{at})\mathrm{e}^{-\mathrm{j}\omega t}\mathrm{d}t+\int_{0}^{+\infty}\mathrm{e}^{-at}\cdot\mathrm{e}^{-\mathrm{j}\omega t}\mathrm{d}t$$

式中,$a>0$。

积分并化简,可得其傅里叶变换为

$$\begin{cases}F_1(\omega)=\dfrac{-2\mathrm{j}\omega}{a^2+\omega^2}\\ |F_1(\omega)|=\dfrac{2|\omega|}{a^2+\omega^2}\\ \varphi_1(\omega)=\begin{cases}+\dfrac{\pi}{2}, & \omega<0\\ -\dfrac{\pi}{2}, & \omega>0\end{cases}\end{cases} \tag{3-41}$$

其波形和幅度谱如图 3-21 所示。

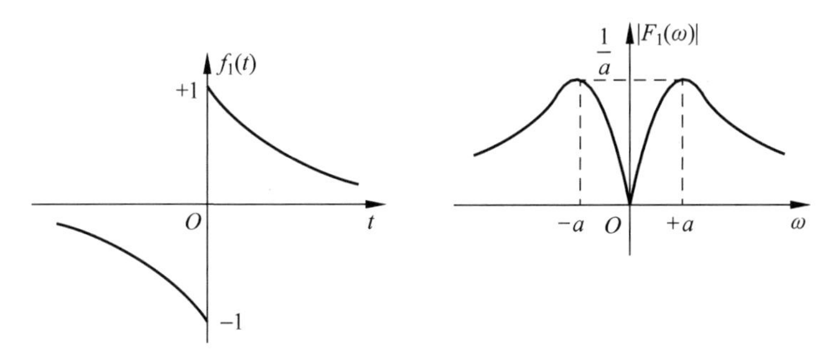

图 3-21　指数信号 $f_1(t)$ 的波形和频谱

符号函数可看做是当 a 趋于 0 时 $f_1(t)$ 的极限。因此,它的频谱函数也是 $f_1(t)$ 的频谱函数 $F_1(\omega)$ 在 a 趋于 0 时的极限。所以

$$F(\omega)=\lim_{\alpha\to 0}F_1(\omega)=\lim_{\alpha\to 0}\left(\frac{-\mathrm{j}2\omega}{\alpha^2+\omega^2}\right)$$

从而

$$\begin{cases} F(\omega)=\dfrac{2}{\mathrm{j}\omega} \\ |F(\omega)|=\dfrac{2}{|\omega|} \\ \varphi(\omega)=\begin{cases} -\dfrac{\pi}{2}, & \omega>0 \\ +\dfrac{\pi}{2}, & \omega<0 \end{cases} \end{cases} \tag{3-42}$$

其波形和频谱如图 3-22 所示。

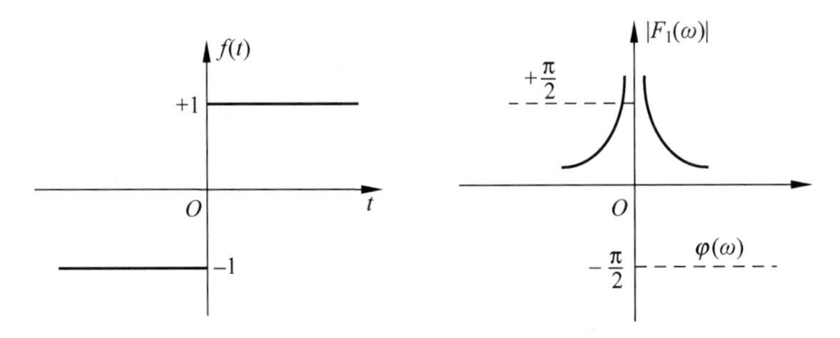

图 3-22 符号函数的波形和频谱

3.5.6 升余弦脉冲信号

升余弦脉冲信号的表达式为

$$f(t)=\frac{E}{2}\left[1+\cos\left(\frac{\pi t}{\tau}\right)\right],\quad 0\leqslant|t|\leqslant\tau \tag{3-43}$$

其波形如图 3-23 所示。

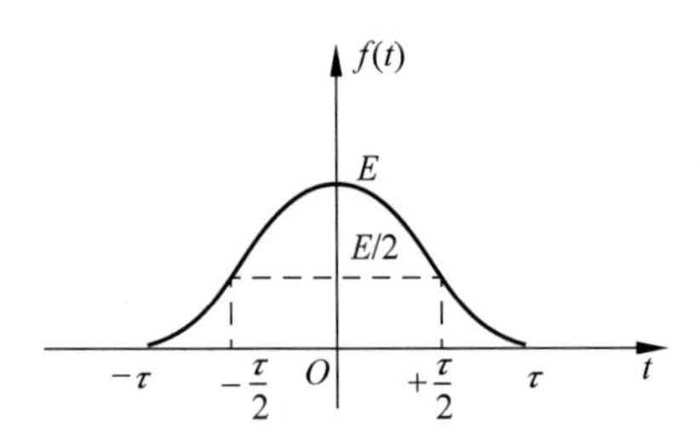

图 3-23 升余弦脉冲信号的波形

因为

$$\begin{aligned} F(\omega) &=\int_{-\infty}^{+\infty} f(t)\mathrm{e}^{-\mathrm{j}\omega t}\,\mathrm{d}t \\ &=\int_{-\tau}^{\tau}\frac{E}{2}\left[1+\cos\left(\frac{\pi t}{\tau}\right)\right]\mathrm{e}^{-\mathrm{j}\omega t}\,\mathrm{d}t \\ &=\frac{E}{2}\int_{-\tau}^{\tau}\mathrm{e}^{-\mathrm{j}\omega t}\,\mathrm{d}t+\frac{E}{4}\int_{-\tau}^{\tau}\mathrm{e}^{\mathrm{j}\frac{\pi t}{\tau}}\cdot\mathrm{e}^{-\mathrm{j}\omega t}\,\mathrm{d}t+\frac{E}{4}\int_{-\tau}^{\tau}\mathrm{e}^{-\mathrm{j}\frac{\pi t}{\tau}}\cdot\mathrm{e}^{-\mathrm{j}\omega t}\,\mathrm{d}t \\ &=E\tau\mathrm{Sa}(\omega\tau)+\frac{E\tau}{2}\mathrm{Sa}\left[\left(\omega-\frac{\pi}{\tau}\right)\tau\right]+\frac{E\tau}{2}\mathrm{Sa}\left[\left(\omega+\frac{\pi}{\tau}\right)\tau\right] \end{aligned}$$

显然 $F(\omega)$是由三项构成,它们都是矩形脉冲的频谱,只是有两项沿频率轴左、右平移了 $\omega=\frac{\pi}{\tau}$。把上式化简,则可以得到

$$F(\omega)=\frac{E\sin(\omega\tau)}{\omega\left[1-\left(\frac{\omega\tau}{\pi}\right)^2\right]}=\frac{E\tau\mathrm{Sa}(\omega\tau)}{1-\left(\frac{\omega\tau}{\pi}\right)^2} \tag{3-44}$$

其频谱如图 3-24 所示。

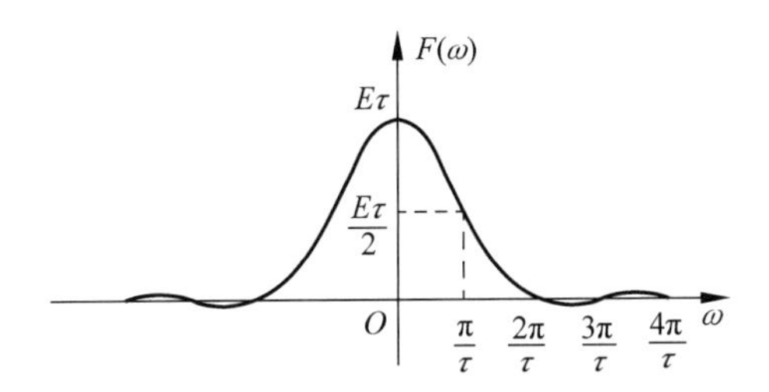

图 3-24　升余弦脉冲信号频谱

由上可见,升余弦脉冲信号的频谱比矩形脉冲的频谱更加集中。对于半幅度宽度为 τ 的升余弦脉冲信号,它的绝大部分能量集中在 $\omega=0\sim\frac{2\pi}{\tau}\left(\text{即 } f=0\sim\frac{1}{\tau}\right)$范围内。

3.6　周期信号的傅里叶变换

由周期信号傅里叶级数及非周期信号傅里叶变换,得到了周期信号的频谱为离散的振幅谱,而非周期信号的频谱是连续的密度谱。现在研究周期信号傅里叶变换的特点以及它与傅里叶级数之间的联系。目的是力图把周期信号与非周期信号的分析方法统一起来,使傅里叶变换这一工具得到更广泛的应用,对它的理解更加深入、全面。前已指出,虽然周期信号不满足绝对可积条件,但是在允许冲激函数存在并认为它是有意义的前提下,绝对可积条件就成为不必要的限制了,在这种意义上说周期信号的傅里叶变换是存在的。

本节借助频移特性导出指数、余弦、正弦信号的频谱,然后研究一般周期信号的傅里叶变换。

3.6.1　正弦、余弦信号的傅里叶变换

若

$$F[f_0(t)]=F_0(\omega)$$

由频移特性知

$$F[f_0(t)\mathrm{e}^{\mathrm{j}\omega_1 t}]=F_0(\omega-\omega_1) \tag{3-45}$$

在式(3-45)中,令

$$f_0(t)=1$$

由式前面可知 $f_0(t)$的傅里叶变换为

$$F_0(\omega)=2\pi\delta(\omega)$$

这样式(3-44)变成

$$F[\mathrm{e}^{\mathrm{j}\omega_1 t}] = 2\pi\delta(\omega - \omega_1) \tag{3-46}$$

同理

$$F[\mathrm{e}^{-\mathrm{j}\omega_1 t}] = 2\pi\delta(\omega + \omega_1) \tag{3-47}$$

由式(3-46)、式(3-47)以及欧拉公式,可以得到

$$\begin{cases} F[\cos(\omega_1 t)] = \pi[\delta(\omega + \omega_1) + \delta(\omega - \omega_1)] \\ F[\sin(\omega_1 t)] = \mathrm{j}\pi[\delta(\omega + \omega_1) - \delta(\omega - \omega_1)] \end{cases} \quad (t\text{ 为任意值})$$

式(3-46)、式(3-47)表示指数、余弦和正弦函数的傅里叶变换。这类信号的频谱值包含于 $\pm\omega_1$ 处的冲激函数,如图 3-25 所示。

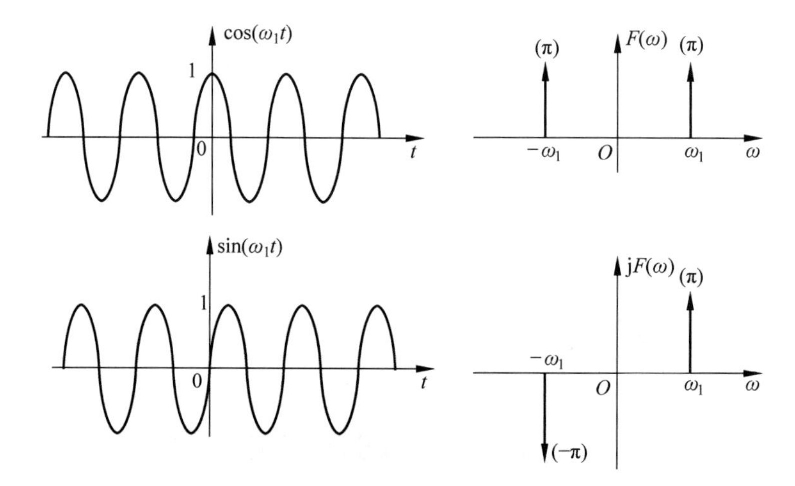

图 3-25 余弦和正弦信号的频谱

另外,还可以用极限的方法求正弦信号 $\sin(\omega_1 t)$,余弦信号 $\cos(\omega_1 t)$ 及指数信号 $\mathrm{e}^{\mathrm{j}\omega_1 t}$ 的傅里叶变换。

先令 $f_0(t)$ 为有限长的余弦信号,它只存在于 $-\frac{\tau}{2}$ 到 $+\frac{\tau}{2}$ 的区间,即把有限长的余弦信号看成矩形脉冲 $G(t)$ 与余弦信号 $\cos(\omega_1 t)$ 的乘积。

$$f_0(t) = G(t)\cos(\omega t)$$

因为

$$G(\omega) = F[G(t)]$$

根据频移特性,可知图 3-25 的频谱为

$$F_0(t) = \frac{1}{2}[G(\omega + \omega_1) + G(\omega - \omega_1)]$$

如图 3-26 所示。

显然,余弦信号 $\cos(\omega_1 t)$ 的傅里叶变换为

$$F[\cos(\omega_1 t)] = \lim_{\tau \to +\infty} F_0(\omega)$$

可知余弦信号的傅里叶变换为

$$F[\cos(\omega_1 t)] = \pi[\delta(\omega + \omega_1) + \delta(\omega - \omega_1)]$$

同理可求得 $\sin(\omega_1 t)$,$\mathrm{e}^{\mathrm{j}\omega_1 t}$ 的频谱。

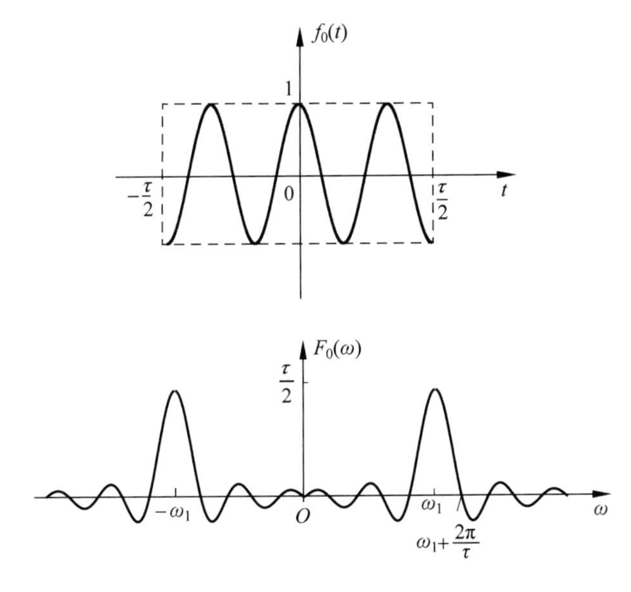

图 3-26 有限长余弦信号的频谱

3.6.2 一般周期信号的傅里叶变换

令周期信号 $f(t)$的周期 T_1，角频率为 ω_1，可以将 $f(t)$展开成傅里叶级数，它是

$$f(t)=\sum_{n=-\infty}^{+\infty}F_n e^{jn\omega_1 t}$$

将上式两边取傅里叶变换得

$$\begin{aligned}F[f(t)]&=F\sum_{n=-\infty}^{+\infty}F_n e^{jn\omega_1 t}\\&=\sum_{n=-\infty}^{+\infty}F_n F[e^{jn\omega_1 t}]\end{aligned}\tag{3-48}$$

由式(3-46)可知

$$F[e^{jn\omega_1 t}]=2\pi\delta(\omega-n\omega_1)$$

代入到(3-48)中可得

$$F[f(t)]=2\pi\sum_{n=-\infty}^{+\infty}F_n\delta(\omega-n\omega_1)\tag{3-49}$$

其中，F_n 是 $f(t)$的傅里叶级数的系数

$$F_n=\frac{1}{T_1}\int_{-\frac{T}{2}}^{\frac{T}{2}}f(t)e^{-jn\omega_1 t}dt\tag{3-50}$$

式(3-50)表明：周期信号的频谱由无限多个冲激函数组成，各冲激函数位于周期信号 $f(t)$的各次谐波 $n\omega_0$ 处，每个冲激的强度等于傅里叶级数相应系数 F_n 的 2π 倍。显然，周期信号的频谱是离散的。然而，由于傅里叶变换是反映频谱密度的概念，因此周期信号的傅里叶变换不同于傅里叶级数，这里不是有限值，而是冲激函数，它表明在无穷小的频带范围内取得了无限大的频谱值。

下面再来分析非周期信号的傅里叶变换与周期信号的傅里叶系数之间的关系。周期信

号 $f(t)$的傅里叶级数是

$$f(t) = \sum_{n=-\infty}^{+\infty} F_n \mathrm{e}^{\mathrm{j}n\omega_1 t}$$

其中,傅里叶级数为

$$F_n = \frac{1}{T_1}\int_{-\frac{T}{2}}^{\frac{T}{2}} f(t)\mathrm{e}^{-\mathrm{j}n\omega_1 t}\mathrm{d}t \tag{3-51}$$

从周期性脉冲序列 $f(t)$中截取一个周期,得到所谓单脉冲信号。它的傅里叶变换 $F_0(\omega)$等于

$$F_0(\omega) = \int_{-\frac{T}{2}}^{\frac{T}{2}} f(t)\mathrm{e}^{-\mathrm{j}n\omega_1 t}\mathrm{d}t \tag{3-52}$$

比较式(3-51)和式(3-52),显然可以得到

$$F_n = \frac{1}{T_1}F_0(\omega)\mid_{\omega=n\omega_1} \tag{3-53}$$

周期信号的傅里叶级数的系数 F_n 等于单脉冲信号的傅里叶变换 $F_0(\omega)$在 $n\omega_1$ 频率点的值乘以$\frac{1}{T_1}$。所以利用单脉冲的傅里叶变换式可以很方便地求出周期性脉冲序列的傅里叶级数。

【例 3-17】 已知三角脉冲信号 $f_1(t)$如图 3-27(a)所示。试利用有关性质求图 3-27(b)的 $f_2(t)=f_1\left(t-\frac{\tau}{2}\right)\cos(\omega_0 t)$的傅里叶变换 $F_2(\omega)$。

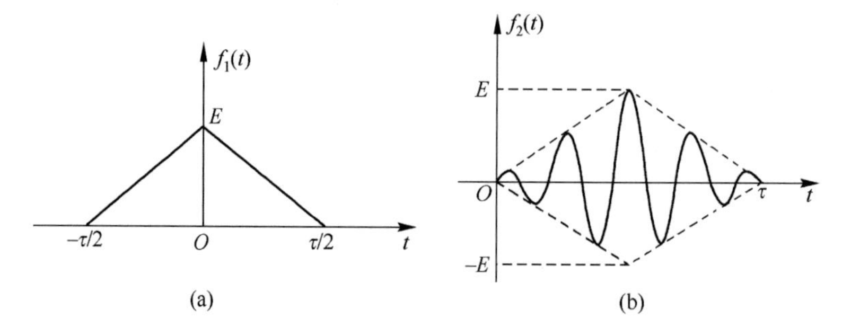

图 3-27　三角脉冲信号的波形

解:由

$$F[f_1(t)] = F_1(\omega) = \frac{E\tau}{2}\mathrm{Sa}^2\left(\frac{\omega\tau}{4}\right)$$

得

$$F\left[f_1\left(t-\frac{\tau}{2}\right)\right]= F_1(\omega)\mathrm{e}^{-\mathrm{j}\frac{\omega\tau}{2}} = \frac{E\tau}{2}\mathrm{Sa}^2\left(\frac{\omega\tau}{4}\right)\mathrm{e}^{-\mathrm{j}\frac{\omega\tau}{2}}$$

由周期信号傅里叶变换可得:

$$F[\cos(\omega_1 t)] = \pi[\delta(\omega+\omega_1)+\delta(\omega-\omega_1)]$$

因此

$$F[f(t)\cos(\omega_0 t)] = \frac{1}{2}[F(\omega+\omega_0)+F(\omega-\omega_0)]$$

所以

$$F[f_2(t)]=F\left[f_1\left(t-\frac{\tau}{2}\right)\cos(\omega_0 t)\right]$$
$$=\frac{E\tau}{4}\left[\mathrm{Sa}^2\left(\frac{\omega+\omega_0}{4}\tau\right)\mathrm{e}^{-\mathrm{j}\frac{\omega+\omega_0}{2}\tau}+\mathrm{Sa}^2\left(\frac{\omega-\omega_0}{4}\tau\right)\mathrm{e}^{-\mathrm{j}\frac{\omega-\omega_0}{2}\tau}\right]$$

3.7 抽样定理

抽样定理在数字式遥测系统、时分制遥测系统、信息处理、数字通信和采样控制理论等领域中得到了广泛的应用。所谓抽样，就是对时间连续的信号隔一定的时间间隔抽取一个瞬时幅度值，抽样是由抽样门完成的。抽样定理在通信、信息传输、数字信号处理等领域占有十分重要的地位，许多近代通信方式（如数字通信系统）都以此定理作为理论基础。该定理在连续信号与系统、离散信号与系统和数字信号与系统之间架起了一座桥梁，用理论回答了为什么可以用数字信号处理手段解决连续信号与系统在实际应用中遇到的难题。

3.7.1 时域抽样定理

若连续信号 $f(t)$ 的频谱为 $F(\omega)=F[f(t)]$，抽样脉冲 $p(t)$ 的频谱为 $P(\omega)=F[p(t)]$，抽样信号的频谱为 $F_s(\omega)=F[f_s(t)]$，均匀抽样周期为 T_s，抽样角频率为 ω_s，则：

$$T_s=\frac{2\pi}{\omega_s}=\frac{1}{f_s}$$

时域抽样过程是通过抽样脉冲信号 $p(t)$ 与连续信号 $f(t)$ 相乘得到的，即：

$$f_s(t)=f(t)\times p(t) \tag{3-54}$$

根据频域卷积定理，可得

$$F_s(\omega)=\frac{1}{2\pi}F(\omega)*P(\omega) \tag{3-55}$$

由于抽样脉冲信号 $p(t)$ 为一周期信号，其频谱 $P(\omega)$ 可写为

$$P(\omega)=2\pi\sum_{n=-\infty}^{\infty}P_n\delta(\omega-n\omega_s) \tag{3-56}$$

其中，P_n 为 $p(t)$ 的傅里叶级数的系数，有：

$$P_n=\frac{1}{T_s}\int_{-\frac{T_s}{2}}^{\frac{T_s}{2}}p(t)\mathrm{e}^{-\mathrm{j}n\omega_s t}\mathrm{d}t$$

将式(3-56)代入式(3-55)，可得抽样信号 $f_s(t)$ 的频谱为

$$F_s(\omega)=\sum_{n=-\infty}^{\infty}P_nF(\omega-n\omega_s) \tag{3-57}$$

上式表明，抽样信号的频谱 $F_s(\omega)$ 是原始信号频谱 $F(\omega)$ 以抽样频率 ω_s 为间隔周期地重复而得到，其幅度被 $p(t)$ 的傅里叶系数 P_n 所加权，而 $F(\omega)$ 形状不变，傅里叶系数 P_n 随抽样脉冲而变化。

连续信号被抽样后，抽样信号是否保留了原信号 $f(t)$ 的全部信息，在什么样的条件下才能保留了原信号的全部信息，带限信号时域抽样定理给出了答案，下面介绍该定理。

一个频谱受限的信号 $f(t)$，如果频谱只占据 $-\omega_m\sim+\omega_m$ 的范围，则信号 $f(t)$ 可以用等间隔的抽样值唯一地确定，而抽样间隔必须不大于 $\frac{1}{2f_m}$（其中 $\omega_m=2\pi f_m$），或者说，最低抽样

频率为 $2f_m$。参看图 3-28 来证明此定理，若以间隔 $T_s\left(或重复频率\ \omega_s=\dfrac{2\pi}{T_s}\right)$对 $f(t)$进行抽样，抽样后信号 $f_s(t)$的频谱 $F_s(\omega)$是 $F(\omega)$以 ω_s 为周期重复。若抽样过程满足时域抽样定理，则 $F(\omega)$频谱在重复过程中是不产生失真的。在此情况下，只有满足 $\omega_m \geqslant 2\omega_s$ 的条件，$F_s(\omega)$才不会产生频谱的混叠。这样，抽样信号 $f_s(t)$保留原连续信号 $f(t)$的全部信息，完全可以用 $f_s(t)$唯一表示 $f(t)$，或者说，完全可以用 $f_s(t)$恢复出 $f(t)$。图 3-28 画出了当抽样率不混叠时及混叠时两种情况下冲激抽样信号的频谱。

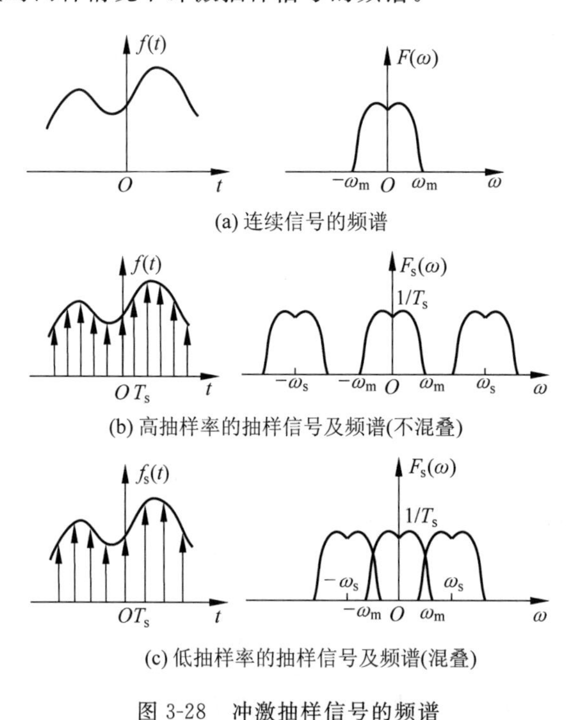

图 3-28　冲激抽样信号的频谱

用物理概念对带限信号时域抽样定理做如下解释：由于一个频带受限的信号波形绝不可能在很短的时间内产生独立的、实质的变化，它的最高变化速度受最高频率分量 ω_m 的限制。因此为了保留这一频率分量的全部信息，一个周期的间隔内至少抽样两次，即必须满足 $f_s \geqslant 2f_m$。最大允许间隔 $T_s=\dfrac{\pi}{\omega_m}=\dfrac{1}{2f_m}$称为奈奎斯特间隔。或者说，抽样的最低允许频率 $f_s=-2f_m$ 称为奈奎斯特频率。如果抽样采用最小频率，那么为了恢复原信号 $f(t)$，所采用的低通滤波器在截止频率处必须具有很陡直的频率特性，这对于滤波器的设计要求太高，实际上是做不到的，所以抽样频率通常采取大于奈奎斯特抽样频率。从图 3-28 可以看出，在满足抽样定理的条件下，为了从频谱 $F_s(\omega)$中无失真地选出 $F(\omega)$，可以用如下的矩形函数 $H(\omega)$与$F_s(\omega)$相乘，即

$$F(\omega) = F_s(\omega)H(\omega)$$

其中

$$H(\omega)=\begin{cases} T_s, & |\omega| < \omega_m \\ 0, & |\omega| > \omega_m \end{cases}$$

带限信号时域抽样定理也广泛应用于理想低通滤波器。设滤波器的传输函数为 $H(\omega)$，抽样信号为 $f_s(t)$，将 $F_s(\omega)$ 与 $H(\omega)$ 相乘，等价于将抽样信号 $f_s(t)$ 施加于“理想低通滤波器”，这样，在滤波器的输出端就可以得到频谱为 $F(\omega)$ 的连续信号 $f(t)$。这相当于从图 3-28 无混叠情况下的 $F_s(\omega)$ 频谱中只取出 $|\omega|=\omega_m$ 的成分，这就恢复了 $F(\omega)$，也即恢复了 $f(t)$。以上从频域解释了由抽样信号的频谱恢复连续信号频谱的原理，也可从时域直接说明由 $f_s(t)$ 经理想低通滤波器产生的 $f(t)$ 原理。

3.7.2　频域抽样定理

若原始信号 $f(t)$ 的频谱为 $F(\omega)$，$F(\omega)$ 在频域中被间隔为 ω_1 的周期冲激序列 $\delta_\omega(\omega)$ 进行抽样，得到：

$$F_1(\omega) = F(\omega) \times \delta_\omega(\omega) \tag{3-58}$$

其中，

$$\delta_\omega(\omega) = \sum_{n=-\infty}^{\infty} \delta(\omega - n\omega_1)$$

按照时域卷积定理，由式(3-30)可得：

$$F^{-1}[F_1(\omega)] = f_1(t) = F^{-1}[F(\omega)] * F^{-1}[\delta_\omega(\omega)] \tag{3-59}$$

而

$$F[\delta_T(t)] = \omega_1 \sum_{n=-\infty}^{\infty} \delta(\omega - n\omega_1)$$

因此

$$F^{-1}[\delta_\omega(\omega)] = \frac{1}{\omega_1}\delta_T(t)$$

故可得：

$$f_1(t) = f(t) * \frac{1}{\omega_1}\delta_T(t) = f(t) * \frac{1}{\omega_1}\sum_{n=-\infty}^{\infty} \delta(t - nT_1)$$

于是，便得到频域抽样后 $F_1(\omega)$ 所对应的信号为：

$$f_1(t) = \frac{1}{\omega_1}\sum_{n=-\infty}^{\infty} f(t - nT_1) \tag{3-60}$$

式(3-60)表明：若 $f(t)$ 频谱 $F(\omega)$ 被间隔为 ω_1 的周期冲激序列 $\delta_\omega(\omega)$ 在频域中抽样，得到抽样频谱 $F_1(\omega)$，则在时域中等效于 $f(t)$ 以 T_1 为周期 $\left(T_1=\frac{2\pi}{\omega_1}\right)$ 进行重复。

信号 $f(t)$ 是时间受限信号，它集中在 $(-t_m, +t_m)$ 的时间范围内，其频谱函数 $F(j\omega)$ 可以由其在均匀频率间隔 f_s 上的样点值 $F_s(jn\omega_s)$ 唯一确定，只要它的频率间隔 f_s 小于或等于 $\frac{1}{2t_m}$。

此定理的证明类似于时域抽样定理，这里不再推导。下面从物理概念上对此进行简单的说明。因为在频域中对 $F(\omega)$ 进行抽样，等效于 $f(t)$ 在时域中重复形成周期信号 $f_1(t)$。只要抽样间隔不大于 $\frac{1}{2t_m}$，则在时域中波形不会产生混叠，利用矩形脉冲作为选通信号从周期信号 $f_1(t)$ 中选出单个脉冲就可以无失真地恢复出原信号 $f(t)$。值得指出的是，实际工程中要做到完全不失真地恢复原信号 $f(t)$是不可能的。原因一，在有限时间内存在的实际信号，其频谱是无限宽的，故所谓的最高频率 f_m 近似满足抽样定理第一条件。原因二，要完全恢复就要使用理想低通滤波器，而理想低通滤波器在物理上是不可实现的，工程上使用的实际低通滤波器只能做到大致接近理想的低通特性。

3.8 无失真传输

在设计一个系统时，往往要求系统无失真地传输信号。因为在实际工程中常常需要实现信号的无失真传输。例如，高保真系统要求喇叭高保真地重现磁带或光碟上录制的音乐；示波器应尽可能无失真地显示信号波形等。下面将简单地讨论什么是无失真传输、无失真传输的条件以及无失真传输在理想低通滤波器中的应用。

3.8.1 什么是无失真传输

所谓无失真是指响应信号与激励信号相比，只是大小与出现的时间不同，而无波形上的变化。设激励信号为 $e(t)$，响应信号为 $r(t)$，则无失真传输的条件是

$$r(t) = Ke(t - t_0) \tag{3-61}$$

其中，K 是一常数，t_0 为滞后时间。满足此条件时，$r(t)$波形是 $e(t)$波形经 t_0 时间的滞后，虽然幅度方面有系统 K 倍的变化，但波形形状不变，示意图如图 3-29 所示。

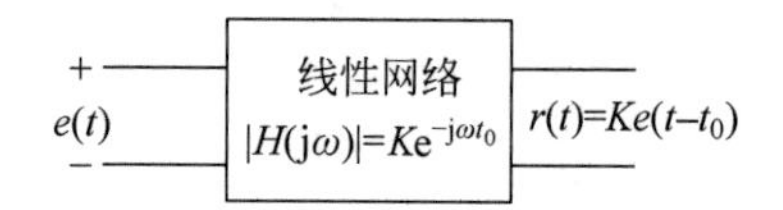

图 3-29　线性网络的无失真传输

通常把失真分为两大类：一类为线性失真；另一类为非线性失真。

信号通过线性系统所产生的失真称线性失真。其特点是在响应 $r(t)$中不会产生新频率。也就是说，组成响应 $r(t)$的各频率分量在激励信号 $e(t)$中都含有，只不过各频率分量的幅度、相位不同而已。反之，$e(t)$中的某些频率分量在 $r(t)$中可能不存在。如图 3-30 所示的失真就是线性失真。对 $r(t)$和 $e(t)$求傅里叶变换可知，$r(t)$中绝不会有 $e(t)$中不含有的频率分量。

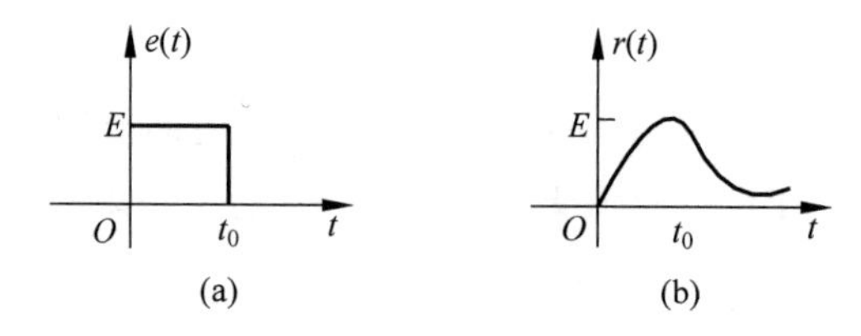

图 3-30　线性失真

信号通过非线性电路所产生的失真称非线性失真。其特点是在响应 $r(t)$中产生信号 $e(t)$中所没有的新的频率成分。如图 3-31 所示，输入信号为单一正弦波，$e(t)$中只含有 $e_0(t)$的频率分量。而经过非线性元件二极管后得到的半波整流信号，在波形上产生了失

真，而在频谱上产生了由无穷多个 $e_0(t)$ 的谐波分量构成的新频率，这就是非线性失真。

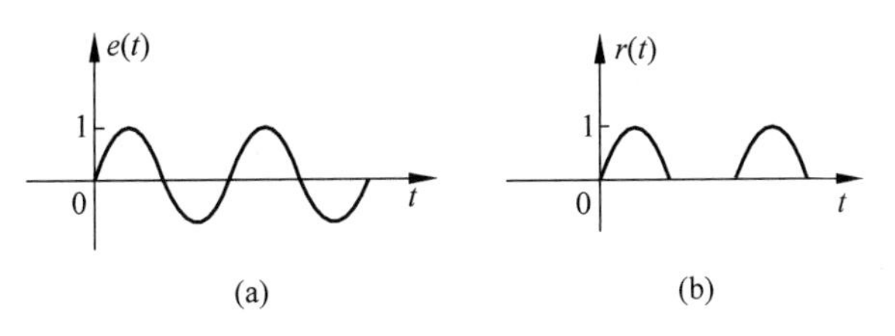

图 3-31　非线性失真

信号通过系统的冲激响应发生波形的改变和频谱的改变，直接取决于系统本身的传输特性，即取决于系统的冲激响应 $h(t)$ 或其系统函数 $H(\mathrm{j}\omega)$。必须指出线性系统的幅度失真和相位失真都不产生新的频率分量，这与非线性系统有着本质的差别。

3.8.2　无失真传输系统的条件

为了实现无失真传输，就必须研究传输系统应具备的条件。

设

$$e(t)\leftrightarrow E(\mathrm{j}\omega),\quad r(t)\leftrightarrow R(\mathrm{j}\omega)$$

对式(3-61)两端同时取傅里叶变换，并利用傅里叶变换的时移性质，可得

$$R(\mathrm{j}\omega)=KE(\mathrm{j}\omega)\mathrm{e}^{-\mathrm{j}\omega t_0}$$

由于

$$R(\mathrm{j}\omega)=E(\mathrm{j}\omega)\cdot H(\mathrm{j}\omega)$$

从而可得无失真传输系统的系统函数为

$$H(\mathrm{j}\omega)=\frac{R(\mathrm{j}\omega)}{E(\mathrm{j}\omega)}=K\mathrm{e}^{-\mathrm{j}\omega t_0} \tag{3-62}$$

式(3-62)即无失真传输系统的条件。由于 $H(\mathrm{j}\omega)=|H(\mathrm{j}\omega)|\mathrm{e}^{\mathrm{j}\varphi(\omega)}$，可得幅度无失真条件为

$$|H(\mathrm{j}\omega)|=H(\mathrm{j}\omega)=K$$

相位无失真条件为

$$\varphi(\omega)=-\omega t_0$$

说明：

(1) 系统的幅频特性在整个频率范围内为一常数；

(2) 系统的相频特性应是经过原点的直线。

无失真传输系统的频谱函数如图 3-32 所示。

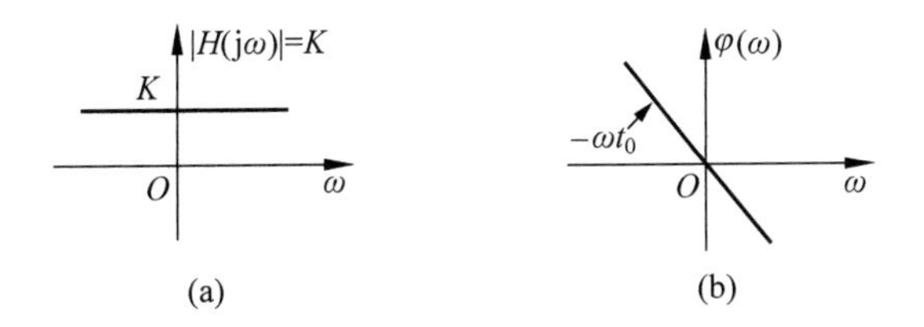

图 3-32　无失真传输系统的频谱函数

由图 3-32 可知,若使幅度无失真,要求系统函数的幅度对一切频率均为常数 K。实际上这种条件就是要求传输系统的通频带无限宽。而若使相位无失真,必须使系统函数的相频特性是一条过原点的直线,使信号中一切频率分量的相移均与频率成正比。

而对于实际信号而言,其能量或功率主要集中在低频率分量上,所以实际系统中只要有足够的带宽,就可以认为是一个无失真系统。

【例 3-18】 电路如图 3-33 所示为示波器衰减器,其中 $R_1C_1=R_2C_2$,试证明该系统为无失真传输系统。

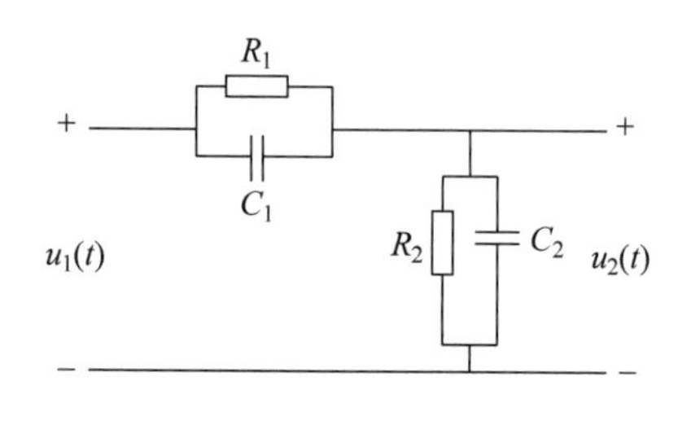

图 3-33　例 3-20 电路图

证明　示波器输入衰减器频率特性为

$$H(\mathrm{j}\omega)=\frac{u_2(\mathrm{j}\omega)}{u_1(\mathrm{j}\omega)}=\frac{\dfrac{R_2}{1+\mathrm{j}\omega R_2C_2}}{\dfrac{R_1}{1+\mathrm{j}\omega R_1C_1}+\dfrac{R_2}{1+\mathrm{j}\omega R_2C_2}}$$

因

$$R_1C_1=R_2C_2$$

所以

$$H(\mathrm{j}\omega)=\frac{R_2}{R_1+R_2}$$

即 $H(\mathrm{j}\omega)=\dfrac{R_2}{R_1+R_2}$是常数,$\varphi(\omega)=0$,满足无失真传输条件,从而证明了该衰减器是无失真传输系统。

3.9　理想低通滤波器

3.9.1　理想低通滤波器的频率特性和冲激响应

理想低通滤波器就是具有如图 3-34 所示的幅频特性与相频特性的系统。这种低通滤波器对于低于某一角频率 ω_c 的频率成分不失真地全部通过,而将频率高于 ω_c 的信号完全抑制,其中 ω_c 称为截止频率。能使信号通过的频率范围称为通带,抑制信号通过的频率范围称为阻带。则理想低通滤波器的通带为 $0\sim\omega_c$。理想低通滤波器的相频特性是通过原点的一条直线,同样满足无失真传输信号的特性。理想低通滤波器的这些特性说明理想低通滤波器具有频率截断的功能。

由图 3-34 可以得到理想低通滤波器的频响特性的表示式为

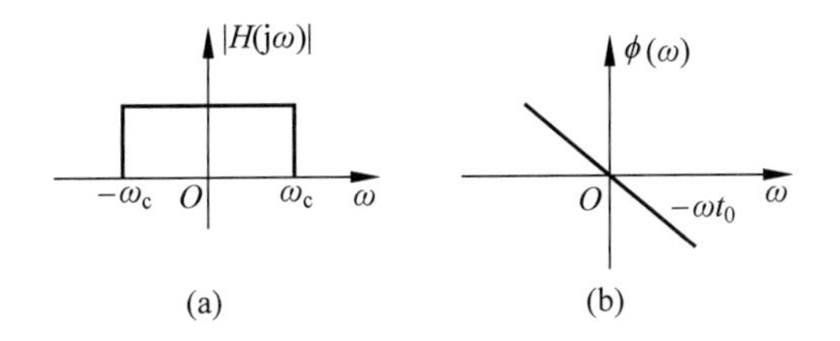

图 3-34 理想低通滤波器的特性

$$H(\mathrm{j}\omega)=|H(\mathrm{j}\omega)|\mathrm{e}^{\mathrm{j}\phi(\omega)}=\begin{cases}\mathrm{e}^{-\mathrm{j}\omega t_0}, & |\omega|<\omega_c\\ 0, & |\omega|>\omega_c\end{cases}\tag{3-63}$$

其中

$$|H(\mathrm{j}\omega)|=\begin{cases}1, & |\omega|<\omega_0\\ 0, & |\omega|>\omega_c\end{cases}$$

$$\phi(\omega)=-\omega t_0$$

将 $H(\mathrm{j}\omega)$进行傅里叶逆变换,就可以求得理想低通滤波器的冲激响应,计算过程如下

$$\begin{aligned}h(t)=F^{-1}[H(\mathrm{j}\omega)]&=\frac{1}{2\pi}\int_{-\infty}^{+\infty}H(\mathrm{j}\omega)\mathrm{e}^{\mathrm{j}\omega t}\mathrm{d}\omega\\&=\frac{1}{2\pi}\int_{-\omega_c}^{+\omega_c}\mathrm{e}^{-\mathrm{j}\omega t_0}\mathrm{e}^{\mathrm{j}\omega t}\mathrm{d}\omega\\&=\frac{1}{2\pi}\frac{\mathrm{e}^{\mathrm{j}\omega(t-t_0)}}{\mathrm{j}(t-t_0)}\bigg|_{-\omega_c}^{\omega_c}\\&=\frac{\omega_c}{\pi}\frac{\sin[\omega_c(t-t_0)]}{\omega_c(t-t_0)}\\&=\frac{\omega_c}{\pi}\mathrm{Sa}[\omega_c(t-t_0)]\end{aligned}\tag{3-64}$$

这是一个峰值位于 t_0 时刻的 Sa 函数,如图 3-35(b)所示。为了与激励信号作比较画出了激励信号 $\delta(t)$的波形,如图 3-35(a)所示。

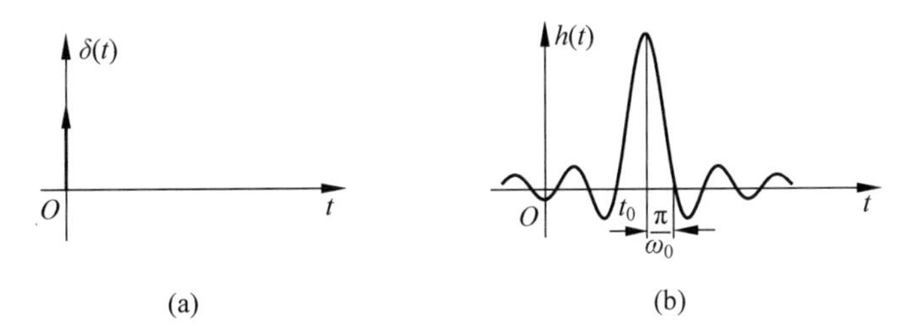

图 3-35 理想低通滤波器的冲激响应

由图 3-35 可见,冲激响应的波形不同于冲激信号的波形,产生了很大的失真。这是因为理想低通滤波器是一个带限系统,而冲激信号的频带是无限宽的。此外,按照冲激响应的定义,激励信号在零时刻加入,而响应在 t 为负值时就已经出现,所以实际上构成具有这种理想特性的系统是不可能的,只能做到相当接近于理想滤波的特性。但研究理想低通滤波

器不能因为无法实现就认为没有价值，恰恰需要这种理想滤波器的理论指导实际滤波器的分析与设计。

3.9.2 理想低通滤波器的阶跃响应

下面讨论理想低通滤波器的频率截断效应对信号波形的影响。先看理想低通滤波器的阶跃响应。

已知阶跃信号的频谱为

$$E(\mathrm{j}\omega) = \pi\delta(\omega) + \frac{1}{\mathrm{j}\omega}$$

于是

$$R(\mathrm{j}\omega) = H(\mathrm{j}\omega)E(\mathrm{j}\omega) = \left[\pi\delta(\omega) + \frac{1}{\mathrm{j}\omega}\right]\mathrm{e}^{-\mathrm{j}\omega_{\mathrm{c}}t} \quad (-\omega_{\mathrm{c}} < \omega < \omega_{\mathrm{c}})$$

可以利用卷积定理或取傅里叶逆变换的方法求得阶跃响应，按逆变换定义可知

$$\begin{aligned} r(t) &= F^{-1}[R(\mathrm{j}\omega)] \\ &= \frac{1}{2\pi}\int_{-\omega_{\mathrm{c}}}^{\omega_{\mathrm{c}}}\left[\pi\delta(\omega) + \frac{1}{\mathrm{j}\omega}\right]\mathrm{e}^{-\mathrm{j}\omega t_0}\mathrm{e}^{\mathrm{j}\omega t}\mathrm{d}\omega \\ &= \frac{1}{2} + \frac{1}{2\pi}\int_{-\omega_{\mathrm{c}}}^{\omega_{\mathrm{c}}}\frac{\mathrm{e}^{\mathrm{j}\omega(t-t_0)}}{\mathrm{j}\omega}\mathrm{d}\omega \\ &= \frac{1}{2} + \frac{1}{2\pi}\int_{-\omega_{\mathrm{c}}}^{\omega_{\mathrm{c}}}\frac{\cos[\omega(t-t_0)]}{\mathrm{j}\omega}\mathrm{d}\omega + \frac{1}{2\pi}\int_{-\omega_{\mathrm{c}}}^{\omega_{\mathrm{c}}}\frac{\sin[\omega(t-t_0)]}{\mathrm{j}\omega}\mathrm{d}\omega \end{aligned}$$

从式中可以看出前面一项积分的被积函数$\frac{\cos[\omega(t-t_0)]}{\omega}$是$\omega$的奇函数，所以它的积分为零，后面一项积分的被积函数是ω的偶函数，所以有

$$r(t) = \frac{1}{2} + \frac{1}{\pi}\int_0^{\omega_{\mathrm{c}}}\frac{\sin[\omega(t-t_0)]}{\omega}\mathrm{d}\omega = \frac{1}{2} + \frac{1}{\pi}\int_0^{\omega_{\mathrm{c}}(t-t_0)}\frac{\sin x}{x}\mathrm{d}x \tag{3-65}$$

这里使用了积分变量代换$x=\omega(t-t_0)$。而函数$\frac{\sin x}{x}$的积分称为正弦积分。通常用符号$Si(y)$表示

$$Si(y) = \int_0^y \frac{\sin x}{x}\mathrm{d}x$$

可在数学手册中查到它的积分值。函数$\frac{\sin x}{x}$和$Si(y)$曲线同时画于图3-36中。

从它们的曲线图中可以看出，$Si(y)$函数是y的奇函数，随着y的增加，$Si(y)$从0增长，以后围绕$\frac{\pi}{2}$起伏，起伏逐渐衰减而趋于$\frac{\pi}{2}$，各极值点与$\frac{\sin x}{x}$函数的零点对应。引用以上有关的数学结论，响应$r(t)$最终可以写作

$$r(t) = \frac{1}{2} + \frac{1}{\pi}Si[\omega_{\mathrm{c}}(t-t_0)] \tag{3-66}$$

其波形图如图3-37所示。

由图3-37可见，理想低通滤波器的截止频率ω_{c}越低，输出$r(t)$上升越慢。如果定义输出由最小值到最大值所需时间为上升时间t_{r}，则由图3-37可以得到

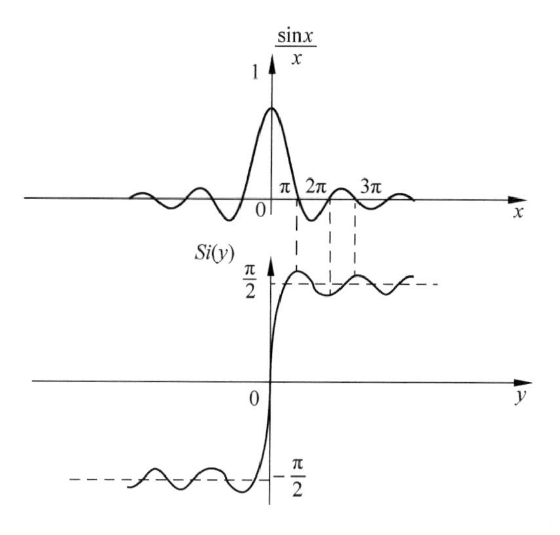

图 3-36　$\frac{\sin x}{x}$函数与$Si(y)$函数

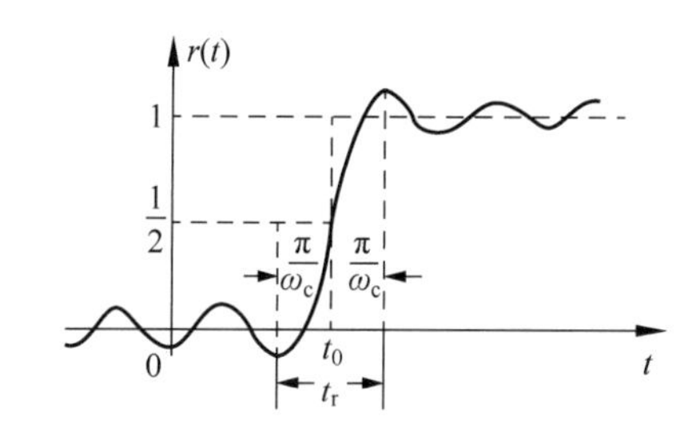

图 3-37　$r(t)$的波形图

$$t_r = 2\frac{\pi}{\omega_c} = \frac{1}{B}$$

这里，$B=\frac{\omega_c}{2\pi}$，是将角频率折合为频率的滤波器带宽（截止频率）。于是得到重要的结论：阶跃响应的上升时间与系统的截止频率（带宽）成反比。

总之，低通滤波器对信号的作用是对信号的频谱进行频域加窗，频窗有限将引起时域的吉布斯波纹。另外，由于傅里叶变换的对称性，当对信号的波形进行时域截断时，其频谱也会相应地出现吉布斯波纹。

3.10　调制与解调

在通信系统中，调制与解调的概念起着十分重要的作用，并有着广泛的应用。当某一信号从发射端传输到接收端，为实现信号的传输，往往需要进行调制和解调。所谓调制就是指将各种基带信号转换成适合信道传输的数字调制信号（已调信号或频带信号），而解调则是指在接收端将收到的频带信号还原成基带信号。在时域上，调制就是用基带信号去控制载波信号的某个或几个参量的变化，将信息荷载在其上形成已调信号传输，而解调是调制的反过程,通过具体的方法从已调信号的参量变化中将恢复原始的基带信号。在频域上,调制就是将基带信号的频谱搬移到信道通带中或者其中的某个频段上的过程,而解调是将信道中来的频带信号恢复为基带信号的反过程。

调制是一种非线性过程。载波被调制后产生新的频率分量,通常它们分布在载频的两边,占有一定的频带,分别叫作上边带和下边带。这些新频率分量与调制信号有关,是携带着消息的有用信号。调制的目的是实现频谱搬移,即把欲传送消息的频谱,变换到载波附近的频带,使消息更便于传输或处理。调制的主要性能指标是频谱宽度和抗干扰性。调制方式不同,这些指标也不一样。一般说,调制频谱越宽,抗干扰性能越好;反之,抗干扰性能较差。

本节将通过傅里叶变换的性质来说明搬移信号频谱的原理,用信号与系统的理论和方法来介绍幅度调制和解调的基本定理。

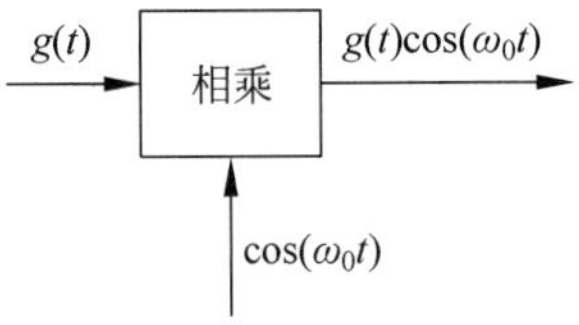

g(t) → 相乘 → g(t)cos(ω₀t)
cos(ω₀t) ↑

图 3-38 搬移信号频谱的原理图

下面应用傅里叶变换的性质说明搬移信号频谱的原理。设载波信号为 $\cos(\omega_0 t)$ 它的傅里叶变换是 $F[\cos(\omega_0 t)]=\pi[\delta(\omega+\omega_0)+\delta(\omega-\omega_0)]$ 调制信号 $g(t)$ 也称为基带信号,若 $g(t)$ 的频谱为 $G(\omega)$,占据 $-\omega_m$ 至 ω_m 的有限频带,将 $g(t)$ 与 $\cos(\omega_0 t)$ 进行时域相乘,即可得到已调信号 $f(t)$,根据卷积定理,容易求得已调信号的频谱 $F(\omega)$,如图 3-38 所示。

因为

$$f(t)=g(t)\cos(\omega_0 t)$$

所以

$$\begin{aligned} F[f(t)] &= F(\omega) \\ &= \frac{1}{2\pi}G(\omega) * [\pi\delta(\omega+\omega_0)+\pi\delta(\omega-\omega_0)] \\ &= \frac{1}{2}[G(\omega+\omega_0)+G(\omega-\omega_0)] \end{aligned} \tag{3-67}$$

由此可见,信号的频谱被搬移到载频 ω_0 附近。

解调的过程即为由已调信号 $f(t)$ 恢复基带信号 $g(t)$。图 3-39(a)所示的是实现解调的一种原理方框图,这里,$\cos(\omega_0 t)$ 信号是接收端的本地载波信号,它与发送端的载波同频同相。$f(t)$ 与 $\cos(\omega_0 t)$ 相乘的结果是频谱 $F(\omega)$ 向左、右分别移动 $\pm\omega_0$(并乘以系数 1/2),得到如图 3-39(b)所示的频谱 $G_0(\omega)$,此图形也可从时域的相乘关系得到解释。

$$\begin{aligned} g_0(t) &= [g(t)\cos(\omega_0 t)]\cos(\omega_0 t) \\ &= \frac{1}{2}g(t)[1+\cos(2\omega_0 t)] \\ &= \frac{1}{2}g(t)+\frac{1}{2}g(t)\cos(2\omega_0 t) \end{aligned}$$

$$F[g_0(t)]=G_0(\omega)=\frac{1}{2}G(\omega)+\frac{1}{4}[G(\omega+2\omega_0)+G(\omega-2\omega_0)] \tag{3-68}$$

再利用一个带宽大于 ω_m,小于 $2\omega_0-\omega_m$ 的低通滤波器,滤除在频率为 $2\omega_0$ 附近的分量,即可取出 $g(t)$,完成解调。

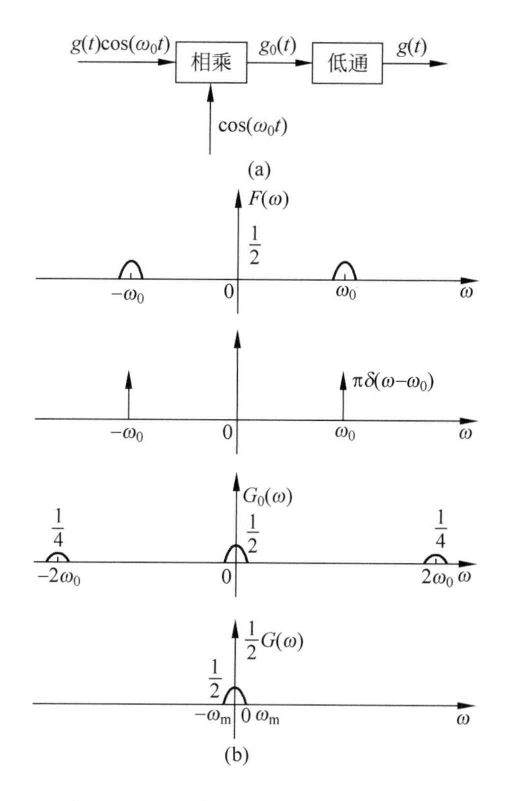

图 3-39 同步解调原理方框图及其频谱

这种解调器称为乘积解调(或同步解调),由于系统结构简单,可节省大功率的发射设备,适应于定点之间的通信。但需要在接收端产生与发送端频率相同的本地载波,这将使接收机复杂化。为了在接收端省去本地载波,可采用如下方法。在发射信号中加入一定强度的载波信号 $A\cos(\omega_0 t)$,这是发送端的合成信号为$[A+g(t)]\cos(\omega_0 t)$,如果 A 足够大,对于全部 t,有 $A+g(t)>0$,于是,已调信号的包络就是 $A+g(t)$。这时,利用简单的包络检波器(由二极管、电阻、电容组成)即可从图 3-39 相应的波形中提取包络,恢复 $g(t)$,不需要本地载波。此方法常用于民用通信设备(例如广播接收机),在那里需要降低接收机成本,但付出的代价是要用价格昂贵的发射机,因为需要提供足够强的信号 $A\cos(\omega_0 t)$附加功率。显然,这是合算的,对于大批接收机只有一个发射机。由于波形不难发现,在这种调制方法中,载波的振幅随信号 $g(t)$成比例地改变,因而称为振幅调制或调幅,前述不传送载波的方案则称为抑制载波振幅调制。此外,还有单边带调制、留边带调制等。通过控制载波的频率或相位,使它们随信号 $g(t)$成比例地变化,这两种调制方法分别称为调频或调相。它们的原理也使 $g(t)$的频谱 $G(\omega)$搬移,但搬移以后的频谱不再与原始频谱相似。

调制与解调技术在通信系统中不断地被广泛应用,对于一般的通信系统而言,它由以下几个环节组成,如图 3-40 所示。

(1) 变换器:转换消息为可处理的信号。

(2) 发送系统:调制信号至某频率段再发送。

(3) 信道:同时传送多路不同频率段的信号。

(4) 接收系统:解调传送的信号恢复出原频段的信号。

(5) 变换器：转换接收信号恢复出原信号。

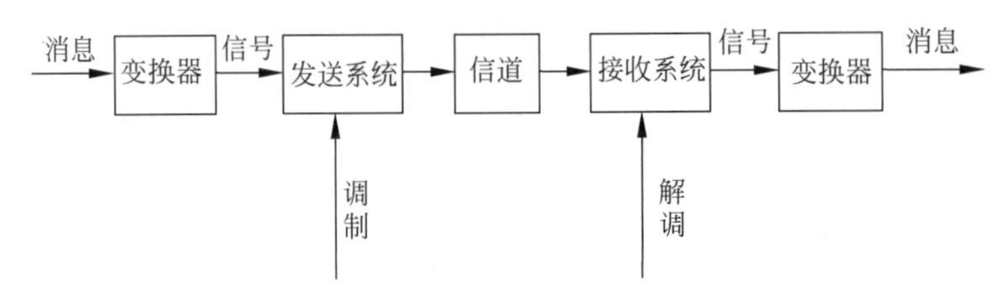

图 3-40　通信系统的组成框图

通常，按调制信号的形式可以分为模拟调制和数字调制两种方式。在模拟调制中，调制信号的取值是连续的。而在数字调制中，调制信号的取值是离散的。总的说来，数字调制比模拟调制具有较强的抗调制失真的能力。按被调信号的种类可分为脉冲调制、正弦波调制和强度调制(如对非相干光调制)等。调制的载波分别是脉冲、正弦波和光波等。正弦波调制有幅度调制、频率调制和相位调制三种基本方式，后两者合称为角度调制。此外还有一些变异的调制，如单边带调制、残留边带调制等。脉冲调制也可以按类似的方法分类。此外还有复合调制和多重调制等。不同的调制方式有不同的特点和性能。通过调制，不仅可以进行频谱搬移，把调制信号的频谱搬移到所希望的位置上，从而将调制信号转换成适合于信道传输或便于信道多路复用的已调信号，而且它对系统的传输有效性和传输可靠性有着很大的影响。在通信系统的发射端通常需要有调制过程，而在接收端则需要有反调制过程(解调)，即从已调信号中恢复出原调制信号。调制方式不同，解调方法也不一样。与调制的分类相对应，解调可分为正弦波解调(有时也称为连续波解调)和脉冲波解调。正弦波解调还可再分为幅度解调、频率解调和相位解调，此外还有一些如单边带信号解调、残留边带信号解调等。同样，脉冲波解调也可分为脉冲幅度解调、脉冲相位解调、脉冲宽度解调和脉冲编码解调等。对于多重调制需要配以多重解调。

从另一方面讲，如果不进行调制而是把被传送的信号直接辐射出去，那么各电台所发出的信号频率就会相同，它们混在一起，收信者将无法选择所要接收的信号。调制作用的实质是把各种信号的频谱搬移，也即信号分别调制在不同的频率载波上，接收机可以分离出所需要的频率信号。此问题的解决为在一个信道中传输多对通话提供了依据，这就是利用调制原理实现多路复用。在简单的通信系统中，每个电台只允许有一对通话者使用，而多路复用技术可以用同一部电台将各路信号的频谱分别搬移到不同的频率区段，从而完成在一个信道内传送多路信号的“多路通信”。

调制解调技术的发展历史由来已久，从模拟调制到数字调制，从二进制调制发展到多进制调制。虽然调制形式多种多样，但都朝着一个方向发展，使通信更高速更可靠。未来十年将是电信史上技术发展最活跃的时期，技术的发展是如此之惊人以至于谁都无法准确描述未来通信技术发展，但有一点是肯定的，那就是信息化正以前所未有的速度渗透到人类社会的各个方面，深刻改变着人类的生存环境。

3.11　傅里叶变换的 MATLAB 实现

傅里叶变换是建立以时间为自变量的“信号”与以频率为自变量的“频谱函数”之间的某种变换关系，所以当自变量“时间”和“频率”取连续值或离散值时，就形成了几种不同形式的傅里叶变换。MATLAB实现信号傅里叶变换的常用方法有：①MATLAB提供了符号函数fourier和ifourier实现傅里叶变换和逆变换；②数值计算方法。工程应用中经常需要对抽样数据进行傅里叶分析，这种情况下往往无法得到信号的解析表达式，因而数值计算方法是应用傅里叶变换的主要途径。数值计算方法实现傅里叶变换的途径有：①直接计算法(循环法)；②矢量计算法；③矩阵计算法。由于MATLAB对矩阵运算作了很大优化，所以采用矩阵计算法可以优化程序，提高运行效率。

【例3-19】 已知周期矩形脉冲 $f(t)$ 如图3-40所示，设脉冲幅度为 $A=2$，宽度为 τ，重复周期为 T_1（角频率 $\omega_1=2\pi/T_1$）。试将其展开为复指数形式傅里叶级数，并说明周期矩形脉冲的宽度 τ 和周期 T_1 变化时对其频谱的影响。

解：根据傅里叶级数理论知道，周期矩形脉冲信号的傅里叶级数为

$$f(t)=\frac{A\tau}{T_1}\sum_{n=-\infty}^{\infty}\mathrm{Sa}\left(\frac{n2\pi}{T_1}\cdot\frac{\tau}{2}\right)\mathrm{e}^{\mathrm{j}n\omega_1 t}=\frac{A\tau}{T_1}\sum_{n=-\infty}^{\infty}\mathrm{Sa}\left(\frac{n\pi\tau}{T_1}\right)\mathrm{e}^{\mathrm{j}n\omega_1 t}=\frac{A\tau}{T_1}\sum_{n=-\infty}^{\infty}\mathrm{sinc}\left(\frac{n\tau}{T_1}\right)\mathrm{e}^{\mathrm{j}n\omega_1 t}$$

该信号第 n 次谐波的振幅为

$$F_n=\frac{A\tau}{T_1}\mathrm{Sa}\left(\frac{n\pi\tau}{T_1}\right)=\frac{A\tau}{T_1}\mathrm{sinc}\left(\frac{n\tau}{T_1}\right)$$

各谱线之间间隔为 $2\pi/T_1$。下面的MATLAB程序给出了三种情况下的振幅频谱：①$\tau=1,T_1=10$②$\tau=1,T_1=3$③$\tau=2,T_1=10$。

[MATLAB程序]

```
n = -50:50;A = 2;
tao = 1;T1 = 10;w1 = 2 * pi/T1;          % 定义 T1 = 10 时的基波频率
x = n * tao/T1;Fn = A * tao/T1 * sinc(x);  % 定义第 n 次谐波的振幅 Fn
subplot(3,1,1),stem(n * w1,Fn)           % 画出 T1 = 10,tao = 1 时的振幅谱
title('tao = 1,T1 = 10')

n = -50:50;                              % 定义 T1 = 3 时的基波频率
tao = 1;T1 = 3;w2 = 2 * pi/ T1;          % 定义第 n 次谐波的振幅 Fn
x = n * tao/T1;Fn = A * tao/T1 * sinc(x);
n2 = round(50 * w1/w2);
n = -n2:n2;
Fn = Fn(50 - n2 + 1:50 + n2 + 1);
subplot(3,1,2),stem(n * w2,Fn)           % 画出 T1 = 10,tao = 1 时的振幅谱
title('tao = 1,T1 = 3')

n = -50:50;
tao = 2;T1 = 10;w3 = 2 * pi/T1;          % 定义 T1 = 10 时的基波频率
x = n * tao/T1;Fn = 2 * A * tao/T1 * sinc(x);% 定义第 n 次谐波的振幅 Fn
subplot(3,1,3),stem(n * w3,Fn)           % 画出 T1 = 10,tao = 2 时的振幅谱
title('tao = 2,T1 = 10')
```

[程序运行结果]

运行得到的周期矩形脉冲信号的振幅谱线如图3-41所示。

【例3-20】 设 $f(t)=\varepsilon(t+1)-\varepsilon(t-1)$，试用MATLAB编程画出 $f(t)=f(t)\mathrm{e}^{-\mathrm{j}20t}$ 的频谱 $F_1(\mathrm{j}\omega)$ 及 $f_2(t)=f(t)\mathrm{e}^{\mathrm{j}20t}$ 的频谱 $F_2(\mathrm{j}\omega)$，并将它们与 $f(t)$ 的频谱 $F(\mathrm{j}\omega)$ 进行比较。

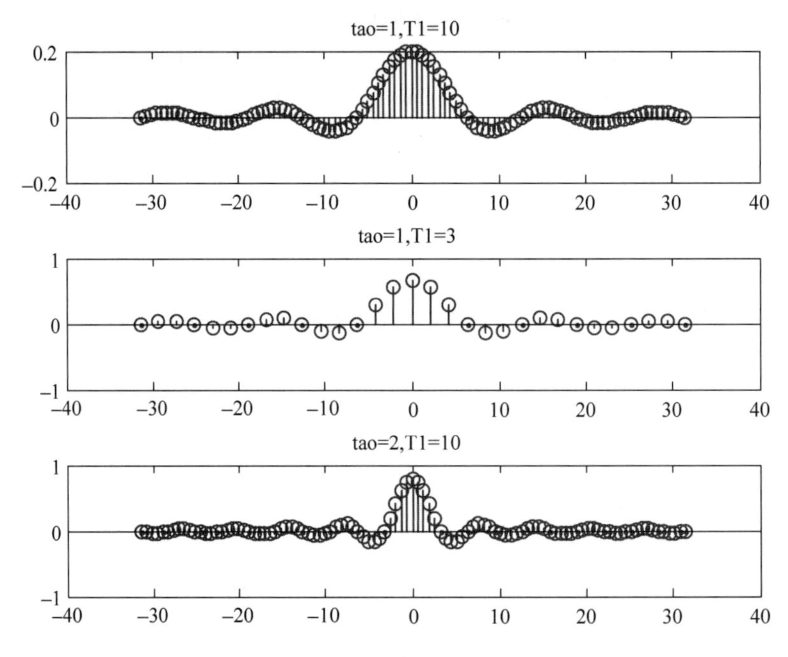

图 3-41　周期矩形脉冲信号的振幅谱线

解：

[MATLAB程序]

```
R = 0.02;t = - 2:R:2;
f = (t >= - 1) - (t >= 1);
f1 = f. * exp( - j * 20 * t);
f2 = f. * exp(j * 20 * t);
W1 = 2 * pi * 5;
N = 500;k = - N:N;W = k * W1/N;
F1 = f1 * exp( - j * t' * W) * R;           % 求 f1(t)的傅里叶变换 F1(jw)
F2 = f2 * exp( - j * t' * W) * R;           % 求 f2(t)的傅里叶变换 F2(jw)
F1 = real(F1);
F2 = real(F2);
subplot(1,2,1)
plot(W,F1)
xlabel('w')
ylabel('F1(jw)')
title('F(jw)左移到 w = 20 处频谱 F1(jw)')
subplot(1,2,2)
plot(W,F2)
xlabel('w')
ylabel('F2(jw)')
title('F(jw)右移到 w = 20 处的频谱 F2(jw)')
```

[程序运行结果]

运行后得到的波形如图 3-42 所示。

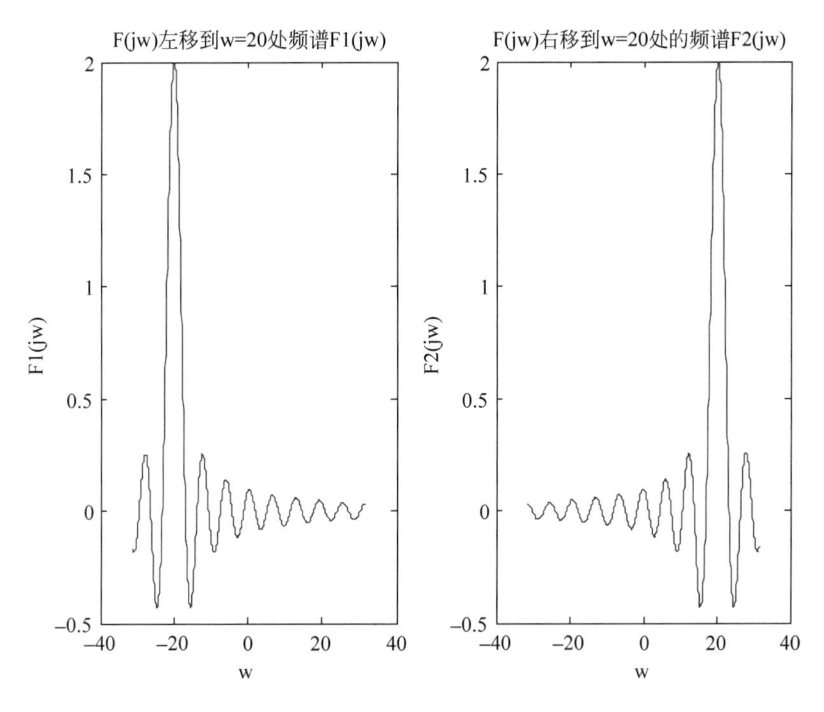

图 3-42　频谱波形

【例 3-21】　设时域信号 $f(t)=\mathrm{Sa}(\pi t)$，现用采样频率 $\Omega_1=1.5\pi\mathrm{rad/s}$ 和 $\Omega_2=2.5\pi\mathrm{rad/s}$ 对其进行采样，用 MATLAB 绘制其时域采样信号及对应的频域信号的幅度谱。

解：信号 $f(t)=\mathrm{Sa}(\pi t)$ 的最高频率分量为 π，根据采样定理可知，其奈奎斯特采样频率为 2π，故采样频率 Ω_1 小于 2π，$T_1=2\pi/\Omega_1=(4/3)\mathrm{s}$，会发生频谱混叠；采样频率 Ω_2 大于 2π，$T_2=2\pi/\Omega_2=(4/5)\mathrm{s}$，不会发生混叠。用 MATLAB 绘制的信号序列和信号幅度谱的程序如下，波形和频谱如图 3-43 所示。

[MATLAB 程序]

```
n1 = - 8:4/3:8;
f1 = sinc(n1);
subplot(2,2,1);
stem(n1,f1);hold on;
t1 = - 8:0.1:8;
f2 = sinc(t1);
plot(t1,f2,':');                        % 绘制 Sa 函数包络
title('采样频率小于奈奎斯特频率');
axis([ - 8 8 - 0.25 1]);

n2 = - 8:4/5:8;
f3 = sinc(n2);
subplot(2,2,2);
stem(n2,f3);hold on;
t2 = - 8:0.1:8;
f4 = sinc(t2);
plot(t2,f4,':');
```

```
title('采样频率大于奈奎斯特频率');
axis([ - 8 8  - 0.25 1]);

x1 = [ - 4.5 * pi:0.001:4.5 * pi];
d1 = [ - 4.5 * pi:1.5 * pi:4.5 * pi];
subplot(2,2,3);
y1 = pulstran(x1 + 0.75 * pi,d1,'rectpuls',0.5 * pi);        % 产生脉冲串
plot(x1/pi,y1 + 1);
axis([ - 4.5 4.5 0 2.1]);
title('频谱产生混淆');
xlabel('\Omega/π');

x2 = [ - 5 * pi:0.001:5 * pi];
d2 = [ - 5 * pi:2.5 * pi:5 * pi];
subplot(2,2,4);
y2 = pulstran(x2,d2,'rectpuls',2 * pi);    % 产生脉冲串
plot(x2/pi,y2);
axis([ - 5 5 0 1.1]);
title('频谱没有混叠');
xlabel('\Omega/π');
```

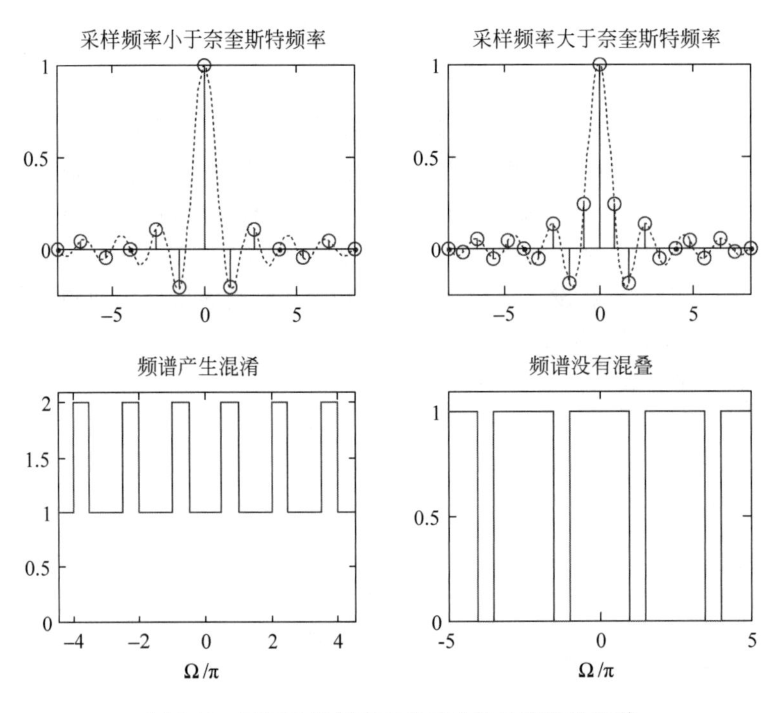

图 3-43　不同采样频率下的采样信号波形及频谱

【本章小结】 本章首先从傅里叶级数的正交函数展开问题并进行讨论,接着对周期信号的傅里叶级数进行分析并得到它们的离散频谱,最后将此傅里叶分析方法推广到非周期信号中去,导出傅里叶变换。通过对典型信号频谱以及傅里叶变换性质的分析与研究,初步掌握傅里叶分析方法的应用。对于周期信号来说,在进行频谱分析的时候可以利用傅里叶级数,也可以利用傅里叶变换的方法,傅里叶级数相当于傅里叶变换的一种特殊的表达方

法。在 3.6 节中专门研究周期信号的傅里叶变换。3.6 节与 3.7 节对比研究周期信号与抽样信号的傅里叶变换，这将有助于读者从连续时间信号分析逐步过渡到离散时间信号的分析。利用 MATLAB 软件实现了傅里叶变换，对课程理论知识点及应用实例进行仿真。今后还将看到，作为信息科学研究领域中广泛应用的有力工具，傅里叶变换在很多后续课程以及研究工作中将不断地发挥着至关重要的作用。

习　　题

3-1 将图 3-44 中所示的方波信号展开成三角级数。

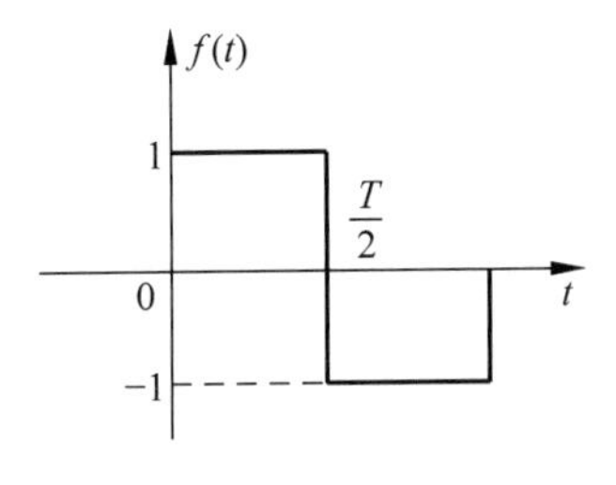

图 3-44 题 3-1 图

3-2 求如图 3-45 所示的周期锯齿波函数的三角函数形式的傅里叶级数展开式。

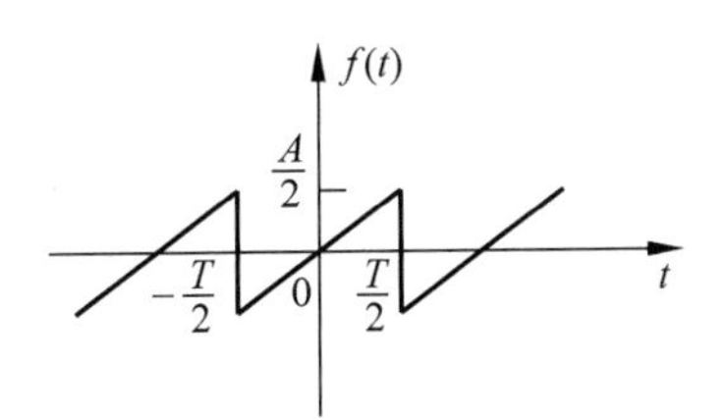

图 3-45 题 3-2 图

3-3 已知 $f(t)=1+\sin(\omega_1 t)+2\cos(\omega_1 t)=\cos\left(2\omega_1 t+\frac{\pi}{4}\right)$，画出幅度谱和相位谱。

3-4 如图 3-46，已知 $f(t)=f_1(t)-g_2(t)$，求 $f(t)$ 的傅里叶变换 $F(\omega)$。

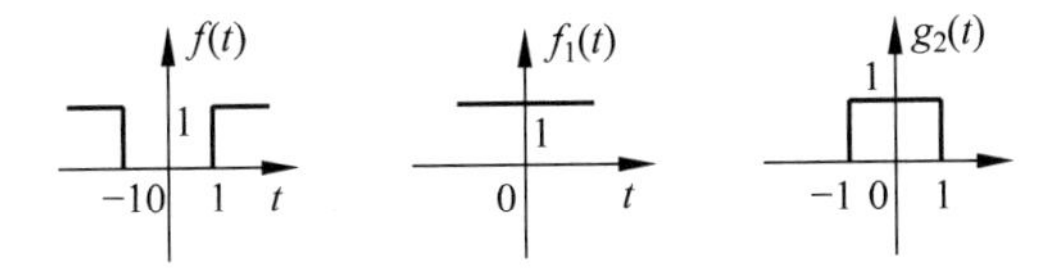

图 3-46 题 3-4 图

3-5 求移位冲激函数 $\delta(t-t_0)$ 的频谱函数。

3-6 求正弦信号 $\sin(\omega_0 t)$ 和余弦信号 $\cos(\omega_0 t)$ 的频谱。

3-7 求高频矩形调幅信号 $f(t)=Eg_\tau(t)\cos(\omega_0 t)$ 的频谱函数 $F(\omega)$。

3-8 已知 $f(t)\leftrightarrow F(\omega)$，求 $f(at-b)$ 对应的傅里叶变换。

3-9 求 $f(t)=\dfrac{1}{1+t^2}$ 的频谱函数 $F(\omega)$。

3-10 求如图 3-47 所示的三角脉冲 $f(t)$的傅里叶变换级数 $F(\omega)$。

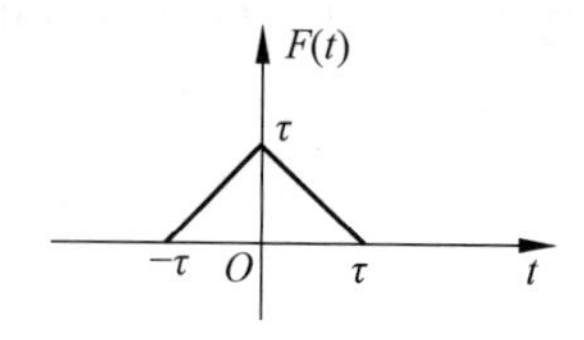

图 3-47 题 3-10 图

3-11 已知 $f(t)$如图 3-48 所示，求 $f(t)$的频谱函数 $F(\omega)$。

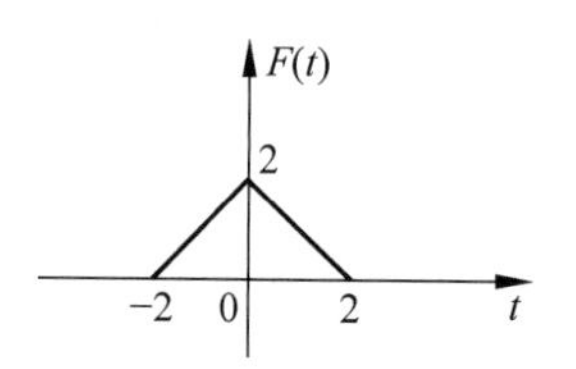

图 3-48 题 3-11 图

3-12 已知 $f(t)=t\varepsilon(t)$，求 $f(t)$的频谱函数 $F(\omega)$。

3-13 试求 $f(t)=\cos4t+\sin8t$ 的傅里叶级数表达式。

3-14 已知 $f_1(t)\leftrightarrow E\tau\mathrm{Sa}\left(\frac{\omega\tau}{2}\right)$，求 $f(t)=f_1(t)*f_1(t)$的频谱密度函数 $F(\omega)$。

3-15 已知 $f(t)$的傅里叶变换 $F(\omega)$，求下列信号 $f(t)=tf(-3t)$的傅里叶变换。

3-16 求如图 3-49 所示的信号的傅里叶变换。

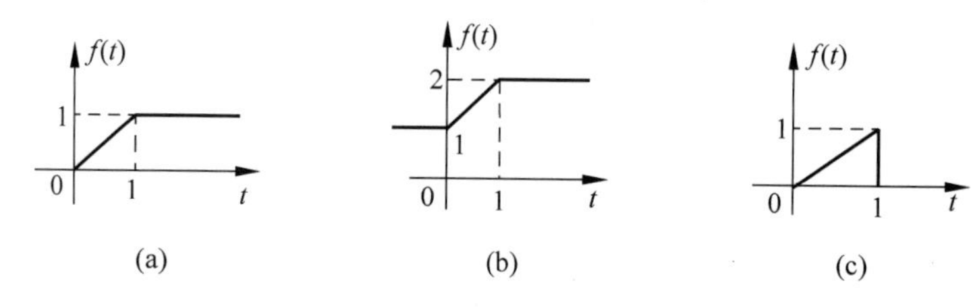

图 3-49 题 3-16 图

3-17 图 3-50(a)所示的系统由三个子系统构成，已知各子系统的冲激响应 $h_1(t)$，$h_2(t)$如图 3-50(b)所示。求复合系统的冲激响应 $h(t)$，并画出它的波形。

3-18 若已知 $F[f(t)]=F(\omega)$，利用傅里叶变换的性质确定下列信号的傅里叶变换。

(1) $tf(2t)$；　　(2) $(t-2)f(t)$；

(3) $(t-2)f(-2t)$；　　(4) $t\frac{\mathrm{d}f(t)}{\mathrm{d}t}$；

(5) $f(1-t)$；　　(6) $(1-t)f(1-t)$

3-19 一频谱包含有直流至 100Hz 分量的连续时间信号持续 2min，为便于计算机处理，对其抽样以构成离散信号，求最小的理想抽样点数。

3-20 已知单个梯形脉冲和单个余弦脉冲的傅里叶变换，如图 3-51 所示周期梯形信号和周期全波余弦信号的傅里叶变换和傅里叶级数。

3-21 确定下列信号的最低抽样率与奈奎斯特间隔。

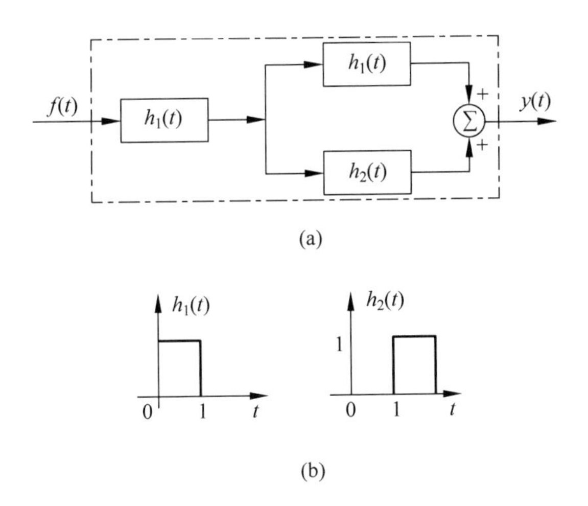

图 3-50 题 3-17 图

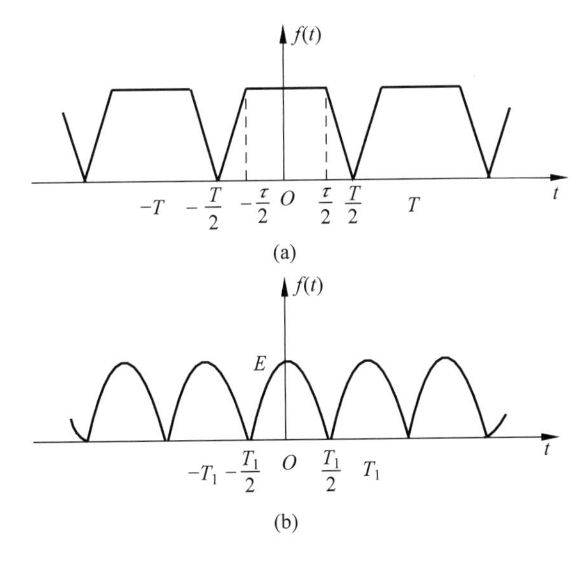

图 3-51 题 3-20 图

(1) $\mathrm{Sa}(100t)$；(2) $\mathrm{Sa}^2(100t)$；(3) $\mathrm{Sa}(100t)+\mathrm{Sa}(50t)$；(4) $\mathrm{Sa}(100t)+\mathrm{Sa}^2(60t)$

3-22 已知 $f(t)$的频谱函数 $F(\omega)=\begin{cases}1, & |\omega|<2\ \mathrm{rad/s} \\ 0, & |\omega|>2\ \mathrm{rad/s}\end{cases}$,求 $f^2(t)$理想抽样的奈奎斯特抽样间隔。

习题答案

3-1 $f(t)=\frac{4}{\pi}\left(\sin\Omega t+\frac{1}{3}\sin 3\Omega t+\frac{1}{5}\sin 5\Omega t+\cdots\right)$

3-2 $f(t)=0+\frac{A}{\pi}\sin\Omega t-\frac{A}{2\pi}\sin 2\Omega t-\cdots$

3-3

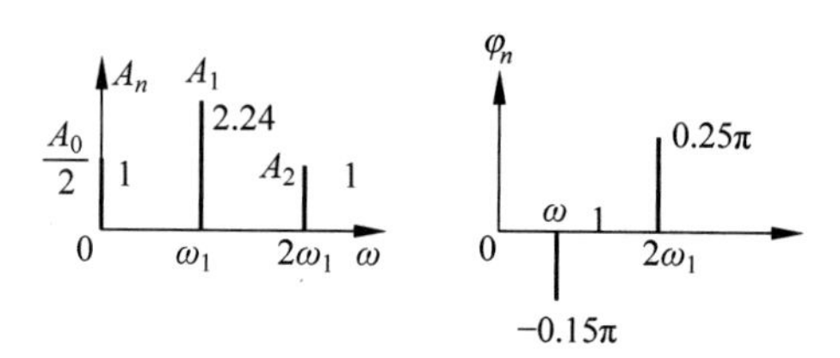

3-4 $F(\omega)=2\pi\delta(\omega)-2\mathrm{Sa}(\omega)$

3-5 $\delta(t-t_0)\leftrightarrow \mathrm{e}^{-\mathrm{j}\omega t_0} * 1=\mathrm{e}^{-\mathrm{j}\omega t_0}$

3-6 $\cos(\omega_0 t)\leftrightarrow \frac{1}{2}[2\pi\delta(\omega-\omega_0)+2\pi\delta(\omega+\omega_0)]$

$\sin(\omega_0 t)-\mathrm{j}\pi\delta(\omega-\omega_0)+\mathrm{j}\pi\delta(\omega+\omega_0)$

3-7 $\frac{E\tau}{2}\mathrm{Sa}\left[\frac{(\omega-\omega_0)\tau}{2}\right]+\frac{E\tau}{2}\mathrm{Sa}\left[\frac{(\omega+\omega_0)\tau}{2}\right]$

3-8 $\frac{1}{|a|}\mathrm{e}^{-\mathrm{j}\frac{b}{a}\omega}F\left(\frac{\omega}{a}\right)$

3-9 $\pi\mathrm{e}^{-|\omega|}$

3-10 $\tau^2\left[\mathrm{Sa}\left(\frac{\omega\tau}{2}\right)\right]^2$

3-11 $4\mathrm{Sa}^2(\omega)$

3-12 $\mathrm{j}\pi\delta'(\omega)-\frac{1}{\omega^2}$

3-13 $f(t)=\frac{1}{2}\mathrm{e}^{\mathrm{j}4t}+\frac{1}{2}\mathrm{e}^{-\mathrm{j}4t}+\frac{1}{2\mathrm{j}}\mathrm{e}^{\mathrm{j}8t}-\frac{1}{2\mathrm{j}}\mathrm{e}^{-\mathrm{j}8t}$

3-14 $E^2\tau^2\mathrm{Sa}^2\left(\frac{\omega\tau}{2}\right)$

3-15 $\mathrm{j}\,\frac{1}{3}\frac{\mathrm{d}}{\mathrm{d}\omega}F\left(-\mathrm{j}\,\frac{\omega}{3}\right)$

3-16 (a) $\frac{1}{\mathrm{j}\omega}\mathrm{Sa}\left(\frac{\omega}{2}\right)\mathrm{e}^{-\mathrm{j}\frac{\omega}{2}}+\pi\delta(\omega)$　　(b) $\frac{1}{\mathrm{j}\omega}\mathrm{Sa}\left(\frac{\omega}{2}\right)\mathrm{e}^{-\mathrm{j}\frac{\omega}{2}}+3\pi\delta(\omega)$

(c) $\frac{1}{\mathrm{j}\omega}\left[\mathrm{Sa}\left(\frac{\omega}{2}\right)\mathrm{e}^{-\mathrm{j}\frac{\omega}{2}}-\mathrm{e}^{-\mathrm{j}\omega}\right]$

3-17 $h(t)=h_1(t) * [h_1(t)+h_2(t)]$

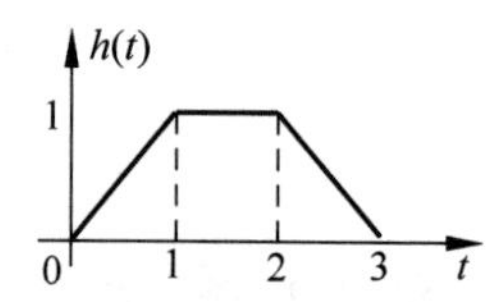

3-18 (1) $\frac{1}{2}\mathrm{j}\,\frac{\mathrm{d}F\left(\frac{\omega}{2}\right)}{\mathrm{d}\omega}$

(2) $\mathrm{j}\,\frac{\mathrm{d}F(\omega)}{\mathrm{d}\omega}-2F(\omega)$

(3) $-F\left(-\frac{\omega}{2}\right)+\frac{\mathrm{j}}{2}g\,\frac{\mathrm{d}F\left(-\frac{\omega}{2}\right)}{\mathrm{d}\omega}$

(4) $-F(\omega)-\omega\,\frac{\mathrm{d}F(\omega)}{\mathrm{d}\omega}$

(5) $F(-\omega)\mathrm{e}^{-\mathrm{j}\omega}$

(6) $-\mathrm{j}\,\frac{\mathrm{d}F(-\omega)}{\mathrm{d}\omega}\mathrm{e}^{-\mathrm{j}\omega}$

3-19　24000

3-20　(a) $F(\omega)=2\pi\sum_{-\infty}^{+\infty}F_{\mathrm{m}}\sigma\left(\omega-\frac{2n\pi}{T}\right)$

(b) $F_{\mathrm{m}}=\frac{1}{T}F_{b}(\omega)\Big|_{\omega=n\omega_1}=\frac{2E}{\pi}\cdot\frac{\cos(n\pi)}{1-4n^2}=(-1)^2\,\frac{2E}{\pi(1-4n^2)}$

3-21　(1) $f_{\mathrm{s}}=2\times\frac{\omega_{\mathrm{c}}}{4\pi}=\frac{100}{\pi}\mathrm{Hz},T_{\mathrm{s}}=\frac{\pi}{100}\mathrm{s}$

(2) $f_{\mathrm{s}}=\frac{200}{\pi}\mathrm{Hz},T_{\mathrm{s}}=\frac{\pi}{200}\mathrm{s}$

(3) $f_{\mathrm{s}}=\frac{100}{\pi}\mathrm{Hz},T_{\mathrm{s}}=\frac{\pi}{100}\mathrm{s}$

(4) $f_{\mathrm{s}}=\frac{120}{\pi}\mathrm{Hz},T_{\mathrm{s}}=\frac{\pi}{120}\mathrm{s}$

3-22　$T_{\mathrm{s}}=\frac{\pi}{4}\mathrm{s}$

第4章　拉普拉斯变换及 s 域分析

【本章导读】

拉普拉斯变换是研究线性时不变电路系统的基本工具，在实际工程领域中得到了广泛的应用。拉普拉斯变换的核心问题是将以 t 为变量的时间函数 $f(t)$ 与以复频率 s 为变量的复变函数 $F(s)$ 联系起来，即把时域问题通过数学转换为 s 域问题，把时间函数的线性常系数微分方程化为复变函数的代数方程，在求出待求的复变函数后，再作逆变换，从而得到待求的时域函数解。

【学习要点】

(1) 拉普拉斯变换的定义及其基本性质。

(2) 拉普拉斯反变换的分解定理。

(3) 电路定律的复频域形式、运算电路及其分析方法等。

(4) 利用拉普拉斯反变换求解电路的时域响应。

4.1 引　言

19世纪末，英国工程师赫维赛德(O. Heaviside，1850—1925)发明了运算法(算子法)解决电工计算中的一些基本问题。他所进行的工作成为拉普拉斯变换方法的先驱。赫维赛德的方法很快地被许多人采用，但是由于缺乏严密的数学论证，曾经受到某些数学家的谴责。而赫维赛德以及另一些追随他的学者(如卡尔逊、布罗姆维奇等人)坚信这一方法的正确性继续坚持不懈地深入研究。后来，人们终于在法国数学家拉普拉斯(P. S. Laplace，1749—1825)的著作中为赫维赛德运算法找到了可靠的数学依据并重新给予严密的数学定义，为之取名为拉普拉斯变换方法。从此，拉普拉斯变换在电学、力学等众多的工程与科学领域中得到广泛应用。尤其是在电路理论的研究中，在相当长的时期内，人们几乎无法把电路理论与拉普拉斯变换分开来讨论。

20世纪70年代以后，电子线路计算机辅助设计(CAD)技术迅速发展，利用CAD程序(例如SPICE程序)可以很方便地求解电路分析问题，因而，拉普拉斯变换在这些方面的应用相对减少。此外，离散系统、非线性系统、时变系统的研究与应用日益广泛，而拉普拉斯变换在这些方面是无能为力的，于是，它长期占据的传统重要地位正在让给一些新的方法。然而，利用拉普拉斯变换建立的系统函数及其零、极点分析的概念仍然在发挥着重要作用，在连续、线性、时不变系统的分析中，拉普拉斯变换仍然是不可缺少的强有力工具。此外，还应注意到与拉普拉斯变换类似的概念和方法在离散时间系统的 z 变换分析中得到应用。

运用拉普拉斯变换方法，可以把线性时不变系统的时域模型简便地进行变换，经求解再还原为时间函数。从数学角度来看，拉普拉斯变换方法是求解常系数微分方程的工具，它的优点表现在以下5个方面。

(1) 求解的步骤得到简化，可以同时给出微分方程的特解和补解(齐次解)，而且可以将初始条件自动地包含在变换式里。

(2) 拉普拉斯变换分别将微分与积分运算转换为乘法和除法运算，也即把积分微分方程转换为代数方程。这种变换与初等数学中的对数变换很相似,在变换过程中,乘、除法被转化为加、减运算。当然,对数变换所处理的对象是数,而拉普拉斯变换所处理的对象是函数。图 4-1 用运算流程框图表明了对数变换与拉普拉斯变换的比较。

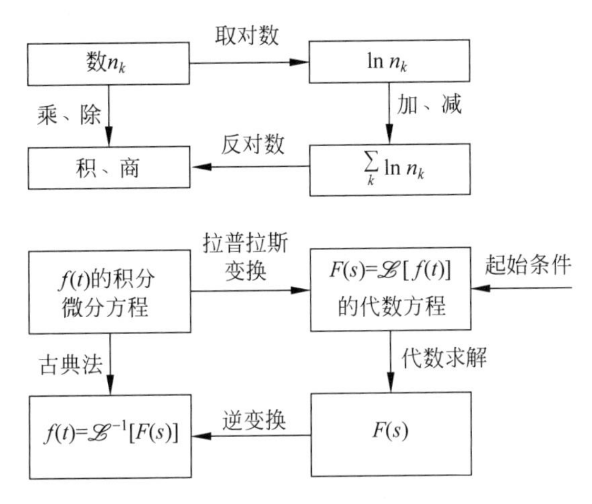

图 4-1 拉普拉斯变换与对数变换的比较

(3) 指数函数、阶跃函数以及有不连续点的一些比较重要且常用的函数经拉普拉斯变换为简单的初等函数。对于某些非周期性的具有不连续点的函数,用傅里叶变换法求解比较烦琐,而用拉普拉斯变换方法就很简便。

(4) 拉普拉斯变换把时域变换中的卷积运算转换为变换域中两函数的乘法运算,在此基础上建立了系统函数的概念,这一重要概念的应用为研究信号经线性系统传输的问题提供了许多方便。

(5) 利用系统函数零点、极点分布可以简明、直观地表达系统性能的许多规律。系统的时域、频域特性集中地以其系统函数零、极点特征表现出来,从系统的观点看,对于输入/输出描述情况,往往不关心组成系统内部的结构和参数,只需从外部特性,从零、极点特性来考察和处理各种问题。

本章 4.1～4.4 节给出拉普拉斯变换的基本定义和性质,4.5 节讨论拉普拉斯变换在电路分析中的应用并导出系统函数 $H(s)$。4.6 节和 4.7 节研究 $H(s)$零、极点分布对系统性能的影响。4.8 节和 4.9 节描述了系统的频域与稳定等性质。4.10 节对傅里叶变换与拉普拉斯变换进行了比较,讨论它们之间的区别与联系。4.11 节讲述了拉普拉斯变换在 MATLAB 中的应用。

4.2 拉普拉斯变换及其收敛域

4.2.1 从傅里叶变换到拉普拉斯变换

由第 3 章可知,当函数 $f(t)$满足狄利克雷条件时,便可构成一对傅里叶变换式

$$F(\omega)=\int_{-\infty}^{+\infty} f(t)\mathrm{e}^{-\mathrm{j}\omega t}\,\mathrm{d}t$$

$$f(t)=\frac{1}{2\pi}\int_{-\infty}^{+\infty}F(\omega)\mathrm{e}^{\mathrm{j}\omega t}\mathrm{d}\omega$$

在处理实际问题中，很多情况下我们处理的是因果信号，即信号起始时刻为零，此时在 $t<0$ 的时间范围内 $f(t)$ 等于零，这样，正变换表示式的积分下限可从零开始

$$F(\omega)=\int_{0}^{+\infty}f(t)\mathrm{e}^{-\mathrm{j}\omega t}\mathrm{d}t \tag{4-1}$$

但 $F(\omega)$ 仍包含有 $-\omega$ 与 $+\omega$ 两部分分量，因此逆变换式的积分限不改变。

再从狄利克雷条件考虑，在此条件之中，绝对可积的要求具有限制性，使得某些增长信号(如 $\mathrm{e}^{at}(a>0)$、阶跃信号)傅里叶变换不存在，而对于周期信号虽未受此约束，但其变换式中出现冲激函数 $\delta(\omega)$。为使更多的函数存在变换，并简化某些变换形式或运算过程，引入一个衰减因子 $\mathrm{e}^{\sigma t}$(σ 为任意实数)使它与 $f(t)$ 相乘，于是 $\mathrm{e}^{-\sigma t}f(t)$ 得以收敛，绝对可积条件就容易满足。按此原理，写出 $\mathrm{e}^{-\sigma t}f(t)$ 的傅里叶变换

$$f_1(\omega)=\int_{0}^{+\infty}[f(t)\mathrm{e}^{-\sigma t}]\mathrm{e}^{-\mathrm{j}\omega t}\mathrm{d}t=\int_{0}^{+\infty}f(t)\mathrm{e}^{-(\sigma+\mathrm{j}\omega)t}\mathrm{d}t \tag{4-2}$$

将式中 $(\sigma+\mathrm{j}\omega)$ 用符号 s 代替，令

$$s=\sigma+\mathrm{j}\omega$$

式(4-2)可写作

$$F(s)=\int_{0}^{+\infty}f(t)\mathrm{e}^{-st}\mathrm{d}t \tag{4-3}$$

下面由傅里叶逆变换表示式 $[f(t)\mathrm{e}^{-\sigma t}]$，再寻找由 $F(s)$ 求 $f(t)$ 的一般表示式

$$f(t)\mathrm{e}^{-\sigma t}=\frac{1}{2\pi}\int_{-\infty}^{+\infty}f_1(\omega)\mathrm{e}^{\mathrm{j}\omega t}\mathrm{d}\omega \tag{4-4}$$

等式两边各乘以 $\mathrm{e}^{\sigma t}$，因为它不是 ω 的函数，可放到积分号内，于是得到

$$f(t)=\frac{1}{2\pi}\int_{-\infty}^{+\infty}f_1(\omega)\mathrm{e}^{(\sigma+\mathrm{j}\omega)t}\mathrm{d}\omega \tag{4-5}$$

已知 $s=\sigma+\mathrm{j}\omega$。所以 $\mathrm{d}s=\mathrm{d}\sigma+\mathrm{j}\mathrm{d}\omega$，若 σ 为选定之常量，则 $\mathrm{d}s=\mathrm{j}\mathrm{d}\omega$，以此代入式(4-5)，并相应地改变积分上下限，得到

$$f(t)=\frac{1}{2\pi\mathrm{j}}\int_{\sigma-\infty}^{\sigma+\infty}F(s)\mathrm{e}^{st}\mathrm{d}s \tag{4-6}$$

式(4-3)和式(4-6)就是一对拉普拉斯变换式。两式中的 $f(t)$ 称为原函数，$F(s)$ 称为象函数。已知 $f(t)$ 求 $F(s)$ 可由式(4-3)取得拉普拉斯变换。反之，利用式(4-6)由 $F(s)$ 求 $f(t)$ 时称为逆拉普拉斯变换(或拉普拉斯逆变换)。常用记号 $\mathcal{L}[f(t)]$ 表示取拉普拉斯变换，以记号 $\mathcal{L}^{-1}[F(s)]$ 表示取拉普拉斯逆变换。于是，式(4-3)和式(4-6)可分别写作

$$\mathcal{L}[f(t)]=F(s)=\int_{0}^{+\infty}f(t)\mathrm{e}^{-st}\mathrm{d}t$$

$$\mathcal{L}^{-1}[F(s)]=f(t)=\frac{1}{2\pi\mathrm{j}}\int_{\sigma-\mathrm{j}\infty}^{\sigma+\mathrm{j}\infty}F(s)\mathrm{e}^{st}\mathrm{d}s$$

拉普拉斯变换与傅里叶变换定义的表示式形式相似，以后将要讲到它们的性质也有许多相同之处。

拉普拉斯变换与傅里叶变换的基本差别在于：傅里叶变换将时域函数 $f(t)$ 变换为频域函数 $F(\omega)$，或做相反变换，时域中的变量 t 和频域中的变量 ω 都是实数；而拉普拉斯变换

是将时间函数 $f(t)$变换为复变函数 $F(s)$，或做相反变换，这时，时域变量 t 虽是实数，$F(s)$的变量 s 却是复数，与 ω 相比较，变量 s 可称为复频率。傅里叶变换建立了时域和频域间的联系，而拉普拉斯变换则建立了时域和复频域(s 域)间的联系。

在以上讨论中，$e^{-\sigma t}$衰减因子的引入是一个关键问题。从数学观点看，这是将函数 $f(t)$乘以因子 $e^{-\sigma t}$使之满足绝对可积条件；从物理意义看，是将频率 ω 变换为复频率 s，ω 只能描述振荡的重复频率，而 s 不仅能给出重复频率，还可以表示振荡幅度的增长速率或衰减速率。

此外，还应指出，在引入衰减因子之前曾把正变换积分下限由$-\infty$限制为 0，如果不作这一改变，则将出现形式为$\int_{-\infty}^{+\infty} f(t)e^{st}\,dt$ 的正变换定义。为区分以上两种情况，前者称为单边拉普拉斯变换，后者称为双边拉普拉斯变换。

4.2.2　从算子符号法的概念说明拉普拉斯变换的定义

现在设想为函数 $f(t)$建立某种变换关系，这种变换关系应具有如下特性：如果把 t 变量的函数 $f(t)$变换为 s 变量的函数 $F(s)$，那么，$\frac{df(t)}{dt}$的变换式应为 $sF(s)$，暂以“$\rightarrow$”表示变换，则有

$$\begin{cases} f(t) \rightarrow F(s) \\ \dfrac{df(t)}{dt} \rightarrow sF(s) \end{cases} \tag{4-7}$$

假定此变换关系可通过下式积分运算来完成

$$F(s) = \int_0^{+\infty} f(t)h(t,s)\,dt \tag{4-8}$$

这表明，在所研究的时间范围 $0\sim+\infty$之间，对变量 t 积分，即可得到变量 s 的函数。现在的问题是，如何选择一个合适的 $h(t,s)$，使它满足式(4-7)的要求，也即

$$sF(s) = \int_0^{+\infty} f'(t)h(t,s)\,dt \tag{4-9}$$

利用分部积分展开得到

$$\int_0^{+\infty} f'(t)h(t,s)\,dt = f(t)h(t,s)\Big|_0^{+\infty} - \int_0^{+\infty} f(t)h'(t,s)\,dt \tag{4-10}$$

为确定式中第一项，应代入 t 的初值与终值，要保证 $f(t)h(t,s)$的积分收敛，规定 $t\rightarrow+\infty$时此项等于零，此外，选择初值为最简单的形式代入，即 $f(0)=0$，至于 $f(0)$为其他任意值的情况，下面还要讨论，按上述条件求得

$$sF(s) = \int_0^{+\infty} f'(t)h(t,s)\,dt = -\int_0^{+\infty} f(t)h'(t,s)\,dt$$

$$s\int_0^{+\infty} f(t)h(t,s)\,dt = -\int_0^{+\infty} f(t)h'(t,s)\,dt$$

故

$$sh(t,s) = -h'(t,s) = -\frac{dh(t,s)}{dt}$$

$$\frac{\mathrm{d}h(t,s)}{h(t,s)}=-s\mathrm{d}t$$

$$\ln[h(t,s)]=-st$$

$$h(t,s)=\mathrm{e}^{-st} \tag{4-11}$$

将找到的 $h(t,s)$ 函数 e^{-st} 代入式(4-8),写出

$$F(s)=\int_{0}^{+\infty}f(t)\mathrm{e}^{-st}\mathrm{d}t$$

显然,这就是拉普拉斯变换的定义式(4-3)。

下面考虑 $f(0)\neq 0$ 的情况。这时,由式(4-10)可写出 $f'(t)$ 的拉普拉斯变换为

$$\int_{0}^{+\infty}f'(t)\mathrm{e}^{-st}\mathrm{d}t=f(t)\mathrm{e}^{-st}\Big|_{0}^{+\infty}-\int_{0}^{+\infty}[-sf(t)\mathrm{e}^{-st}]\mathrm{d}t=-f(0)+sF(s) \tag{4-12}$$

此结果表明,当 $f(0)\neq 0$ 时,$\frac{\mathrm{d}f(t)}{\mathrm{d}t}$的拉普拉斯变换并非 $sF(s)$,而是 $sF(s)-f(0)$。在算子符号法中,由于未能表示出初始条件的作用,只好在运算过程中作一些规定,限制某些因子相消。现在,这里的 s 虽与算子符号 p 处于类似的地位,然而,拉普拉斯变换法可以把初始条件的作用计入,这就避免了算子法分析过程中的一些禁忌,便于把微分方程转换为代数方程,使求解过程简化。

4.2.3 拉普拉斯变换的收敛

从以上讨论可知,当函数 $f(t)$乘以衰减因子 $\mathrm{e}^{-\sigma t}$以后,就有可能满足绝对可积条件。然而,是否一定满足,还要看 $f(t)$的性质与 σ 值的相对关系而定。例如,为使 $f(t)=\mathrm{e}^{at}$收敛,衰减因子 $\mathrm{e}^{-\sigma t}$中的 σ 必须满足 $\sigma>a$,否则,$\mathrm{e}^{at}\mathrm{e}^{-\sigma t}$在 $t\to+\infty$时仍不能收敛。

下面分析关于这一特性的一般规律。

函数 $f(t)$乘以因子 $\mathrm{e}^{-\sigma t}$以后,取时间 $t\to+\infty$的极限,若当 $\sigma>\sigma_0$ 时,该极限等于零,则函数 $f(t)\mathrm{e}^{-\sigma t}$在 $\sigma>\sigma_0$ 的全部范围内是收敛的,其积分存在,可以进行拉普拉斯变换。这一关系可表示为

$$\lim_{t\to 0}f(t)\mathrm{e}^{-\sigma t}=0,\quad \sigma>\sigma_0 \tag{4-13}$$

σ_0 与函数 $f(t)$的性质有关,它指出了收敛条件。根据 σ_0 的数值,可将 s 平面划分为两个区域,如图 4-2 所示。通过 σ_0 的垂直线是收敛区(收敛域)的边界,称为收敛轴,σ_0 在 s 平面内称为收敛坐标。凡满足式(4-13)的函数称为指数阶函数。指数阶函数若具有发散特性,可借助于指数函数的衰减“压下”,使之成为收敛函数。

凡是有始有终、能量有限的信号,如单个脉冲信号,其收敛坐标落于$-\infty$,全部 s 平面都属于收敛区。也即,有界的非周期信号的拉普拉斯变换一定存在。

如果信号的幅度既不增长也不衰减而等于稳定值,则其收敛坐标落在原点,s 右半平面属于收敛区。也即,对任何周期信号只要稍加衰减就可收敛。

不难证明

$$\lim_{t\to+\infty}t\mathrm{e}^{-\sigma t}=0,\quad \sigma>0$$

所以任何随时间成正比增长的信号,其收敛坐标落于原点。同样由于

$$\lim_{t\to+\infty}t^{n}\mathrm{e}^{-\sigma t}=0,\quad \sigma>0$$

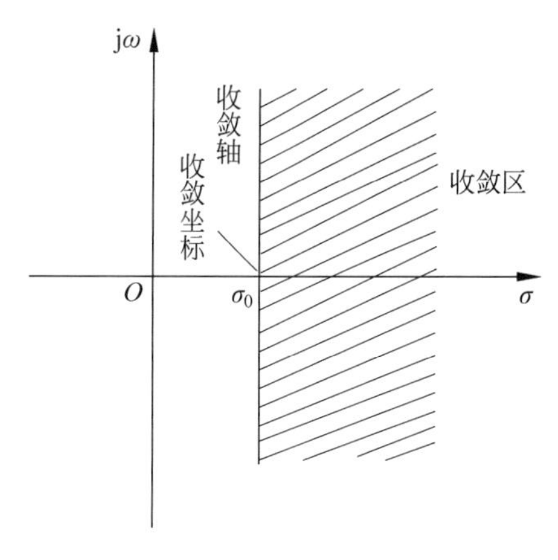

图 4-2　收敛区的划分

故与 t^n 成比例增长的函数，收敛坐标也落在原点。

如果函数按指数规律 e^{at} 增长，前已述及，只有当 $\sigma>a$ 时才满足

$$\lim_{t\to+\infty} e^{at} e^{-\sigma t} = 0, \quad \sigma > a$$

所以收敛坐标为

$$\sigma_0 = a$$

对于一些比指数函数增长得更快的函数，不能找到它们的收敛坐标，因而不能进行拉普拉斯变换。例如 e^{t^2} 或 te^{t^2}（定义域为 $0\leqslant t\leqslant+\infty$）就不是指数阶函数，但是，若把这种函数限定在有限时间范围之内，还是可以找到收敛坐标进行拉普拉斯变换的，如

$$f(t) = \begin{cases} e^{t^2}, & 0 \leqslant t \leqslant T \\ 0, & t < 0, t > T \end{cases}$$

它的拉普拉斯变换存在。

以上研究了单边拉普拉斯变换的收敛条件。双边拉普拉斯变换的收敛问题将比较复杂，收敛条件将受到更多限制。由于单边拉普拉斯变换的收敛问题比较简单，一般情况下，求函数单边拉普拉斯变换时不再加注其收敛范围。

4.2.4　一些常用函数的拉普拉斯变换

下面按拉普拉斯变换的定义式(4-3)推导几个常用函数的变换式。

1. 阶跃函数

$$\mathcal{L}[u(t)] = \int_0^{+\infty} e^{-st} dt = -\left.\frac{e^{-st}}{s}\right|_0^{+\infty} = \frac{1}{s} \tag{4-14}$$

2. 指数函数

$$\mathcal{L}[e^{-at}] = \int_0^{+\infty} e^{-at} e^{-st} dt = -\left.\frac{e^{-(a+s)t}}{a+s}\right|_0^{+\infty} = \frac{1}{a+s}, \quad \sigma > -a \tag{4-15}$$

显然，令式(4-15)中的常数 a 等于零，也可得出式(4-14)的结果。

3. t^n（n 是正整数）

$$\mathcal{L}[t^n] = \int_0^{+\infty} t^n e^{-st} dt$$

用分部积分法,得

$$\int_{0}^{+\infty} t^n \mathrm{e}^{-st}\,\mathrm{d}t = -\frac{t^n}{s}\mathrm{e}^{-st}\Big|_0^{+\infty} + \frac{n}{s}\int_{0}^{+\infty} t^{n-1}\mathrm{e}^{-st}\,\mathrm{d}t = \frac{n}{s}\int_{0}^{+\infty} t^{n-1}\mathrm{e}^{-st}\,\mathrm{d}t$$

所以

$$\mathcal{L}[t^n] = \frac{n}{s}\,\mathcal{L}[t^{n-1}] \tag{4-16}$$

容易求得,当 $n=1$ 时

$$\mathcal{L}[t] = \frac{1}{s^2} \tag{4-17}$$

而 $n=2$ 时

$$\mathcal{L}[t^2] = \frac{2}{s^3} \tag{4-18}$$

依次类推,得

$$\mathcal{L}[t^n] = \frac{n!}{s^{n+1}} \tag{4-19}$$

必须注意到,所讨论的单边拉普拉斯变换是从零点开始积分的,因此,$t<0$ 区间的函数值与变换结果无关。例如,图 4-3 中三个函数 $f_1(t)$,$f_2(t)$,$f_3(t)$都具有相同的变换式

$$F(s) = \frac{1}{s+a} \tag{4-20}$$

当取式(4-20)的逆变换时,只能给出在 $t\geqslant 0$ 时间范围内的函数值

$$\mathcal{L}^{-1}\left[\frac{1}{s+a}\right] = \mathrm{e}^{-at}, \quad t \geqslant 0 \tag{4-21}$$

以后将会看到单边变换的这一特点。并未给它的应用带来不便,因为在系统分析问题中,往往也是只需求解 $t\geqslant 0$ 的系统响应,而 $t<0$ 的情况由激励接入以前系统的状态决定。

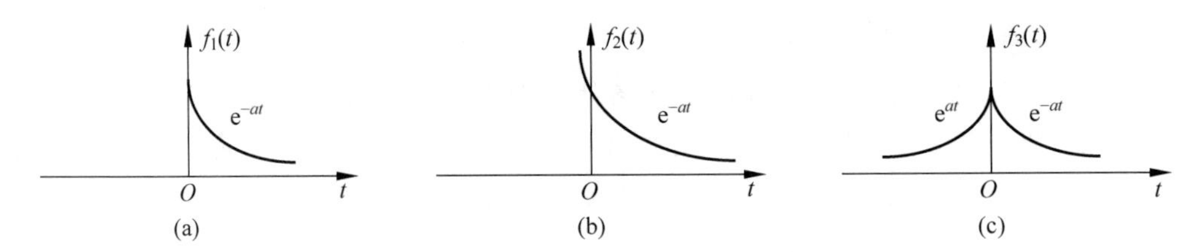

图 4-3 三个具有相同单边拉普拉斯变换的函数

此外,从图 4-3(a)看到,此函数在 $t=0$ 时产生了跳变,这样,初始条件 $f(0)$容易发生混淆,为使 $f(0)$有明确意义,仍以 $f(0_-)$与 $f(0_+)$分别表示 t 从左、右两端趋近于 0 时所得的 $f(0)$值,显然,对于图 4-3(a),$f(0_-)=0$,$f(0_+)=1$。当函数 $f(t)$在 0 点有跳变时,其导数 $\frac{\mathrm{d}f(t)}{\mathrm{d}t}$将出现冲激函数项,为便于研究在 $t=0$ 点发生的跳变现象,规定单边拉普拉斯变换的定义式(4-3)积分下限从 0_- 开始

$$F(s) = \int_{0_-}^{+\infty} f(t)\mathrm{e}^{-st}\,\mathrm{d}t \tag{4-22}$$

这样定义的好处是把 $t=0$ 处冲激函数的作用考虑在变换之中,当利用拉普拉斯变换方法解微分方程时,可以直接引用已知的起始状态 $f(0_-)$而求得全部结果,无须专门计算由 0_- 至

0_+ 的跳变；否则，若取积分下限从 0_+ 开始，对于 t 从 0_- 至 0_+ 发生的变化还须另行处理(见例 4-13)。以上两种规定分别称为拉普拉斯变换的 0_- 系统或拉普拉斯变换的 0_+ 系统。本书中在一般情况下采用 0_- 系统，今后，未加标注的 $t=0$，均指 $t=0_-$。

4. 冲激函数

根据上述公式

$$\mathcal{L}[\delta(t)] = \int_0^{+\infty} \delta(t) \mathrm{e}^{-st} \mathrm{d}t = 1 \tag{4-23}$$

如果冲激出现在 $t=t_0$ 时刻($t_0>0$)，有

$$\mathcal{L}[\delta(t-t_0)] = \int_0^{+\infty} \delta(t-t_0) \mathrm{e}^{-st} \mathrm{d}t = \mathrm{e}^{-st_0} \tag{4-24}$$

将上述结果以及其他常用函数的拉普拉斯变换(在下节继续导出)列于表 4-1。以后分析电路问题时会经常用到此表。

表 4-1 一些常用函数的拉普拉斯变换

序 号	$f(t)$ $(t>0)$	$F(s)=\mathcal{L}[f(t)]$
1	冲激 $\delta(t)$	1
2	阶跃 $u(t)$	$\frac{1}{s}$
3	e^{-at}	$\frac{1}{s+a}$
4	t^n(n 是正整数)	$\frac{n!}{s^{n+1}}$
5	$\sin(\omega t)$	$\frac{\omega}{s^2+\omega^2}$
6	$\cos(\omega t)$	$\frac{s}{s^2+\omega^2}$
7	$\mathrm{e}^{-at}\sin(\omega t)$	$\frac{\omega}{(s+a)^2+\omega^2}$
8	$\mathrm{e}^{-at}\cos(\omega t)$	$\frac{s+a}{(s+a)^2+\omega^2}$
9	$t\mathrm{e}^{-at}$	$\frac{1}{(s+a)^2}$
10	$t^n\mathrm{e}^{-at}$(n 是正整数)	$\frac{n!}{(s+a)^{n+1}}$
11	$t\sin(\omega t)$	$\frac{2\omega s}{(s^2+\omega^2)^2}$
12	$t\cos(\omega t)$	$\frac{s^2-\omega^2}{(s^2+\omega^2)^2}$
13	$\sinh(at)$	$\frac{a}{s^2-a^2}$
14	$\cosh(at)$	$\frac{s}{s^2-a^2}$

4.3 拉普拉斯变换的基本性质

1. 线性(叠加)

函数之和的拉普拉斯变换等于各函数拉普拉斯变换之和。当函数乘以常数 K 时,其变换式乘以相同的常数 K。

这个性质的数学形式如下:

若$\mathcal{L}[f_1(t)]=F_1(s)$,$\mathcal{L}[f_2(t)]=F_2(s)$,$K_1$,$K_2$ 为常数时,则

$$\mathcal{L}[K_1 f_1(t)+K_2 f_2(t)]=K_1 F_1(s)+K_2 F_2(s) \tag{4-25}$$

证明

$$\begin{aligned}\mathcal{L}[K_1 f_1(t)+K_2 f_2(t)]&=\int_0^{+\infty}[K_1 f_1(t)+K_2 f_2(t)]\mathrm{e}^{-st}\,\mathrm{d}t\\&=\int_0^{+\infty}K_1 f_1(t)\mathrm{e}^{-st}\,\mathrm{d}t+\int_0^{+\infty}K_2 f_2(t)\mathrm{e}^{-st}\,\mathrm{d}t\\&=K_1 F_1(s)+K_2 F_2(s)\end{aligned} \tag{4-26}$$

【例 4-1】 求 $f(t)=\cos(\omega t)+\sin(\omega t)$的拉普拉斯变换 $F(s)$。

解:已知

$$f(t)=\cos(\omega t)=\frac{1}{2}(\mathrm{e}^{\mathrm{j}\omega t}+\mathrm{e}^{-\mathrm{j}\omega t})$$

$$\mathcal{L}(\mathrm{e}^{\mathrm{j}\omega t})=\frac{1}{s-\mathrm{j}\omega}$$

$$\mathcal{L}(\mathrm{e}^{-\mathrm{j}\omega t})=\frac{1}{s+\mathrm{j}\omega}$$

所以由叠加性可知

$$\mathcal{L}[\cos(\omega t)]=\frac{1}{2}\left(\frac{1}{s-\mathrm{j}\omega}+\frac{1}{s+\mathrm{j}\omega}\right)=\frac{s}{s^2+\omega^2}$$

用同样方法可求得

$$\mathcal{L}[\sin(\omega t)]=\frac{\omega}{s^2+\omega^2}$$

所以

$$F(s)=\frac{s+\omega}{s^2+\omega^2}$$

2. 原函数微分

若$\mathcal{L}[f(t)]=F(s)$,则

$$\mathcal{L}\left[\frac{\mathrm{d}f(t)}{\mathrm{d}t}\right]=sF(s)-f(0) \tag{4-27}$$

其中,$f(0)$是 $f(t)$在 $t=0$ 时的起始值。

本性质已在 4.2 节给出证明。此处需要指出,当 $f(t)$在 $t=0$ 处不连续时,$\frac{\mathrm{d}f(t)}{\mathrm{d}t}$在 $t=0$ 处有冲激 $\delta(t)$存在,按 4.2 节规定,式(4-27)取拉普拉斯变换时,积分下限要从 0_- 开始,这时,$f(0)$应写作 $f(0_-)$。即

$$\mathcal{L}\left[\frac{\mathrm{d}f(t)}{\mathrm{d}t}\right]=sF(s)-f(0_-) \tag{4-28}$$

上述对一阶导数的微分定理可推广到高阶导数。类似地，对$\frac{\mathrm{d}^2f(t)}{\mathrm{d}t^2}$的拉普拉斯变换以分部积分展开得到

$$\begin{aligned}\mathcal{L}\left[\frac{\mathrm{d}^2f(t)}{\mathrm{d}t^2}\right]&=\mathrm{e}^{-st}\frac{\mathrm{d}f(t)}{\mathrm{d}t}\bigg|_0^{+\infty}+s\int_0^{+\infty}\frac{\mathrm{d}f(t)}{\mathrm{d}t}\mathrm{e}^{-st}\mathrm{d}t\\&=-f'(0)+s[sF(s)-f(0)]\\&=s^2F(s)-sf(0)-f'(0)\end{aligned} \tag{4-29}$$

其中，$f'(0)$是$\frac{\mathrm{d}f(t)}{\mathrm{d}t}$在$0_-$时刻的取值。

重复以上过程，可导出一般公式如下

$$\mathcal{L}\left[\frac{\mathrm{d}^nf(t)}{\mathrm{d}t^n}\right]=s^nF(s)-\sum_{r=0}^{n=1}s^{n-r-1}f^{(r)}(0) \tag{4-30}$$

其中，$f^{(r)}(0)$是r阶导数$\frac{\mathrm{d}^rf(t)}{\mathrm{d}t^r}$在$0_-$时刻的取值。

【例 4-2】 若$f(t)=\sin\omega tu(t)$的拉普拉斯变换为$F(s)=\frac{\omega}{s^2+\omega^2}$，求$\cos\omega tu(t)$的拉普拉斯变换。

解：根据导数的运算规则，并考虑到冲激函数的取样性质，有

$$\begin{aligned}f'(t)&=\frac{\mathrm{d}f(t)}{\mathrm{d}t}\\&=\sin\omega t\delta(t)+\cos\omega tu(t)\\&=\cos\omega tu(t)\end{aligned}$$

即

$$\cos\omega tu(t)=f'(t)$$

对上式取拉普拉斯变换，利用微分特性并考虑到$f(0_-)=\sin tu(t)|_{t=0_-}=0$，得

$$\mathcal{L}[\cos tu(t)]=\mathcal{L}[f'(t)]=s\cdot\frac{1}{s^2+\omega^2}+0=\frac{s}{s^2+\omega^2}$$

3. 原函数的积分

若$\mathcal{L}[f(t)]=F(s)$，则

$$\mathcal{L}\left[\int_{-\infty}^{t}f(\tau)\mathrm{d}\tau\right]=\frac{F(s)}{s}+\frac{f^{(-1)}(0)}{s} \tag{4-31}$$

其中，$f^{(-1)}(0)=\int_{-\infty}^{0}f(\tau)\mathrm{d}\tau$，是$f(t)$积分式在$t=0$的取值。与前类似，考虑积分式在$t=0$处可能有跳变，取$0_-$值，即$f^{(-1)}(0_-)$。

证明 由于

$$\mathcal{L}\left[\int_{-\infty}^{t}f(\tau)\mathrm{d}\tau\right]=\mathcal{L}\left[\int_{-\infty}^{0}f(\tau)\mathrm{d}\tau+\int_{0}^{t}f(\tau)\mathrm{d}\tau\right]$$

而其中第一项为常量，即

$$\int_{-\infty}^{0}f(\tau)\mathrm{d}\tau=f^{(-1)}(0)$$

所以

$$\mathcal{L}\left[\int_{-\infty}^{0} f(\tau)\mathrm{d}\tau\right]=\frac{f^{(-1)}(0)}{s}$$

第二项可借助分部积分求得

$$\begin{aligned}\mathcal{L}\left[\int_{-\infty}^{t} f(\tau)\mathrm{d}\tau\right]&=\int_{0}^{+\infty}\left[\int_{0}^{t} f(\tau)\mathrm{d}\tau\right]\mathrm{e}^{-st}\,\mathrm{d}t\\&=\left[-\frac{\mathrm{e}^{-st}}{s}\int_{0}^{t} f(\tau)\mathrm{d}\tau\right]_{0}^{+\infty}+\frac{1}{s}\int_{0}^{+\infty} f(t)\mathrm{e}^{-st}\,\mathrm{d}t\\&=\frac{1}{s}F(s)\end{aligned}$$

所以

$$\mathcal{L}\left[\int_{0-\infty}^{t} f(r)\mathrm{d}\tau\right]=\frac{F(s)}{s}+\frac{f^{(-1)}(0)}{s}$$

【例 4-3】 已知流经电容的电流 $i_{\mathrm{C}}(t)$的拉普拉斯变换为$\mathcal{L}[i_{\mathrm{C}}(t)]=I_{\mathrm{C}}(s)$,求电容电压 $v_{\mathrm{C}}(t)$的变换式。

解:因为

$$v_{\mathrm{C}}(t)=\frac{1}{C}\int_{-\infty}^{t} i_{\mathrm{C}}(\tau)\mathrm{d}\tau$$

所以

$$\begin{aligned}V_{\mathrm{C}}(s)&=\mathcal{L}\left[\frac{1}{C}\int_{-\infty}^{t} i_{\mathrm{C}}(\tau)\mathrm{d}\tau\right]\\&=\frac{I_{\mathrm{C}}(s)}{Cs}+\frac{i_{\mathrm{C}}^{(-1)}(0)}{Cs}\\&=\frac{I_{\mathrm{C}}(s)}{Cs}+\frac{v_{\mathrm{C}}(0)}{s}\end{aligned}$$

其中

$$i_{\mathrm{C}}^{(-1)}(0)=\int_{-\infty}^{0} i_{\mathrm{C}}(\tau)\mathrm{d}\tau$$

其物理意义是电容两端的起始电荷量。而 $v_{\mathrm{C}}(0)$是起始电压。

如果 $i_{\mathrm{C}}^{(-1)}(0)=0$(电容初始无电荷),得到

$$V_{\mathrm{C}}(s)=\frac{I_{\mathrm{C}}(s)}{sC}$$

把这个结果也和相量形式的运算规律相比较,可得电容的电压电流关系式为

$$\dot{V}_{\mathrm{C}}=\frac{\dot{I}_{\mathrm{C}}}{\mathrm{j}\omega C}$$

仍有“s”与“$\mathrm{j}\omega$”相对应的规律。

下面说明如何用拉普拉斯变换的方法求解微分方程。

【例 4-4】 图 4-4 所示电路在 $t=0$ 时开关 S 闭合,求输出信号 $v_{\mathrm{C}}(t)$。

解:

(1) 列写微分方程

$$R_1\left[\frac{v_{\mathrm{C}}(t)}{R_2}+C\frac{\mathrm{d}v_{\mathrm{C}}(t)}{\mathrm{d}t}\right]+v_{\mathrm{C}}(t)=Eu(t)$$

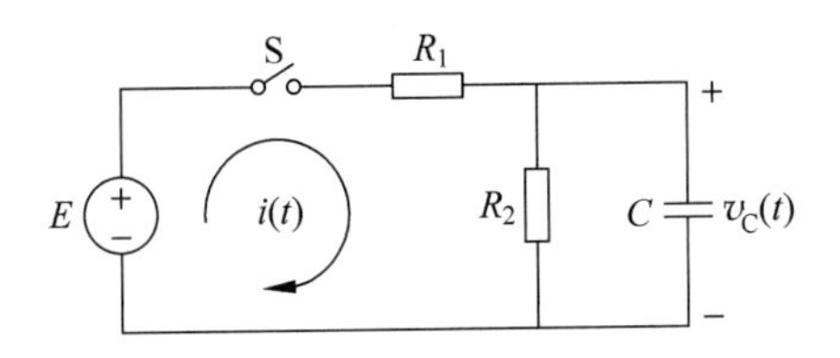

图 4-4　例 4-4 的电路

$$v_C(t)\mid_{t=0}=0$$

(2) 再将上式中各项取拉普拉斯变换得到

$$R_1\left[\frac{1}{R_2}V_C(s)+SCV_C(s)\right]+V_C(s)=\frac{E}{s}$$

解此代数方程,求得

$$V_C(s)=\frac{R_2E}{R_1+R_2}\left[\frac{1}{s}-\frac{1}{s+(R_1+R_2)/(R_1R_2C)}\right]$$

(3) 求 $V_C(s)$的逆变换

$$v_C(t)=\frac{R_2E}{R_1+R_2}(1-e^{\frac{R_1+R_2}{R_1R_2C}t})\cdot u(t)$$

4. **延时(时域平移)**

若$\mathcal{L}[f(t)]=F(s)$,则

$$\mathcal{L}[f(t-t_0)u(t-t_0)]=e^{-st_0}F(s) \tag{4-32}$$

证明

$$\mathcal{L}[f(t-t_0)u(t-t_0)]=\int_0^{+\infty}[f(t-t_0)u(t-t_0)]e^{-st}dt=\int_{t_0}^{+\infty}f(t-t_0)e^{-st}dt$$

令

$$\tau=t-t_0$$

则有 $t=r+t_0$,代入式(4-32)得

$$L[f(t-t_0)u(t-t_0)]=\int_0^{+\infty}f(\tau)e^{-st_0}e^{-st}d\tau=e^{-st_0}F(s)$$

此性质表明:若波形延迟 t_0,则它的拉普拉斯变换应乘以 e^{-st_0}。例如延迟 t_0 时间的单位阶跃函数 $u(t-t_0)$,其变换式为$\frac{e^{-st_0}}{s}$。

【例 4-5】 求图 4-5(a)所示矩形脉冲的拉普拉斯变换。矩形冲脉 $f(t)$的宽度为τ,幅度为 E,它可以分解为阶跃信号 $Eu(t)$与延迟阶跃信号 $Eu(t-\tau)$之差,分别如图 4-5(b)与(c)所示。

解:已知

$$f(t)=Eu(t)-Eu(t-\tau)$$

$$\mathcal{L}[Eu(t)]=\frac{E}{s}$$

由延时定理

$$\mathcal{L}[Eu(t-\tau)]=e^{-s\tau}\frac{E}{s}$$

所以

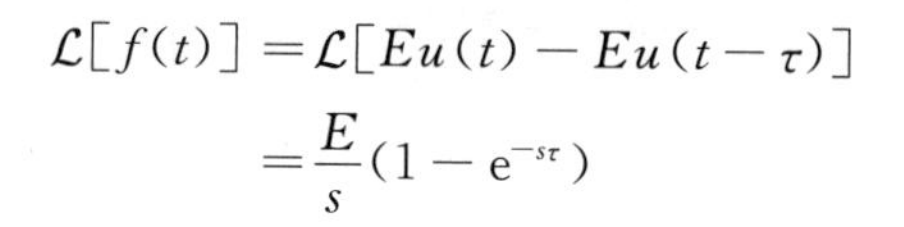

$$\begin{aligned}\mathcal{L}[f(t)] &= \mathcal{L}[Eu(t)-Eu(t-\tau)]\\ &= \frac{E}{s}(1-\mathrm{e}^{-s\tau})\end{aligned}$$

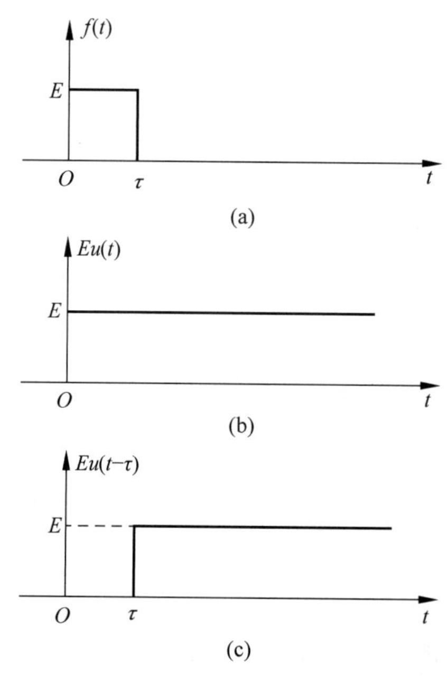

图 4-5　矩形脉冲分解为两个阶跃信号之差

5. s 域平移

若$\mathcal{L}[f(t)]=F(s)$,则

$$\mathcal{L}[f(t)\mathrm{e}^{-at}] = F(s+a) \tag{4-33}$$

证明

$$\mathcal{L}[f(t)\mathrm{e}^{-at}] = \int_0^{+\infty} f(t)\mathrm{e}^{-(s+a)t}\mathrm{d}t = F(s+a)$$

此性质表明,时间函数乘以 e^{-at},相当于变换式在 s 域内平移 a。

【例 4-6】 求 $\mathrm{e}^{-\alpha t}\sin(\beta t)$和 $\mathrm{e}^{-\alpha t}\cos(\beta t)$的拉普拉斯变换。

解: 已知

$$\mathcal{L}[\sin(\beta t)]=\frac{\beta}{s^2+\beta^2}$$

由 s 域平移定理

$$\mathcal{L}[\mathrm{e}^{-\alpha t}\sin(\beta t)] = \frac{\beta}{(s+\alpha)^2+\beta^2}$$

同理,因

$$\mathcal{L}[\cos(\beta t)] = \frac{s}{s^2+\beta^2}$$

故有

$$\mathcal{L}[\mathrm{e}^{-\alpha t}\cos(\beta t)] = \frac{s+\alpha}{(s+\alpha)^2+\beta^2}$$

6. **尺度变换**

若$\mathcal{L}[f(t)]=F(s)$,则

$$\mathcal{L}[f(at)] = \frac{1}{a}F\left(\frac{s}{a}\right),\quad a>0 \tag{4-34}$$

证明

$$\mathcal{L}[f(at)] = \int_0^{+\infty} f(at)\mathrm{e}^{-st}\mathrm{d}t$$

令 $\tau=at$,则上式变成

$$\mathcal{L}[f(at)] = \int_0^{+\infty} f(\tau)\mathrm{e}^{-\left(\frac{s}{a}\right)\tau}\mathrm{d}\left(\frac{\tau}{a}\right) = \frac{1}{a}\int_0^{+\infty} f(\tau)\mathrm{e}^{-\left(\frac{s}{a}\right)\tau}\mathrm{d}\tau = \frac{1}{a}F\left(\frac{s}{a}\right)$$

【例 4-7】 已知$\mathcal{L}[f(t)]=F(s)$,求$\mathcal{L}[f(2t-1)u(2t-1)]$。

解:此问题既要用到尺度变换定理,也要用到延时定理。

先由延时定理求得

$$\mathcal{L}[f(t-1)u(t-1)] = F(s)\mathrm{e}^{-s}$$

再借助尺度变换定理即可求出所需结果

$$\mathcal{L}[f(2t-1)u(2t-1)] = \frac{1}{2}F\left(\frac{s}{2}\right)\mathrm{e}^{-\frac{s}{2}}$$

另一种做法是先引用尺度变换定理,再借助延时定理。这时首先得到

$$\mathcal{L}[f(2t)u(2t)] = \frac{1}{2}F\left(\frac{s}{2}\right)$$

然后由延时定理求出

$$\mathcal{L}\left\{f\left[2\left(t-\frac{1}{2}\right)\right]u\left[2\left(t-\frac{1}{2}\right)\right]\right\} = \frac{1}{2}F\left(\frac{s}{2}\right)\mathrm{e}^{-\frac{s}{2}}$$

也即

$$\mathcal{L}[f(2t-1)u(2t-1)] = \frac{1}{2}F\left(\frac{s}{2}\right)\mathrm{e}^{-\frac{s}{2}}$$

两种方法结果一致。

7. **初值定理**

若函数 $f(t)$及其导数$\frac{\mathrm{d}f(t)}{\mathrm{d}t}$可以进行拉普拉斯变换,$f(t)$的变换式为 $F(s)$,则

$$\lim_{t\to 0_+} f(t) = f(0_+) = \lim_{s\to+\infty} sF(s) \tag{4-35}$$

证明　由原函数微分定理可知

$$\begin{aligned}
sF(s)-f(0_-) &= \mathcal{L}\left[\frac{\mathrm{d}f(t)}{\mathrm{d}t}\right] \\
&= \int_{0_-}^{+\infty}\frac{\mathrm{d}f(t)}{\mathrm{d}t}\mathrm{e}^{-st}\mathrm{d}t \\
&= \int_{0_-}^{0_+}\frac{\mathrm{d}f(t)}{\mathrm{d}t}\mathrm{e}^{-st}\mathrm{d}t + \int_{0_-}^{+\infty}\frac{\mathrm{d}f(t)}{\mathrm{d}t}\mathrm{e}^{-st}\mathrm{d}t \\
&= f(0_+) - f(0_-) + \int_{0_+}^{+\infty}\frac{\mathrm{d}f(t)}{\mathrm{d}t}\mathrm{e}^{-st}\mathrm{d}t
\end{aligned}$$

所以

$$sF(s)=f(0_+)+\int_{0_+}^{+\infty}\frac{\mathrm{d}f(t)}{\mathrm{d}t}\mathrm{e}^{-st}\mathrm{d}t \tag{4-36}$$

当 $s\to+\infty$时,上式右端第二项的极限为

$$\lim_{s\to+\infty}\left[\int_{0_+}^{+\infty}\frac{\mathrm{d}f(t)}{\mathrm{d}t}\mathrm{e}^{-st}\mathrm{d}t\right]=\int_{0_+}^{+\infty}\frac{\mathrm{d}f(t)}{\mathrm{d}t}(\lim_{s\to+\infty}\mathrm{e}^{-st})\mathrm{d}t=0$$

因此,对式(4-36)取 $s\to+\infty$的极限,有

$$\lim_{s\to+\infty}sF(s)=f(0_+)$$

式(4-35)得证。

若 $f(t)$包含冲激函数 $k\delta(t)$,则上述定理须作修改,此时$\mathcal{L}[f(t)]=F(s)=k+F_1(s)$,式中 $F_1(s)$为真分式,在导出式(4-36)时,等式右端还应包含 ks 项,初值定理应表示为

$$f(0_+)=\lim_{s\to+\infty}[sF(s)-ks] \tag{4-37}$$

或

$$f(0_+)=\lim_{s\to+\infty}sF_1(s) \tag{4-38}$$

8. **终值定理**

若函数 $f(t)$及其导数$\dfrac{\mathrm{d}f(t)}{\mathrm{d}t}$可以进行拉普拉斯变换,$f(t)$的变换式为 $F(s)$,而且 $\lim\limits_{t\to+\infty}f(t)$存在,则

$$\lim_{t\to+\infty}f(t)=\lim_{s\to0}sF(s) \tag{4-39}$$

证明 利用式(4-36),取 $s\to0$ 之极限,有

$$\lim_{s\to0}sF(s)=f(0_+)+\lim_{s\to0}\int_{0+}^{+\infty}\frac{\mathrm{d}f(t)}{\mathrm{d}t}\mathrm{e}^{-st}\mathrm{d}t=f(0_+)+\lim_{t\to+\infty}f(t)-f(0_+)$$

于是得到

$$\lim_{t\to+\infty}f(t)=\lim_{s\to0}sF(s)$$

初值定理告诉我们,只要知道变换式 $F(s)$,就可直接求得 $f(0_+)$值;而借助终值定理,可从 $F(s)$求 $t\to+\infty$时的 $f(t)$值。

关于终值定理的应用条件限制还须作些说明,$\lim\limits_{t\to+\infty}f(t)$是否存在,可从 s 域作出判断,也即:仅当 $sF(s)$在 s 平面的虚轴上及其右边都为解析时(原点除外),终值定理才可应用。例如$\mathcal{L}[\sin(\omega t)]=\dfrac{\omega}{s^2+\omega^2}$变换式分母的根在虚轴上$\pm\mathrm{j}\omega$ 处,不能应用此定理,显然 $\sin(\omega t)$振荡不止,当 $t\to+\infty$时极限不存在。而$\mathcal{L}[\mathrm{e}^{at}]=\dfrac{1}{s-a}$分母多项式的根是在右半平面实轴 a 点上,此定理也不能用。在第 4.7 节引入零点、极点的概念以后,这种关系的说明将更为方便。

当电路较为复杂时,初值与终值定理的方便之处将显得突出,因为它不需要作逆变换,即可直接求出原函数的初值和终值。对于某些反馈系统的研究,例如锁相环路系统的稳定性分析,就是这样。

假如以符号 s 与算子 $\mathrm{j}\omega$ 相对照,关于上述两定理的物理概念可作如下解释:$s\to0(\mathrm{j}\omega\to0)$,相当于直流状态,因而得到电路稳定的终值 $f(+\infty)$;而 $s\to+\infty(\mathrm{j}\omega\to+\infty)$,相当于接入信号的突变(高频分量),它可以给出相应的初值 $f(0_+)$。

9. **卷积定理**

此定理与第 3 章讲述的傅里叶变换卷积定理的形式类似。拉普拉斯变换卷积定理指出若

$$\mathcal{L}[f_1(t)] = F_1(s), \quad \mathcal{L}[f_2(t)] = F_2(s)$$

则有

$$\mathcal{L}[f_1(t) * f_2(t)] = F_1(s)F_2(s) \tag{4-40}$$

可见，两原函数卷积的拉普拉斯变换等于两函数拉普拉斯变换之乘积，对于单边变换，考虑到 $f_1(t)$ 与 $f_2(t)$ 均为有始信号，即

$$f_1(t) = f_1(t)u(t), \quad f_2(t) = f_2(t)u(t)$$

由卷积定义写出

$$\mathcal{L}[f_1(t) * f_2(t)] = \int_0^{+\infty}\int_0^{+\infty} f_1(\tau)u(\tau)f_2(t-\tau)u(t-\tau)\mathrm{d}\tau \mathrm{e}^{-st}\mathrm{d}t$$

交换积分次序并引入符号 $x=t-\tau$，得到

$$\begin{aligned}\mathcal{L}[f_1(t) * f_2(t)] &= \int_0^{+\infty} f_1(\tau)\left[\int_0^{+\infty} f_2(t-\tau)u(t-\tau)\mathrm{e}^{-st}\mathrm{d}t\right]\mathrm{d}\tau \\ &= \int_0^{+\infty} f_1(\tau)\left[\mathrm{e}^{-st}\int_0^{+\infty} f_2(x)\mathrm{e}^{-st}\mathrm{d}x\right]\mathrm{d}\tau \\ &= F_1(s)F_2(s)\end{aligned}$$

式(4-40)得证。此式为时域卷积定理，同理可得 s 域卷积定理（也可称为时域相乘定理）

$$\mathcal{L}[f_1(t)f_2(t)] = \frac{1}{2\pi\mathrm{j}}[F_1(s) * F_2(s)] = \frac{1}{2\pi\mathrm{j}}\int_{\sigma-\mathrm{j}\infty}^{\sigma+\mathrm{j}\infty} F_1(p)F_2(s-p)\mathrm{d}p \tag{4-41}$$

在第 4.5 节将进一步讨论卷积定理在电路分析中的应用，并借助卷积定理建立系统函数的概念。

最后，在表 4-2 中给出拉普拉斯变换主要性质（定理）的有关结论。表 4-2 中，关于对 s 微分和对 s 积分两性质未曾证明，留作练习。

表 4-2　拉普拉斯变换性质（定理）

$\mathcal{L}[f(t)] = F(s)$，　$\mathcal{L}[f_1(t)] = F_1(s)$，　$\mathcal{L}[f_2(t)] = F_2(s)$

序　　号	名　　称	结　　论
1	线性（叠加）	$\mathcal{L}[K_1f_1(t)+K_2f_2(t)]=K_1F_1(s)+K_2F_2(s)$
2	对 t 微分	$\mathcal{L}\left[\frac{\mathrm{d}f(t)}{\mathrm{d}t}\right]=sF(s)-f(0)$ $\mathcal{L}\left[\frac{\mathrm{d}^nf(t)}{\mathrm{d}t^n}\right]=s^nF(s)-\sum_{r=0}^{n-1}s^{n-r-1}f^{(r)}(0)$
3	对 t 积分	$\mathcal{L}\left[\int_{-\infty}^{\tau}f(\tau)\mathrm{d}\tau\right]=\frac{F(s)}{s}+\frac{f^{(-1)}(0)}{s}$
4	延时（时域平移）	$\mathcal{L}[f(t-t_0)u(t-t_0)]=\mathrm{e}^{-st_0}F(s)$
5	s 域平移	$\mathcal{L}[f(t)\mathrm{e}^{-at}]=F(s+a)$
6	尺度变换	$\mathcal{L}[f(at)]=\frac{1}{a}F\left(\frac{s}{a}\right)$
7	初值	$\lim\limits_{t\to 0}f(t)=\lim\limits_{s\to+\infty}sF(s)$

续表

序　号	名　称	结　论
8	终值	$\lim\limits_{t\to+\infty} f(t)=\lim\limits_{s\to 0} sF(s)$
9	卷积	$\mathcal{L}\left[\int_0^t f_1(\tau)f_2(t-\tau)\mathrm{d}t\right]=F_1(s)F_2(s)$
10	相乘	$\mathcal{L}[f_1(t)f_2(t)]=\dfrac{1}{2\pi\mathrm{j}}\int_{\sigma-\mathrm{j}\infty}^{\sigma+\mathrm{j}\infty}F_1(p)F_2(s-p)\mathrm{d}p$
11	对 s 微分	$\mathcal{L}[-tf(t)]=\dfrac{\mathrm{d}F(s)}{\mathrm{d}s}$
12	对 s 积分	$\mathcal{L}\left[\dfrac{f(t)}{t}\right]=\int_s^{+\infty}F(s)\mathrm{d}s$

4.4　拉普拉斯逆变换

由例 4-4 已经看到,利用拉普拉斯变换方法分析电路问题时,最后需要求象函数的逆变换。由拉普拉斯变换定义可知,欲求 $F(s)$的逆变换可按定义式(4-6)进行复变函数积分(用留数定理)求得。实际上,往往可借助一些代数运算将 $F(s)$表达式分解,分解后各项 s 函数式的逆变换可从表 4-1 查出,使求解过程大大简化,无须进行积分运算。这种分解方法称为部分分式分解(或部分分式展开)。

4.4.1　部分分式展开法

由第 4.3 节已经知道,微分算子的变换式要出现 s,而积分算子包含 $1/s$,因此,含有高阶导数的线性、常系数微分(或积分)方程式将变换成 s 的多项式,或变换成两个 s 的多项式之比。它们称为 s 的有理分式。一般具有如下形式

$$F(s)=\frac{A(s)}{B(s)}=\frac{a_m s^m+a_{m-1}s^{m-1}+\cdots+a_0}{b_n s^n+b_{n-1}s^{n-1}+\cdots+b_0} \tag{4-42}$$

式中,系数 a_i 和 b_i 都为实数,m 和 n 是正整数。

为便于分解,将 $F(s)$的分母 $B(s)$写作以下形式

$$B(s)=b_n(s-p_1)(s-p_2)\cdots(s-p_n) \tag{4-43}$$

式中 $p_1,p_2,\cdots,p_n$ 为 $B(s)=0$ 方程式的根,也即,当 s 等于任一根值时,$B(s)$等于零,$F(s)$等于无限大。$p_1,p_2,\cdots,p_n$ 称为 $F(s)$的极点。

同理,$A(s)$也可改写为

$$A(s)=a_m(s-z_1)(s-z_2)\cdots(s-z_m) \tag{4-44}$$

式中 $z_1,z_2,\cdots,z_m$ 称为 $F(s)$的零点,它们是 $A(s)=0$ 方程式的根。

按照极点的不同特点,部分分式分解方法有以下几种情况。

1. 极点为实数,无重根

假定 $p_1,p_2,\cdots,p_n$ 均为实数,且无重根,例如,考虑如下变换式求其逆变换

$$F(s)=\frac{A(s)}{(s-p_1)(s-p_2)(s-p_3)} \tag{4-45}$$

式中 p_1,p_2,p_3 是不相等的实数。先分析 $m<n$ 的情况，也即分母多项式的阶次高于分子多项式的阶次。这时，$F(s)$可分解为以下形式

$$F(s)=\frac{K_1}{s-p_1}+\frac{K_2}{s-p_2}+\frac{K_3}{s-p_3} \tag{4-46}$$

显然，查表 4-1 可求得逆变换

$$\begin{aligned}f(t)&=\mathcal{L}^{-1}\left[\frac{K_1}{s-p_1}\right]+\mathcal{L}^{-1}\left[\frac{K_2}{s-p_2}\right]+\mathcal{L}^{-1}\left[\frac{K_3}{s-p_3}\right]\\&=K_1\mathrm{e}^{p_1t}+K_2\mathrm{e}^{p_2t}+K_3\mathrm{e}^{p_3t}\end{aligned} \tag{4-47}$$

我们的任务是要找到各系数 K_1、K_2、K_3 之值。为求得 K_1，以$(s-p_1)$乘式(4-46)两端

$$(s-p_1)F(s)=K_1+\frac{(s-p_1)K_2}{s-p_2}+\frac{(s-p_1)K_3}{s-p_3} \tag{4-48}$$

令 $s=p_1$ 代入式(4-48)得到

$$K_1=(s-p_1)F(s)\mid_{s=p_1} \tag{4-49}$$

同理可以求得对任意极点 p_i 所对应的系数 K_i

$$K_i=(s-p_i)F(s)\mid_{s=p_i} \tag{4-50}$$

【例 4-8】 求以下函数的逆变换

$$F(s)=\frac{5(s+3)(s+4)}{s(s+1)(s+2)}$$

解：将 $F(s)$写成部分分式展开形式

$$F(s)=\frac{K_1}{s}+\frac{K_2}{s+1}+\frac{K_3}{s+2}$$

分别求 K_1、K_2、K_3：

$$K_1=sF(s)\mid_{s=0}=\frac{5\times3\times4}{1\times2}=30$$

$$K_2=(s+1)F(s)\mid_{s=-1}=\frac{5(-1+3)(-1+4)}{(-1)(-1+2)}=-30$$

$$K_3=(s+2)F(s)\mid_{s=-2}=\frac{5(-2+3)(-2+4)}{(-2)(-2+1)}=5$$

$$F(s)=\frac{30}{s}-\frac{30}{s+1}+\frac{5}{(s+2)}$$

故

$$f(t)=30-30\mathrm{e}^{-t}+5\mathrm{e}^{-2t},\quad t\geqslant0$$

在以上讨论中，假定 $F(s)=\dfrac{A(s)}{B(s)}$表示式中 $A(s)$的阶次低于 $B(s)$的阶次，也即 $m<n$，如果不满足此条件，式(4-46)将不成立。对于 $m\geqslant n$ 的情况，可用长除法将分子中的高次项提出，余下的部分满足 $m<n$，仍按以上方法分析，下面给出实例。

【例 4-9】 求下面函数的逆变换

$$F(s)=\frac{s^3+4s^2+6s+5}{(s+1)(s+2)}$$

解：用分子除以分母(长除法)得到

$$F(s)=s+1+\frac{s+3}{(s+1)(s+2)}$$

现在式中最后一项满足 $m<n$ 的要求,可按前述部分分式展开方法分解得到

$$F(s)=s+1+\frac{2}{s+1}-\frac{1}{s+2}$$

$$f(t)=\delta'(t)+\delta(t)+2\mathrm{e}^{-t}-\mathrm{e}^{-2t},\quad t\geqslant 0$$

这里,$\delta'(t)$是冲激函数 $\delta(t)$的导数。

2. 包含共轭复数极点

这种情况仍可采用上述实数极点求分解系数的方法,当然,计算要麻烦些,但根据共轭复数的特点可以有一些取巧的方法。

例如,考虑下式函数的分解

$$F(s)=\frac{A(s)}{D(s)[(s+\alpha)^2+\beta^2]}=\frac{A(s)}{D(s)(s+\alpha-\mathrm{j}\beta)(s+\alpha+\mathrm{j}\beta)}\tag{4-51}$$

式中,共轭极点出现在$-\alpha\pm\mathrm{j}\beta$处;$D(s)$表示分母多项式中的其余部分,引入符号 $F_1(s)=\frac{A(s)}{D(s)}$,则式(4-47)改写为

$$F(s)=\frac{F_1(s)}{(s+\alpha-\mathrm{j}\beta)(s+\alpha+\mathrm{j}\beta)}=\frac{K_1}{s+\alpha-\mathrm{j}\beta}+\frac{K_2}{s+\alpha+\mathrm{j}\beta}+\cdots\tag{4-52}$$

引用式(4-50)求得 K_1、K_2:

$$K_1=(s+\alpha-\mathrm{j}\beta)F(s)\big|_{s=-\alpha+\mathrm{j}\beta}=\frac{F_1(-\alpha+\mathrm{j}\beta)}{2\mathrm{j}\beta}\tag{4-53}$$

$$K_2=(s+\alpha+\mathrm{j}\beta)F(s)\big|_{s=-\alpha-\mathrm{j}\beta}=\frac{F_1(-\alpha-\mathrm{j}\beta)}{-2\mathrm{j}\beta}\tag{4-54}$$

不难看出,K_1 与 K_2 呈共轭关系,假定

$$K_1=A+\mathrm{j}B\tag{4-55}$$

则

$$K_2=A-\mathrm{j}B=K_1^*\tag{4-56}$$

如果把式(4-52)中共轭复数极点有关部分的逆变换以 $f_C(t)$表示,则

$$\begin{aligned}f_C(t)&=\mathcal{L}^{-1}\left[\frac{K_1}{s+\alpha-\mathrm{j}\beta}+\frac{K_2}{s+\alpha+\mathrm{j}\beta}\right]=\mathrm{e}^{-\alpha t}(K_1\mathrm{e}^{\mathrm{j}\beta t}+K_1^*\mathrm{e}^{-\mathrm{j}\beta t})\\&=2\mathrm{e}^{-\alpha t}[A\cos(\beta t)-B\sin(\beta t)]\end{aligned}\tag{4-57}$$

【例 4-10】 求函数 $F(s)$的逆变换,

$$F(s)=\frac{s^2+1}{(s^2+2s+2)(s+2)}$$

解:

$$\begin{aligned}F(s)&=\frac{s^2+1}{(s+1+\mathrm{j})(s+1-\mathrm{j})(s+2)}\\&=\frac{K_0}{s+2}+\frac{K_1}{s+1-\mathrm{j}}+\frac{K_2}{s+1+\mathrm{j}}\end{aligned}$$

分别求系数 K_0,K_1,K_2:

$$K_0=(s+2)F(s)\big|_{s=-2}=\frac{5}{2}$$

$$K_1=\frac{s^2+1}{(s+1+\mathrm{j})(s+2)}\bigg|_{s=-1+\mathrm{j}}=\frac{-3+\mathrm{j}}{4}$$

也即 $A=-\frac{3}{4}, B=\frac{1}{4}$，借助式(4-57)得到 $F(s)$ 的逆变换式

$$f(t)=\frac{5}{2}\mathrm{e}^{-2t}-2\mathrm{e}^{-t}\left[\frac{3}{4}\cos(t)+\frac{1}{4}\sin(t)\right], \quad t\geqslant 0$$

【例 4-11】　求函数 $F(s)$ 的逆变换

$$F(s)=\frac{s+c}{(s+a)^2+b^2}$$

解：显然，此函数式具有共轭复数极点，不必用部分分式展开求系数的方法，将 $F(s)$ 改写为

$$F(s)=\frac{s+c}{(s+a)^2+b^2}=\frac{s+a}{(s+a)^2+b^2}-\frac{a-c}{b}\cdot\frac{b}{(s+a)^2+b^2}$$

对照表 4-1 容易得到

$$f(t)=\mathrm{e}^{-at}\cos(bt)-\frac{a-c}{b}\mathrm{e}^{-at}\sin(bt), \quad t\geqslant 0$$

3. **有多重极点**

考虑下式函数的分解

$$F(s)=\frac{A(s)}{B(s)}=\frac{A(s)}{(s-p_1)^k D(s)} \tag{4-58}$$

式中在 $s=p_1$ 处，分母多项式 $B(s)$ 有 k 重根，也即 k 阶极点。将 $F(s)$ 写成展开式

$$F(s)=\frac{K_{11}}{(s-p_1)^k}+\frac{K_{12}}{(s-p_1)^{k-1}}+\cdots+\frac{K_{1k}}{(s-p_1)}+\frac{E(s)}{D(s)} \tag{4-59}$$

这里，$\frac{E(s)}{D(s)}$ 表示展开式中与极点 p_1 无关的其余部分。为求出 K_{11}，可借助式(4-59)，求得

$$K_{11}=(s-p_1)^k F(s)\big|_{s=p_1} \tag{4-60}$$

然而，要求得 $K_{12}, K_{13}, \cdots, K_{1k}$ 等系数，不能再采用类似求 K_{11} 的方法，因为这样做将导致分母中出现 0 值，而得不出结果。为解决这一矛盾，引入符号

$$F_1(s)=(s-p_1)^k F(s) \tag{4-61}$$

于是

$$F_1(s)=K_{11}+K_{12}(s-p_1)+\cdots+K_{1k}(s-p_1)^{k-1}+\frac{E(s)}{D(s)}(s-p_1)^k \tag{4-62}$$

对式(4-62)微分得到

$$\frac{\mathrm{d}}{\mathrm{d}s}F_1(s)=K_{12}+2K_{13}(s-p_1)+\cdots+K_{1k}(k-1)(s-p_1)^{k-2}+\cdots \tag{4-63}$$

很明显，可以给出

$$K_{12}=\frac{\mathrm{d}}{\mathrm{d}s}F_1(s)\big|_{s=p_1} \tag{4-64}$$

$$K_{13}=\frac{1}{2}\frac{\mathrm{d}^2}{\mathrm{d}s^2}F_1(s)\big|_{s=p_1} \tag{4-65}$$

一般形式为

$$K_{1i}=\frac{1}{(i-1)!}\cdot\frac{\mathrm{d}^{i-1}}{\mathrm{d}s^{i-1}}F_1(s)\big|_{s=p_1} \tag{4-66}$$

其中

$$i = 1,2,\cdots,k$$

【例 4-12】 求函数 $F(s)$的逆变换

$$F(s) = \frac{s-1}{s(s+2)^3}$$

解：将 $F(s)$写成展开式

$$F(s) = \frac{K_{11}}{(s+2)^3} + \frac{K_{12}}{(s+2)^2} + \frac{K_{13}}{s+2} + \frac{K_2}{s}$$

容易求得

$$K_2 = sF(s)\big|_{s=0} = -\frac{1}{8}$$

为求出与重根有关的各系数，令

$$F_1(s) = (s+2)^3 F(s) = \frac{s-1}{s}$$

引用式(4-60)和式(4-64)、式(4-65)得到

$$K_{11} = \left.\frac{s-1}{s}\right|_{s=-2} = \frac{3}{2}$$

$$K_{12} = \left.\frac{\mathrm{d}}{\mathrm{d}s}\left(\frac{s-1}{s}\right)\right|_{s=-2} = \frac{1}{4}$$

$$K_{13} = \left.\frac{1}{2}\frac{\mathrm{d}^2}{\mathrm{d}s^2}\left(\frac{s-1}{s}\right)\right|_{s=-2} = \frac{1}{8}$$

于是有

$$F(s) = \frac{3}{2(s+1)^3} + \frac{1}{4(s+1)^2} + \frac{1}{8(s+1)} - \frac{1}{8s}$$

逆变换为

$$f(t) = \frac{3}{4}t^2\mathrm{e}^{-t} + \frac{1}{4}t\mathrm{e}^{-t} + \frac{1}{8}\mathrm{e}^{-t} - \frac{1}{8} \quad (t \geqslant 0)$$

4.4.2 留数法

现在讨论如何从式(4-6)按复变函数积分求拉普拉斯逆变换。将该式重新写于此处

$$f(t) = \frac{1}{2\pi\mathrm{j}}\int_{\sigma-\infty}^{\sigma+\infty} F(s)\mathrm{e}^{st}\,\mathrm{d}s, \quad t \geqslant 0$$

为求出此积分，可从积分限 $\sigma_1 - \mathrm{j}\infty$ 到 $\sigma_1 + \mathrm{j}\infty$ 补足一条积分路径以构成一闭合围线。

现取积分路径是半径为无限大的圆弧，如图 4-6 所示。这样，就可以应用留数定理，式(4-6)积分式等于围线中被积函数 $F(s)\mathrm{e}^{st}$ 所有极点的留数之和，可表示为$\mathcal{L}^{-1}[F(s)] = \sum\limits_{\text{极点}}[F(s)\mathrm{e}^{st}$ 的留数] 设在极点 $s = p_i$ 处的留数为 r_i，并设 $F(s)\mathrm{e}^{st}$ 在围线中共有 n 个极点，则

$$\mathcal{L}^{-1}[F(s)] = \sum_{i-1}^{n} r_i \qquad (4\text{-}67)$$

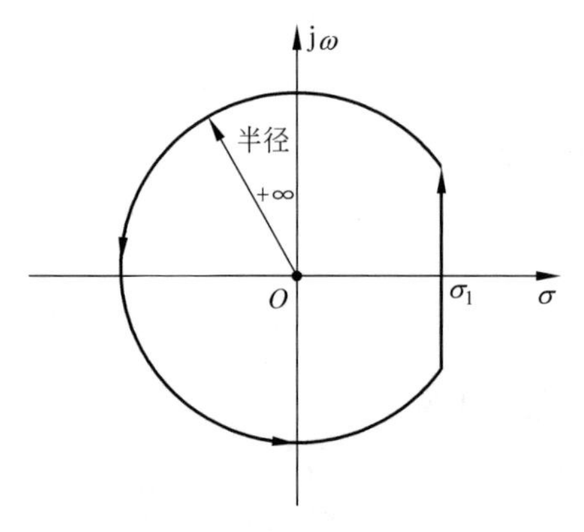

图 4-6 $F(s)$的围线积分途径

若 p_i 为一阶极点，则

$$r_i = [(s-p_i)F(s)e^{st}]\big|_{s=p_i} \tag{4-68}$$

若 p_i 为 k 阶极点，则

$$r_i = \frac{1}{(k-1)!}\left[\frac{d^{k-1}}{ds^{k-1}}(s-p_i)^k F(s)e^{st}\right]\Bigg|_{s=p_i} \tag{4-69}$$

将以上结果与部分分式展开相比较，不难看出，两种方法所得结果是一样的。具体说，对一阶极点而言，部分分式的系数与留数的差别仅在于因子 e^{st} 的有无，经逆变换后的部分分式就与留数相同了。对高阶极点而言，由于留数公式中含有因子 e^{st}，在取其导数时，所得不止一项，遂与部分分式展开法结果相同。

从以上分析可以看出，当 $F(s)$ 为有理分式时，可利用部分分式分解和查表的方法求得逆变换，无须引用留数定理。如果 $F(s)$ 表达式为有理分式与 e^{-st} 相乘时，可再借助延时定理得出逆变换。当 $F(s)$ 为无理函数时，需利用留数定理求逆变换，然而，这种情况在电路分析问题中几乎不会遇到。

4.5　利用拉普拉斯变换法进行电路分析

首先研究例题，仿照例 4-4 的方法用拉普拉斯变换分析电路，然后给出 s 域元件模型的概念和应用实例，使这种分析方法进一步简化。

【例 4-13】 图 4-7 所示电路，当 $t<0$ 时，开关位于"1"端，电路的状态已经稳定，$t=0$ 时开关从"1"端打到"2"端，分别求 $v_C(t)$ 与 $v_R(t)$ 波形。

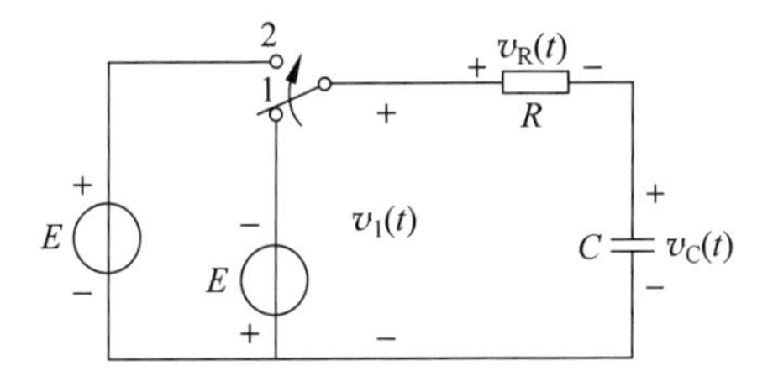

图 4-7　例 4-13 电路

解：首先求 $v_C(t)$，这里遵循与例 4-4 相同的步骤。

（1）列写微分方程

$$RC\frac{dv_C}{dt} + v_C = E$$

由于 $t=0_-$ 时，电容已充有电压 $-E$，从 0_- 到 0_+ 电容电压没有变化。

$$v_C(0_+) = v_C(0_-) = -E$$

（2）取拉普拉斯变换

$$RC[sV_C(s) - v_C(0)] + V_C(s) = \frac{E}{s}$$

$$V_C(s) = \frac{\frac{E}{s} - RCE}{1 + RCs} = \frac{E\left(\frac{1}{RC} - s\right)}{s\left(s + \frac{1}{RC}\right)}$$

（3）求 $V_C(s)$ 的逆变换

$$V_C(s) = E\left(\frac{1}{s} - \frac{2}{s + \frac{1}{RC}}\right)$$

$$v_C(t) = E - 2Ee^{-\frac{t}{RC}},\quad t \geqslant 0$$

画出波形如图 4-8(a)所示。

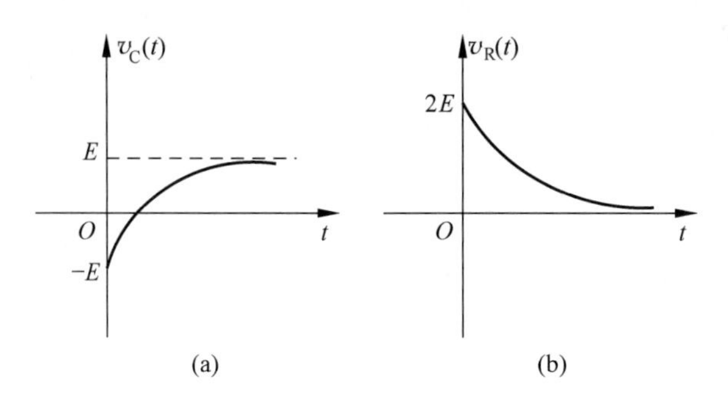

图 4-8　例 4-13 的波形

下面求 $v_{\mathrm{R}}(t)$，请注意，这里遇到待求函数从 0_- 到 0_+ 发生跳变的情况。

(1)

$$\frac{1}{RC}\int v_{\mathrm{R}}(t)\mathrm{d}t + v_{\mathrm{R}}(t) = v_1(t)$$

$$\frac{1}{RC}v_{\mathrm{R}}(t) + \frac{\mathrm{d}v_{\mathrm{R}}(t)}{\mathrm{d}t} = \frac{\mathrm{d}v_1(t)}{\mathrm{d}t}$$

$$v_{\mathrm{R}}(0_-) = 0,\quad v_{\mathrm{R}}(0_+) = 2E$$

按 0_- 条件进行分析，这时有

$$\frac{\mathrm{d}v_1(t)}{\mathrm{d}t} = 2E\delta(t)$$

(2)

$$\frac{1}{RC}V_{\mathrm{R}}(s) + sV_{\mathrm{R}}(s) = 2E$$

$$V_{\mathrm{R}}(s) = \frac{2E}{s+\frac{1}{RC}}$$

(3) $v_{\mathrm{R}}(t)=2E\mathrm{e}^{-\frac{1}{RC}}\cdot u(t)$，画出波形如图 4-8(b)所示。

如果按 0_+ 条件代入，当取拉普拉斯变换时，在等式左端 $sV_{\mathrm{R}}(s)$ 项之后应出现 $-2E$，与此同时，对 $v_1(t)$ 的求导也从 0_+ 计算，于是有 $\frac{\mathrm{d}v_1(t)}{\mathrm{d}t}=0$，这时可得到同样结果。由于在一般电路分析问题中，$0_-$ 条件往往已给定，选用 0_- 系统将使分析过程简化。

【例 4-14】 图 4-9 所示电路起始状态为 0，$t=0$ 时开关 S 闭合，接入直流电源 E，求电流 $i(t)$ 波形。

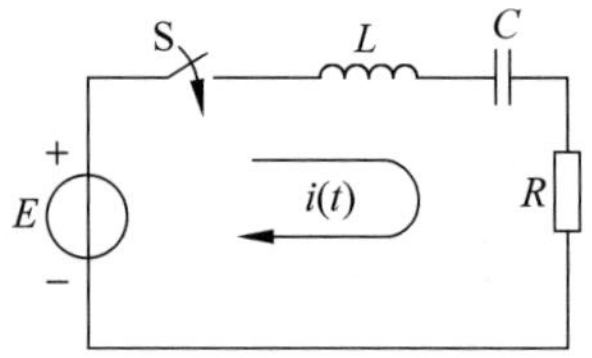

图 4-9　例 4-14 电路

解：

(1)

$$L\frac{\mathrm{d}i}{\mathrm{d}t} + Ri + \frac{1}{C}\int i\mathrm{d}t = Eu(t)$$

$$i(0) = 0,\quad \frac{1}{C}\int i\mathrm{d}t\,\Big|_{t=0} = 0$$

(2)

$$LsI(s) + RI(s) + \frac{1}{Cs}I(s) = \frac{E}{s}$$

$$I(s)=\frac{E}{s\left(Ls+R+\frac{1}{sC}\right)}=\frac{E}{L}\cdot\frac{1}{\left(s^2+\frac{R}{L}s+\frac{1}{LC}\right)}$$

为进一步简化，求 $s^2+\frac{R}{L}s+\frac{1}{LC}=0$ 方程的根 p_1,p_2：

$$p_1=-\frac{R}{2L}+\sqrt{\left(\frac{R}{2L}\right)^2-\frac{1}{LC}}$$

$$p_2=-\frac{R}{2L}-\sqrt{\left(\frac{R}{2L}\right)^2-\frac{1}{LC}}$$

故

$$\begin{aligned}I(s)&=\frac{E}{L}\cdot\frac{1}{(s-p_1)(s-p_2)}\\&=\frac{E}{L}\cdot\left[\frac{1}{(p_1-p_2)(s-p_1)}+\frac{1}{(p_2-p_1)(s-p_2)}\right]\\&=\frac{E}{L}\cdot\frac{1}{(p_1-p_2)}\left(\frac{1}{s-p_1}-\frac{1}{s-p_2}\right)\end{aligned}$$

（3）求逆变换

$$i(t)=\frac{E}{L(p_1-p_2)}(\mathrm{e}^{p_1t}-\mathrm{e}^{p_2t})$$

至此，虽已得到 $i(t)$，但式中 p_1,p_2 还需用 R,L,C 代入，为讨论方便，引入符号

$$\alpha=\frac{R}{2L},\quad \omega_0=\frac{1}{\sqrt{LC}}$$

则

$$p_1=-\alpha+\sqrt{\alpha^2-\omega_0{}^2},\quad p_2=-\alpha-\sqrt{\alpha^2-\omega_0^2}$$

由于所给 R,L,C 参数相对不同，p_1,p_2 式中根号项可能为实数或虚数，以致 $i(t)$波形也不一样，还要分成以下4种情况说明：

第1种情况：$\alpha=0$（即 $R=0$，无损耗的 LC 回路）。

$$\begin{aligned}p_1&=\mathrm{j}\omega_0\\p_2&=-\mathrm{j}\omega_0\\i(t)&=\frac{E}{L}\cdot\frac{1}{2\mathrm{j}\omega_0}(\mathrm{e}^{\mathrm{j}\omega_0t}-\mathrm{e}^{-\mathrm{j}\omega_0t})\\&=E\sqrt{\frac{C}{L}}\cdot\sin\omega_0t\end{aligned}$$

这时，阶跃信号对回路作用的结果产生不衰减的正弦振荡。如图4-10(a)所示的情况。

第2种情况：$\alpha<\omega_0$$\left(即 R 较小，高 Q 的 LC 回路，Q=\frac{\omega_0}{2\alpha}\right)$。

这时，由于 $\alpha<\omega_0$，p_1 与 p_2 表示式中根号部分是虚数。再引入符号

$$\omega_d-\sqrt{\omega_0^2-\alpha^2}$$

所以

$$\sqrt{\alpha^2-\omega_0^2}=\mathrm{j}\omega_d$$

$$p_1=-\alpha+\mathrm{j}\omega_d$$

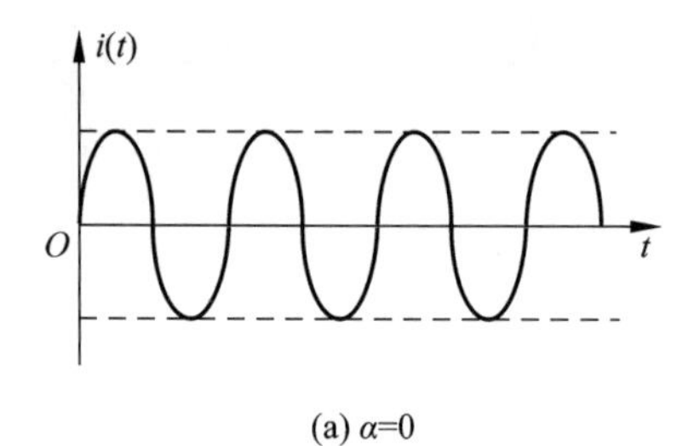

(a) $\alpha=0$

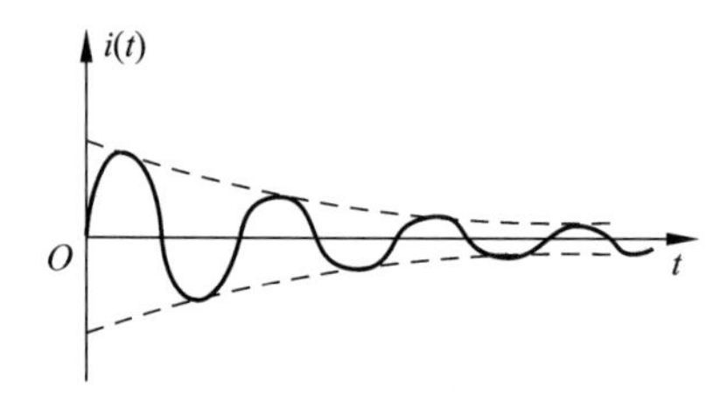

(b) $\alpha<\omega_0$

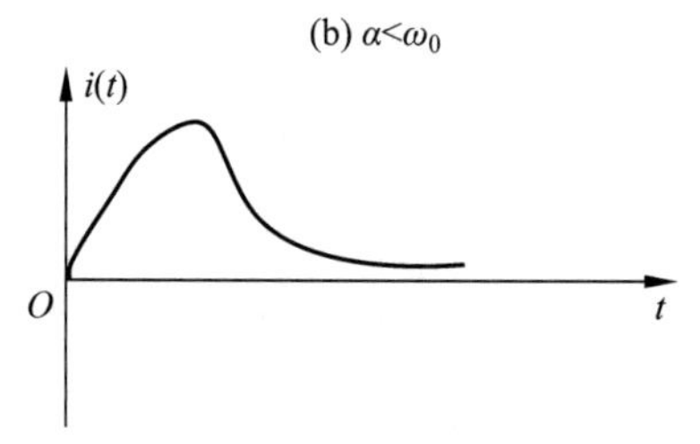

(c) $\alpha=\omega_0$

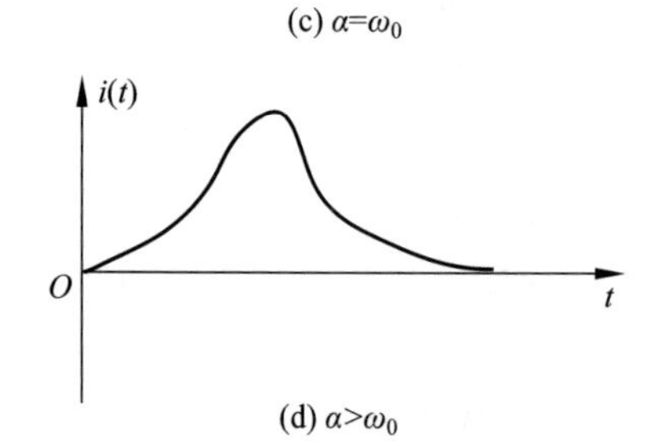

(d) $\alpha>\omega_0$

图 4-10　例 4-14 的波形

$$p_2=-\alpha-\mathrm{j}\omega_d$$

$$i(t)=\frac{E}{L}\cdot\frac{1}{2\mathrm{j}\omega_d}\left[\mathrm{e}^{(-\alpha+\mathrm{j}\omega_d)t}-\mathrm{e}^{(-\alpha-\mathrm{j}\omega_d)t}\right]$$

$$=\frac{E}{L\omega_d}\cdot\mathrm{e}^{-\alpha t}\sin(\omega_d t)$$

得到衰减振荡如图 4-10(b)所示,R 越小,α 就越小,衰减越慢,R 越大则衰减越快。

第 3 种情况:$\alpha=\omega_0$。

$$\frac{R}{2L}=\frac{1}{\sqrt{LC}}$$

$$p_1=p_2=-\alpha$$

这是有重根的情况,$I(s)$表示式为

$$I(s)=\frac{E}{L}\cdot\frac{1}{(s-p_1)(s-p_2)}=\frac{E}{L}\cdot\frac{1}{(s+\alpha)^2}$$

于是可得

$$i(t)=\frac{E}{L}\cdot te^{-\alpha t}=\frac{E}{L}\cdot te^{-\frac{R}{2L}t}$$

这时，由于 R 较大，阻尼大而不能产生振荡，是临界情况，见图 4-10(c)所示的波形。

第 4 种情况：$\alpha>\omega_0$(R 较大，低 Q，不能振荡)。

$$\begin{aligned}i(t)&=\frac{E}{L}\cdot\frac{1}{\sqrt{\alpha^2-\omega_0^2}}\cdot e^{-\alpha t}\left(e^{\sqrt{\alpha^2-\omega_0^2}t}-e^{-\sqrt{\alpha^2-\omega_0^2}t}\right)\\&=\frac{E}{L}\cdot\frac{1}{\sqrt{\alpha^2-\omega_0^2}}e^{-\alpha t}\cdot\sinh\left(\sqrt{\alpha^2-\omega_0^2}t\right)\end{aligned}$$

这时 $i(t)$波形是双曲线函数，如图 4-10(d)所示。

从以上各例可以看出，用列写微分方程取拉普拉斯变换的方法分析电路虽然比较方便，但是当网络结构复杂时(支路和结点较多)，列写微分方程这一步就显得烦琐，可考虑简化。模仿正弦稳态分析(交流电路)中相量法，先对元件和支路进行变换，再把变换后的 s 域电压与电流用 KVL 和 KCL 联系起来，这样可使分析过程简化。为此，给出 s 域元件模型。

R,L,C 元件的时域关系为

$$v_R(t)=Ri_R(t)\tag{4-70}$$

$$v_L(t)=L\frac{di_L(t)}{dt}\tag{4-71}$$

$$v_C(t)=\frac{1}{C}\int_{-\infty}^{t}i_C(\tau)d\tau\tag{4-72}$$

将以上三式分别进行拉普拉斯变换，得到

$$V_R(s)=RI_R(s)\tag{4-73}$$

$$V_L(s)=sLI_L(s)-Li_L(0)\tag{4-74}$$

$$V_C(s)=\frac{1}{sC}I_C(s)+\frac{1}{s}v_C(0)\tag{4-75}$$

经过变换以后的方程式可以直接用来处理 s 域中 $V(s)$与 $I(s)$之间的关系，对每个关系式都可构成一个 s 域网络模型。如图 4-11(a)所示，元件符号是 s 域中广义欧姆定律的符号，也就是说，电阻符号表示下列关系

$$V_R(s)=RI_R(s)\tag{4-76}$$

而电感与电容的符号分别表示(不考虑起始条件)

$$V_L(s)=sLI_L(s)\tag{4-77}$$

$$V_C(s)=\frac{1}{sC}I_C(s)\tag{4-78}$$

式(4-74)和式(4-75)中起始状态引起的附加项，在图 4-11(b)、图 4-11(c)中分别用串联的电压源表示。这样做的实质是把 KVL 和 KCL 直接用于 s 域，就像把它用于时域以及用于相量运算一样。

然而，图 4-11 的模型并非唯一的，将式(4-73)～式(4-75)对电流求解，得到

$$I_R(s)=\frac{1}{R}V_R(s)\tag{4-79}$$

$$I_{\mathrm{L}}(s)=\frac{1}{sL}V_{\mathrm{L}}(s)+\frac{1}{s}i_{\mathrm{L}}(0) \tag{4-80}$$

$$I_{\mathrm{C}}(s)=sCV_{\mathrm{C}}(s)-Cv_{\mathrm{C}}(0) \tag{4-81}$$

与此对应的 s 域网络模型如图 4-12 所示。在列写节点方程式时用图 4-12 的模型方便，而列写回路方程时则宜采用图 4-11。不难看出，把戴维南定理与诺顿定理直接用于 s 域也是可以的，图 4-11 中的电压源变换为图 4-12 的电流源正好说明了这一点。

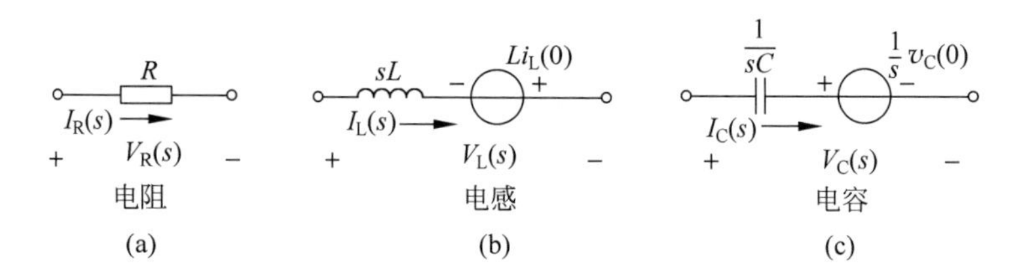

图 4-11 s 域元件模型(回路分析)

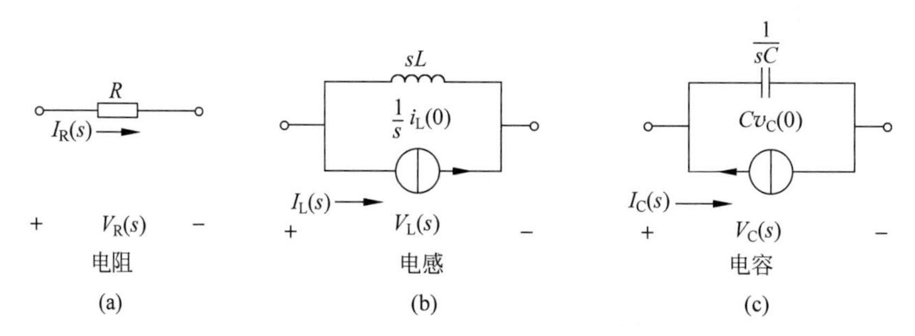

图 4-12 s 域元件模型(节点分析)

把网络中每个元件都用它的 s 域模型来代替，把信号源直接写作变换式，这样就得到全部网络的 s 域模型图，对此电路模型采用 KVL 和 KCL 分析即可找到所需求解的变换式，这时，所进行的数学运算是代数关系，它与电阻性网络的分析方法一样。

【例 4-15】 如图 4-13 所示，RLC 电路 $t=0$ 时开关 S 闭合，求电流 $i(t)$ $\left(已知\frac{1}{2RC}<\frac{1}{\sqrt{LC}}\right)$。

解： 画出 s 域网络模型。

根据图 4-13 画出电路的 s 域电路，如图 4-14 所示。可得

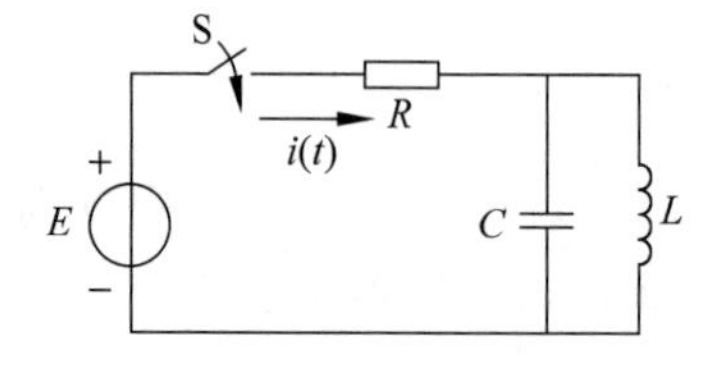

图 4-13 例 4-15 的电路

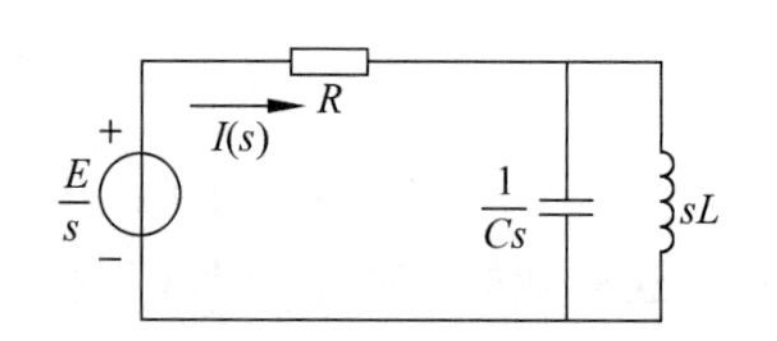

图 4-14 例 4-15 的 s 域模型

$$\left(R+\frac{\frac{1}{Cs}\cdot sL}{\frac{1}{Cs}+sL}\right)I(s)=\frac{E}{s}$$

求出

$$I(s)=\frac{E}{s}\cdot\frac{CLs^2+1}{CLRs^2+Ls+R}=E\left[\frac{1/R}{s}-\frac{1}{R^2C}\cdot\frac{1}{\left(s+\frac{1}{2RC}\right)^2+\frac{1}{LC}-\frac{1}{4R^2C^2}}\right]$$

设

$$\alpha=\frac{1}{2RC},\quad \omega_0=\frac{1}{\sqrt{LC}},\quad \omega^2=\omega_0^2-\alpha^2$$

则有

$$I(s)=\frac{E}{R}\left[\frac{1}{s}-\frac{2\alpha}{\omega}\cdot\frac{\omega}{(s+\alpha)^2+\omega^2}\right]$$

由拉普拉斯逆变换可得

$$i(t)=\frac{E}{R}\left[1-\frac{2\alpha}{\omega}\cdot e^{-\alpha t}\cdot\sin(\omega t)\right]\cdot u(t)$$

【例 4-16】 如图 4-15 所示的电路，$t<0$ 时开关 S 位于“1”端，电路的状态已经稳定，$t=0$ 时 S 从“1”端接到“2”端，求 $i_L(t)$。

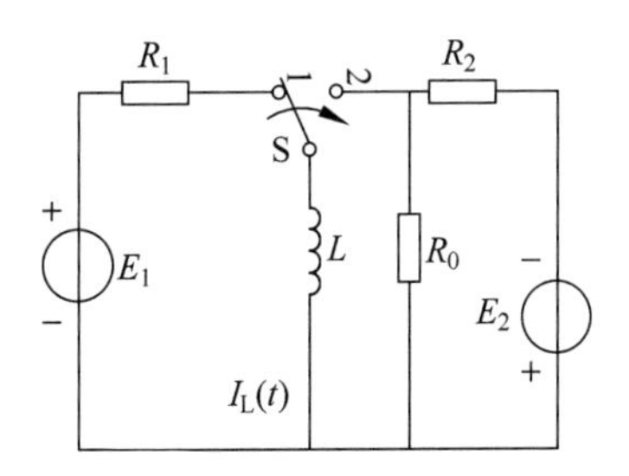

图 4-15 例 4-16 的电路

解：由题意求得电流起始值

$$i_L(0)=-\frac{E_1}{R_1}$$

画出 s 域模型如图 4-16 所示，这里，为便于求解，将 E_2，R_2 等效为电流源与电阻并联。

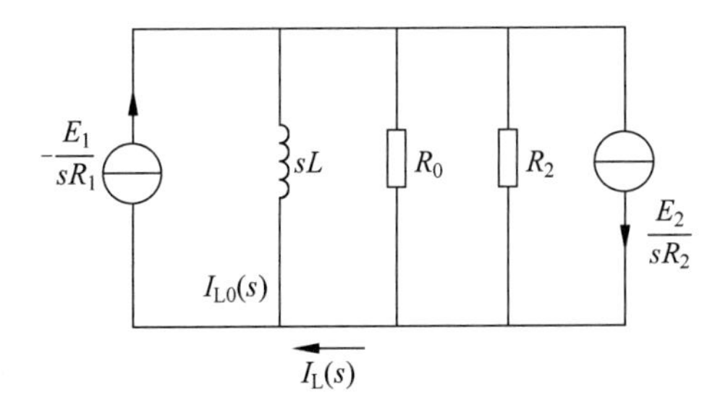

图 4-16 例 4-16 的 s 域模型

假定流过 sL 的电流为 $I_{L0}(s)$，不难写出

$$I_{L0}(s)=\frac{\frac{E_1}{sR_1}+\frac{E_2}{sR_2}}{\frac{1}{R_0}+\frac{1}{R_2}+\frac{1}{sL}}\times\frac{1}{sL}$$

$$=\frac{\frac{1}{s}\left(\frac{E_1}{R_1}-\frac{E_2}{R_2}\right)}{\frac{sL\,(R_0-R_2\,)}{R_0R_2}-1}$$

引入符号

$$\tau=\frac{L(R_0+R_2)}{R_0R_2}$$

则

$$I_{L0}(s)=\frac{\frac{E_1}{R_1}+\frac{E_2}{R_2}}{s(sr+1)}$$

$$=\frac{E_1}{R_1}+\frac{E_2}{R_2}\left[\frac{1}{s}-\frac{1}{s+\frac{1}{\tau}}\right]$$

由结点电流关系求得

$$I_L(s)=I_{L0}(s)=\frac{E_1}{sR_1}-\frac{E_2}{sR_2}-\left(\frac{E_1}{R_1}+\frac{E_2}{R_2}\right)\cdot\frac{1}{s+\frac{1}{\tau}}$$

显然,逆变换为

$$i_L(t)=\frac{E_2}{R_2}-\left(\frac{E_1}{R_1}+\frac{E_2}{R_2}\right)e^{\frac{1}{\tau}},\quad t\geqslant 0$$

波形如图 4-17 所示。

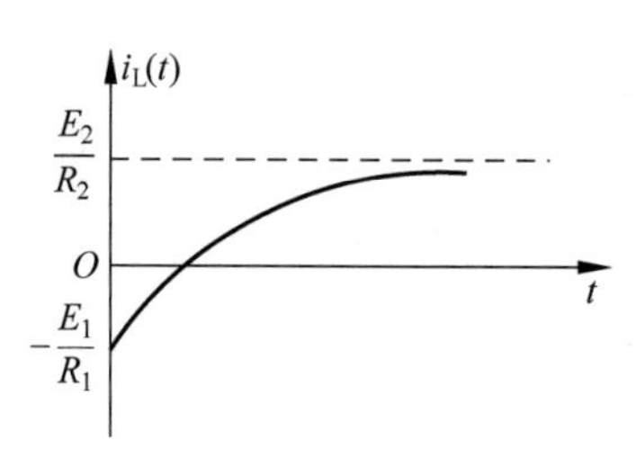

图 4-17 例 4-16 的波形

当所分析的网络具有较多结点或回路时,s 域模型的方法比列写微分方程再取变换的方法要明显简化。

4.6 系统函数

在起始条件为零的情况下,s 域元件模型可以得到简化,这时,描述动态元件(L,C)起始状态的电压源或电流源将不存在,各元件方程式都可写作以下的简单形式

$$V(s)=Z(s)I(s)$$

或

$$I(s)=Y(s)V(s)$$

其中，s 称为域阻抗，$Y(s)$是 s 域导纳，在此情况下，网络任意端口激励信号的变换式与任意端口响应信号的变换式之比仅由网络元件的阻抗、导纳特性决定，可用系统函数或网络函数描述这一特性。它的定义如下：

系统零状态响应的拉普拉斯变换与激励的拉普拉斯变换之比称为系统函数(或网络函数)，以$H(s)$表示。

【例 4-17】 如图 4-18 所示的电路在 $t=0$ 时开关 S 闭合，接入信号源 $e(t)=V_{\mathrm{m}}\sin(\omega t)$，电感起始电流等于零，求电流 $i(t)$。

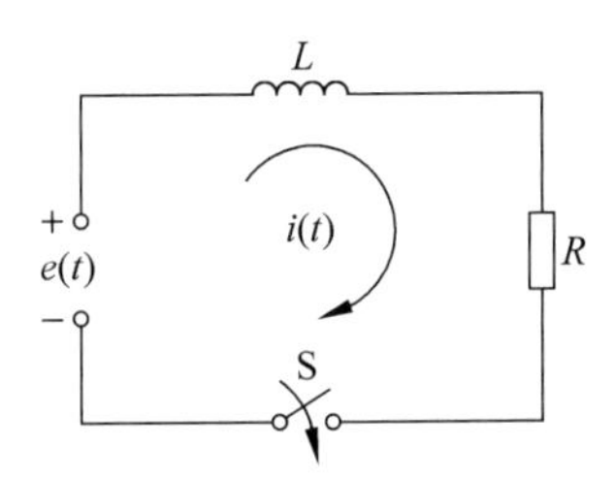

图 4-18 例 4-17 的电路

解：假定输入信号的变换式写作

$$E(s)=\mathcal{L}[V_{\mathrm{m}}\sin(\omega t)]$$

那么，可以将 $I(s)$表示为

$$I(s)=\frac{1}{Ls+R}\cdot E(s)$$

下一步需要求逆变换，用卷积定理找出 $I(s)$的原函数 $i(t)$，为此引用

$$\frac{1}{Ls+R}=\mathcal{L}\left[\frac{1}{L}\mathrm{e}^{-\frac{R}{L}t}\right]$$

于是由卷积定理可知

$$\begin{aligned}
i(t)&=\frac{1}{L}\mathrm{e}^{-\frac{R}{L}t}*V_{\mathrm{m}}\sin(\omega t)\\
&=\int_0^t V_{\mathrm{m}}\sin(\omega\tau)\cdot\frac{1}{L}\mathrm{e}^{-\frac{R}{L}(t-\tau)}\mathrm{d}\tau\\
&=\frac{V_{\mathrm{m}}}{L}\mathrm{e}^{-\frac{R}{L}t}=\int_0^t\sin(\omega\tau)\mathrm{e}^{\frac{R}{L}t}\mathrm{d}\tau\\
&=\frac{V_{\mathrm{m}}}{L}\mathrm{e}^{-\frac{R}{L}t}\cdot\frac{1}{\omega^2+\left(\frac{R}{L}\right)^2}\left\{\mathrm{e}^{\frac{R}{L}\tau}\left[\frac{R}{L}\sin(\omega\tau)-\omega\cos(\omega r)\right]\right\}\Bigg|_0^t\\
&=\frac{V_{\mathrm{m}}}{L}\mathrm{e}^{-\frac{R}{L}t}\cdot\frac{1}{\omega^2+\left(\frac{R}{L}\right)^2}\left\{\mathrm{e}^{\frac{R}{L}t}\left[\frac{R}{L}\sin(\omega t)-\omega\cos(\omega t)\right]+\omega\right\}\\
&=\frac{V_{\mathrm{m}}}{\omega^2L^2+R^2}\{[R\sin(\omega t)-\omega L\cos(\omega t)]+\omega L\mathrm{e}^{-\frac{R}{L}t}\}\\
&=\frac{V_{\mathrm{m}}}{\omega^2L^2+R^2}[\omega L\mathrm{e}^{-\frac{R}{L}t}+\sqrt{R^2+\omega^2L^2}\sin(\omega t-\varphi)]
\end{aligned}$$

其中

$$\mathcal{L}=\arctan\left(\frac{\omega L}{R}\right)$$

波形如图 4-19 所示。

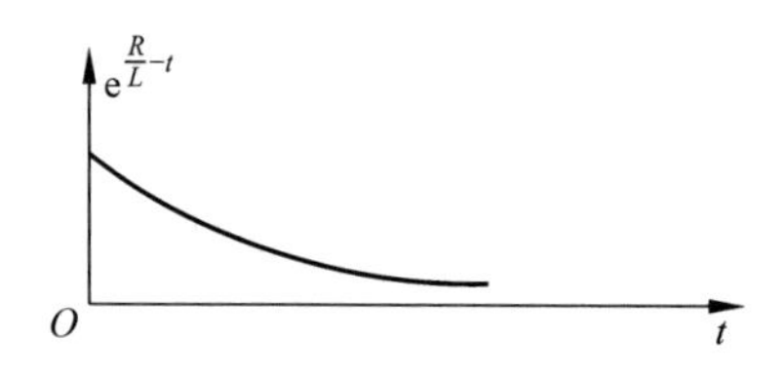

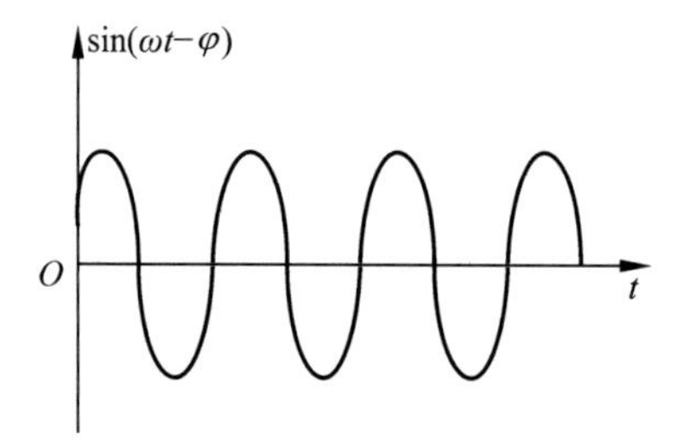

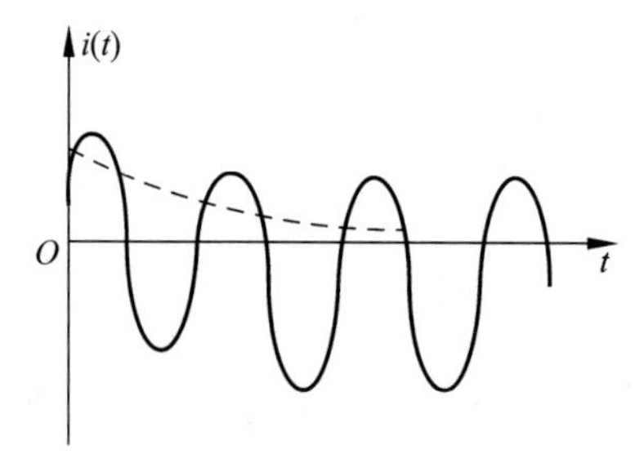

图 4-19　例 4-17 的波形

在本例中,系统函数 $H(s)$为

$$\frac{I(s)}{E(s)}=H(s)=\frac{1}{Ls+R} \tag{4-82}$$

在求解过程中借助了卷积定理,当然也可不用卷积,将 $I(s)$表达式展开

$$\begin{aligned}I(s)&=\frac{1}{Ls+R}\cdot\frac{V_{\mathrm{m}}\omega}{s^2+\omega^2}\\&=\frac{V_{\mathrm{m}}\omega}{L}\left(\frac{K_0}{s+\frac{R}{L}}+\frac{K_1}{s-\mathrm{j}\omega}+\frac{K_2}{s+\mathrm{j}\omega}\right)\end{aligned}$$

其中

$$K_0=\frac{1}{s^2+\omega^2}\bigg|_{s=-\frac{R}{L}}=\frac{1}{\omega^2+\left(\frac{R}{L}\right)^2}$$

$$\begin{aligned}K_1&=\left(\frac{1}{s+\frac{R}{L}}\right)\left(\frac{1}{s+\mathrm{j}\omega}\right)\bigg|_{s=+\mathrm{j}\omega}\\&=\frac{1}{2\left[\omega^2+\left(\frac{R}{L}\right)^2\right]}\left(-1-\mathrm{j}\frac{R}{\omega L}\right)\end{aligned}$$

而 K_0 与 K_1 共轭，参照表 4-1 求逆变换即可得到 $i(t)$，与前面方法得到的结果相同。

下面进一步研究在例 4-17 求解过程中引用卷积的实质。一般情况下，若线性时不变系统的激励、零状态响应和冲激响应分别为 $e(t)$，$r(t)$，$h(t)$，它们的拉普拉斯变换分别为 $E(s)$，$R(s)$，$H(s)$，由时域分析可知

$$r(t) = h(t) * e(t) \tag{4-83}$$

借助卷积定理可得

$$R(s) = H(s)E(s) \tag{4-84}$$

或

$$H(s) = \frac{R(s)}{E(s)} \tag{4-85}$$

而冲激响应 $h(t)$ 与系统函数 $H(s)$ 构成变换对，即

$$H(s) = \mathcal{L}[h(t)] \tag{4-86}$$

$h(t)$ 和 $H(s)$ 分别从时域和 s 域表征了系统的特性。

例 4-17 中的 $H(s)$ 是电流与电压之比，也即导纳。一般在网络分析中，由于激励与响应既可以是电压，也可能是电流，因此网络函数可以是阻抗（电压比电流）或导纳（电流比电压），也可以是数值比（电流比电流或电压比电压）。此外，若激励与响应是同一端口，则网络函数称为策动点函数（或驱动点函数），如图 4-20 中的 $V_i(s)$ 与 $I_i(s)$；若激励与响应不在同一端口，就称为转移函数（或传输函数），如图 4-19 中的 $V_i(s)$[或 $I_i(s)$]与 $V_j(s)$[或 $I_j(s)$]。显然，策动点函数只可能是阻抗或导纳；而转移函数可以是阻抗、导纳或比值。例如式(4-82)，它是策动点导纳函数。

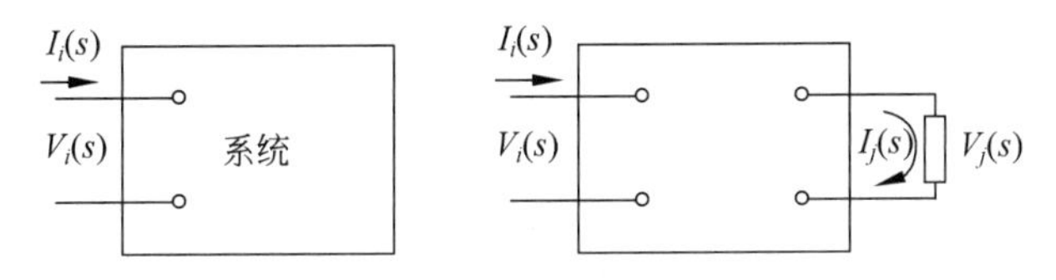

图 4-20 策动点函数与转移函数

将上述不同条件下网络函数的特定名称列于表 4-3。在一般的系统分析中，对于这些名称往往不加区分，统称为系统函数或转移函数。

表 4-3 网络函数的名称

激励与响应的位置	激 励	响 应	系统函数名称
在同一端口（策动点函数）	电流	电压	策动点阻抗
	电压	电流	策动点导纳
分别在各自端口（转移函数）	电流	电压	转移阻抗
	电压	电流	转移导纳
	电压	电压	转移电压比（电压传输函数）
	电流	电流	转移电流比（电流传输函数）

当利用 $H(s)$ 求解网络响应时，首先需求出 $H(s)$，然后有两种解法，一种方法是取 $H(s)$ 逆变换得到 $h(t)$，由 $h(t)$ 与 $e(t)$ 的卷积求得 $r(t)$，另一种方法是将 $R(s)=H(s)E(s)$ 用部分

分式法展开,逐项求出逆变换即得 $r(t)$。无论用哪种方法,求 $H(s)$是关键的一步。下面讨论在网络分析中求 $H(s)$的一般方法。

求 $H(s)$的方法是:对待求解的网络作出 s 域元件模型图,按照元件约束特性和拓扑约束(KCL,KVL)特性,写出响应函数 $R(s)$与激励函数 $E(s)$之比,即 $H(s)$表示式。通常,这种方法具体表现为利用电路元件的串、并联简化或分压、分流等概念求解电路,必要时可借助戴维南定理、诺顿定理、叠加定理以及 Y-△转换等间接方法。列写网络的回路电压方程式或结点电流方程式,可以给出求 $H(s)$的一般表示式,现以回路方程为例说明这种方法,设待求解网络有 l 个回路,可列出 l 个方程式

$$\begin{cases} Z_{11}(s)I_1(s)+Z_{12}(s)I_2(s)+\cdots+Z_{1l}(s)I_l(s)=V_1(s) \\ Z_{21}(s)I_1(s)+Z_{22}(s)I_2(s)+\cdots+Z_{2l}(s)I_l(s)=V_2(s) \\ \vdots \\ Z_{l1}(s)I_1(s)+Z_{l2}(s)I_2(s)+\cdots+Z_{ll}(s)I_l(s)=V_l(s) \end{cases} \tag{4-87}$$

式中包含 l 个电流 $I(s)$和 l 个电压 $V(s)$,而 $Z(s)$为各回路的 s 域互阻抗或自阻抗,写作矩阵形式为

$$\mathbf{V}=\mathbf{ZI} \tag{4-88}$$

$$\mathbf{I}=\mathbf{Z}^{-1}\mathbf{V} \tag{4-89}$$

这里,$\mathbf{V}$ 和 $\mathbf{I}$ 分别为列向量,$\mathbf{Z}$ 是方阵。

可以解出,第 k 个回路电流 I_k 表示式为

$$I_k(s)=\frac{\Delta_{1k}}{\Delta}V_1(s)+\frac{\Delta_{2k}}{\Delta}V_2(s)+\cdots+\frac{\Delta_{lk}}{\Delta}V_L(s) \tag{4-90}$$

其中,Δ 为 $\mathbf{Z}$ 方阵的行列式,称为网络的回路分析行列式(或特征方程式),而 Δ_{jk} 是行列式 Δ 中元素 Z_{jk} 的代数补式或称代数余子式[在 Δ 行列式中,去掉第 j 行 k 列,乘以$(-1)^{j+k}$]。注意,对于互易网络,因方程 $\mathbf{Z}$ 为对称矩阵(其他回路没有激励信号接入),则可求出

$$I_k(s)=\frac{\Delta_{jk}}{\Delta}=V_j(s) \tag{4-91}$$

即,网络函数 $H(s)$为

$$Y_{kj}(s)=\frac{I_k(s)}{V_j(s)}=\frac{\Delta_{jk}}{\Delta} \tag{4-92}$$

当 $k\neq j$ 时,此网络函数为转移导纳函数,当 $k=j$ 时是策动点导纳函数。

类似地,可由列写结点方程式(4-91)的对偶形式,求转移阻抗或策动点阻抗。

以上结果表明,网络行列式(特征方程)Δ 反映了 $H(s)$的特性,实际上,常常利用特征方程的根来描述系统的有关性能,稍后几节将介绍利用特征方程的根进行系统分析的某些研究方法。

【例 4-18】 图 4-21 所示电路中电容均为 $1F$,电阻均为 1Ω。试求电路的转移导纳函数 $Y_{21}(s)=\dfrac{I_2(s)}{V_2(s)}$。

解:在图 4-27 中标注各回路电流 $I_1(s)$,$I_2(s)$,$I_3(s)$,依此列写回路方程式如下

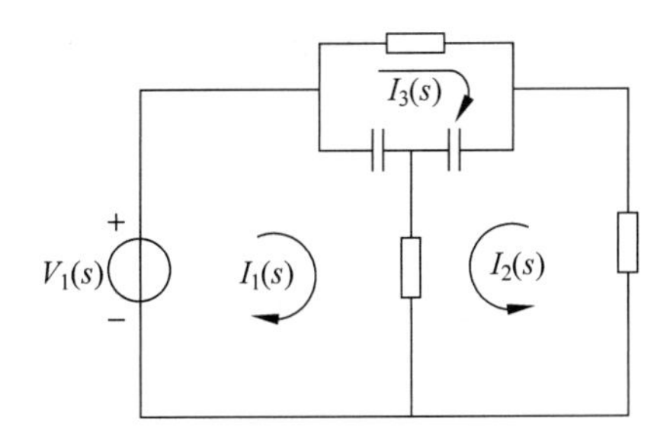

图 4-21 例 4-18 的电路

$$\begin{cases}\left(\dfrac{1}{s}+1\right)I_1(s)+I_2(s)-\dfrac{1}{s}I_3(s)=V_1(s)\\ I_1(s)+\left(\dfrac{1}{s}+2\right)I_2(s)+\dfrac{1}{s}I_3(s)=0\\ -\dfrac{1}{s}I_1(s)+\dfrac{1}{s}I_2(s)+\left(\dfrac{2}{s}+1\right)I_3(s)=0\end{cases}$$

为求得 $Y_{21}(s)=\dfrac{I_2(s)}{V_1(s)}$，分别写出

$$\Delta=\begin{vmatrix}\dfrac{1}{s}+1 & 1 & -\dfrac{1}{s}\\ 1 & \dfrac{1}{s}+2 & \dfrac{1}{s}\\ -\dfrac{1}{s} & \dfrac{1}{s} & \dfrac{2}{s}+1\end{vmatrix}=\frac{s^2+5s+2}{s^2}$$

$$\Delta_{12}=-\begin{vmatrix}1 & \dfrac{1}{s}\\ -\dfrac{1}{s} & \dfrac{2}{s}+1\end{vmatrix}=-\frac{s^2+2s+1}{s^2}$$

于是得到

$$Y_{21}(s)=\frac{\Delta_{12}}{\Delta}=-\frac{s^2+2s+1}{s^2+5s+2}$$

需要指出，系统函数 $H(s)$的形式与传输算子 $H(p)$类似，但是它们之间存在着概念上的区别，$H(p)$是一个算子，p 不是变量。而 $H(s)$是变量 s 的函数，在 $H(s)$中，分子和分母的公共因子可以消去，而在 $H(p)$表示式中则不准相消。只有 $H(p)$即可用来说明零状态特性，又可说明零输入特性，而 $H(s)$只能用来说明零状态特性。

4.7 系统函数及其时域分析

拉普拉斯变换将时域函数 $f(t)$变换为 s 域函数 $F(s)$；反之，拉普拉斯逆变换将 $F(s)$变换为相应的 $f(t)$。由于 $f(t)$与 $F(s)$之间存在一定的对应关系，故可以从函数 $F(s)$的典型形式透视出 $f(t)$的内在性质。当 $F(s)$为有理函数时，其分子多项式和分母多项式皆可分解为因子形式，各项因子指明了 $F(s)$零点和极点的位置。显然，从这些零点与极点的分布情况，便可确定原函数的性质。

4.7.1 $H(s)$零、极点分布与$h(t)$波形特征的对应

系统函数 $H(s)$零、极点的定义与一般函数 $F(s)$零、极点定义相同(见第 4.4 节),即 $H(s)$分母多项式的根构成极点,分子多项式的根是零点。还可按以下方式定义:若$\lim_{s\to p_1} H(s)=+\infty$,但$[s-p_1 H(s)]_{s=p_1}$等于有限值,则 $s=p_1$ 处有一阶极点;若$[(s-p_1)^K H(s)]_{s=p_1}$,直到$K=n$ 时才等于有限值,则 $H(s)$在 $s=p_1$ 处有 n 阶极点。

$\frac{1}{H(s)}$的极点即 $H(s)$的零点,当$\frac{1}{H(s)}$有 n 阶极点时,即 $H(s)$有 n 阶零点。

例如,若

$$\begin{aligned}H(s)&=\frac{s[(s-1)^2+1]}{(s+1)^2(s^2+4)}\\&=\frac{s(s-1+\mathrm{j}1)(s-1-\mathrm{j}1)}{(s+1)^2(s+\mathrm{j}2)(s-\mathrm{j}2)}\end{aligned} \tag{4-93}$$

那么,它的极点位于

$$\begin{cases}s=-1 & (\text{二阶})\\ s=-\mathrm{j}2 & (\text{一阶})\\ s=+\mathrm{j}2 & (\text{一阶})\end{cases}$$

而其零点位于

$$\begin{cases}s=0 & (\text{一阶})\\ s=1+\mathrm{j}1 & (\text{一阶})\\ s=1-\mathrm{j}1 & (\text{一阶})\\ s=+\infty & (\text{一阶})\end{cases}$$

将此系统函数的零、极点图绘于图 4-22 中的 s 平面内,用符号圆圈“∘”表示零点,“×”表示极点,在同一位置画两个相同的符号表示为二阶,例如 $s=-1$ 处有二阶极点。

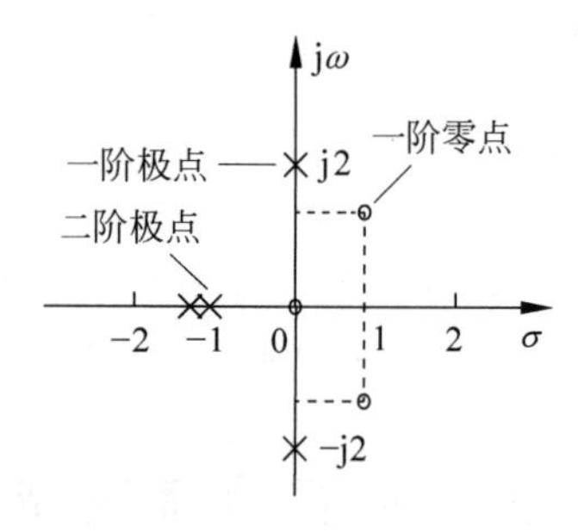

图 4-22 $H(s)$零极点图示例

由于系统函数 $H(s)$与冲激响应 $h(t)$是一对拉普拉斯变换式,因此,只要知道 $H(s)$在 s 平面中零、极点的分布情况,就可判断系统在时域方面 $h(t)$波形的特性。

对于集总参数线性时不变系统,其系统函数 $H(s)$可表示为两个多项式之比,具有以下形式

$$H(s)=\frac{K\prod_{j=1}^{m}(s-z_j)}{\prod_{i=1}^{n}(s-p_i)} \tag{4-94}$$

其中，z_j 表示第 j 个零点的位置，p_i 表示第 i 个极点的位置。零点有 m 个，K 是一个系数。

如果把 $H(s)$展开部分分式，那么，$H(s)$每个极点将决定一项对应的时间函数，具有一阶极点 $p_1,p_2,\cdots,p_n$ 的系统函数其冲激响应形式为

$$\begin{aligned}h(t)&=\mathcal{L}^{-1}[H(s)]=\mathcal{L}^{-1}\left[\sum_{i=1}^{n}\frac{K_i}{s-p_i}\right]\\&=\mathcal{L}^{-1}\left[\sum_{i=1}^{n}H_i(s)\right]=\sum_{i=1}^{n}h_i(t)=\sum_{i=1}^{n}K_i\mathrm{e}^{p_it}\end{aligned} \tag{4-95}$$

这里，p_i 可以是实数，也可以是成对的共轭复数；幅值 K_i 则与零点分布情况有关。

下面研究几种典型情况的极点分布与原函数波形的对应关系。

(1) 若极点位于 s 平面坐标原点，$H_i(s)=\frac{1}{s}$，那么，冲激响应就为阶跃函数，$h_i=u(t)$。

(2) 若极点位于 s 平面的实轴上，则冲激响应具有指数函数形式，如 $H_i(s)=\frac{1}{s+a}$，则 $h_i(t)=\mathrm{e}^{-at}$，此时，极点为负实数($p_i=-a<0$)，冲激响应是指数衰减(单调减幅)形式；如果 $H_i(s)=\frac{1}{s-a}$，则 $h_i(t)=\mathrm{e}^{at}$，这时，极点是正实数($p_i=a>0$)，对应的冲激响应是指数增长(单调增幅)形式。

(3) 虚轴上的共轭极点给出等幅振荡。例如$\mathcal{L}^{-1}\left[\frac{\omega}{s^2+\omega^2}\right]=\sin(\omega t)$，它的两个极点位于 $p_1=+\mathrm{j}\omega$ 和 $p_2=-\mathrm{j}\omega$。

(4) 落于 s 左半平面内的共轭极点对应于衰减振荡。例如

$$\mathcal{L}^{-1}\left[\frac{\omega}{(s+a)^2+\omega^2}\right]=\mathrm{e}^{at}\sin(\omega t)$$

它的两个极点位于 $p_1=-a+\mathrm{j}\omega$，$p_2=-a-\mathrm{j}\omega$，这里 $-a<0$。与此相反，落于 s 右半平面内的共轭极点对应于增幅振荡。例如$\mathcal{L}^{-1}\left[\frac{\omega}{(s+a)^2+\omega^2}\right]=\mathrm{e}^{at}\sin(\omega t)$的极点是 $p_1=a+\mathrm{j}\omega$，$p_2=a-\mathrm{j}\omega$，这里，$a>0$。

将以上结果整理列于表 4-4 中，这里全部为一阶极点的情况。

表 4-4　极点分布与原函数波形对应(一)

$H(s)$	s 平面上的零极点	t 平面上的波形	$h(t)$　($t\geqslant 0$)
$\frac{1}{s}$	$H(s)$, O, σ	$h(t)$, O, t	$u(t)$

续表

$H(s)$	s 平面上的零极点	t 平面上的波形	$h(t)\quad(t\geqslant 0)$
$\frac{1}{s+a}$	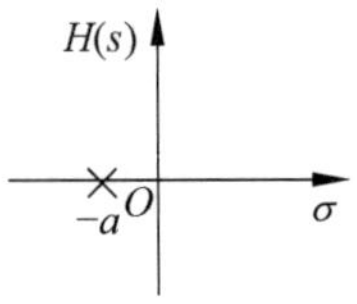 $H(s)$ $-a$ O σ	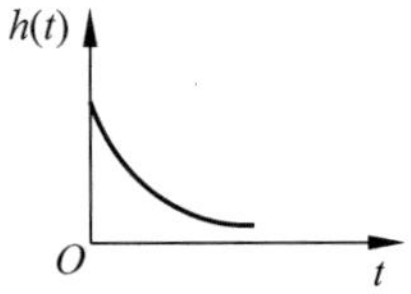 $h(t)$ O t	e^{-at}
$\frac{1}{s-a}$	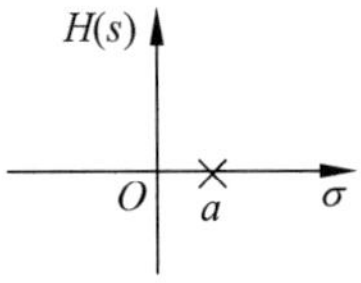 $H(s)$ O a σ	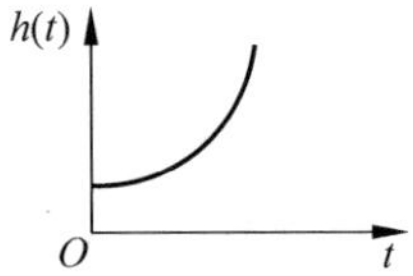 $h(t)$ O t	e^{at}
$\frac{\omega}{s^2+\omega^2}$	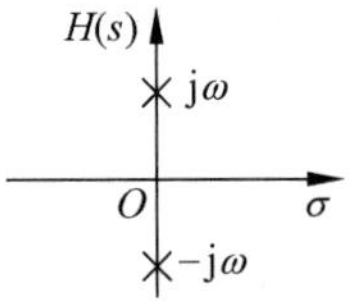 $H(s)$ $\mathrm{j}\omega$ O σ $-\mathrm{j}\omega$	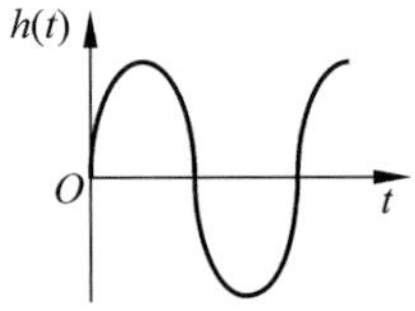 $h(t)$ O t	$\sin(\omega t)$
$\frac{\omega}{(s+a)^2+\omega^2}$	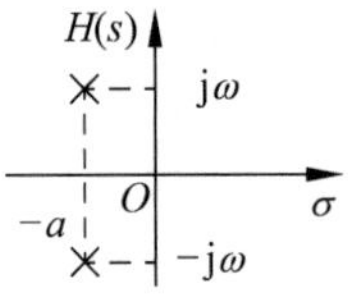 $H(s)$ $\mathrm{j}\omega$ $-a$ O σ $-\mathrm{j}\omega$	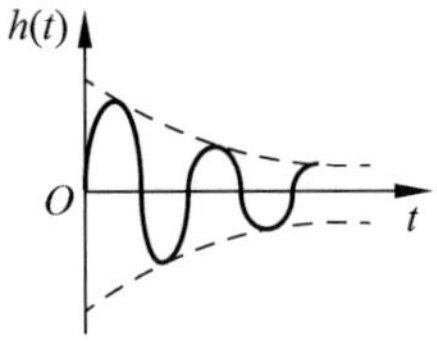 $h(t)$ O t	$e^{-at}\sin(\omega t)$
$\frac{\omega}{(s-a)^2+\omega^2}$	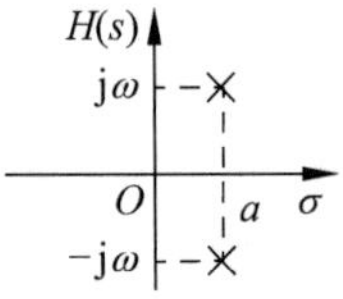 $H(s)$ $\mathrm{j}\omega$ O a σ $-\mathrm{j}\omega$	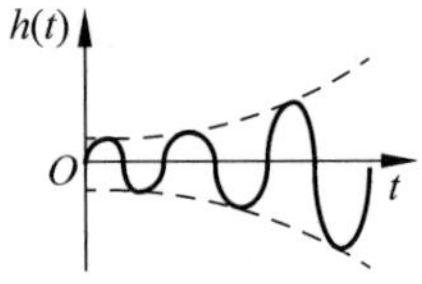 $h(t)$ O t	$e^{at}\sin(\omega t)$

若 $H(s)$ 具有多重极点,那么,部分分式展开式各项所对应的时间函数可能具有 $t,t^2,t^3,\cdots$ 与指数函数相乘的形式,t 的幂次由极点阶次决定。几种典型情况如下:

(1) 位于 s 平面坐标原点的二阶或三阶极点分别给出时间函数为 $t^2/2$;

(2) 实轴上的二阶极点给出 t 与指数函数的乘积。如

$$\mathcal{L}^{-1}\left[\frac{1}{(s+a)^2}\right]=te^{-at}$$

(3) 对于虚轴上的二阶共轭极点情况。如 $\mathcal{L}^{-1}\left[\frac{2\omega s}{(s^2+\omega^2)^2}\right]=t\sin(\omega t)$,这是幅度按线性增长的正弦振荡。

将这里讨论的多阶极点分布与原函数的对应关系列于表 4-5 中。

表 4-5 极点分布与原函数波形对应(二)

$H(s)$	s 平面上的零极点	t 平面上的波形	$h(t)\quad(t\geqslant 0)$
$\dfrac{1}{s^2}$			t
$\dfrac{1}{(s+a)^2}$			$t\mathrm{e}^{-at}$
$\dfrac{2\omega s}{(s^2+\omega^2)^2}$			$t\sin(\omega t)$

由表 4-4 与表 4-5 可以看出,若 $H(s)$极点落于左半平面,则 $h(t)$波形为衰减形式;若 $H(s)$极点落在右半平面,则 $h(t)$增长;落于虚轴上的一阶极点对应的 $h(t)$呈等幅振荡或阶跃;而虚轴上的二阶极点将使 $h(t)$呈增长的形式。在系统研究中,按照 $h(t)$呈现衰减或增长的两种情况将系统划分为稳定系统与非稳定系统两大类型,显然,根据 $H(s)$极点出现于左半或右半平面即可判断系统是否稳定。在第 4.9 节将详细研究系统的稳定性。

以上分析了 $H(s)$极点分布与时域函数的对应关系,至于 $H(s)$零点分布的情况则只影响时域函数的幅度和相位;s 平面中零点变动对于 t 平面波形的形式没有影响。例如,图 4-23 所示 $H(s)$零、极点分布以及 $h(t)$波形,其表示式可以写作

$$\mathcal{L}^{-1}\left[\frac{(s+a)}{(s+a)^2+\omega^2}\right]=\mathrm{e}^{-at}\cos(\omega t) \tag{4-96}$$

假定保持极点不变,只移动零点 α 的位置,那么 $h(t)$波形将呈衰减振荡形式,振荡频率也不改变,只是幅度和相位有变化。例如,将零点移至原点则有

$$\mathcal{L}^{-1}\left[\frac{s}{(s+\alpha)^2+\omega^2}\right]=\mathrm{e}^{-at}\left[\cos(\omega t)-\frac{\alpha}{\omega}\sin(\omega t)\right] \tag{4-97}$$

请读者绘出波形进行比较。

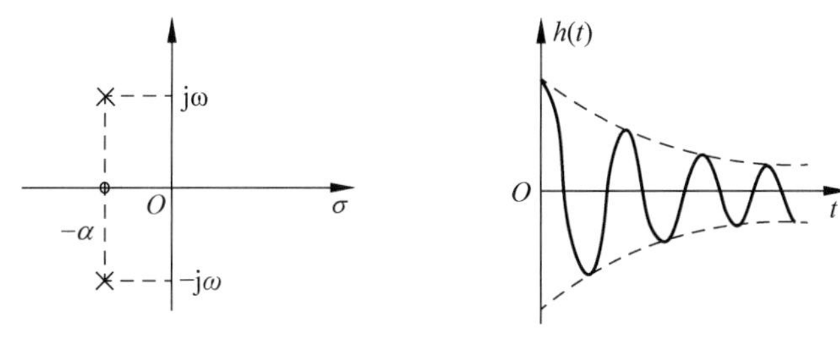

图 4-23 式(4-96)系统函数的 s 平面与 t 平面图形

4.7.2 $H(s)$、$E(s)$极点分布与自由响应、强迫响应特征的对应

第2章曾就系统时域特性讨论了完全响应中的自由分量、强迫分量概念。由系统函数的定义可知,系统响应$R(s)$与激励信号$E(s)$、系统函数$H(s)$之间满足

$$R(s)=H(s)E(s) \tag{4-98}$$

现从s域中来讨论系统响应的时域特性

$$r(t)=\mathcal{L}^{-1}[R(s)] \tag{4-99}$$

显然,$R(s)$的零、极点由$H(s)$与$E(s)$的零、极点所决定。在式(4-98)中,$H(s)$和$E(s)$可以分别写为以下形式

$$H(s)=\frac{\prod_{j=1}^{m}(s-z_j)}{\prod_{i=1}^{n}(s-p_i)} \tag{4-100}$$

$$E(s)=\frac{\prod_{l=1}^{u}(s-z_l)}{\prod_{k=1}^{v}(s-p_k)} \tag{4-101}$$

式中,z_j和z_l分别表示$H(s)$和$E(s)$的第j个或第l个零点,零点数目为m个与u个;p_i和p_k分别表示$H(s)$和$E(s)$的第i个或第k个极点,极点数目为n个与v个。此外,为讨论方便还假定了$H(s)$和$E(s)$两式前面的系数等于1。

如果在$R(s)$函数式中不含有多重极点,而且,$H(s)$与$E(s)$没有相同的极点,那么,将$R(s)$用部分分式展开后即可得到

$$R(s)=\sum_{i=1}^{n}\frac{K_i}{s-p_i}+\sum_{k=1}^{v}\frac{K_k}{s-p_k} \tag{4-102}$$

K_i和K_k分别表示部分分式展开各项的系数。不难看出,$R(s)$的极点来自两方面,一是系统函数的极点p_i,另一是激励信号的极点p_k。取$R(s)$逆变换,写出响应函数的时域表示式为

$$r(t)=\sum_{i=1}^{n}K_i\mathrm{e}^{p_it}+\sum_{k=1}^{t}K_k\mathrm{e}^{p_kt} \tag{4-103}$$

响应函数$r(t)$由两部分组成,前面一部分是由系统函数的极点所形成,称为自由响应;后一部分则由激励函数的极点所形成,称为强迫响应。而自由响应中的极点p_i只由系统本身的特性所决定,与激励函数形式无关。然而,系数K_i则与$H(s)$与$E(s)$都有关系,同样,系数K_k也不仅由$E(s)$决定,还与$H(s)$有关。即,自由响应时间函数的形式仅由$H(s)$决定,但它的幅度和相位却受$H(s)$与$E(s)$两方面影响;同样,强迫响应时间函数的形式只取决于激励函数$E(s)$,而其幅度与相位却与$H(s)$与$E(s)$都有关系。另外,有多重极点的情况可以得到与此类似的结果。

为便于表征系统特性,定义系统行列式(特征方程)的根为系统的固有频率(或称自由频率、自然频率)。由式(4-92)可看出,行列式Δ位于$H(s)$之分母,因而$H(s)$的极点p_i都是系统的固有频率,可以说,自由响应的函数形式应由系统的固有频率决定。必须注意,当把

系统行列式作为分母写出 $H(s)$时，有可能出现 $H(s)$的极点与零点因子相消的现象，这时，被消去的固有频率在 $H(s)$极点中将不再出现。这一现象再次说明，系统函数 $H(s)$只能用于研究系统的零状态响应，$H(s)$包含了系统为零状态响应提供的全部信息。但是它不包含零输入响应的全部信息，这是因为当 $H(s)$的零、极点相消时，某些固有频率要丢失，而在零输入响应中要求表现出全部固有频率的作用。

【例 4-19】 电路如图 4-24 所示，输入信号 $v_1(t)=5\cos(2t)u(t)$，求输出电压 $v_2(t)$，并指出 $v_2(t)$中的自由响应与强迫响应。

解：写出网络函数的表示式如下

$$H(s)=\frac{v_2(s)}{v_1(s)}=\frac{\frac{1}{Cs}}{R+\frac{1}{Cs}}=\frac{1}{s+1}$$

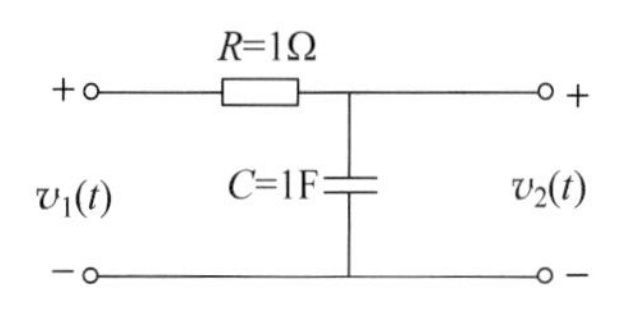

图 4-24 例 4-19 的电路

$v_1(t)$的变换式为

$$v_1(s)=\mathcal{L}[5\cos(2t)]=\frac{5s}{s^2+4}$$

输出信号的变换式为

$$v_2(s)=\frac{As+B}{s^2+4}+\frac{C}{s+1}$$

分别求系数 A,B,C

$$C=(s+1)V_2(s)\Big|_{s=-1}=\frac{5s}{s^2+4}\Big|_{s=-1}=-1$$

将所得 C 代回原式，经整理后得

$$\begin{aligned}5s&=(As+B)(s+1)-(s^2+4)\\&=As^2+Bs+As+B-s^2-4\end{aligned}$$

取等式两端同样方次 s 系数相等得

$$\begin{cases}A-1=0\\B-4=0\end{cases}$$

于是

$$\begin{cases}A=1\\B=4\end{cases}$$

所以

$$V_2(s)=\frac{s+4}{s^2+4}-\frac{1}{s+1}$$

取逆变换得到

$$\begin{aligned}v_2(t)&=\mathcal{L}^{-1}\left(\frac{-1}{s+1}+\frac{s}{s^2+4}+\frac{4}{s^2+4}\right)\\&=-\mathrm{e}^{-t}+\cos(2t)+4\sin(2t)\\&=\underbrace{-\mathrm{e}^{-t}}_{\text{自由响应}}+\underbrace{\sqrt{17}\cos(2t-\arctan4)}_{\text{强迫响应}}\end{aligned}$$

如果把正弦稳态分析中的相量法用于本题，所得结果将与这里的强迫响应函数一致，请读者验证。

与自由响应分量和强迫响应分量有着密切联系而且又容易发生混淆的另一对名词是：瞬态响应分量与稳态响应分量。

瞬态响应是指激励信号接入以后，完全响应中瞬时出现的有关成分，随着时间 t 增大，它将消失。由完全响应中减去瞬态响应分量即得稳态响应分量。

一般情况下，对于稳定系统，$H(s)$极点的实部都小于零，即 $\mathrm{Re}(p_i)<0$(极点在左半面)，故自由响应函数呈衰减形式，在此情况下，自由响应就是瞬态响应。若 $E(s)$极点的实部大于或等于零，即 $\mathrm{Re}(p_k)\geqslant 0$，则强迫响应就是稳态响应，通常如正弦激励信号，它的 $\mathrm{Re}(p_k)=0$，我们所说的正弦稳态响应即正弦信号作用下的强迫响应。典型的实例如刚刚给出的例 4-19 和例 4-17。若激励是非正弦周期信号，仍属 $\mathrm{Re}(p_k)=0$ 的情况，用拉普拉斯变换求解电路的过程将相当烦琐，然而极点特征与响应分量的对应规律仍然成立。此时，可借助电子线路 CAD 程序(如 SPICE)利用计算机求得详细结果。

下面一些情况在实际问题中很少遇到，但从 $H(s)$或 $E(s)$极点的不同类型来看还是有可能出现。

如果激励信号本身为衰减函数，即 $\mathrm{Re}(p_k)<0$，例如 e^{-at}，$\mathrm{e}^{-at}\sin(\omega t)$等，在时间 t 趋于无限大以后，强迫响应也等于零，这时，强迫响应与自由响应一起组成瞬态响应，而系统的稳态响应等于零。

当 $\mathrm{Re}(p_i)=0$ 时，其自由响应就是无休止的等幅振荡(如无损 LC 谐振电路)，于是，自由响应也成为稳态响应，这是一种特例(称为边界稳定系统)。

若 $\mathrm{Re}(p_i)>0$，则自由响应是增幅振荡，这属于不稳定系统。

还有一种值得说明的情况，这就是 $H(s)$的零点与 $E(s)$的极点相同(出现 $z_j=p_k$)，此时对应因子相消，与 p_k 相应的稳态响应不复存在。

4.8 系统函数及其频域分析

所谓频响特性皆指系统在正弦信号激励之下稳态响应随频率的变化情况，这包括幅度随频率的响应以及相位随频率的响应两个方面。

在电路分析课程中已经熟悉了正弦稳态分析，采用的方法是相量法。现在从系统函数的观点来考察系统的正弦稳态响应，并借助零、极点分布图来研究频响特性。

设系统函数以 $H(s)$表示，正弦激励源 $H(s)$的函数式写作

$$e(t)=E_{\mathrm{m}}\sin(\omega_0 t) \tag{4-104}$$

其变换式为

$$E(s)=\frac{E_{\mathrm{m}}\omega_0}{s^2+\omega_0^2} \tag{4-105}$$

于是，系统响应的变换式 $R(s)$可写作

$$\begin{aligned}R(s)&=\frac{E_{\mathrm{m}}\omega_0}{s^2+\omega_0^2}\cdot H(s)\\&=\frac{K_{-\mathrm{j}\omega_0}}{s+\mathrm{j}\omega_0}+\frac{K_{\mathrm{j}\omega_0}}{s-\mathrm{j}\omega_0}+\frac{K_1}{s-p_1}+\frac{K_2}{s-p_2}+\cdots+\frac{K_n}{s-p_n}\end{aligned} \tag{4-106}$$

式中，$p_1,p_2,\cdots,p_n$ 是 $H(s)$的极点，$K_1,K_2,\cdots,K_n$ 是部分分式分解各项的系数，而：

$$\begin{aligned}K_{-j\omega_0} &= (s+j\omega_0)R(s)\mid_{s=-j\omega_0}\\ &= \frac{E_m\omega_0 H(-j\omega_0)}{-2j\omega_0} = \frac{E_m H_0 e^{-j\varphi_0}}{-2j}\\ K_{j\omega_0} &= (s-j\omega_0)R(s)\mid_{s=j\omega_0}\\ &= \frac{E_m\omega_0 H(j\omega_0)}{2j\omega_0} = \frac{E_m H_0 e^{j\varphi_0}}{2j}\end{aligned}$$

这里引用了符号

$$H(j\omega_0) = H_0 e^{j\varphi_0}$$

$$H(-j\omega_0) = H_0 e^{-j\varphi_0}$$

至此可以求得

$$\frac{K_{-j\omega_0}}{s+j\omega_0}+\frac{K_{j\omega_0}}{s-j\omega_0} = \frac{E_m H_0}{2j}\left(-\frac{e^{-j\varphi_0}}{s+j\omega_0}+\frac{e^{j\varphi_0}}{s-j\omega_0}\right) \tag{4-107}$$

式(4-106)前两项的逆变换为

$$\begin{aligned}&\mathcal{L}^{-1}\left[\frac{K_{-j\omega_0}}{s+j\omega_0}+\frac{K_{j\omega_0}}{s-j\omega_0}\right]\\ &= \frac{E_m H_0}{2j}(-e^{-j\varphi_0}e^{-j\omega_0 t}+e^{j\varphi_0}e^{j\omega_0 t})\\ &= E_m H_0\sin(\omega_0 t+\varphi_0)\end{aligned} \tag{4-108}$$

系统的完全响应是

$$\begin{aligned}r(t) &= \mathcal{L}^{-1}[R(s)]\\ &= E_m H_0\sin(\omega_0 t+\varphi_0)+K_1 e^{p_1 t}+K_2 e^{p_2 t}+\cdots+K_n e^{p_n t}\end{aligned} \tag{4-109}$$

对于稳定系统，其固有频率 $p_1,p_2,\cdots,p_n$ 的实部必小于零，式(4-108)中各指数项均为指数衰减函数，当 $t\to+\infty$，它们都趋于零，所以稳态响应 $r_{ss}(t)$就是式中的第一项

$$r_{ss}(t) = E_m H_0\sin(\omega_0 t+\varphi_0) \tag{4-110}$$

可见，在频率为 ω_0 的正弦激励信号作用之下，系统的稳态响应仍为同频率的正弦信号，但幅度乘以系数 H_0，相位移动 φ_0，H_0 和 φ_0 由系数函数在 $j\omega_0$ 处的取值所决定

$$H(s)\mid_{s=j\omega_0} = H(j\omega_0) = H_0 e^{j\varphi_0} \tag{4-111}$$

当正弦激励信号的频率 ω 改变时，将变量 ω 代入 $H(s)$之中，即可得到频率响应特性

$$H(s)\mid_{s=j\omega} = H(j\omega) = |H(j\omega)|e^{j\varphi(\omega)} \tag{4-112}$$

式中，$|H(j\omega)|$是幅频响应特性，φ 是相频响应特性(或相移特性)。为便于分析，常将式(4-112)的结果绘制频响曲线，这时横坐标是变量 ω，纵坐标分别为$|H(j\omega)|$或 φ。

在通信、控制以及电力系统中，一种重要的组成部件是滤波网络，而滤波网络的研究需要从它的频响特性入手分析。

按照滤波网络幅频特性形式的不同，可以把它们划分为低通、高通、带通、带阻等类型，相应的$|H(j\omega)|$曲线分别绘于图 4-25(a)～(d)。图 4-25 中，虚线表示理想的滤波特性，实线示例给出可能实现的某种实际特性。

低通滤波网络的幅频特性。当 $\omega<\omega_c$ 时，$|H(j\omega)|$取得相对较大的数值，网络允许信号通过，而在 $\omega>\omega_c$ 以后，$|H(j\omega)|$的数值相对减小，以致非常微弱，网络不允许信号通过，将

这些频率的信号滤除。这里,ω_c 称为截止频率。$\omega<\omega_c$ 的频率范围称为通带,$\omega>\omega_c$ 则称为阻带。对于高通滤波网络,其通带、阻带的范围则与低通的情况相反。带通滤波网络的通带范围是在 ω_{c1} 与 ω_{c2} 之间,如图 4-25(c)所示;带阻滤波网络则与之相反。图 4-25 中用斜线(阴影部分)表示各种滤波特性的通带范围。

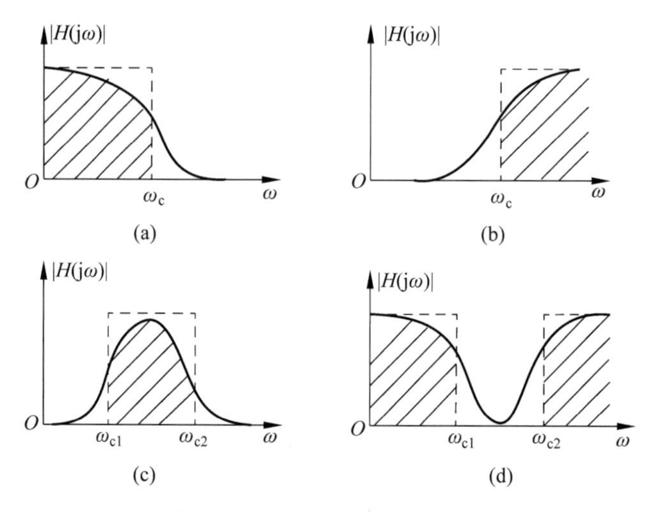

图 4-25 滤波网络频响特性示例

对于滤波网络的特性分析,有时要从它的相频响应特性研究,还可能从时域特性着手。广义上讲,滤波网络的作用及其类型应涉及滤波、时延、均衡、形成等许多方面。

根据系统函数 $H(s)$ 在 s 平面的零、极点分布可以绘制频响特性曲线,包括幅频特性 $|H(j\omega)|$ 曲线和相频特性 $\varphi(\omega)$ 曲线,下面介绍这种方法的原理。

假定系统函数 $H(s)$ 的表示式为

$$H(s)=\frac{K\prod_{j=1}^{m}(s-z_j)}{\prod_{i=1}^{n}(s-p_i)} \tag{4-113}$$

取 $s=j\omega$,也即,在 s 平面中 s 虚轴移动,得到

$$H(j\omega)=\frac{K\prod_{j=1}^{m}(j\omega-z_j)}{\prod_{i=1}^{n}(j\omega-p_i)} \tag{4-114}$$

容易看出,频率特性取决于零、极点的分布,即取决于 z_j、p_i 的位置,而式(4-114)中的 K 是系数,对于频率特性的研究无关紧要。分母中任一因子$(j\omega-p_i)$相当于由极点 p_i 引向虚轴上某点 $j\omega$ 的一个矢量;分子中任一因子$(j\omega-z_j)$相当于零点 z_j 引至虚轴上某点 $j\omega$ 的一个矢量。在图 4-26 中画出由零点 z_1 和极点 p_1 与 $j\omega$ 点连接构成的两个矢量,N_1、M_1 分别表示矢量的模,ϕ_1、θ_1 分别表示矢量的辐角。

对于任意零点 z_j、极点 p_i,相应的复数因子(矢量)都可表示为

$$j\omega-z_j=N_j e^{j\phi_j} \tag{4-115}$$

$$j\omega-z_i=M_i e^{i\theta_i} \tag{4-116}$$

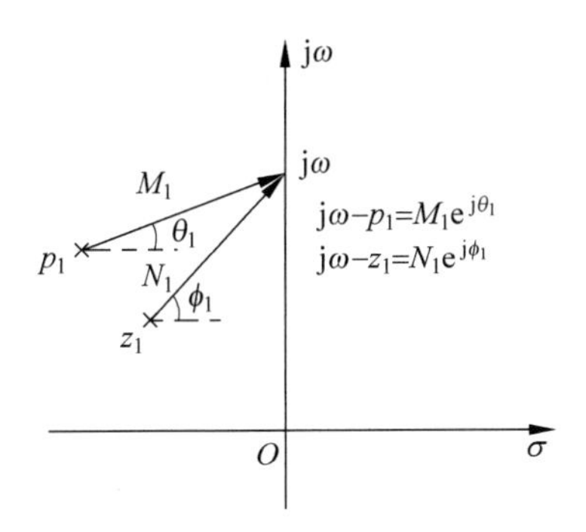

图 4-26　$(j\omega-p_1)$和$(j\omega-z_1)$矢量

这里，N_j、M_i 分别表示两矢量的模，ϕ_j、θ_i 则分别表示它们的辐角。

于是，式(4-114)可以改写为

$$\begin{aligned}H(j\omega)&=K\frac{N_1e^{j\phi_1}N_2e^{j\phi_2}\cdots N_me^{j\phi_m}}{M_1e^{j\theta_1}M_2e^{j\theta_2}\cdots M_ne^{j\theta_n}}\\&=K\frac{N_1N_2\cdots N_m}{M_1M_2\cdots M_n}e^{j[(\phi_1+\phi_2+\cdots+\phi_m)-(\theta_1+\theta_2+\cdots+\theta_n)]}\\&=|H(j\omega)|e^{j\varphi(\omega)}\end{aligned}\tag{4-117}$$

式中

$$|H(j\omega)|=K\frac{N_1N_2\cdots N_m}{M_1M_2\cdots M_n}\tag{4-118}$$

$$\varphi(\omega)=(\phi_1+\phi_2+\cdots+\phi_m)-(\theta_1+\theta_2+\cdots+\theta_n)\tag{4-119}$$

当 ω 沿虚轴移动时，各复数因子(矢量)的模和辐角都随之改变，于是得出幅频特性曲线和相频特性曲线。这种方法也称为 s 平面几何分析。

先讨论 $H(s)$极点位于 s 平面实轴的情况，包括一阶与二阶系统。下一节专门研究极点为共轭复数的情况。

一阶系统只含有一个储能元件(或将几个同类储能元件简化等效为一个储能元件)。系统转移函数只有一个极点，且位于实轴上。系统转移函数(电压比或电流比)的一般形式为 $K\frac{s-z_1}{s-p_1}$，其中 z_1、p_1 分别为它的零点与极点。如果零点位于原点，则函数形式为 $K\frac{s}{s-p_1}$；也可能除 $s=+\infty$处有零点之外，在 s 平面其他位置均无零点，于是函数形式为$\frac{K}{s-p_1}$。现以简单的 RC 网络为例，分析一阶低通、高通滤波网络。

【例 4-20】 研究图 4-27 所示 RC 高通滤波网络的频响特性。

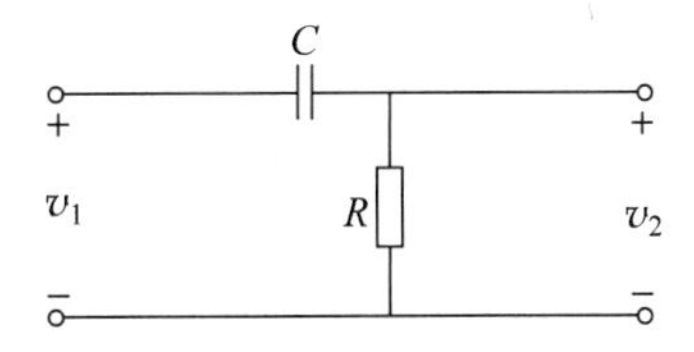

图 4-27　RC 高通滤波网络

$$H(\mathrm{j}\omega)=\frac{V_2(\mathrm{j}\omega)}{V_1(\mathrm{j}\omega)}$$

解：写出网络转移函数表示式

$$H(s)=\frac{V_2(s)}{V_1(s)}=\frac{R}{R+\frac{1}{sC}}=\frac{s}{s+\frac{1}{RC}}$$

它有一个零点在坐标原点，而极点位于$-\frac{1}{RC}$处，也即 $z_1=0, p_1=-\frac{1}{RC}$，零、极点在 s 平面分布如图 4-28 所示。将 $H(s)|_{s=\mathrm{j}\omega}=H(\mathrm{j}\omega)$以矢量因子 $N_1\mathrm{e}^{\mathrm{j}\phi_1}$，$M_1\mathrm{e}^{\mathrm{j}\theta_1}$ 表示

$$H(\mathrm{j}\omega)=\frac{N_1\mathrm{e}^{\mathrm{j}\phi_1}}{M_1\mathrm{e}^{\mathrm{j}\theta_1}}=\frac{V_2}{V_1}\mathrm{e}^{\mathrm{j}\varphi(\omega)}$$

式中

$$\frac{V_2}{V_1}=\frac{N_1}{M_1}$$

$$\varphi=\phi_1-\theta_1$$

现在分析当 ω 从 0 沿虚轴向$+\infty$增长时，$H(\mathrm{j}\omega)$如何随之改变。当 $\omega=0, N_1=0, M_1=\frac{1}{RC}$，所以$\frac{N_1}{M_1}=0$，也即$\frac{V_2}{V_1}=0$；又因为 $\theta_1=0, \phi_1=90°$，所以 $\varphi=90°$。当 $\omega=\frac{1}{RC}$时，$N_1=\frac{1}{RC}$，$\theta_1=45°$，而且 $M_1=\frac{\sqrt{2}}{RC}$，于是$\frac{V_2}{V_1}=\frac{N_1}{M_1}=\frac{1}{\sqrt{2}}$，此点为高通滤波网络的截止频率点。最后，当 ω 趋于$+\infty$时，N_1/M_1 趋于 1，也即 $V_2/V_1=1, \theta_1\to 90°$，所以 $\varphi\to 0°$。按照上述分析绘出幅频特性与相频特性曲线如图 4-29 所示。

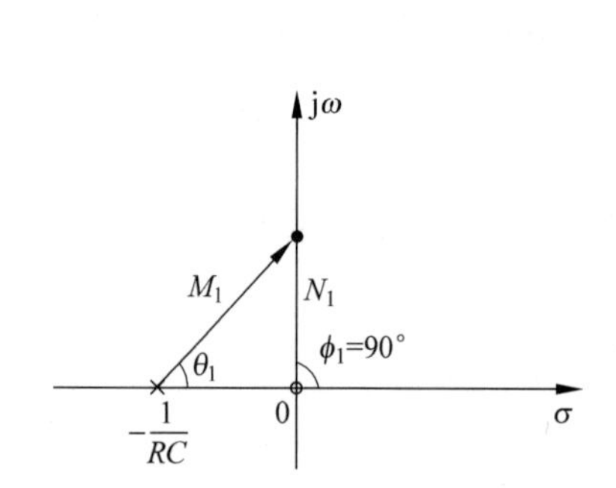

图 4-28　RC 高通滤波网络的 s 平面分析

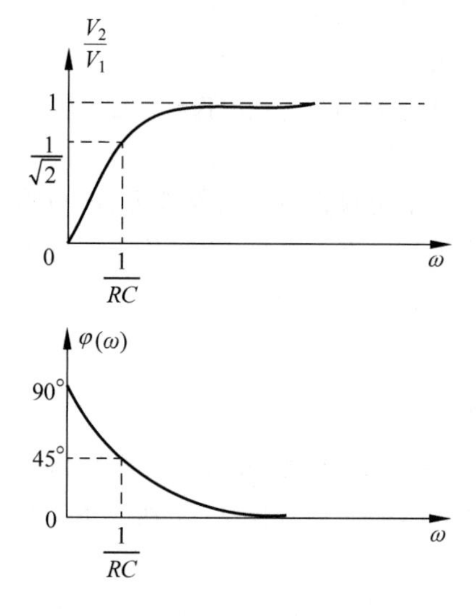

图 4-29　RC 高通滤波网络的频响特性

【**例 4-21**】　研究图 4-30 所示 RC 低通滤波网络的频响特性

$$H(\mathrm{j}\omega)=\frac{V_2(\mathrm{j}\omega)}{V_1(\mathrm{j}\omega)}$$

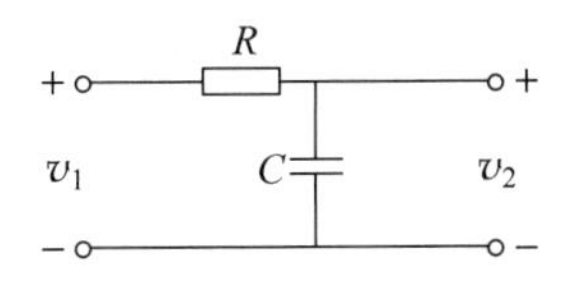

图 4-30 RC 低通滤波网络

解：写出网络转移函数表示式

$$H(s)=\frac{V_2(s)}{V_1(s)}=\frac{1}{RC}\cdot\frac{1}{\left(s+\frac{1}{RC}\right)}$$

极点位于 $p_1=-\frac{1}{RC}$处，在图 4-31 中已给出。$H(\mathrm{j}\omega)$表示式为

$$H(\mathrm{j}\omega)=\frac{1}{RC}\frac{1}{M_1\mathrm{e}^{\mathrm{j}\theta_1}}=\frac{V_2}{V_1}\mathrm{e}^{\mathrm{j}\varphi(\omega)}$$

式中

$$\frac{V_2}{V_1}=\frac{1}{RC}\frac{1}{M_1}$$

$$\varphi=-\theta_1$$

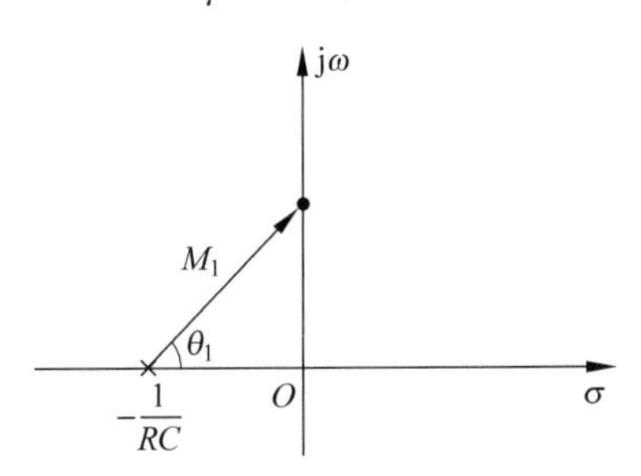

图 4-31 RC 低通滤波网络的 s 平面分析

仿照例 4-20 的分析，容易得出频响曲线如图 4-32 所示，这是一个低通网络，截止频率位于 $\omega=\frac{1}{RC}$处。

对于一阶系统，经常遇到的电路还有简单的 RL 电路以及含有多个电阻而仅含有一个储能元件的 RC，RL 电路。对于它们都可采用类似的方法进行分析。只要系统函数的零、极点分布相同，就会具有一致的时域、频域特性。从系统的观点来看，要抓住系统特性的一般规律，必须从零、极点分布的观点入手研究。

由同一类型储能元件构成的二阶系统（如含有两个电容或两个电感），它们的两个极点都落在实轴上，即不出现共轭复数极点，是非谐振系统。系统转移函数（电压比或电流比）的一般形式为 $K\frac{(s-z_1)(s-z_2)}{(s-p_1)(s-p_2)}$，式中 z_1，z_2 是两个零点，p_1，p_2 是两个极点。也可出现 $K\frac{s-z_1}{(s-p_1)(s-p_2)}$或 $K\frac{1}{(s-p_1)(s-p_2)}$等形式。由于零点数目以及零点、极点位置的不同，它们可以分别构成低通、高通、带通、带阻等滤波特性。就其 s 平面几何分析方法来看，与一阶系统的方法类似，不需建立新概念。

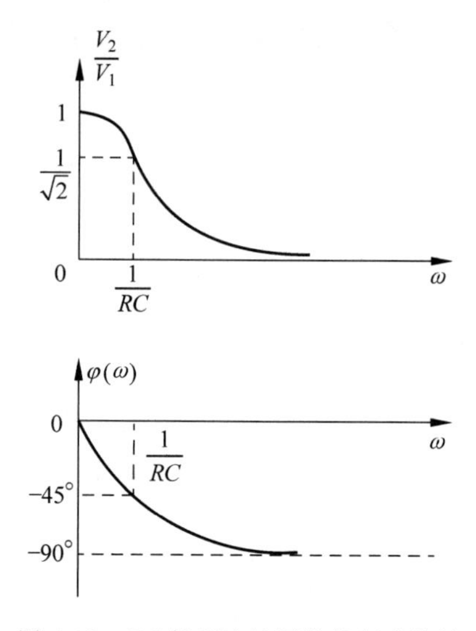

图 4-32　RC 低通滤波网络的频响特性

【例 4-22】　由 s 平面几何研究图 4-33 所示二阶 RC 系统的频响特性 $H(\mathrm{j}\omega)=\dfrac{V_2(\mathrm{j}\omega)}{V_1(\mathrm{j}\omega)}$。注意，图 4-33 中 kv_3 是受控电压源，且 $R_1C_1 \ll R_2C_2$。

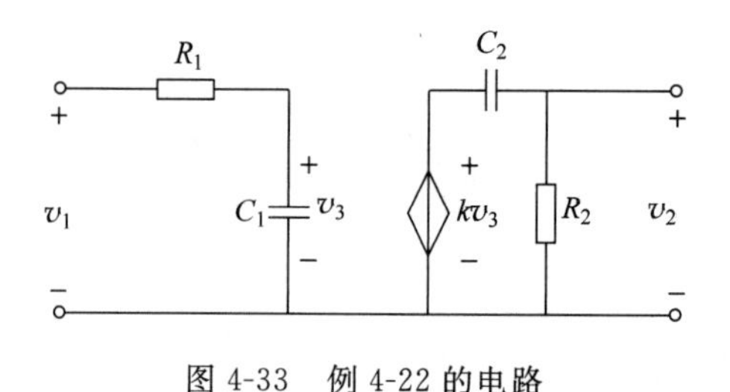

图 4-33　例 4-22 的电路

解：容易写出其转移函数为

$$H(s)=\frac{V_2(s)}{V_1(s)}=\frac{k}{R_1C_1}\cdot\frac{s}{\left(s+\frac{1}{R_1C_1}\right)\left(s+\frac{1}{R_2C_2}\right)}$$

它的极点位于 $p_1=-\dfrac{1}{R_1C_1}$，$p_2=-\dfrac{1}{R_2C_2}$，只有一个零点在原点。将它们标于图 4-34 中，这里注意到题意给定的条件 $R_1C_1 \ll R_2C_2$，故 $-\dfrac{1}{R_2C_2}$ 靠近原点，而 $-\dfrac{1}{R_1C_1}$ 则离开较远。以 $\mathrm{j}\omega$ 代入 $H(s)$ 得到矢量因子形式

$$\begin{aligned}H(\mathrm{j}\omega)&=\frac{k}{R_1C_1}\cdot\frac{N_1\mathrm{e}^{\mathrm{j}\phi_1}}{M_1\mathrm{e}^{\mathrm{j}\theta_1}M_2\mathrm{e}^{\mathrm{j}\theta_2}}\\&=\frac{k}{R_1C_1}\cdot\frac{N_1}{M_1M_2}\mathrm{e}^{\mathrm{j}(\phi_1-\theta_1-\theta_2)}\\&=\frac{V_2}{V_1}\mathrm{e}^{\mathrm{j}\varphi(\omega)}\end{aligned}$$

由图 4-34 看出，当 ω 较低时，$M_1\approx\dfrac{1}{R_1C_1}$，几乎都不随频率而变，这时，$M_2$，$\theta_2$，$N_1$，$\phi_1$ 的

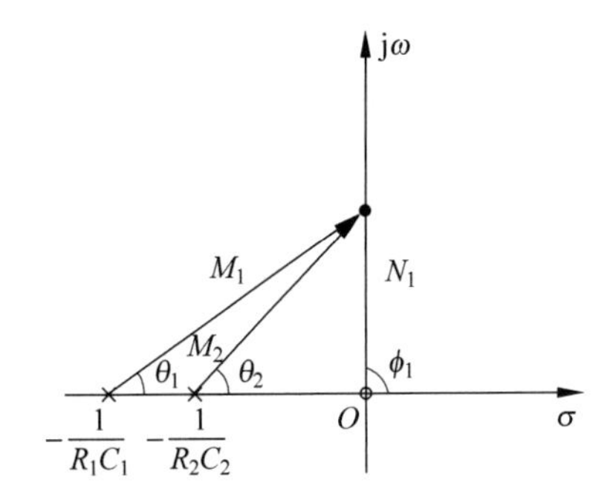

图 4-34 例 4-22 的零、极点分布

作用(即极点 p_2 与零点 z_1 的作用)与一阶 RC 高通系统相同,构成如图 4-34 中 ω 低端的高通特性。当 ω 较高时,$M_2\approx N_1$,$\theta_2\approx\phi_1$,也可近似认为它们不随 ω 而改变,于是,M_1,θ_1 的作用(即极点 p_1 的作用与一阶 RC 低通系统一致,构成如图 4-35 中 ω 高端的低通特性。)当 ω 位于间频率范围时,同时满足 $M_1\approx\dfrac{1}{R_1C_1}$,$\theta_1\approx 0$,$M_2\approx N_1=|\mathrm{j}\omega|$,$\theta_2\approx\phi_1=90°$,那么 $H(\mathrm{j}\omega)$ 可近似写为

$$H(\mathrm{j}\omega)\Bigg|_{\left(\frac{1}{R_2C_2}<\omega<\frac{1}{R_1C_1}\right)}\approx\frac{k}{R_1C_1}\cdot\frac{\mathrm{j}\omega}{\dfrac{1}{R_1C_1}\cdot\mathrm{j}\omega}=k$$

这时的频响特性近于常数。

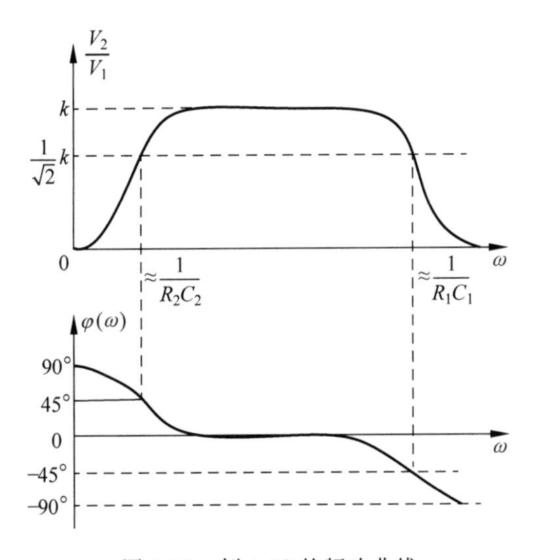

图 4-35 例 4-22 的频响曲线

从物理概念上讲,在低频端,主要是 R_2C_2 的高通特性起作用;在高频端,则是 R_1C_1 的低通特性起主要作用;在中频段,C_1 相当于开路、C_2 相当于短路,它们都不起作用,信号 v_1 经受控源的 k 倍相乘而送往输出端,给出 v_2。可见此系统相当于低通与高通级联构成的带通系统。

4.9 线性系统的稳定性

前面讨论了 $H(s)$零、极点分布与系统时域特性、频响特性的关系，作为 $H(s)$零、极点分析的另一重要应用是借助它来研究线性系统的稳定性。

按照研究问题的不同类型和不同角度，系统稳定性的定义有不同形式，涉及的内容相当丰富，本节只作初步的简单介绍。

稳定性是系统自身的性质之一，系统是否稳定与激励信号的情况无关。

系统的冲激响应 $h(t)$或系统函数 $H(s)$集中表征了系统的本性，当然，它们也反映了系统是否稳定。判断系统是否稳定，可从时域或 s 域两方面进行。对于因果系统观察在时间 t 趋于无限大时，$h(t)$增长、还是趋于有限值或者消失，这样可以确定系统的稳定性。研究 $H(s)$在 s 平面中极点分布的位置，也可很方便地给出有关稳定性的结论。从稳定性考虑，因果系统可划分为稳定系统、不稳定系统、临界稳定(边界稳定)系统三种情况。

(1) 稳定系统：如果 $H(s)$全部极点落于 s 左半平面(不包括虚轴)，则可以满足

$$\lim_{t\to+\infty}[h(t)] = 0 \tag{4-120}$$

系统是稳定的(参看表 4-4、表 4-5)。

(2) 不稳定系统：如果 $H(s)$的极点落于 s 右半平面，或在虚轴上具有二阶以上的极点，则在足够长时间以后，$h(t)$仍继续增长，系统是不稳定的。

(3) 临界稳定系统：如果 $H(s)$的极点落于 s 平面虚轴上，且只有一阶，则在足够长时间以后，$h(t)$趋于一个非零的数值或形成一个等幅振荡。这处于上述两种临界情况。

稳定系统的另一种定义方式如下：若系统对任意的有界输入其零状态响应也是有界的，则称此系统为稳定系统。也可称为有界输入有界输出(BIBO)稳定系统。上述定义可由以下数学表达式说明。

对所有的激励信号 $e(t)$，有

$$|e(t)| \leqslant M_e \tag{4-121}$$

其响应 $r(t)$满足

$$|r(t)| \leqslant M_r \tag{4-122}$$

则称系统是稳定的。式中，M_e，M_r 为有界正值。按此定义，对各种可能的 $e(t)$，逐个检验式(4-121)与式(4-122)来判断系统稳定性将过于烦琐，也是不现实的，为此导出稳定系统的充分必要条件是

$$\int_{-\infty}^{+\infty} |r(t)|\,\mathrm{d}t \leqslant M \tag{4-123}$$

式中 M 为有界正值，或者说，若冲激响应 $h(t)$绝对可积，则系统是稳定的。下面对此条件给出证明。

对任意有界输入 $e(t)$，系统的零状态响应为

$$r(t) = \int_{-\infty}^{+\infty} h(\tau)e(t-\tau)\mathrm{d}\tau \tag{4-124}$$

$$|r(t)| \leqslant \int_{-\infty}^{+\infty} |h(\tau)| \cdot |e(t-\tau)|\,\mathrm{d}\tau \tag{4-125}$$

代入式(4-121)的条件得到

$$|r(t)| \leqslant M_e \int_{-\infty}^{+\infty} |h(\tau)| \mathrm{d}\tau \tag{4-126}$$

如果 $h(t)$ 满足式(4-123)，也即 $h(t)$ 绝对可积则

$$|r(t)| \leqslant M_e \cdot M$$

取 $M_e M = M_r$，这就是式(4-122)。至此，条件式(4-123)的充分性得到证明。下面研究它的必要性。

如果 $\int_{-\infty}^{+\infty} |h(\tau)| \mathrm{d}t$ 无界，则至少有一个有界的 $e(t)$ 产生无界的 $r(t)$。试选具有如下特性的激励信号

$$e(-t) = \mathrm{sgn}[h(t)] = \begin{cases} -1, & h(t) < 0 \\ 0, & h(t) = 0 \\ 1, & h(t) > 0 \end{cases}$$

这表明 $e(-t)h(t) = |h(t)|$，响应 $r(t)$ 的表达式为

$$r(t) = \int_{-\infty}^{+\infty} h(\tau) e(t-\tau) \mathrm{d}\tau$$

$$r(0) = \int_{-\infty}^{+\infty} h(\tau) e(-\tau) \mathrm{d}\tau$$

$$= \int_{-\infty}^{+\infty} [h(\tau)] \mathrm{d}\tau$$

此式表明，若 $\int_{-\infty}^{+\infty} [h(\tau)] \mathrm{d}\tau$ 无界，则 $r(0)$ 也无界，即式(4-123)的必要性得证。

在以上分析中并未涉及系统的因果性，这表明无论因果稳定系统或非因果稳定系统都要满足式(4-123)的条件。对于因果系统，式(4-123)可改写为

$$\int_{0}^{+\infty} h(t) \mathrm{d}t \leqslant M \tag{4-127}$$

对于因果系统，从 BIBO 稳定性定义考虑与考察 $H(s)$ 极点分布来判断稳定性具有统一的结果，仅在类型划分方面略有差异。当 $H(s)$ 极点位于左半平面时，$h(t)$ 不满足绝对可积条件，系统不稳定。当 $H(s)$ 极点位于虚轴且只有一阶时称为临界稳定系统，$h(t)$ 处于不满足绝对可积的临界状况，从 BIBO 稳定性划分来看，由于未规定临界稳定类型，因而这种情况可属不稳定范围。

【例 4-23】 已知两因果系统的系统函数 $H_1(s) = \frac{1}{s}$，$H_2(s) = \frac{s+a}{s^2+a^2}$，激励信号分别为 $e_1(t) = u(t)$，$e_2(t) = [\cos(at) - \sin(at)]u(t)$，求两种情况的响应 $r_1(t)$ 和 $r_2(t)$，并讨论系统稳定性。

解：容易求得激励信号的拉普拉斯变换分别为 $\frac{1}{s}$ 和 $\frac{s-a}{s^2+a^2}$，响应的拉普拉斯变换分别为

$$R_1(s) = \frac{1}{s} \cdot \frac{1}{s} = \frac{1}{s^2}$$

$$R_2(s) = \frac{s-a}{s^2+a^2} \cdot \frac{s+a}{s^2+a^2}$$

对应时域表达式

$$r_1(t) = tu(t)$$

$$r_2(t) = t\cos(at)u(t)$$

在本例中,激励信号 $u(t)$和$[\cos(at)-\sin(at)]u(t)$都是有界信号,却都产生无界信号的输出。因而,从 BIBO 稳定性判据可知,两种情况。当然,也可检验 $h_1(t)=u(t)$和$h_2(t)=[\cos(at)+\sin(at)]u(t)$都未能满足绝对可积,于是得出同样结论。若从系统函数极点分布来看,$H_1(s)$和 $H_2(s)$都具有虚轴上的一阶极点,属临界稳定类型。

对应电路分析的实际问题,通常不含受控源的 RLC 电路构成稳定系统。不含受控源也不含电阻 R(无损耗),只由 LC 元件构成的电路会出现 $H(s)$极点位于虚轴的情况,$h(s)$呈等幅振荡。从物理概念上讲,上述两种情况都是无源网络,它们不能对外部供给能量,响应函数幅度是有限的,属稳定或临界稳定系统。含受控源的反馈系统可出现稳定、临界稳定和不稳定几种情况,实际上由于电子器件的非线性作用,电路往往可从不稳定状态逐步调整至临界稳定状态,利用此特点产生自激振荡。

【例 4-24】 假定图 4-36 所示放大器的输入阻抗等于无限大。输出信号 $V_0(s)$与差分输入信号 $V_1(s)$和 $V_2(s)$之间满足关系式 $V_0(s)=A[V_2(s)-V_1(s)]$,试求:

(1) 系统函数 $H(s)=\dfrac{V_0(s)}{V_1(s)}$;

(2) 由 $H(s)$极点分布判断 A 满足怎样的条件时,系统是稳定的?

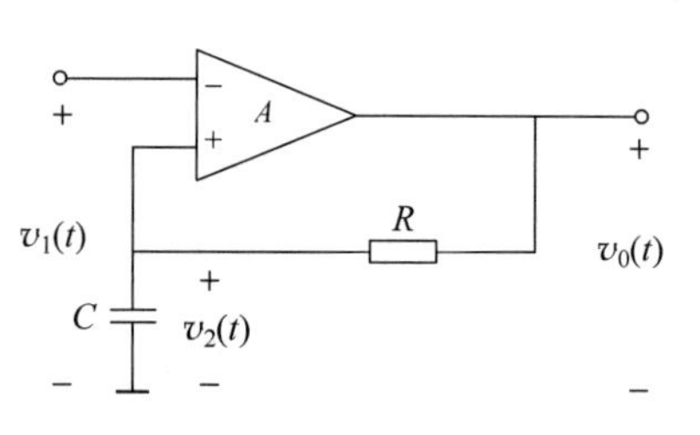

图 4-36　例 4-24 的电路

解:

$$\frac{V_2(s)}{V_0(s)} = \frac{\frac{1}{sC}}{R+\frac{1}{sC}}$$

$$V_0(s) = A[V_2(s)-V_1(s)]$$

$$= \frac{\frac{1}{sC}}{R+\frac{1}{sC}}$$

$$= AV_0(s) - AV_1(s)$$

$$H(s) = \frac{V_0(s)}{V_1(s)} - \frac{A}{1-\frac{\frac{A}{sC}}{R+\frac{1}{sC}}}$$

$$= \frac{\left(s+\frac{1}{RC}\right)A}{S+\frac{1+A}{RC}}$$

为使此系统稳定,$H(s)$之极点应落于 s 平面之左半面,故应有

$$\frac{1-A}{RC}>0$$

若 $A<1$,则系统稳定;若 $A\geqslant 1$,则为临界稳定或不稳定系统。

【例 4-25】 已知图 4-37 所示线性反馈系统,讨论当 K 从 0 增长时的系统稳定性变化。

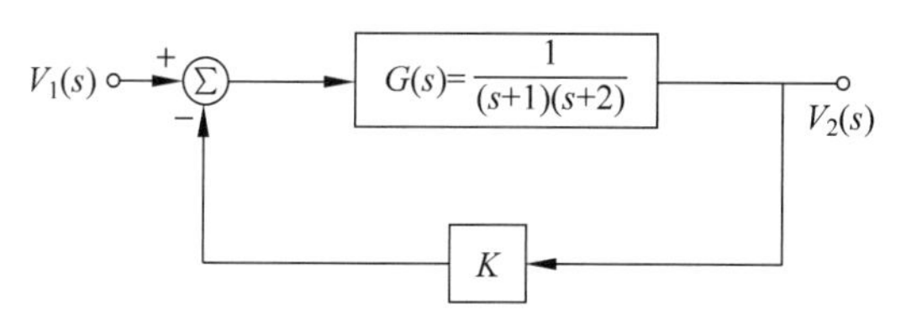

图 4-37　例 4-25 的系统

解:

$$V_2(s)=[V_1(s)-KV_2(s)]G(s)$$

$$\frac{V_2(s)}{V_1(s)}=\frac{G(s)}{1+KG(s)}=\frac{\frac{1}{(s+1)(s+2)}}{1+\frac{K}{(s+1)(s+2)}}$$

$$=\frac{1}{(s+1)(s+2)+K}=\frac{1}{s^2+3s+2+K}$$

$$=\frac{1}{(s-p_1)(s-p_2)}$$

求得极点位置

$$p_1=p_2=\frac{-3}{2}\pm\sqrt{\frac{1}{4}-K}$$

$$K=-6,\quad p_1=-4,\quad p_2=+1$$

$$K=-2,\quad p_1=-3,\quad p_2=0$$

$$K=\frac{1}{4},\quad p_1-p_2=-\frac{3}{2}$$

$$K>\frac{1}{4},\text{有共轭复根,在左半平面}$$

因此,$K>-2$ 时系统稳定,$K=2$ 时为临界稳定,$K<-2$ 时系统不稳定。K 增长时,极点在 s 平面上的移动过程示意如图 4-38 所示。

在线性时不变系统(包括连续与离散)分析中,系统函数方法占据重要地位。以上各节研究了利用 $H(s)$求解电路以及由 $H(s)$零、极点分布决定系统的时域、频域特性和稳定性等各类问题。在本书以后许多章节中还要看到系统函数的广泛应用,从多种角度理解和认识它的作用。然而,必须注意到应用这一概念的局限性,系统函数只能针对零状态响应描述系统的外特性,不能反映系统内部性能。此外,对于相当多的工程实际问题,难以建立确切的系统函数模型,对高阶线性系统求出严格的系统函数过于烦琐,对于非线性系统、时变系统以及许多模糊现象则不能采用系统函数的方法。近年来,人工神经网络和模糊控制等方法的出现为解决这类问题开辟了新的途径。这些新方法的构成原理和处理问题的出发点等与本章给出的系统函数方法有着重大区别,将在后续课程中看到。

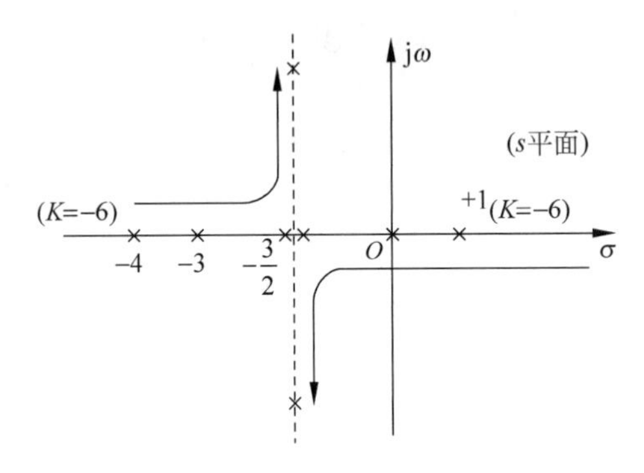

图 4-38　极点在 s 平面移动过程

4.10　由拉普拉斯变换引出傅里叶变换

在本章一开始,从傅里叶变换的基本原理引出了拉普拉斯变换的概念。本节讨论从拉普拉斯变换求得傅里叶变换的方法。

读者可能会想到这样的问题:能否利用已知某信号的拉普拉斯变换式以"jω"转换"s"而求得其傅里叶变换呢?欲对此作出回答,先来讨论傅里叶变换、双边拉普拉斯变换与单边拉普拉斯变换三者之间的关系。请参看图 4-39 的示意说明。双边拉普拉斯变换的积分限是取 t 从$-\infty$到$+\infty$,而 $f(t)$所乘因子为复指数 e^{-st},$s=\sigma+j\omega$,它涉及全部 s 平面。如果不改变积分限,而且将复指数的 σ 取零值,$s=j\omega$,也即局限于 s 平面的虚轴,则得到傅里叶变换。双边拉普拉斯变换为广义的傅里叶变换。如果不改变双边拉普拉斯变换式中的复指数因子 e^{-st},仍取 $s=\sigma+j\omega$,但将积分限限制于 $0\sim+\infty$就得到单边拉普拉斯变换。在取傅里叶变换时,若当 $t<0$ 满足函数 $f(t)=0$,并将 $f(t)$乘以衰减因子 $e^{-\sigma t}$也就成为单边拉普拉斯变换。

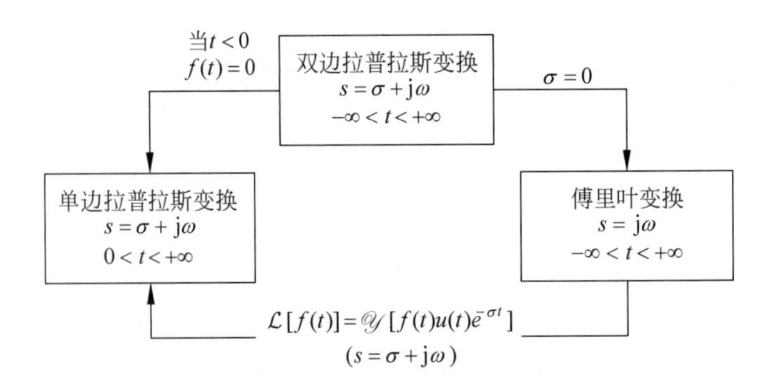

图 4-39　傅里叶变换与拉普拉斯变换的区别和联系

如果要从已知的单边拉普拉斯变换求傅里叶变换,首先应判明函数 $f(t)$为有始信号,即当 $t<0$ 时 $f(t)=0$,然后根据收敛边界的不同,按以下三种情况分别对待。

1. $\sigma_0>0$(收敛边界落于 s 平面右半边)

这相应于一些增长函数的情况,例如

$$f(t) = c^{\alpha t}u(t)$$

其单边拉普拉斯变换为

$$\mathcal{L}[e^{\alpha t}u(t)] = \frac{1}{s-a}, \quad 收敛域\ \sigma > a \tag{4-128}$$

函数波形和 s 平面收敛域分别如图 4-40(a)和(b)所示。对于这种情况,依靠 $e^{-\sigma t}$ 因子使增长信号衰减下来得到拉普拉斯变换。显然,它的傅里叶变换是不存在的,因而不能盲目地由拉普拉斯变换寻求其傅里叶变换。

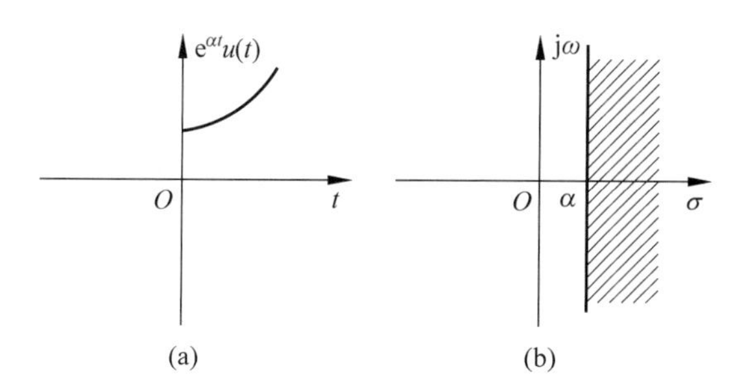

图 4-40　与式(4-128)相应的波形及其收敛域

2. $\sigma_0 < 0$(收敛边界落于 s 平面左半边)

例如

$$f(t) = e^{-\alpha t}u(t)$$

$$\mathcal{L}[f(t)] = \frac{1}{s+\alpha}, \quad 收敛域\ \sigma > -\alpha \tag{4-129}$$

图 4-41(a)和(b)分别示出了 $f(t)$波形以及在 s 平面的收敛域。

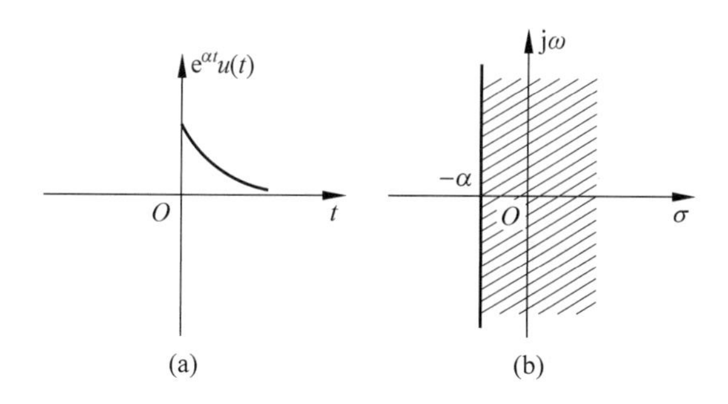

图 4-41　与式(4-129)相应的波形及其收敛域

这种情况对应衰减函数,它的傅里叶变换存在。令其拉普拉斯变换中的 $s=\mathrm{j}\omega$ 就 uf 求得它的傅里叶变换。例如对于式(4-129)有

$$\mathcal{L}[e^{-\alpha t}u(t)] = \frac{1}{s+\alpha}$$

$$\mathcal{F}[e^{-\alpha t}u(t)] = \frac{1}{\mathrm{j}\omega+\alpha}$$

又如

$$\mathcal{L}[e^{-\alpha t}\sin(\omega_0 t)u(t)] = \frac{\omega_0}{(s+\alpha)^2+\omega_0^2}$$

$$\mathcal{L}[e^{-at}\sin(\omega_0 t)u(t)] = \frac{\omega_0}{(j\omega+\alpha)^2+\omega_0^2}$$

3. $\sigma_0=0$(**收敛边界位于虚轴**)

在这种情况下,函数具有拉普拉斯变换,而其傅里叶变换也可以存在,但不能简单地将拉普拉斯变换中的 s 代以 $j\omega$ 来求傅里叶变换。在它的傅里叶变换中将包括奇异函数项。例如,对于单位阶跃函数有

$$\mathcal{F}[u(t)] = \frac{1}{s},\quad \sigma>0$$

$$\mathcal{F}[u(t)] = \frac{1}{j\omega}+\pi\delta(\omega) \tag{4-130}$$

下面导出收敛边界位于虚轴时拉普拉斯变换与傅里叶变换联系的一般关系式,若 $f(t)$ 的拉普拉斯变换式为

$$\mathcal{F}(s) = \mathcal{F}_a(s)+\sum_{n=1}^{N}\frac{K_n}{s-j\omega_n} \tag{4-131}$$

其中,$\mathcal{F}_a(s)$的极点位于 s 平面之左半;ω_n 为虚轴上的极点,共有 N 个;K_n 为部分分式分解的系数。容易求得式(4-131)的逆变换为

$$f(t) = f_a(t)+\sum_{n=1}^{N}K_n e^{j\omega_n t}u(t) \tag{4-132}$$

式中,$f_a(t)$是对应 $F_a(s)$的逆变换。求式(4-131)的傅里叶变换可得

$$\begin{aligned}\mathcal{F}[f(t)] &= \mathcal{F}_a(j\omega)+\mathcal{F}\left[\sum_{n=1}^{N}K_n e^{j\omega_n t}u(t)\right]\\ &= \mathcal{F}_a(j\omega)+\sum_{n=1}^{N}K_n\left\{\delta(\omega-\omega_n)\times\left[\pi\delta(\omega)+\frac{1}{j\omega}\right]\right\}\\ &= \mathcal{F}_a(j\omega)+\sum_{n=1}^{N}\frac{K_n}{j(\omega-\omega_n)}-\sum_{n=1}^{N}K_n\pi\delta(\omega-\omega_n)\\ &= \mathcal{F}(s)\big|_{s=j\omega}+\sum_{n=1}^{N}K_n\pi\delta(\omega-\omega_n)\end{aligned} \tag{4-133}$$

利用式(4-133)即可由$\mathcal{F}(s)$求得博氏变换,式中包括两部分,第一部分是将$\mathcal{F}(s)$中的 s 以 $j\omega$ 代入,第二部分为一系列冲激函数之和。

【例 4-26】 求 $f(t)=\cos(at)u(t)$的傅里叶变换和拉普拉斯变换。

解:由表 4-1 容易求出

$$\mathcal{L}[\cos(at)u(t)] = \frac{s}{s^2+a^2}$$

利用式(4-133)可求出

$$\mathcal{F}[\cos(at)u(t)] = \frac{j\omega}{a^2-\omega^2}+\frac{\pi}{2}[\delta(\omega+a)+\delta(\omega-a)]$$

如果$\mathcal{F}(s)$具有 $j\omega$ 轴上的多重极点,对应的傅里叶变换式还可能出现冲激函数的各阶导数项。例如,若

$$\mathcal{F}(s) = \mathcal{F}_a(s)+\frac{K_0}{(s+j\omega_0)^k}$$

其中,$\mathcal{F}_a(s)$的极点位于 s 平面左半边,在虚轴上有 k 重 ω_0 的极点,K_0 为系数。此时,可

求得

$$\mathcal{F}[f(t)] = \mathcal{F}(s)\mid_{s=j\omega} + \frac{k_0 \pi j^{k-1}}{(k-1)!}\delta^{(k-1)}(\omega-\omega_0) \tag{4-134}$$

其中，$\delta(\omega-\omega_0)$的上角$(k-1)$表示求$k-1$阶导数。

【例4-27】 求$f(t)=t^2u(t)$的傅里叶变换和拉普拉斯变换。

解： 由表4-1查到

$$F(s) = \frac{2}{s^3}$$

利用式(4-134)求出

$$F[f(t)] = \frac{2j}{\omega^3} - \pi\delta''(\omega)$$

4.11　拉普拉斯变换的MATLAB实现

连续信号的频域和复频域表达式可以通过符号运算获得。其频谱的可视化可以用幅度谱和相位谱绘制。周期信号可以通过计算其傅里叶级数，画出它的幅度谱和相位谱；非周期性信号可以通过计算其傅里叶变换，画出它的幅度谱和相位谱。信号的复频域分析一般缺少可视化的直观表示，但可以用信号的拉普拉斯变换，绘制它的三维幅度曲面图和相位曲面图，来观察其复频域特性。

【例4-28】 时间函数的拉氏变换。

(1) $x(t)=te^{-2t}$；

(2) $x(t)=\sin t+2\cos t$；

(3) $x(t)=te^{-(t-2)}\varepsilon(t-1)$。

解： [MATLAB程序]

```
x1 = sym('t * exp( - 2 * t)');
x2 = sym('sin(t) + 2 * cos(t)');
x3 = sym('t * exp(2 - t) * Heaviside(t - 1)');
X1 = laplace(x1)
X2 = laplace(x2)
X3 = laplace(x3)
```

[程序运行结果]

```
X1 = 1/(s + 2)^2
X2 = 1/(s ^2 + 1) + 2 * s/(s ^2 + 1)
X3 = exp(2) * (exp( - s - 1)/(s + 1) + exp( - s - 1)/(s + 1)^2)
```

【例4-29】 已知信号$f(t)=\cos t\varepsilon(t)$的拉氏变换为$F(s)=\frac{s}{s^2+1}$，试绘制拉氏变换曲面图。

解： 绘制拉氏变换曲面图可以用mesh函数实现

[MATLAB程序]

```
dt = 0.02;
```

```
x = - 0.5: dt :0.5;                          % 横坐标范围
y = - 1.99: dt :1.99;                        % 纵坐标范围
[x,y] = meshgrid(x,y);                       % 产生矩阵
s = x + j * y;
s2 = s. * s;
c = ones(size(x));
Fs = abs(s./(s2 + c));                       % 计算拉氏变化在复平面上的样点值
mesh(x,y,Fs)                                 % 画网格图
surf(x,y,Fs)                                 % 画曲面图
colormap(hsv)                                % 使用两端为红的饱和值色
xlabel('x'), ylabel('y'), zlabel('F(s)')
```

[程序运行结果]

运行程序得到单边余弦信号拉氏变换曲面图如图 4-42 所示。

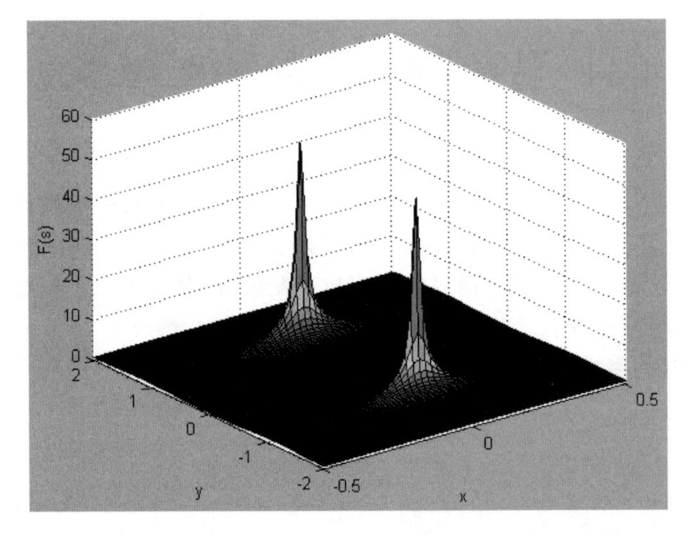

图 4-42　例 4-29 的拉普拉斯变换曲面图

【例 4-30】 求下面象函数的拉氏变换。

(1) $F(s)=\dfrac{2s^2+s-6}{(s^2+2s+2)(s+1)}$；

(2) $F(s)=\dfrac{s^4+5s^3+12s^2+7s+15}{(s^2+1)^2(s+2)}$；

(3) $F(s)=\dfrac{1}{(s^2+1)(s+3)}$。

解：[MATLAB 程序]

```
F1 = sym('(2 * s ^2 + s - 6)/(s + 1)/(s ^2 + 2 * s + 2)');
F2 = sym('(2 * s ^4 + 5 * s ^3 + 12 * s ^2 + 7 * s + 15)/(s + 2)/(s ^2 + 1)^2');
F3 = sym('1/(s ^2 + 1)/(s + 3)');
f1 = ilaplace(F1)
f2 = ilaplace(F1)
f3 = ilaplace(F1)
```

[程序运行结果]

```
f1 = -5*exp(-t)+7*exp(-t)*cos(t)-3*exp(-t)*sin(t)
f2 = exp(-2*t)+6*sin(t)-t*cos(t)
f3 = 1/10*exp(-3*t)-1/10*cos(t)+3/10sin(t)
```

【例 4-31】 将函数 $F(s)=\dfrac{3s^2+5s+4}{(s^2+1)(s+1)(s+8)}$用部分分式法展开。

解：进行部分分式展开可以使用 MATLAB 中 residue 函数，函数的输出 r、p、k 含义如下所示：

$$H(s)=K(s)+\frac{R(1)}{S-p(1)}+\frac{R(2)}{S-p(2)}+\cdots+\frac{R(n)}{S-p(n)}$$

如果有重根的情况，则重根因子从低幂次到高幂次排列。

[MATLAB 程序]

```
num = [3,5,4];
d1 = [1,0,1];d2 = [1,2];d3 = [1,8];
den = conv(d1,conv(d2,d3));
[r,p,k] = residue(num,den)
```

[程序运行结果]

```
r =  -0.4000
      0.2000
      0.1000 - 0.1000i
      0.1000 + 0.1000i
p =  -8.0000
     -2.0000
     -0.0000 + 1.0000i
     -0.0000 - 1.0000i
k = []
```

即部分分式展开的结果为

$$F(s)=\frac{0.2}{s+2}-\frac{0.4}{s+8}+\frac{0.1+0.1\mathrm{j}}{s+\mathrm{j}}+\frac{0.1-0.1\mathrm{j}}{s-\mathrm{j}}$$

对连续时间系统进行时域分析可以用拉氏变换法求解响应的符号公式解，也可以用 MATLAB 提供的函数进行数值仿真求解。数值求解中用到的函数主要有控制(CONTROL)工具箱的冲激响应仿真函数 impulse，阶跃响应仿真函数 step，一般响应仿真函数 lsim 和零输入响应仿真函数 inital。为仿真零输入响应部分，函数 lsim 和 initial 都只能接受状态空间系统模型，其他情况下都可以接受各种系统模型。

【例 4-32】 求系统 $H(s)=\dfrac{s+8}{s^2+2s+8}$的单位冲激响应和单位阶跃响应，并画出它们的波形。

解：首先定义系统函数的分子、分母多项式系数，然后用 impulse 函数仿真系统的冲激响应，用 step 函数仿真系统的阶跃响应。使用函数 impulse 和函数 step 可以将响应赋给一个变量，比如[y, t]=impulse(b, a)，其中 t 为时间下标。当这些函数没有输出参数时，MATLAB 将给出响应的波形图。

[MATLAB 程序]

```
num = [1, 8];den = [1, 2, 8];
subplot(1, 2, 1),impulse(num, den),grid on
subplot(1, 2, 2),step(num, den),grid on
```

[程序运行结果]

运行程序得到的响应波形如图 4-43 所示。

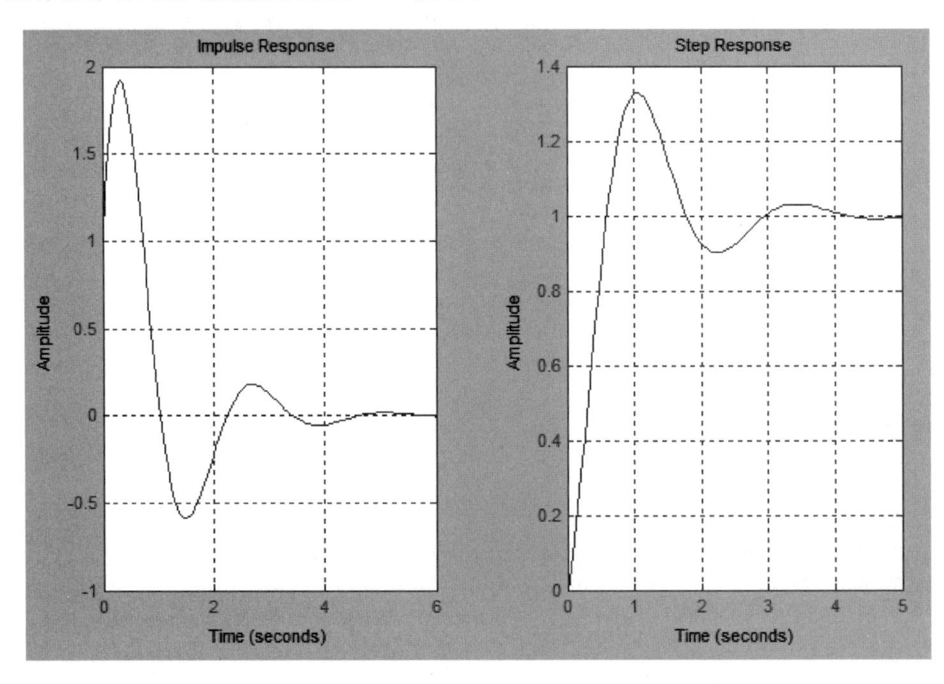

图 4-43　例 4-32 的单位冲激响应和阶跃响应波形

【例 4-33】 给定系统微分方程

$$\frac{\mathrm{d}^2}{\mathrm{d}t^2}r(t)+3\frac{\mathrm{d}}{\mathrm{d}t}r(t)+2r(t)=\frac{\mathrm{d}e(t)}{\mathrm{d}t}+3e(t)$$

$$e(t)=\mathrm{e}^{-3t}\varepsilon(t),\quad r(0_-)=1,\quad r'(0_-)=2$$

试分别求它们的完全响应,并指出其零输入响应、零状态响应分量。

解:本题可以用拉普拉斯变换法求符号解,也可以用函数 lsim 进行仿真求解零状态响应部分。

[MATLAB 程序_符号求解]

```
eq = 'D2y + 3 * Dy + 2 * y = Dx + 3 * x';
in0 = 'x = 0';
in1 = 'x = exp( - 3 * t) * Heaviside(t)';
ic0 = 'y( - 0.0001) = 0,Dy( - 0.0001) = 0';
ic1 = 'y(0) = 1,Dy(0) = 2';
zir = dsolve(eq,in0,ic1);yzir = simplify(zir.y)
zsr = dsolve(eq,in1,ic0);yzsr = simplify(zsr.y)
ytotal = yzir + yzsr
```

[程序运行结果]

```
yzir = -3*exp(-2*t)+4*exp(-t)
yzsr = Heaviside(t)*(-exp(-2*t)+exp(-t))
ytotal = -3*exp(-2*t)+4*exp(-t)+ Heaviside(t)*(-exp(-2*t)+exp(-t))
```

根据符号解画出的零状态响应波形如图 4-44(a)所示。

[MATLAB 程序]

```
dt = 0.001;t = 0:dt:10;
x = exp(-3*t).*(t>=0);
yzsr = lsim([1,3],[1,3,2],x,t);
plot(t,yzsr),grid on
axis([0 10 0 0.3])
```

[程序运行结果]

运行结果如图 4-44(b)所示，观察可知，两种方法求解的零状态响应是一样的。

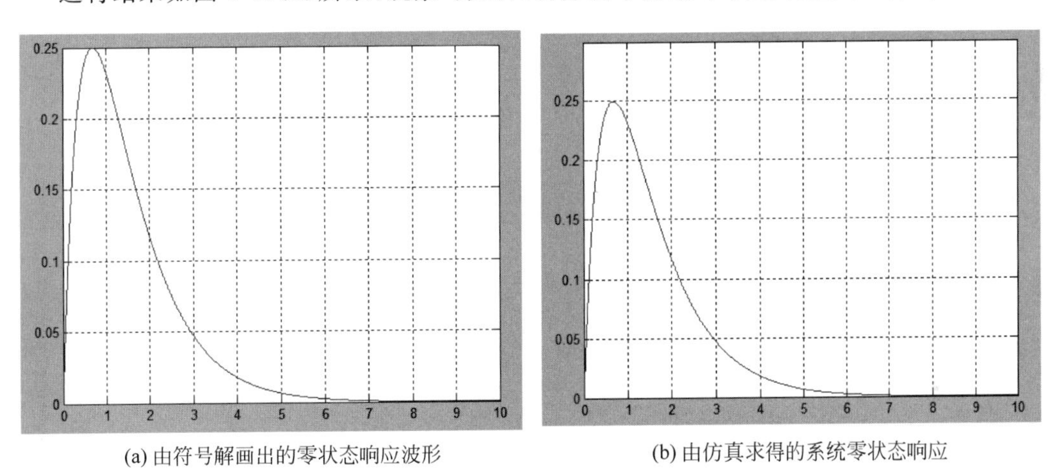

(a) 由符号解画出的零状态响应波形　　(b) 由仿真求得的系统零状态响应

图 4-44　例 4-33 的程序运行结果图

【例 4-34】 已知系统函数为 $H(s)=\dfrac{1}{s^3+2s^2+2s+1}$，试画出其零、极点分布图，求解系统的冲激响应 $h(t)$ 和频率响应 $H(\mathrm{j}\omega)$，并判断系统的稳定性。

解：[MATLAB 程序]

```
num = [1];den = [1,2,2,1];
sys = tf(num,den);
poles = roots(den);
figure(1),pzmap(sys)
t = 0:0.02:10;
h = impulse(num,den,t);
figure(2),plot(t,h)
xlabel('t'),ylabel('h(t)')
title('系统的冲激响应')
[H,w] = freqs(num,den);
figure(3),plot(w,abs(H))
```

```
xlabel('\omega'),ylabel('abs(H(j\omega))')
title('系统的频率响应')
```

[程序运行结果]

```
poles = -1.0000  -0.5000+0.8660i  -0.50000  -0.8660i
```

图 4-45(a)所示为系统函数的零、极点分布图,系统的冲激响应和频率响应分别如图 4-45(b)和(c)所示。从图 4-45(a)可以看出,系统函数的极点位于 s 左半平面,故系统稳定。

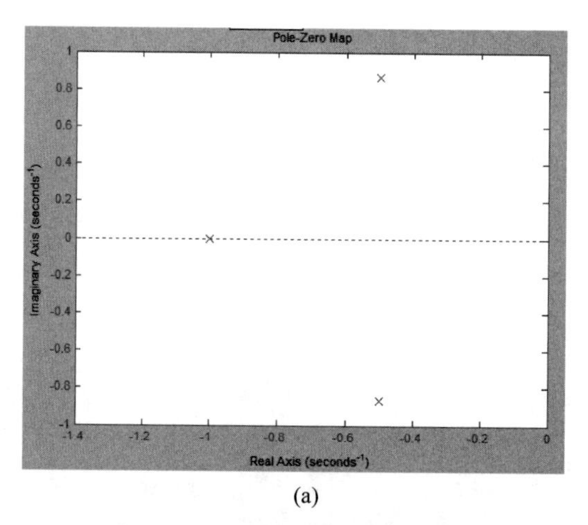

(a)

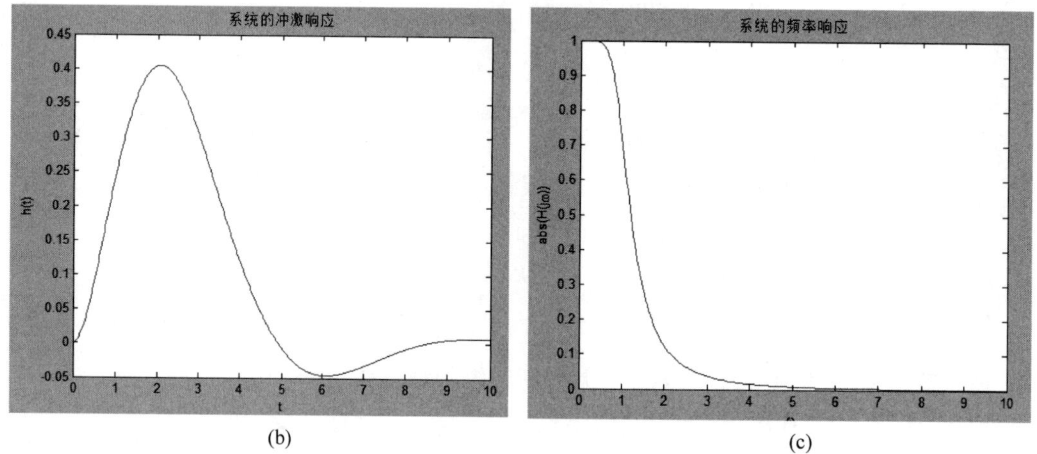

(b) (c)

图 4-45 例 4-34 的程序运行结果图

对于连续时间线性时不变系统,可以用常系数微分方程来描述,对于单输入单输出系统,其传递函数一般是两个多项式之比,即

$$H(s)=\frac{s_m+b_{m-1}s_{m-1}+\cdots+b_0}{s_m+a_{m-1}s_{m-1}+\cdots+a_0}$$

也可以表示成零、极点形式:

$$H(s)=k\frac{(s-z_1)(s-z_2)\cdots(s-z_m)}{(s-p_1)(s-p_2)\cdots(s-p_n)}$$

另外，也可以用状态变量方法表示成如下标准形式：

$$x = Ax + Bu$$

在 MATLAB 中，描述系统的传递函数型 tf(transfer function)、零极点型 zp(zero pole)以及状态变量型 ss(state space)三种方式可方便地转换，相应的转换函数为：

tf2zp：传递函数型转换到零极点型；

tf2ss：传递函数型转换到状态变量型；

zp2tf：零极点型转换到传递函数型；

zp2ss：零极点型转换到状态空间型；

ss2tf：状态空间型转换到传递函数型；

zp2ss：状态空间型转换到零极点型。

【例 4-35】 已知系统的传递函数为

$$H(s) = \frac{2s+10}{s^3+8s^2+19s+12}$$

将其分别转换为零极点型和状态变量型。

解：[MATLAB 程序]

```
num = [2 10];den = [1 8 19 12];          % 赋值给传递函数的分子、分母多项式系数
printsys(num,den,'s')                    % 输出系统函数，由 s 表示的分子、分母多项式
[z,p,k] = tf2zp(num,den)                 % 转换为零极点型
[a,b,c,d] = tf2ss(num,den)               % 转化为状态变量型
```

[程序运行结果]

```
num/den = 2s + 10 / (s^3 + 8s^2 + 19s + 12)
z =  - 5
p =  - 4.0000
     - 3.0000
     - 1.0000
k = 2
a =  - 8    - 19    - 12
       1      0       0
       0      1       0
b =  1
     0
     0
c =  0      2     10
d =  0
```

运行结果中，z、p、k 分别表示零极点型的零点、极点和系数，则系数函数的零极点型表达式为

$$H(s) = 2\frac{s+5}{(s+1)(s+3)(s+4)}$$

状态方程为

$$x = Ax + Bu, \quad y = Cx + Du$$

式中,A、B、C、D 对应于程序中的 a、b、c、d。对于离散时间系统,上述方法同样适用。

【本章小结】 本章首先由傅里叶变换推导出拉普拉斯变换的定义,介绍了拉普拉斯变换的收敛域概念。详细介绍了拉普拉斯变换的基本性质和计算方法,利用拉普拉斯变换的性质,可以非常方便地求解线性常系数微分方程。重点阐述了连续时间系统函数的概念和应用,以及连续时间系统的复频域分析方法。

习　　题

4-1 设系统的频率特性为 $H(\mathrm{j}\omega)=\dfrac{2}{\mathrm{j}\omega+2}$,试用频域法求系统的冲激响应和阶跃响应。

4-2 设信号 $f(t)$为包含 $0\sim w_m$ 分量的频带有限信号,试确定 $f(3t)$的奈奎斯特采样频率。

4-3 若电视信号占有的频带为 0～6MHz,电视台每秒发送 25 幅图像,每幅图像又分为 625 条水平扫描线,问每条水平线至少要有多少个采样点?

4-4 若对带宽为 20kHz 的音乐信号 $f(t)$进行采样,其奈奎斯特间隔 T_s 为多少?若对信号压缩一倍,其带宽为多少?这时奈奎斯特采样频率 $f(s)$为多少?

4-5 求下列函数的拉普拉斯变换,考虑能否借助于延时定理?

(1) $f(t)=\sin(\omega t),0<t<\dfrac{T}{2}$

$T=\dfrac{2\pi}{w}$

(2) $f(t)=\sin(\omega t+\varphi)$

4-6 求下列函数的拉普拉斯变换

(1) $\sin t+2\cos t$

(2) $(1+2t)\mathrm{e}^{-t}$

(3) $\cos^2(\Omega t)$

(4) $t^2\cos(2t)$

(5) t^2+2t

(6) $\dfrac{\sin(at)}{t}$

4-7 求下列函数的拉普拉斯逆变换

(1) $\dfrac{4}{2s+3}$

(2) $\dfrac{4s+5}{s^2+5s+6}$

(3) $\dfrac{1}{s^2+1}+1$

(4) $\dfrac{1}{(s^2+3)^2}$

(5) $\dfrac{s+3}{(s+3)(s^2+2s+4)}$

(6) $\dfrac{s+2}{(s+3)(s+1)^3}$

4-8 求下列函数逆变换的初值与终值

(1) $\dfrac{(s+6)}{(s+2)(s+5)}$

(2) $\dfrac{(s+3)}{(s+1)^2(s+2)}$

(3) $\dfrac{s^3+s^2+2s+1}{s^2+2s+1}$

4-9 将连续信号 $f(t)$以时间间隔 T 进行冲激抽样得到 $f_s(t)=f(t)\delta_T(t)$,$\delta_T(t)=$

$\sum_{n=0}^{+\infty}\delta(t-nT)$，求：

（1）抽样信号的拉普拉斯变换$\mathcal{L}[f_s(t)]$；

（2）若$f(t)=e^{-at}u(t)$，求$\mathcal{L}[f_s(t)]$。

4-10　已知激励信号为$e(t)=e^{-t}$，零状态响应为$r(t)=\frac{1}{2}e^{-t}-e^{-2t}+2e^{3t}$，求此系统的冲激响应$h(t)$。

4-11　已知系统阶跃响应为$g(t)=1-e^{-2t}$，为使其响应为$r(t)=1-e^{-2t}-te^{-2t}$，求激励信号$e(t)$。

4-12　已知网络函数$H(s)$的极点位于$s=-3$处，零点在$s=-a$，且$H(+\infty)=1$。此网络的阶跃响应中，包含一项为K_1e^{-3t}。若a从0变到5，讨论相应的K_1如何随之改变。

4-13　已知信号表示式为$f(t)=e^{at}u(-t)+e^{-at}u(t)$，式中$a>0$，求$f(t)$的双边拉普拉斯变换，给出收敛域。

习题答案

4-1　$s(t)=(1-e^{-2t})\cdot\varepsilon(t)$

4-2　$T_s=\frac{1}{6f_m}$　$f_s=6f_m$

4-3　768

4-4　80kHz

4-5　（1）$\frac{\omega}{s^2+\omega^2}(1+e^{-\frac{Ts}{2}})$　　（2）$\frac{\omega\cos\varphi+s\sin\varphi}{s^2+\omega^2}$

4-6　（1）$\frac{2s+1}{s^2+1}$　　（2）$\frac{s+3}{(s+1)^2}$

（3）$\frac{1}{2}\left(\frac{1}{s}+\frac{s}{s^2+4\Omega^2}\right)$　　（4）$\frac{2s^3-24s}{(s^2+4)^3}$

（5）$\frac{2}{s^3}+\frac{2}{s^2}$　　（6）$\frac{\pi}{2}-\arctan\frac{s}{a}$

4-7　（1）$2e^{-\frac{3}{2}t}$　　（2）$7e^{-3t}-3e^{-2t}$

（3）$\sin t+\delta(t)$　　（4）$\frac{1}{6}\left[\frac{\sqrt{3}}{3}\sin(\sqrt{3}t)-t\cos(\sqrt{3}t)\right]$

（5）$\left(\frac{2}{3}e^{-t}-\frac{2}{3}e^{-t}\cos\sqrt{3}t+\frac{\sqrt{3}}{3}e^{-t}\sin\sqrt{3}t\right)u(t)$

（6）$\left(\frac{1}{4}t^2e^{-t}+\frac{1}{4}te^{-t}-\frac{1}{8}e^{-t}+\frac{1}{8}e^{-3t}\right)u(t)$

4-8　（1）$f(0_+)=1,f(+\infty)=0$　　（2）$f(0_+)=0,f(+\infty)=0$

（3）$f(0_+)=3,f(\infty)=0$

4-9 (1) $\sum_{n=0}^{+\infty} f(nT)\mathrm{e}^{-nsT}$ (2) $\frac{1}{1-\mathrm{e}^{-(a+s)T}}$

4-10 $\frac{3}{2}\delta(t)+(\mathrm{e}^{-2t}+8\mathrm{e}^{3t})u(t)$

4-11 $\left(1-\frac{1}{2}\mathrm{e}^{-2t}\right)u(t)$

4-12 $K_1=-\frac{a-3}{3}$

4-13 $\frac{2a}{a^2+s^2}$,收敛域$-a<\sigma<a$

第5章　离散时间系统的时域分析

【本章导读】

从本章开始学习离散时间系统的分析。学习离散时间系统分析时要注意与前面所学的连续时间系统分析进行对比分析，找出相同点与不同点，并加以分析，可以大大提高学习效率。本章主要讲解离散时间信号的概念和基本运算，以及离散时间系统的数学模型及时域分析。

【学习要点】

(1) 掌握离散信号的基本描述方法及基本运算。

(2) 掌握离散系统线性时不变、因果、稳定等概念。

(3) 掌握离散时间系统的差分方程描述。

(4) 掌握系统的单位样值响应的定义。

(5) 掌握卷积和的概念及计算。

5.1　引　言

在前面几章的讨论中，所涉及的系统均属于连续时间系统，这类系统用于传输和处理连续时间信号。此外还有一类用于传输处理离散时间信号的系统称为离散时间系统，简称离散系统。一个离散时间信号可以表示一个其自变量变化本来就是离散的现象，例如人口统计学中的一些数据以及股票市场指数，通常，这里产生的各种数据流不一定与连续信号有某种依从关系；另一方面，有些很重要的离散时间信号则是通过对连续时间信号的抽样而得到的，这时该离散时间信号代表一个连续时间信号在相继的离散时刻点上的样本值。因此，不能简单地把离散时间信号狭隘地理解为连续信号的抽样或近似。

离散时间系统的研究源远流长。17世纪发展起来的经典数值分析技术奠定了这方面的数值基础。20世纪四五十年代，抽样数据控制系统的研究取得了重大进展。20世纪60年代以后，计算机科学的进一步发展与应用标志着离散时间系统的理论研究和实践进入了一个新阶段。1965年，库利(J. W. Cooley)与图基(J. W. Tukey)在前人工作的基础上发表了计算傅里叶变换高效算法的文章，这种算法称为快速傅里叶变换，缩写为FFT。FFT算法的出现引起了人们的极大兴趣，迅速得到了广泛应用。与此同时，超大规模集成电路研制的进展使得体积小、重量轻、成本低的离散时间系统有可能实现。在信号与系统分析的研究中，人们开始以一种新的观点——数字信号处理——来认识和分析各种问题。

20世纪末期，数字信号处理技术迅猛发展，应用日益广泛，例如在通信、雷达、控制、航空与航天、遥感、声呐、生物学、地震学、核物理学、微电子学等诸多领域已卓见成效。随着应用技术的发展，离散时间信号与系统自身的理论体系逐步形成，并日趋丰富和完善。

离散时间系统的分析方法和连续时间系统的分析方法是互相平行的，它们有许多类似之处。连续时间系统可以用微分方程来描述，离散时间系统则可以用差分方程来描述。差分方程与微分方程的求解方法在相当大的程度上相互对应。在连续时间系统中，卷积方法的研究与应用有着极其重要的意义；相应地，在离散时间系统的研究中，卷积和(简称卷积)

的方法具有同样重要的地位。在连续时间系统中,广泛地应用拉普拉斯变换与傅里叶变换等变换域方法进行分析,并运用系统函数的概念来处理各种问题;在离散时间系统中也同样广泛采用变换域方法(如 z 变换、离散傅里叶变换及其他多种离散正交变换)和系统函数的概念来分析解决问题。当然连续时间系统和离散时间系统在数学模型的建立与求解、系统性能分析以及系统实现原理等方面存在着重要的差异。正是由于差异的存在,才使得离散时间系统有可能表现出某些独特的性能。

从本章开始介绍离散时间系统的基本概念和基本分析方法,仍然是从时间域到变换域。重点介绍离散时间系统的时域分析及 z 域分析。关于离散傅里叶变换等一些知识则留到后续课程数字信号处理中再详细介绍。

5.2　离散时间信号——序列

5.2.1　离散信号的定义

在第 1 章中曾定义,表示离散信号的时间函数,只在某些离散瞬时给出函数值。因此,它是在时间上不连续的一系列数,称之为序列。通常以 $\{x(n)\}$ 表示此离散时间信号,这里,n 取整数($n=0,\pm1,\pm2,\cdots$),可以理解为各函数值在信号中出现的顺序。为书写方便,以 $x(n)$ 表示序列,不再加注外面的括号。$x(n)$ 可写成一般闭式的表达式(解析表达式),也可逐个列出 $x(n)$ 值。通常,把对应某序号 n 的函数值称为在第 n 个样点的样值。

离散时间信号也常用图解(即波形)表示,线段的长度代表各序列值的大小,有时,可将它们的端点连接起来。例如,图 5-1 示出了某序列 $x(n)$ 的波形。在这里必须认识到,$x(n)$ 仅对 n 的整数值才有定义,对于 n 的非整数值,虽然图 5-1 中给出了连续的虚线,但在这些点上定义 $x(n)$ 是没有意义的。

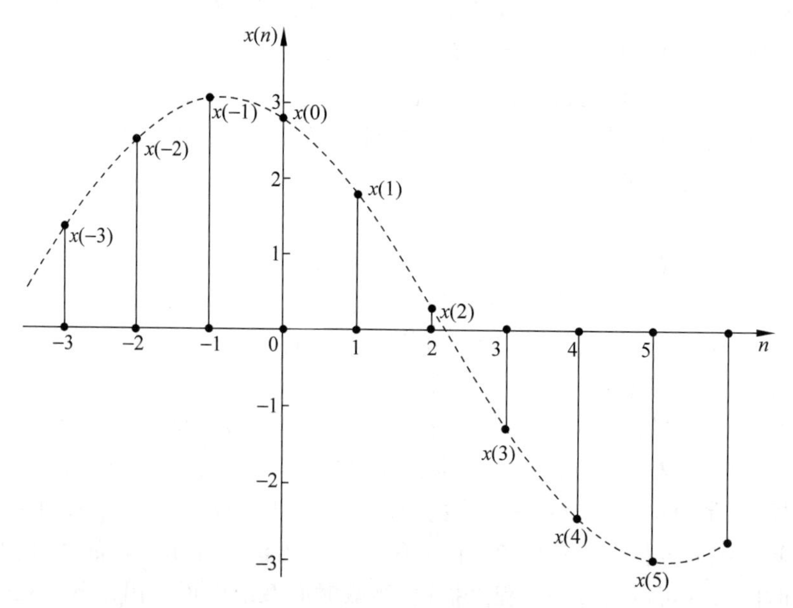

图 5-1　离散时间信号的图形

5.2.2 离散时间信号的运算

与连续时间系统的研究类似，在离散系统分析中，经常遇到离散时间信号的运算，包括两信号的相加、相乘以及序列自身的位移、反褶、尺度变换以及差分、累加等。

序列 $x(n)$ 与 $y(n)$ 相加是指两序列对应同序号的数值逐项相加再按原顺序构成一个新序列 $z(n)$

$$z(n)=x(n)+y(n) \tag{5-1}$$

类似地，二者相乘表示对应同序号样值逐项相乘构成一个新的序列 $z(n)$

$$z(n)=x(n)y(n) \tag{5-2}$$

序列延时 $x(n-m)$ 是指序列 $x(n)$ 逐项依次右移(后移)m 位后给出一个新序列

$$z(n)=x(n-m) \tag{5-3}$$

若向左移位(向前移位)，其表达式为

$$z(n)=x(n+m) \tag{5-4}$$

序列的反褶表示将自变量 n 更换为 $-n$，表达式为

$$z(n)=x(-n) \tag{5-5}$$

序列的尺度变换将波形压缩或扩展。这时自变量乘以整数 a，构成 $x(an)$ 为压缩，而 $x(n/a)$ 则为波形扩展。必须注意，和连续时间系统的信号运算不同，考虑到离散时间信号只能在整数 n 上取值，这时要按规律去除某些点(原来 n 为整数，但是经过压缩后，变为非整数)或补足相应的零值(原来在这些点上没有取值，但是经过波形扩展，信号包含了这些点，必须补 0)。因此，也称这种运算为序列的重排。

【例 5-1】 若 $x(n)$ 波形如图 5-2(a)所示，求 $x(3n)$ 和 $x(n/3)$ 的波形。

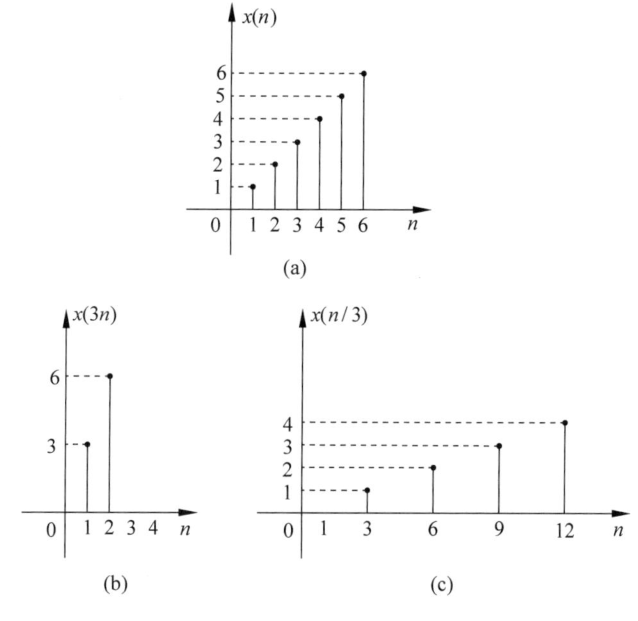

图 5-2 例 5-1 波形

解：$x(3n)$波形如图 5-2(b)所示，这时，对应 $x(n)$序列中 n 为 1、2、4、5 的样值已不存在，只留下 $x(n)$序列中 n 为 3、6 所对应的样值，波形压缩。而 $x(n/3)$波形如图 5-2(c)所示，对于 $x(n/3)$的 n 为非 3 的整数倍的各点对应补入零值，n 为 3 的整数倍的各点取得 $x(n)$波形中依次对应的样值，因而波形扩展。

与连续时间信号的微分、积分运算相对应，离散时间信号分析过程中往往需要进行差分和累加运算。差分运算是指相邻两样值相减，其中，前向差分以符号 $\Delta x(n)$表示

$$\Delta x(n) = x(n+1) - x(n) \tag{5-6}$$

而后向差分$\nabla x(n)$表达式为

$$\nabla x(n) = x(n) - x(n-1) \tag{5-7}$$

累加运算的结果表示为

$$z(n) = \sum_{k=-\infty}^{n} x(k) \tag{5-8}$$

注意对于给定的信号 $x(k)$，若式中序列是收敛的，当指定 n 值后 $z(n)$为确定的数值。

此外，有时需要论及序列的能量，序列 $x(n)$的能量定义为

$$E = \sum_{n=-\infty}^{+\infty} |x(n)|^2 \tag{5-9}$$

5.2.3 常用典型序列

和连续时间系统一样，介绍一些常用的典型序列。

1. **单位样值信号**(Unit Sample 或 Unit Impulse)

$$\delta(n) = \begin{cases} 1, & n = 0 \\ 0, & n \neq 0 \end{cases} \tag{5-10}$$

此序列只在 $n=0$ 处取单位值 1，其余样点上都为零，如图 5-3 所示。单位样值信号也称为单位抽样、单位函数、单位脉冲或单位冲激。它在离散时间系统中的作用，类似于连续时间系统中的单位冲激函数 $\delta(t)$。但是，应注意它们之间的重要区别，$\delta(t)$可以理解为在 $t=0$ 点脉宽趋于零，幅度为无限大的信号；而 $\delta(n)$在 $n=0$ 点取有限值，其值等于 1。

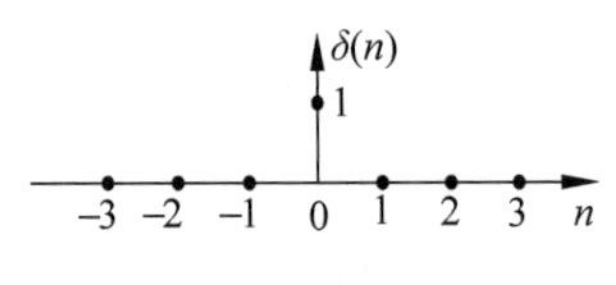

图 5-3　单位样值信号

2. **单位阶跃序列**(Unit Step Sequences)

$$u(n) = \begin{cases} 1, & n \geqslant 0 \\ 0, & n < 0 \end{cases} \tag{5-11}$$

它的图形如图 5-4 所示，类似于连续时间系统中的单位阶跃信号 $u(t)$。但应注意 $u(t)$在 $t=0$ 点发生跳变，往往不予定义$\left(\text{或定义为}\frac{1}{2}\right)$，而 $u(n)$在 $n=0$ 点明确规定为$u(0)=1$。

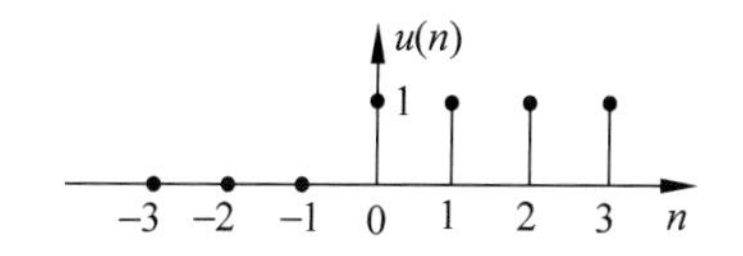

图 5-4 单位阶跃信号

3. 矩形序列

$$R_N(n)=\begin{cases}1, & 0\leqslant n\leqslant N-1\\ 0, & n<0,n\geqslant N\end{cases} \tag{5-12}$$

它从 $n=0$ 开始，到 $n=N-1$，共有 N 个幅度为 1 的数值，其余各点皆为零(见图 5-5)。类似于连续时间系统中的矩形脉冲。显然，矩形序列 $R_N(n-m)$ 取值为 1 的范围从 $n=m$ 到 $n=m+N-1$。

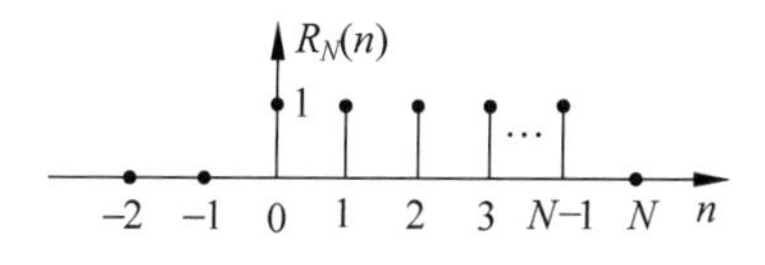

图 5-5 矩形序列

以上三种序列之间有如下关系：

$$u(n)=\sum_{k=0}^{+\infty}\delta(n-k) \tag{5-13}$$

$$\delta(n)=u(n)-u(n-1) \tag{5-14}$$

$$R_N(n)=u(n)-u(n-N) \tag{5-15}$$

4. 斜变序列

$$x(n)=nu(n) \tag{5-16}$$

见图 5-6，它与连续时间系统中斜变函数 $f(t)=t$ 相像。

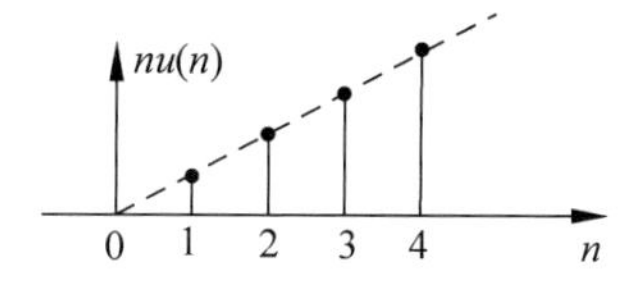

图 5-6 $nu(n)$序列

5. 指数序列

$$x(n)=a^n u(n) \tag{5-17}$$

指数序列的图形随 a 的取值不同有 4 种情况，如图 5-7 所示，当$|a|>1$ 时序列是发散的；$|a|<1$ 时序列收敛；$a>0$ 时序列都取正值；$a<0$ 时序列在正、负值间摆动。此外，还可能遇到$a^{-n}u(n)$序列，其图形请读者练习画出。

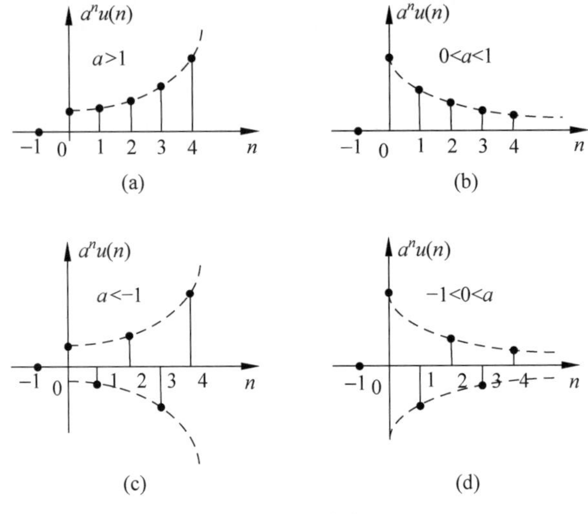

图 5-7　指数序列

最后简要说明离散时间信号的分解。一种常用的分解方法是将任意序列表示为加权、延迟的单位样值信号之和。

由于

$$\delta(n-m)=\begin{cases}1, & m=n\\ 0, & m\neq n\end{cases}\tag{5-18}$$

$$x(m)\delta(n-m)=\begin{cases}x(n), & m=n\\ 0, & m\neq n\end{cases}\tag{5-19}$$

所以

$$x(n)=\sum_{m=-\infty}^{+\infty}x(m)\delta(n-m)$$

即将任意序列表示为加权、延迟的单位样值信号之和。这是一种常用的分解方法，在第 5.6 节将运用这一概念引入卷积和。

5.3　离散时间系统的数学模型

5.3.1　线性时不变系统

一个离散时间系统，其激励信号 $x(n)$是一个序列，响应 $y(n)$为另一序列，如图 5-8 所示。显然，此系统的功能是完成 $x(n)$转变为 $y(n)$的运算。

图 5-8　离散时间系统

类似于连续时间系统，按离散时间系统的性能，可以划分为线性、非线性、时不变、时变等各种类型。目前，最常用的、最简单的是线性时不变系统。本书的讨论范围也限于此。

在第1章里曾给出线性时不变系统的基本性能，这里不再详细讨论，只是针对离散时间系统的特点再作一些说明。

线性离散时间系统应满足均匀性与叠加性。均匀性与叠加性的意义是：对于给定的离散时间系统，若 $x_1(n)$，$y_1(n)$ 和 $x_2(n)$，$y_2(n)$ 分别代表两对激励与响应，则当激励序列式 $c_1x_1(n)+c_2x_2(n)$ 时（c_1，c_2 分别为常数），系统的响应为 $c_1y_1(n)+c_2y_2(n)$。此特性示意如图5-9所示。

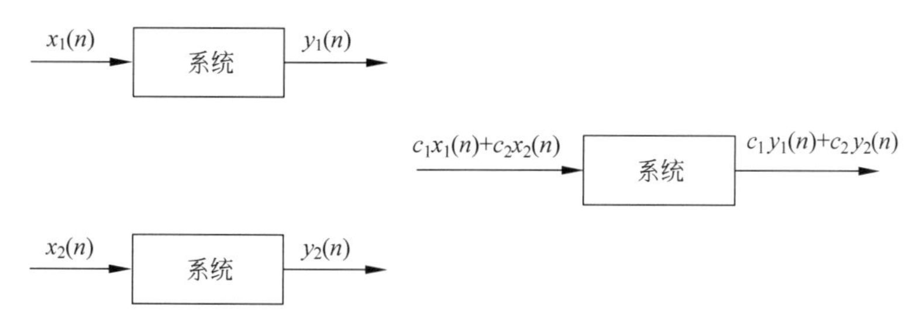

图5-9　线性系统的均匀性与叠加性

对于时不变系统（或称移不变系统），在同样起始状态之下系统响应与激励施加于系统的时刻无关。若激励为 $x(n)$ 时产生响应 $y(n)$，则当激励为 $x(n-N)$ 时产生响应 $y(n-N)$。此特性示于图5-10，它表明，若激励位移 N，响应也延迟 N。

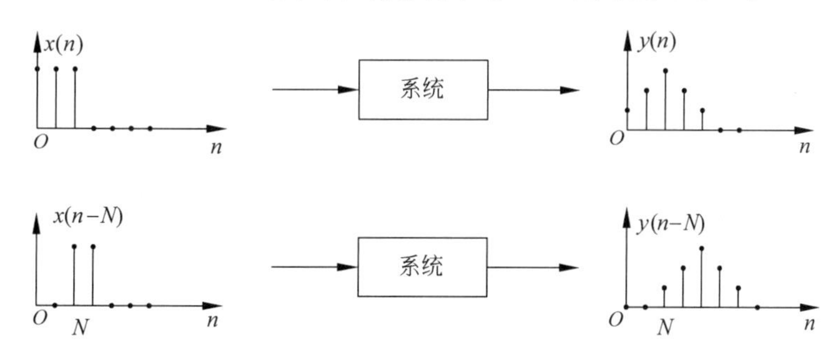

图5-10　时不变系统特性

5.3.2　离散时间系统的表示

在连续时间系统中，信号是时间变量的连续函数，系统可用微积分方程式描述。对于离散时间系统，信号的变量 n 是离散的整型值，因此，系统的行为和性能需用差分方程来表示。

微积分方程由连续自变量的函数 $f(t)$ 以及各阶导数 $\frac{\mathrm{d}}{\mathrm{d}t}f(t)$，$\frac{\mathrm{d}^2}{\mathrm{d}t^2}f(t)$，或积分等项线性叠加组成。在差分方程中，构成方程式的各项包含有离散变量的函数 $x(n)$，以及 $x(n)$ 的序数增加或减少的移位函数 $x(n+1)$，$x(n+2)$，…，$x(n-1)$，$x(n-2)$ 等。

在连续时间系统中，系统内部的数学运算关系可归结为微分（或积分）、乘系数、相加。与此对应，在离散时间系统中，基本运算关系是延时（移位）、乘系数、相加。

离散系统的基本运算器包括延时器、加法器和标量乘法器。加法器和标量乘法器的功能、符号和作用与连续系统相同，延时器则与积分器相对应，它实际上是一个存储器，作用是存储一个取样时间的信号 D，电路上常采用延时线或移位寄存器。延时器的时域表示和 z

域标示符号如图 5-11 所示。

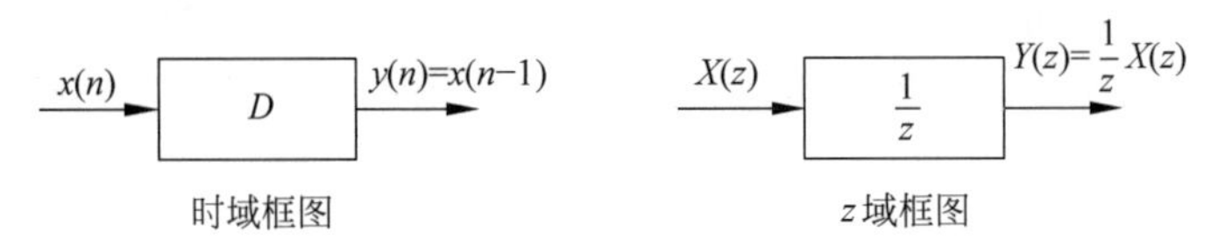

图 5-11　延时器

下面以实例说明如何为一个离散时间系统建立描述该系统的数学模型——差分方程。

【例 5-2】 某系统框图如图 5-12 所示，写出其差分方程。

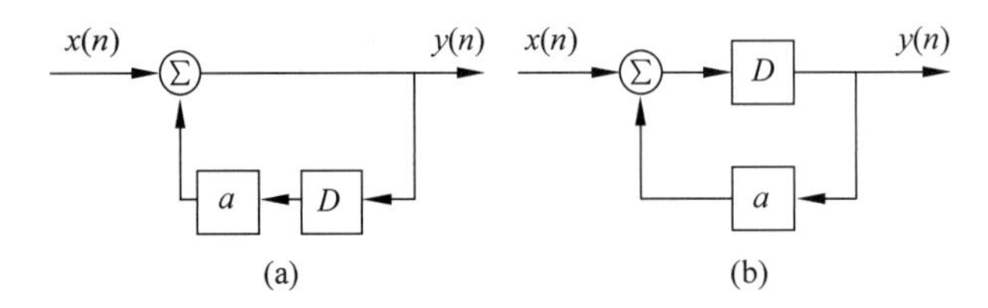

图 5-12　例 5-2 系统框图

解：围绕图 5-12(a)中的相加器可以写出

$$y(n)=x(n)+ay(n-1)$$

该方程称为常系数线性差分方程(Difference Equation)，或称递归关系式(Recurrence Relation)。一般情况下，等式左端由未知序列 $y(n)$及其位移序列 $y(n-1)$等构成，等式右端是已知的激励序列及其位移序列，如 $x(n)$，$x(n-1)$构成，式中 a 是常数。如果给定 $x(n)$，而且知道 $y(n)$的边界条件，解此差分方程即可求得响应序列 $y(n)$。一般情况下差分方程式的阶数等于未知序列变量序号的最高与最低值之差。

根据图 5-12(a)写出的差分方程，各未知序列的序号自 n 以递减方式给出，称为后向形式的(或向右移序的)差分方程。也可从 n 以递增方式给出，即 $y(n)+y(n+1)+y(n+2)+\cdots+y(n+N)$等项组成，称为前向形式的(向左移序的)差分方程，如图 5-12(b)所示。

图 5-12(b)中，延时器的输入端应为序列 $y(n+1)$。围绕相加器可以写出

$$y(n+1)=x(n)+ay(n) \tag{5-20}$$

或

$$y(n)=\frac{1}{a}[y(n+1)-x(n)]$$

现在来讨论如何运用延时器、加法器和标量乘法器对离散时间系统进行模拟。

设描述一阶离散时间系统的差分方程为

$$y(n+1)+a_0y(n)=x(n) \tag{5-21}$$

可改写为

$$y(n+1)=-a_0y(n)+x(n)$$

由此式很容易画出一阶离散时间系统的模拟图，如图 5-13 所示。

对于二阶离散时间系统，若差分方程为

$$y(n+2)+a_1y(n+1)+a_0y(n)=x(n) \tag{5-22}$$

可改写为

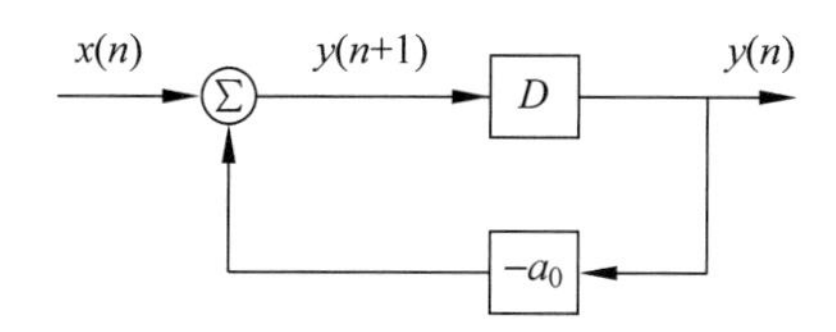

图 5-13 一阶离散时间系统的模拟图

$$y(n+2)=-a_1y(n+1)-a_0y(n)+x(n)$$

然后采用图 5-14 来模拟。可以看出,离散时间系统的模拟图与连续时间系统的模拟图具有相同的结构,只是前者用延时器,后者用积分器。

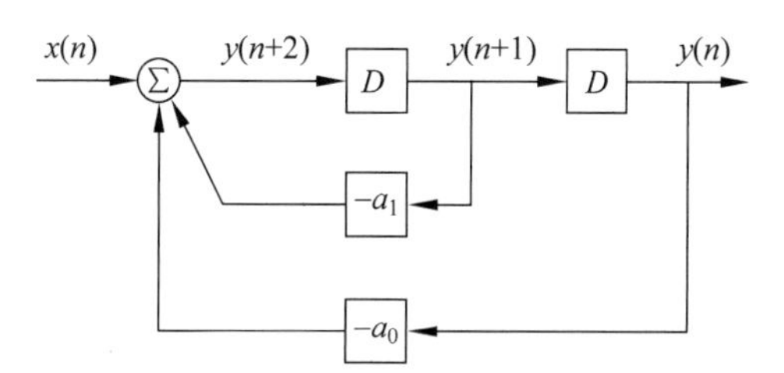

图 5-14 二阶离散时间系统的模拟图

对于一般的二阶离散时间系统,若方程为

$$y(n+2)+a_1y(n+1)+a_0y(n)=b_1x(n+1)+b_0x(n) \tag{5-23}$$

则与连续时间系统的模拟一样,引入辅助函数 $q(n)$,使

$$q(n+2)+a_1q(n+1)+a_0q(n)=x(n) \tag{5-24}$$

相应有

$$y(n)=b_1q(n+1)+b_0q(n) \tag{5-25}$$

这样,式(5-23)就可以用式(5-24)和式(5-25)来等效,分别画出对应式(5-24)和式(5-25)的模拟图,就可以得到差分方程所描述的系统模拟图,如图 5-15 所示。

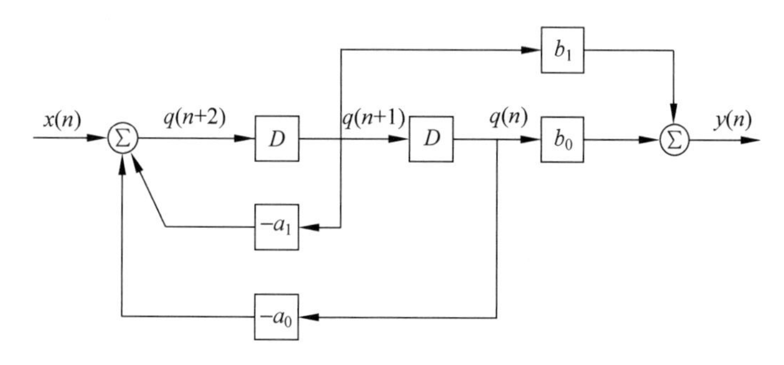

图 5-15 一般二阶离散时间系统的模拟图

上述结论可以推广到 n 阶离散时间系统的模拟。

【例 5-3】 某离散系统如图 5-16 所示,试写出其差分方程。

解:图 5-16 中,所有的信号都可以用输入或输出表示,图 5-16 中 a 点信号为 $y(n+1)$,c 点信号为 $y(n-1)$。

对于求和器列写方程,得

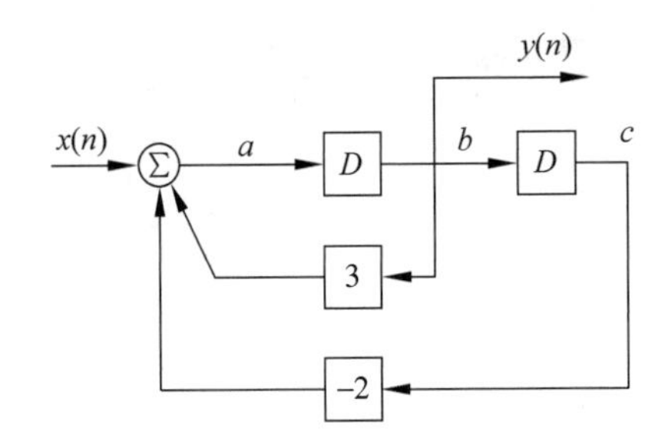

图 5-16　例 5-3 题图

$$y(n+1)=x(n)+3y(n)-2y(n-1)$$

整理,得

$$y(n+1)-3y(n)+2y(n-1)=x(n)$$

【例 5-4】 已知某离散时间系统的差分方程为

$$y(n)-7y(n-1)+y(n-2)=x(n)-x(n-1)$$

试画出其模拟图。

解:已知差分方程中包含 $x(n)$的移序项,可以引入辅助函数构建模拟图,此方法略。由系统的差分方程画系统模拟图的方法很多,得到的模拟图也不是唯一的。如将差分方程改写为

$$y(n)=7y(n-1)-y(n-2)+x(n)-x(n-1)$$

可得如图 5-17 所示的模拟图。需要注意的是,模拟图中的激励必须是 $x(n)$,响应必须是 $y(n)$。

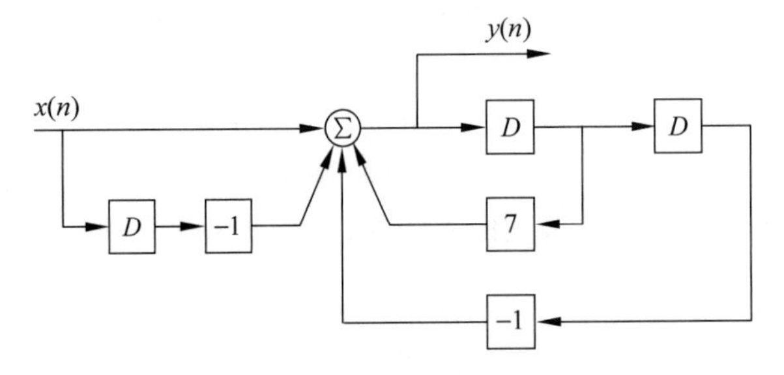

图 5-17　例 5-4 题图

5.4　常系数线性差分方程的求解

常系数线性差分方程的一般形式可表示为

$$\begin{aligned}&a_0y(n)+a_1y(n-1)+\cdots+a_{N-1}y(n-N+1)+a_Ny(n-N)\\&=b_0x(n-1)+b_1x(n-1)+\cdots+b_{M-1}x(n-M+1)+b_Mx(n-M)\end{aligned}\qquad(5\text{-}26)$$

式中,a 和 b 是常数,输入信号 $x(n)$的位移阶次是 M,输出信号 $y(n)$的位移阶次即表示此差分方程的阶次 M。利用求和符号可将式(5-26)缩写为

$$\sum_{k=0}^{N}a_ky(n-k)=\sum_{r=0}^{M}b_r\,x(n-r)\qquad(5\text{-}27)$$

求解常系数线性差分方程的方法一般有以下几种。

1. 迭代法

迭代法包括手算逐次代入求解或利用计算机求解。这种方法概念清楚，也比较简便，但只能得到其数值解，不能直接给出一个完整的解析式作为解答（也称闭式解答）。

为了进一步认识差分方程中各变量之间的约束关系，以图5-12(a)的问题为例，说明此系统在激励信号$x(n)$作用下的工作过程，并用迭代方法找出差分方程的解答。

为了使序列$x(n)$的数据流依次进入系统并完成运算，系统内部设置有三个寄存器，一个存放$x(n)$，第二个存放$y(n)$，另一个存放系数a。当a与$y(n-1)$相乘之运算取得以后，存放$x(n)$的寄存器给出$x(n)$的一个样值，并与$ay(n-1)$相加，相加得到的$y(n)$值再存入$y(n)$寄存器中，这样就完成了依次迭代，为下一个输入样值的进入做好了准备。

每一个新的输入样值进入之前（也即每一次迭代开始之前），系统的状态完全取决于$y(n)$寄存器中的数值。假定在$n=0$时刻，输入$x(n)$的样值$x(0)$进入，那么，$y(n)$寄存器的起始值为$y(n-1)$。

于是，可以求得

$$y(0) = ay(-1) + x(0)$$

把$y(0)$作为下一次迭代的起始值依次给出

$$y(1) = ay(0) + x(1)$$

$$y(2) = ay(1) + x(2)$$

$$\vdots$$

由上述分析可知，可以用迭代的方法求解差分方程，例如对于例5-2的方程式(5-20)，若已知$x(n)=\delta(n)$，$y(n-1)=0$，容易求得

$$y(0) = ay(-1) + 1 = 1$$

$$y(1) = ay(0) + 0 = a$$

$$y(2) = ay(1) + 0 = a^2$$

$$\vdots$$

$$y(n) = ay(n-1) + 0 = a^n$$

此范围限于$n\geqslant 0$，因此，应将$y(n)$写作

$$y(n) = a^n u(n)$$

用迭代法解差分方程是一种原始的方法，不易直接给出一个解析解，关于差分方程的一般求解方法将在本节（用时域法）以及下一章（用变换域法）详细讨论。在那里还将看到，在某些情况下，迭代的方法还是一种可取的方法。

2. 时域经典法

与微分方程的时域经典法类似，差分方程的时域经典法也是先分别求齐次解与特解，然后代入边界条件求待定系数。这种方法便于从物理概念说明各响应分量之间的关系，但求解过程比较麻烦，在解决具体问题时不宜采用。

3. 分别求零输入响应与零状态响应

可以利用求齐次解的方法得到零输入响应，利用卷积和的方法求零状态响应。与连续时间系统的情况类似，卷积方法在离散时间系统分析中同样占有十分重要的地位。

4. 变换域方法

类似于连续时间系统分析中的拉普拉斯变换方法，利用变换方法解差分方程有许多优

点,这是实际应用中简便而有效的方法。

本章着重介绍时域中求齐次解的方法和卷积法,下一章详细研究变换方法。

一般差分方程对应的齐次方程的形式为

$$\sum_{k=0}^{N}a_k y(n-k)=0 \tag{5-28}$$

所谓差分方程的齐次解应满足式(5-28)。首先分析最简单的情况,若一阶齐次差分方程的表示式为

$$y(n)-\alpha y(n-1)=0 \tag{5-29}$$

可以改写为

$$\alpha=\frac{y(n)}{y(n-1)}$$

这里,$y(n)$与$y(n-1)$之比为α,这意味着序列$y(n)$是一个公比为α的等比序列,有如下形式

$$y(n)=C\alpha^n$$

其中,C是待定系数,由边界条件决定。

一般情况下,对于任意阶的差分方程,它们的齐次解的形式为对应于不同特征根α的$C\alpha^n$的项组合而成。

在特征根没有重根的情况下,差分方程的齐次解为

$$C_1\alpha_1^n+C_2\alpha_2^n+\cdots+C_N\alpha_N^n \tag{5-30}$$

这里,$C_1,C_2,\cdots,C_N$是由边界条件决定的系数。现在举例说明求齐次解的过程。

【例 5-5】 对于差分方程

$$y(n)+4y(n-1)+3y(n-2)=0$$

已知$y(1)=1,y(2)=3$。试求解方程。

解:它的特征方程为

$$\alpha^2+4\alpha+3=0$$

求得特征根为

$$\alpha_1=-1,\quad \alpha_2=-3$$

于是写出齐次解为

$$y(n)=C_1(-1)^n+C_2(-3)^n$$

将$y(1)=1,y(2)=3$分别代入,得到一组联立方程式

$$1=-C_1-3C_2$$

$$3=C_1+9C_2$$

由此求得系数C_1,C_2分别为

$$C_1=-3,\quad C_2=\frac{2}{3}$$

最后,写出$y(n)$的解答

$$y(n)=-3\times(-1)^n+\frac{2}{3}\times(-3)^n$$

在有重根的情况下,齐次解的形式将略有不同。假定α_1是特征方程的k重根,那么,在齐次解中,相应于α_1的部分将有k项

$$C_1 n^{k-1}\alpha_1^n + C_2 n^{k-2}\alpha_1^n + \cdots + C_{k-1} n\alpha_1^n x + C_k\alpha_1^n \tag{5-31}$$

【例 5-6】 求差分方程

$$y(n) + 9y(n-1) + 27y(n-2) + 27y(n-3) = x(n)$$

的齐次解。

解：特征方程为

$$\alpha^3 + 9\alpha^2 + 27\alpha + 27 = 0$$

即

$$(\alpha + 3)^3 = 0$$

可见，-3 是此方程的三重特征跟，于是求得齐次解为

$$(C_1 n^2 + C_2 n + C_3)(-3)^n$$

当特征根为共轭复数时，齐次解的形式可以是等幅、增幅或衰减等形式的正弦(余弦)序列，在此不做详细讨论，可以参看参考文献。

下面讨论求特解的方法。为求得特解，首先将激励函数 $x(n)$代入方程式右端(也称自由项)，观察自由项的函数形式来选择含有待定系数的特解函数式，将此特解函数代入方程后再求待定系数。为了说明特解的求解方法，现举一个求解非齐次差分方程的例子。在此例中，包括求齐次解，求特解，最后得出完全响应。

【例 5-7】 求下列差分方程的完全解

$$y(n) + 2y(n-1) = x(n)$$

其中激励函数 $x(n)=5u(n)$，且已知 $y(-1)=1$。

解：

(1) 首先，求得它的齐次解为 $C(-2)^n$。

(2) 将激励信号 $x(n)=5u(n)$代入方程右端，得到自由项为 $5u(n)$。$n\geqslant 0$ 时激励序列的样值全为 5(常数)。根据此函数形式，选择具有常数形式($y(n)=D$)的特解，其中 D 为待定系数，以此作 $y(n)$代入方程给出

$$D + 2D = 5,\quad n \geqslant 0$$

比较方程两端系数，解得

$$D = \frac{5}{3}$$

完全解的表达式为

$$y(n) = C(-2)^n + \frac{5}{3}$$

(3) 代入边界条件 $y(-1)=1$，迭代出

$$n = 0\quad y(0) = 5 - 2y(-1) = 3$$

代入完全解 $y(n)=C(-2)^n+\frac{5}{3}$，得

$$y(0) = 3 = C + \frac{5}{3}$$

所以

$$C = \frac{4}{3}$$

最后,写出完全响应的表示式为

$$y(n)=\frac{4}{3}(-2)^n+\frac{5}{3},\quad n\geqslant 0$$

以上所得结果与连续时间系统微分方程各响应分量的求解规律十分相似,读者可自行比较。

还需指出,差分方程的边界条件不一定由 $y(0),y(1),\cdots,y(N-1)$ 这一组数字给出。对于因果系统,常给定 $y(-1),y(-2),\cdots,y(-N)$ 为边界条件,由于激励信号是在 $n=0$ 时接入系统的,所以必须先迭代出 $y(0),y(1),\cdots,y(N-1)$ 的值,用这些值作为边界条件求出完全解的待定系数(这一点有点类似于连续时间系统的时域分析中 0_- 条件和 0_+ 条件的区别)。同理,对于因果系统中的所谓零状态是指 $y(-1),y(-2),\cdots,y(-N)$ 都等于零(N 阶系统),而不是指 $y(0),y(1),\cdots,y(N)$ 为零。下面用一个例子来说明离散时间系统零输入响应和零状态响应的求解方法。

【例 5-8】 已知系统的差分方程为

$$y(n)-0.9y(n-1)=0.1u(n)$$

(1) 若边界条件 $y(-1)=0$,求系统的完全响应;

(2) 若边界条件 $y(-1)=1$,求系统的完全响应。

解:

(1) 由于激励在 $n=0$ 接入,且给定 $y(-1)=0$,因此,起始时系统处于零状态,即只要求出系统的零状态响应即可。由 $y(-1)$ 利用迭代法可求出 $y(0)=0.1$。

由特征方程求得齐次解为 $C(0.9)^n$,而特解是 D,完全解的形式应为

$$y(n)=C(0.9)^n+D$$

为确定系数 D,将特解代入方程得到

$$D(1-0.9)=0.1$$

$$D=1$$

再将 $y(0)$ 代入 $y(n)$ 表示式求系数 C:

$$0.1=y(0)=C+D$$

$$C=0.1-1=-0.9$$

最后,写出完全响应为

$$y(n)=[\underbrace{-0.9\times(0.9)^n}_{\text{自由响应}}\underbrace{+1}_{\text{强迫响应}}]u(n)$$

波形如图 5-18 所示。

(2) 先求零状态响应,令 $y(-1)=0$,此即第(1)问之结果,可以写出

$$\text{零状态响应}=1-0.9\times(0.9)^n$$

再求零输入响应,令激励信号等于零,差分方程表示为

$$y(n)-0.9y(n-1)=0$$

它的特征方程为

$$\alpha-0.9=0$$

求得特征根为

$$\alpha=0.9$$

于是,

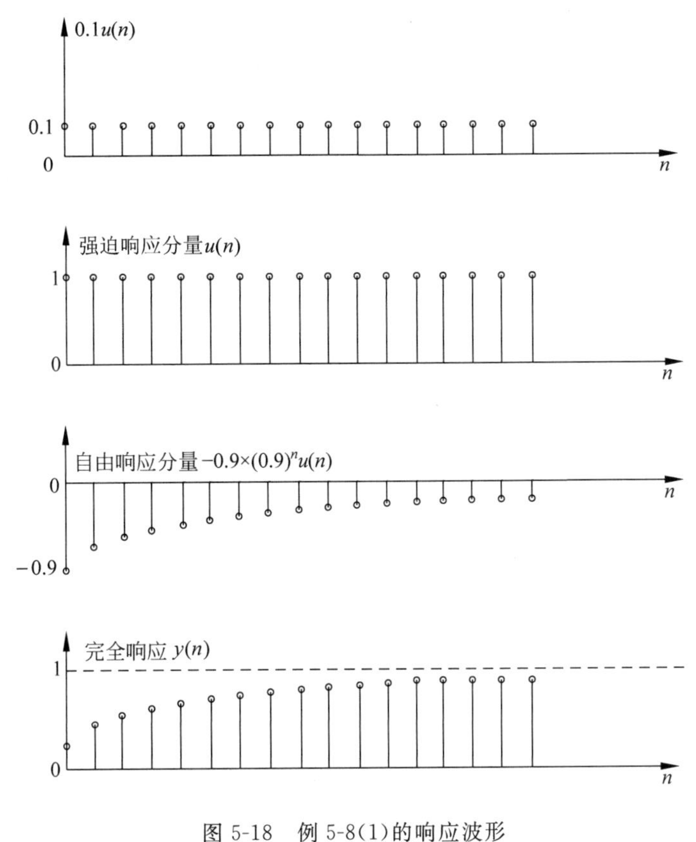

图 5-18　例 5-8(1)的响应波形

$$\text{零输入响应} = C_{zi} \times (0.9)^n$$

以 $y(-1)=1$ 代入，即

$$1 = C_{zi} \times (0.9)^{-1}$$

求得系数

$$C_{zi} = 0.9$$

于是有

$$\text{零输入响应} = 0.9 \times (0.9)^n$$

将以上两部分结果叠加，得到完全响应 $y(n)$ 表示式

$$y(n) = \underbrace{1 - 0.9 \times (0.9)^n}_{\text{零状态响应}} + \underbrace{0.9 \times (0.9)^n}_{\text{零输入响应}} = u(n)$$

$y(n)$的波形见图 5-19。

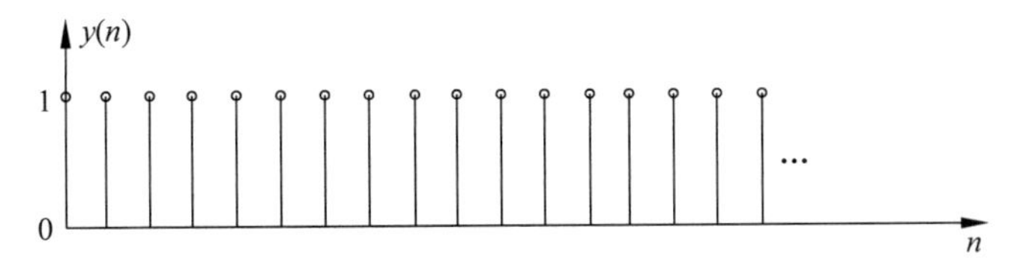

图 5-19　例 5-8(2)的响应波形

5.5 离散时间系统的单位样值响应(单位冲激响应)

在连续时间系统中,单位冲激 $\delta(t)$作用于系统引起的响应 $h(t)$,在离散线性系统中,则单位样值序列 $\delta(n)$作为激励而产生的系统零状态响应 $h(n)$——单位样值响应。这不仅是由于这种激励信号具有典型性,而且也是为求卷积和做准备。

由于 $\delta(n)$信号只在 $n=0$ 时取值 $\delta(0)=1$,在 n 为其他值时都为零,利用这一特点可以较方便地以迭代法依次求出 $h(0),h(1),\cdots,h(n)$。

【例 5-9】 已知离散时间系统的差分方程如下

$$y(n)-2y(n-1)=x(n)$$

试求其单位样值响应 $h(n)$。

解:对于因果系统,由于 $n<0$ 时,$x(n)$均为 0,故 $h(-1)=0$,以此起始条件代入差分方程可得

$$h(0)=2h(-1)+\delta(0)=0+1=1$$

依次代入求得

$$\begin{aligned}h(1)&=2h(0)+\delta(1)=2+0=2\\h(2)&=2h(1)+\delta(2)=4+0=4\\&\vdots\\h(n)&=2h(n-1)+\delta(n)=2^n\end{aligned}$$

此系统的单位样值响应是

$$h(n)=\begin{cases}2^n, & n\geqslant 0\\0, & n<0\end{cases}$$

用这种迭代方法求系统的单位样值响应还不能直接得到 $h(n)$的数值表达式。为了能够给出数值表达式,可把激励信号 $\delta(n)$等效为起始条件,这样就把问题转化为求解齐次方程,由此得到 $h(n)$的数字表达式。下面的例子说明这种方法。

【例 5-10】 系统差分方程式为

$$y(n)-6y(n-1)+12y(n-2)-8y(n-3)=x(n)$$

求系统的单位样值响应。

解:

(1) 求差分方程的齐次解(即系统的零输入响应)。写出特征方程

$$\alpha^3-6\alpha^2+12\alpha-8=0$$

解得特征根 $\alpha_1=\alpha_2=\alpha_3=2$,即 2 为三重根。于是可知,齐次解的表示式为

$$(C_1n^2+C_2n+C_3)\times 2^n$$

(2) 因为起始时系统是静止的,容易推知 $h(-2)=h(-1)=0$,$h(0)=\delta(0)=1$。以 $h(0)=1$,$h(-1)=0$,$h(-2)=0$ 作为边界条件建立一组方程式求系数 C

$$\begin{cases}1=C_3\\0=(C_1-C_2+C_3)\times\dfrac{1}{2}\\0=(4C_1-2C_2+C_3)\times\dfrac{1}{4}\end{cases}$$

解得

$$C_1=\frac{1}{2},\quad C_2=\frac{3}{2},\quad C_3=1$$

(3) 系统的单位样值响应为

$$h(n)=\begin{cases}\frac{1}{2}(n^2+3n+2)\times 2^n, & n\geqslant 0\\ 0, & n<0\end{cases}$$

此例中单位样值响应的激励作用等效为一个起始条件 $h(0)=1$,因而,求单位样值响应的问题转化为求系统的零输入响应,很方便地得到 $h(n)$的闭式解。

在连续时间系统中曾利用系统函数 $H(s)$求拉普拉斯逆变换的方法来确定冲激响应 $h(t)$,与此类似,在离散时间系统中,也可利用系统函数 $H(z)$求 z 逆变换来确定单位样值响应,一般情况下,这是一种比较简便的方法,将在第 6 章详述。

由于单位样值响应 $h(n)$表征了系统自身的性能,因此,在时域分析中可以根据 $h(n)$来判断系统的某些重要性能,如因果性、稳定性,以此区分因果系统与非因果系统,稳定系统与非稳定系统。

1. 因果系统

所谓因果系统,就是输出变化不领先于输入变化的系统。响应 $h(n)$只取决于当前时刻,以及当前时刻以前的激励,即 $x(n),x(n-1),x(n-2),\cdots$。如果 $y(n)$不仅取决于当前及过去的输入,而且还取决于未来的输入 $x(n+1),x(n+2),\cdots$,那么,在时间上就违背了先因后果的逻辑关系,因而是非因果系统,也即不可实现的系统。

离散线性时不变系统作为因果系统的充分必要条件是

$$h(n)=0,\quad n<0 \tag{5-32}$$

或表示为

$$h(n)=h(n)u(n) \tag{5-33}$$

一种非因果的平滑系统数学模型可表示为

$$y(n)=\frac{1}{2M+1}\sum_{k=-M}^{M}x(n-k) \tag{5-34}$$

对于待处理的数据 $x(n)$,可用 n 点附近 $\pm M$ 取点处的数据做算术平均计算,即取和后再除以$(2M+1)$,由此获得平滑后的数据 $y(n)$,见图 5-20。显然,这是一个非因果系统。

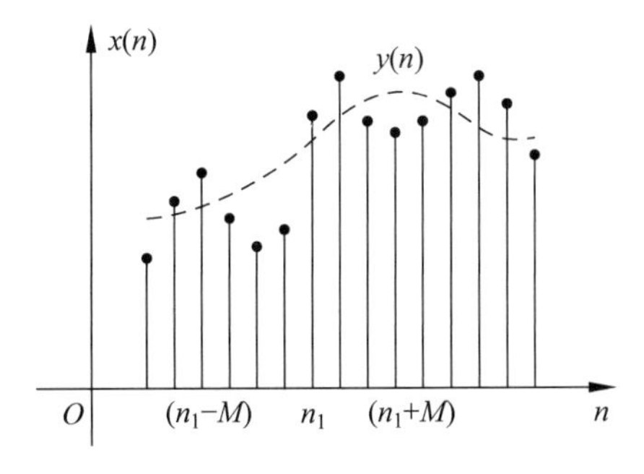

图 5-20 将 $x(n)$做平滑处理得到 $y(n)$

2. 稳定系统

稳定系统的定义为：若输入是有界的，输出必定也是有界的系统(BIBO 系统)。对于离散时间系统，稳定系统的充分必要条件是单位样值(单位冲激)响应绝对可和。即

$$\sum_{n=-\infty}^{+\infty} |h(n)| \leqslant M \tag{5-35}$$

式中 M 为有界正值。

既满足稳定条件又满足因果条件的系统是本书的主要研究对象，这种系统的单位样值响应 $h(n)$ 是单边的而且是有界的。

$$\begin{cases} h(n) = h(n)u(n) \\ \sum\limits_{n=-\infty}^{+\infty} |h(n)| \leqslant M \end{cases} \tag{5-36}$$

下面考虑一个简单的例子，若系统的单位样值响应 $h(n)=\alpha^n u(n)$，则容易判断它是因果系统，因为当 $n<0$ 时 $h(n)=0$。稳定性与否与 α 的数值有关，若 $|\alpha|<1$，则几何级数 $\sum\limits_{n=0}^{+\infty}|\alpha|^n$ 收敛为 $\frac{1}{1-\alpha}$，系统是稳定的；若 $|\alpha|>1$，则该几何级数发散，系统是非稳定的。

5.6 卷积(卷积和)

在连续时间系统中，可以把激励信号分解为冲激函数序列，令每一冲激函数单独作用于系统求其冲激响应，最后把这些响应叠加即可得到系统对此激励信号的零状态响应。这个叠加的过程表现为求卷积积分。在离散时间系统中，也可以采用大体相同的方法进行分析，由于离散信号本身就是一个不连续的序列，因此，激励信号分解为脉冲序列的工作就很容易完成，对应每个样值激励，系统得到对应的样值响应，每一个响应也是一个离散时间序列，把这些序列叠加即得零状态响应，叠加过程表现为求“卷积和”。

由式(5-18)可知，离散时间系统的任意激励信号 $x(n)$ 可以表示为单位样值加权取和的形式

$$x(n) = \sum_{m=-\infty}^{+\infty} x(m)\delta(n-m)$$

设线性时不变系统对单位样值 $\delta(n)$ 的响应为 $h(n)$，由时不变系统特性可知，对于 $\delta(n-m)$ 的延时响应就是 $h(n-m)$；再由线性系统的均匀性可知，对于 $x(m)\delta(n-m)$ 序列的响应是 $x(m)h(n-m)$，最后根据叠加性得到系统对于 $\sum x(m)\delta(n-m)$ 序列总的响应为

$$y(n) = \sum_{m=-\infty}^{+\infty} x(m)h(n-m) \tag{5-37}$$

式(5-37)称为“卷积和”(或仍称为卷积)。它表征了系统响应 $y(n)$ 与激励 $x(n)$ 和单位样值响应 $h(n)$ 之间的关系，$y(n)$ 是 $x(n)$ 与 $h(n)$ 的卷积，用简化符号记为

$$y(n) = x(n) * h(n) \tag{5-38}$$

对于式(5-37)进行变量置换得到卷积的另一种表示式

$$y(n) = \sum_{m=-\infty}^{+\infty} h(m)x(n-m) = h(n) * x(n) \tag{5-39}$$

这表明，两序列进行卷积的次序是无关紧要的，可以互换。容易证明，卷积和的代数运算与连续系统中卷积的代数运算规律相似，都服从交换律、分配律、结合律。

在连续时间系统中，$\delta(t)$与$f(t)$的卷积仍等于$f(t)$，类似地，在离散时间系统中也有

$$\delta(n) * x(n) = x(n) \tag{5-40}$$

卷积和的图形解释可以把卷积和的过程分解为反褶、平移、相乘、取和4个步骤，在下面的例子中可以看到。

【例 5-11】 某系统的单位样值响应是

$$h(n) = a^n u(n)$$

其中$0<a<1$。若激励信号为

$$x(n) = u(n) - u(n-N)$$

试求响应$y(n)$。

解：由式(5-37)可知

$$\begin{aligned} y(n) &= \sum_{m=-\infty}^{+\infty} x(m)h(n-m) \\ &= \sum_{m=-\infty}^{+\infty} [u(m)-u(m-N)]a^{n-m}u(n-m) \end{aligned}$$

图5-21中给出了$x(n)$、$h(n)$序列图形。为求卷积和，同时绘出$x(m)$以及对应某几个值的$h(n-m)$。由图5-21看出，在$n<0$的条件下，$h(n-m)$与$x(m)$相乘，处处都为零值，

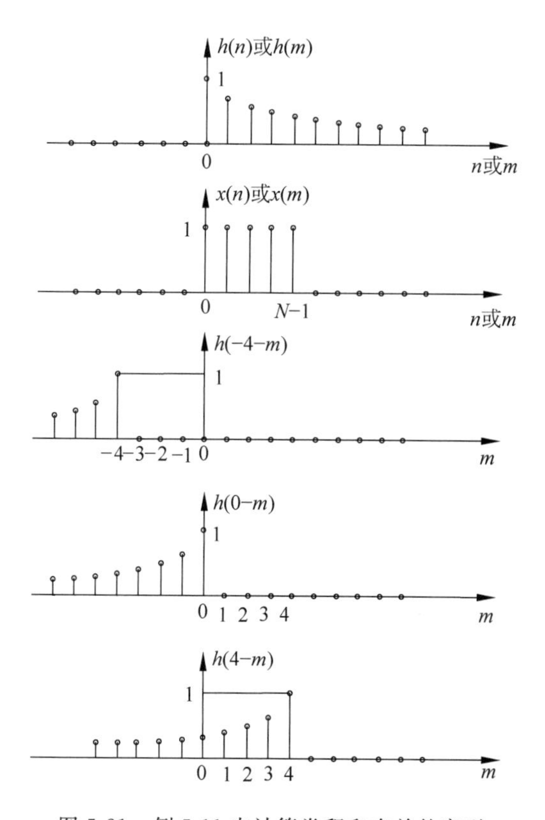

图5-21　例5-11中计算卷积和有关的序列

因此当 $n<0$ 时，$y(n)=0$。而 $0\leqslant n\leqslant N-1$ 时，从 $m=0$ 到 $m=n$ 的范围内 $h(n-m)$ 与 $x(m)$ 有交叠相乘而得的非零值，得到

$$y(n)=\sum_{m=0}^{n}a^{n-m}=a^{n}\sum_{m=0}^{n}a^{-m}=a^{n}\frac{1-a^{-(n+1)}}{1-a^{-1}}\quad(0\leqslant n\leqslant N-1)$$

对于 $N-1\leqslant n$，交叠相乘的非零值从 $m=0$ 延伸到 $m=N-1$，因此

$$y(n)=\sum_{m=0}^{N-1}a^{n-m}=a^{n}\sum_{m=0}^{N-1}a^{-m}=a^{n}\frac{1-a^{-N}}{1-a^{-1}}\quad(N-1\leqslant n)$$

图 5-22 给出了响应 $y(n)$。

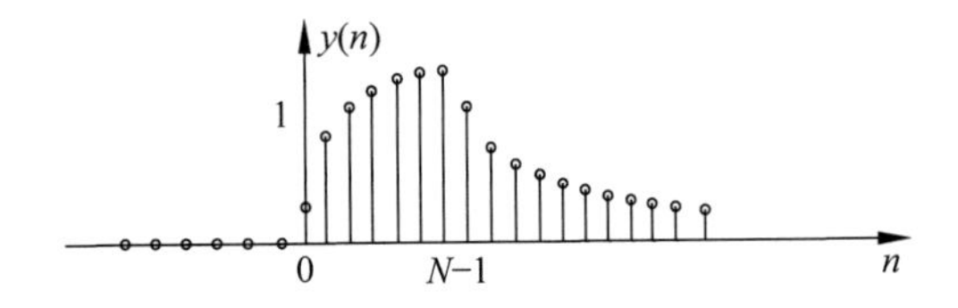

图 5-22 例 5-11 中求得的卷积和 $y(n)$

【例 5-12】 已知

$$x_1(n)=\delta(n)+3\delta(n-1)+2\delta(n-2)+3\delta(n-3)$$
$$x_2(n)=2\delta(n)+\delta(n-1)+4\delta(n-2)$$

求卷积。

解：

(1) 方法一。注意到本例给出的离散信号未能以闭式表示，为书写方便也可将它们写作序列

$$\{x_1(n)\}=\{\underset{\uparrow}{1}\quad 3\quad 2\quad 3\}$$

$$\{x_2(n)\}=\{\underset{\uparrow}{2}\quad 1\quad 4\}$$

利用一种“对位相乘求和”的方法可以较快地求出卷积结果。为此，将两序列样值以各自 n 的最高值按右端对齐，如下排列

$x_1(n)$	:			1	3	2	3
$x_2(n)$	:				2	1	4
				4	12	8	12
			1	3	2	3	
		2	6	4	6		
$y(n)$	:	2	7	11	20	11	12

然后逐个样值对应相乘但不要进位，最后把同一列上的乘积值按对位求和即可得到

$$\{y(n)\}=\{\underset{\uparrow}{2}\quad 7\quad 11\quad 20\quad 11\quad 12\}$$

不难发现，这种方法实质上是将作图过程的反褶与移位两步骤以对位排列方式巧妙地取代，读者可自行对此例用作图法求解，将两种方法进行对比。显然，这里的“对位相乘求

和"解法比较便捷。

(2) 方法二。在离散系统中卷积的代数运算与连续系统中卷积的代数运算规律相似，都服从交换律、分配律、结合律。且有

$$\delta(n) * x(n) = x(n)$$

所以

$$\begin{aligned}
& x_1(n) * x_2(n) \\
&= [\delta(n) + 3\delta(n-1) + 2\delta(n-2) + 3\delta(n-3)] * [2\delta(n) + \delta(n-1) + 4\delta(n-2)] \\
&= [\delta(n) * 2\delta(n) + \delta(n) * \delta(n-1) + \delta(n) * 4\delta(n-2) \\
&\quad + 3\delta(n-1) * 2\delta(n) + 3\delta(n-1) * \delta(n-1) + 3\delta(n-1) * 4\delta(n-2) \\
&\quad + 2\delta(n-2) * 2\delta(n) + 2\delta(n-2) * \delta(n-1) + 2\delta(n-2) * 4\delta(n-2) \\
&\quad + 3\delta(n-3) * 2\delta(n) + 3\delta(n-3) * \delta(n-1) + 3\delta(n-3) * 4\delta(n-2)] \\
&= 2\delta(n) + \delta(n-1) + 4\delta(n-2) \\
&\quad + 6\delta(n-1) + 3\delta(n-2) + 12\delta(n-3) \\
&\quad + 4\delta(n-2) + 2\delta(n-3) + 8\delta(n-4) \\
&\quad + 6\delta(n-3) + 3\delta(n-4) + 12\delta(n-5) \\
&= 2\delta(n) + 7\delta(n-1) + 11\delta(n-2) + 20\delta(n-3) + 11\delta(n-4) + 12\delta(n-5)
\end{aligned}$$

以上两例着重说明了求卷积和的原理和基本计算方法，希望读者根据习题多加练习。

5.7 离散时间系统时域分析的 MATLAB 实现

线性时不变离散时间系统是最基本的数字系统，差分方程和系统函数是描述系统的常用数学模型，单位样值响应和频率响应是描述系统特性的主要特征参数，零状态响应和因果稳定性是系统分析的重要内容。MATLAB 为线性时不变系统的差分方程提供了专用函数 filter，该函数可以计算对于指定时间范围的激励序列的响应，并提供了求两个有限时间区间非零的离散时间序列卷积和的专用函数 conv。

【例 5-13】 已知描述离散系统的差分方程为

$$y(n) - 0.25y(n-1) + 0.5y(n-2) = f(n) + f(n-1)$$

且已知系统输入序列为 $f(n)=\left(\frac{1}{2}\right)^n u(n)$。

(1) 求出系统的单位函数响应 $h(n)$ 在 $-3\sim10$ 离散时间范围内响应波形。

(2) 求出系统零状态响应在 $0\sim15$ 区间上的样值，并画出输入序列的时域波形以及系统零状态响应的波形。

解：

[MATLAB 程序]

系统的单位函数响应：

```
a = [1, - 0.25,0.5];
b = [1,1,0];
impz(b,a, - 3:10),title('单位响应')    % 绘出单位函数响应在 - 3～10 区间上的波形
```

零状态响应：

```
a = [1, - 0.25,0.5];b = [1,1,0]
```

```
k=0:15;                              %定义输入序列取值范围
x=(1/2).^k;                          %定义输入序列表达式
y=filter(b,a,x)                      %求解零状态响应样值
subplot(2,1,1),stem(k,x)             %绘制输入序列的波形
title('输入序列')
subplot(2,1,2),stem(k,y)             %绘制零状态响应的波形
title('输出序列')
```

[程序运行结果]

```
b =
     1     1     0
y =
  Columns 1 through 8
    1.0000   1.7500   0.6875   -0.3281   -0.2383   0.1982   0.2156   -0.0218
  Columns 9 through 16
   -0.1015   -0.0086   0.0515   0.0187   -0.0204   -0.0141   0.0069   0.0088
```

运行得到结果如图 5-23 和图 5-24 所示。

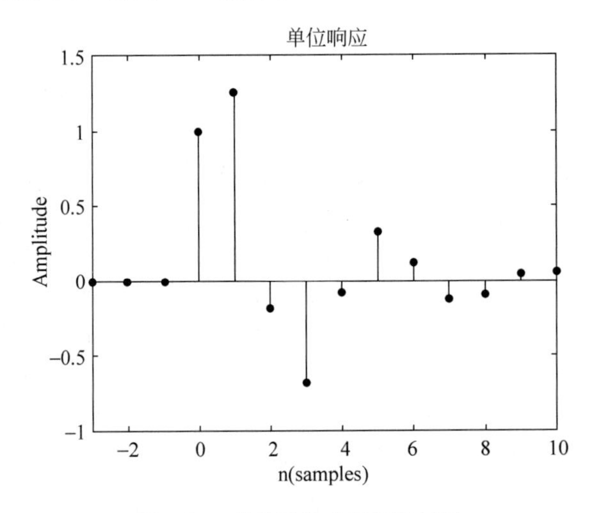

图 5-23　单位函数响应运行结果

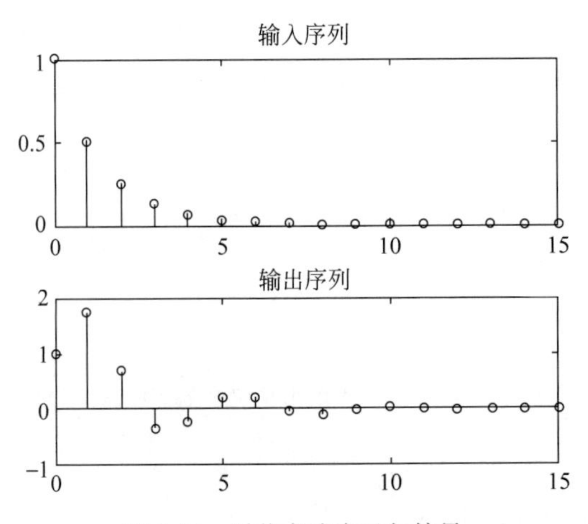

图 5-24　零状态响应运行结果

【例 5-14】 序列 $f_1(n)$，$f_2(n)$的卷积和运算 $f(n)=f_1(n)*f_2(n)$，可由 MATLAB 的 conv()函数实现，调用格式为

```
f = conv(f1,f2)
```

解：

如已知序列：$f_1(n)=\begin{cases}1, & -2\leqslant n\leqslant 2\\ 0, & \text{其他}\end{cases}$，$f_2(n)=\begin{cases}2^n, & 0\leqslant n\leqslant 3\\ 0, & \text{其他}\end{cases}$，运行如下 M 文件可求其卷积和：

[MATLAB 程序]

```
k1 = - 2:2;
f1 = ones(1,length(k1));
k2 = 0:3;
f2 = 2.^k2;
f = conv(f1,f2)
```

[程序运行结果]

```
f =
     1   3   7   15   15   14   12   8
```

可见，conv()函数不需要给定 $f_1(n)$、$f_2(n)$的非零样值的时间序号，也不返回卷积和序列 $f(n)$的时间序号；此外，conv()假定 $f_1(n)$、$f_2(n)$都是从 $n=0$ 开始，这就限制了它的应用范围。因此，要对从任意 n 值开始的序列进行卷积和运算，同时正确标识出函数 conv()的计算结果中各项值的位置序号 n，还须构造序列 $f_1(n)$、$f_2(n)$和 $f(n)$的对应序号向量。下面是求序列 $f_1(n)$、$f_2(n)$卷积和的实用函数 dconv()，它可实现序号向量的返回。

[MATLAB 程序]

```
function [f,k] = dconv(f1,k1,f2,k2)     % 求卷积和:f(k) = f1(k) * f2(k)
f = conv(f1,f2)
k0 = k1(1) + k2(1);                      % 计算序列 f 非零样值的起点位置 k0
k3 = length(k1) + length(k2) - 2;        % 计算序列 f 非零样值的宽度
k = k0:k0 + k3;                          % 确定序列 f 非零样值的序号向量
subplot(2,2,1); stem(k1,f1,'fill');title('f1(k)');xlabel('k');
subplot(2,2,2); stem(k2,f2,'fill');title('f2(k)');xlabel('k');
subplot(2,2,3); stem(k,f,'fill');title('f(k) = f1(k) * f2(k)');xlabel('k');
h = get(gca,'position');
h(3) = 2.5 * h(3);
set(gca,'position',h)
```

【例 5-15】 考虑离散时间信号

$$y(n)=3R(t+3)-6R(t+1)+3R(t)-3u(t-3)\Big|_{t=0.15n}$$

它是以抽样时间间隔 $T_s=0.15$，对一个由斜变信号和单位阶跃信号组成的连续时间信号进行抽样而获得的。编写 MATLAB 函数产生斜变信号和单位阶跃信号，并获得 $y(n)$，然后再编写一个 MATLAB 函数对 $y(n)$进行奇、偶分解。

解： 信号 $y(t)$是通过将从$-\infty$到∞时出现的不同信号顺序地相加而获得的：

$$y(t)=\begin{cases}0, & t<-3\\ 3R(t+3)=3t+9, & -3\leqslant t<-1\\ 3t+9-6R(t+1)=3t+9-6(t+1)=-3t+3, & -1\leqslant t<0\\ -3t+3+3R(t)=-3t+3+3t=3, & 0\leqslant t<3\\ 3-3u(t-3)=3-3=0, & t\geqslant 3\end{cases}$$

本例所用的三个函数 ramp、ustep 和 evenodd 均在后面给出。下面的程序说明了如何使用这些函数产生具有合适的斜率、时移的斜变信号和有着期望延迟的单位阶跃信号，以及如何计算 $y(n)$的偶、奇分量。

[MATLAB 程序]

```
Ts = 0.15;
t = - 5:Ts:5;                          % 抽样时间间隔
y1 = ramp(t,3,3);                      % 时间支撑
y2 = ramp(t, - 6,1);
y3 = ramp(t,3,0);                      % 斜变信号
y4 = - 3 * ustep(t, - 3);              % 单位阶跃信号
y = y1 + y2 + y3 + y4;
[ye,yo] = evenodd(y);
```

为连续时间信号 $y(t)$选择的支撑是$-5\leqslant t\leqslant 5$，当以 $T_s=0.15$ 对 $y(t)$进行抽样时，这个支撑被转化成为离散时间信号的支撑$-5\leqslant 0.15n\leqslant 5$，或$-5/0.15\leqslant n\leqslant 5/0.15$，由于该支撑的两个边界不是整数，为了使它们成为整数(这是离散时间信号定义所要求的)，此处利用 MATLAB 函数 floor 来求出小于$-5/0.15$ 和$-5/0.15$ 的整数，于是产生了一个取值范围$[-34,32]$，画 $y(n)$时用到了该范围。

以下函数可以产生一个时间范围内的具有不同斜率和时移的斜变信号：

[MATLAB 程序]

```
function y = ramp(t,m,ad)              % 产生斜变信号
                                       % t:时间支撑
                                       % m:斜变信号的斜率
                                       % ad:超前(正的),延迟(负的)因子
N = length(t);
y = zeros(1,N);
for i = 1:N,
    if t(i)> = - ad,
        y(i) = 1;
        y(i) = m * (t(i) + ad);
    end
end
```

同理，以下函数产生具有不同时移的单位阶跃信号(注意与函数 ramp 的相似之处)。

[MATLAB 程序]

```
function y = ustep(t,ad)
                                       % 产生单位阶跃信号
                                       % t:时间支撑
                                       % ad:超前(正的),延迟(负的)因子
```

```
N = length(t);
y = zeros(1,N);
for i = 1:N,
    if t(i)> = - ad,
        y(i) = 1;
    end
end
```

最后，以下函数可用于计算离散时间信号的偶、奇分解。在产生偶、奇分量时需要的反褶信号可用 MATLAB 函数 fliplr 完成。

[MATLAB 程序]

```
function [ye, yo] = evenodd(y)          % 偶/奇分解
                                        % 注意:信号的支撑应该关于原点对称
                                        % y:模拟信号
                                        % ye, yo:偶分量和奇分量
yr = fliplr(y);
ye = 0.5 * (y + yr);
yo = 0.5 + (y - yr);
```

【例 5-16】 已知模拟信号 $x(t)=\mathrm{e}^{-at}\cos(\Omega_0 t)u(t)$，通过抽样能够获得离散时间信号

$$y(n) = \alpha^n\cos(\omega_0 n)u(n)$$

考虑当 $\alpha=0.9$ 和 $\omega_0=\pi/2$ 时的情况，为了能够从 $x(t)$ 通过抽样获得 $y(n)$，求 a、Ω_0 和 T_S 的值。用 MATLAB 绘制 $x(t)$ 和 $y(n)$ 的图形。

解：对比连续时间信号和对应的抽样信号，考虑到奈奎斯特抽样条件应有

$$\alpha = \mathrm{e}^{-aT_S}$$

$$\omega_0 = \Omega_0 T_S$$

$$T_S \leqslant \frac{\pi}{\Omega_{\max}}$$

假定最大频率为 $\Omega_{\max}=N\Omega_0$，且 $N\geqslant 2$，若设 $T_S=\pi/N\Omega_0$，将它代入以上三个方程可以得到

$$\alpha = \mathrm{e}^{-a\pi/N\Omega_0}$$

$$\omega_0 = \Omega_0\pi/N\Omega_0 = \pi/N$$

如果想要 $\alpha=0.9$，$\omega_0=\pi/2$，那么可得 $N=2$，且对任意 $\Omega_0>0$ 有

$$a = -\frac{2\Omega_0}{\pi}\log_e 0.9$$

例如，如果 $\Omega_0=2\pi$，那么 $a=-4\log_e 0.9$，$T_S=0.25$，利用以上参数可以绘制出相对应的连续时间信号和离散时间序列。MATLAB 程序如下：

[MATLAB 程序]

```
a = - 4 * log(0.9);Ts = 0.25;           % 参数
alpha = exp( - a * Ts);
n = 0:30;y = alpha.^n. * cos(pi * n/2);  % 离散时间信号
t = 0:0.001:max(n) * Ts;
x = exp( - a * t). * cos(2 * pi * t);    % 模拟信号
stem(n,y,'r');hold on
plot(t/Ts,x);grid;legend('y[n]','x(t)');hold off
```

[程序运行结果]

运行得到对连续信号 $x(t)$ 抽样产生期望的离散时间信号 $y(n)$ 如图 5-25 所示。

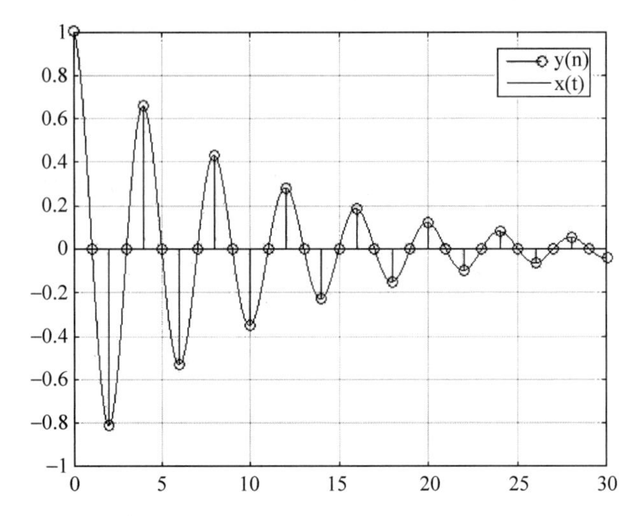

图 5-25 对连续信号 $x(t)$ 抽样产生期望的离散时间信号 $y(n)$

【例 5-17】 已知 $h(n)=\frac{1}{3}[\delta(n)+\delta(n-1)+\delta(n-2)]$,利用函数 conv()计算 $x(n)=u(n)$ 或 $x(n)=\cos(2\pi n/3)u(n)$ 时的卷积和,程序如下:

[MATLAB 程序]

```
X1 = [0 0 ones [1,20]]
N = - 2:10;n1 = 0:19;
X2 = [0 0 cos(2 * pi * n1/3)];
h = (1/3) * ones(1,3);
Y = conv(x1,h);y1 = y(1:length(n));
Y = conv(x2,h);y2 = y(1:length(n));
```

注意,每个输入序列在开始时都有两个零值,因而求出的响应是 $n\geqslant-2$ 之后的。再者,若输入是无限长序列,在 MATLAB 中只能用有限长序列近似它们,因而用函数 conv 计算得到的卷积的最后几个值都不正确,所以不应该考虑它们。本例中卷积结果的最后两个数值就不正确。

【本章小结】 本章主要介绍了离散时间系统的定义,常用离散信号以及线性移不变离散时间系统的时域分析。重点在于与连续时间信号进行比较学习,读者应掌握一些重要概念,如双零响应、卷积积分等。

习　　题

5-1 分别绘出以下各序列的图形。

(1) $x(n)=\left(\frac{1}{2}\right)^n u(n)$

(2) $x(n)=(-2)^n u(n)$

(3) $x(n)=2^n u(n)$

(4) $x(n)=\left(\frac{1}{2}\right)^{n+1}u(n+1)$

5-2　判断以下各序列是否周期性的，如果是周期性的，试确定其周期。

(1) $x(n)=A\cos\left(\frac{3\pi}{4}n-\frac{\pi}{8}\right)$

(2) $x(n)=e^{j\left(\frac{\pi}{8}-\pi\right)}$

5-3　解差分方程。

(1) $y(n)-\frac{1}{2}y(n-1)=0, y(0)=2$

(2) $y(n)+3y(n-1)=0, y(1)=3$

5-4　解差分方程。

(1) $y(n)-7y(n-1)+16y(n-2)-12y(n-3)=0, y(0)=0, y(1)=-1, y(2)=-3$

(2) $y(n)-y(n-2)=0, y(1)=1, y(2)=2$

(3) $y(n)+\frac{2}{3}y(n-1)=0, y(0)=1$

5-5　解差分方程 $y(n)+2y(n-1)=n-2$。已知边界条件 $y(0)=1$。

5-6　已知一阶因果离散系统的差分方程为

$$y(n)+3y(n-1)=x(n)$$

试求：

(1) 系统的单位样值响应 $h(n)$；

(2) 当激励 $h(n)$ 为单位阶跃序列时，求零状态响应 $y(n)$。

5-7　以下各序列是系统的单位样值响应 $h(n)$，试分别讨论各系统的因果性与稳定性。

(1) $\delta(n+3)$　　(2) $3^n[u(n)-u(n-3)]$

(3) $\frac{1}{n}u(n)$　　(4) $\frac{1}{n!}u(n)$

(5) $2^n[u(n)-u(n-5)]$　　(6) $0.5^n u(-n)$

5-8　以下系统 $x(n)$ 表示激励，$y(n)$ 表示响应。判断激励与响应的关系是否线性的，是否时不变的。

$$y(n)=x(n)\cos\left(\frac{2\pi}{3}n+\frac{\pi}{6}\right)$$

5-9　已知序列 $x_1(n)$ 和 $x_2(n)$ 如下，$n=0$ 的时刻示于箭头处。求它们的卷积序列。

$$x_1(n)=\{2\quad \underset{\uparrow}{1}\quad 1\quad 2\}\qquad x_2(n)=\{1\quad 1\quad \underset{\uparrow}{1}\quad 2\quad 2\}$$

5-10　已知一线性时不变系统的单位样值响应 $h(n)$，除在 $N_0\leqslant n\leqslant N_1$ 区间之外都为零。而输入 $x(n)$ 除在 $N_2\leqslant n\leqslant N_3$ 区间之外为零。这样，响应 $y(n)$ 除在 $N_4\leqslant n\leqslant N_5$ 之外均都限制为零。试用 N_0、N_1、N_2、N_3 来表示 N_4 与 N_5。

习 题 答 案

5-1

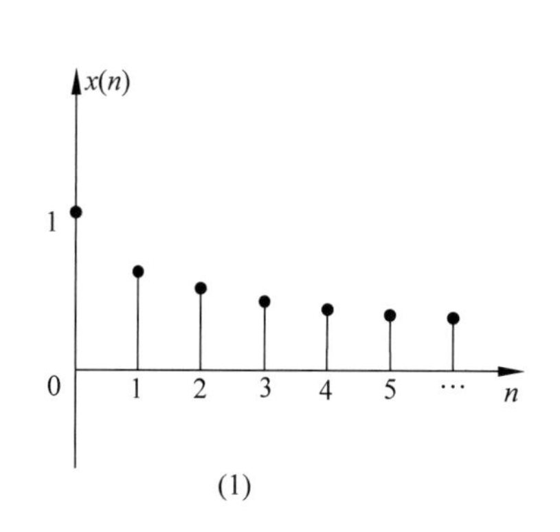

(1)

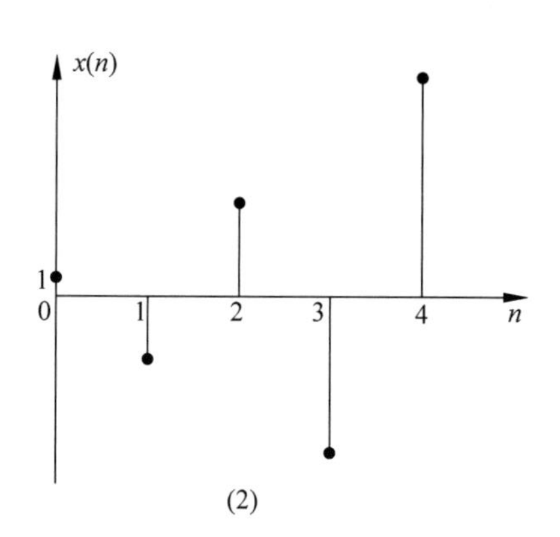

(2)

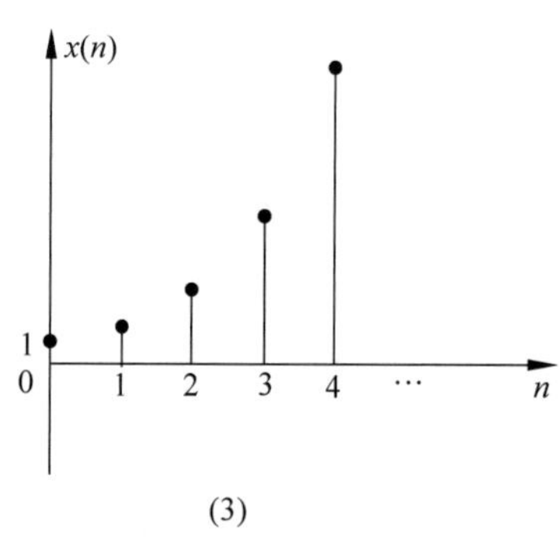

(3)

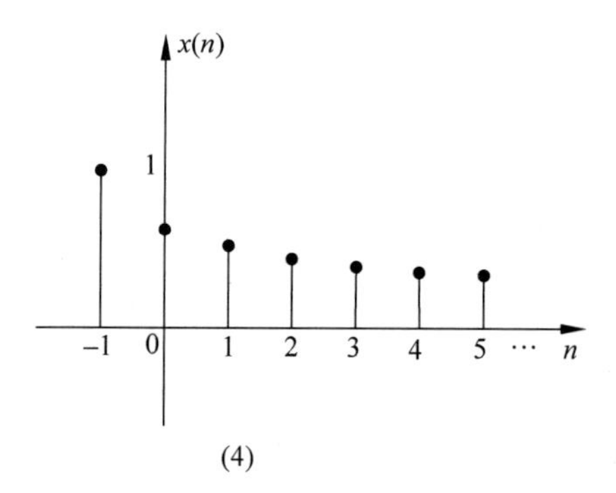

(4)

5-2 (1) $x(n)$是周期性的,周期为 8;

(2) $x(n)$是非周期性的。

5-3 (1) $y(n)=2\times\left(\frac{1}{2}\right)^n=\left(\frac{1}{2}\right)^{n-1}$

(2) $y(n)=-1\times(-3)^n$

5-4 (1) $y(n)=3^n-(n+1)^n$

(2) $y(n)=\frac{3}{2}+\frac{1}{2}(-1)^n$

(3) $y(n)=\left(-\frac{2}{3}\right)^n$

5-5 $y(n)=1+\frac{1}{2}n^2+\frac{1}{2}n=1+\frac{1}{2}n(n+1)$

5-6 (1) $y(n)=(-3)^n$

(2) $y(n)=\frac{3}{4}\times(-3)^n+\frac{1}{4}$

5-7 (1) $\delta(n+3)$:非因果,稳定。

(2) $3^n[u(n)-u(n-3)]$:因果,稳定。

(3) $\frac{1}{n}u(n)$:因果,不稳定。

(4) $\frac{1}{n!}u(n)$：因果，稳定。

(5) $2^n[u(n)-u(n-5)]$：因果，稳定。

(6) $0.5^n u(-n)$：因果，稳定。

5-8 系统线性，时变。

5-9 $\{y(n)\}=\{\underset{\uparrow}{2}\quad 3\quad 4\quad 8\quad 9\quad 6\quad 6\quad 4\}$

5-10 $N_4=N_0+N_2\quad N_5=N_1+N_3$

第6章　z 变换与离散时间系统的 z 域分析

【本章导读】

本章学习 z 变换及离散系统的 z 域分析。变换域分析一直是信号与系统中系统分析的一个重要手段。从这个意义上说 z 变换对于离散系统就相当于拉普拉斯变换对于连续系统一样，都是系统分析的有力工具。在学习过程中要注意 z 变换与拉普拉斯变换及傅里叶变换之间的联系与区别，特别是讨论收敛域在分析系统中的重要性。

【学习要点】

(1) 掌握 z 变换的定义、收敛域及基本性质。

(2) 掌握反 z 变换的计算方法(部分分式展开法)。

(3) 了解 z 变换与拉普拉斯变换的关系。

(4) 掌握离散时间系统响应的 z 变换分析方法。

(5) 掌握离散时间系统的系统函数的概念，掌握离散时间系统的时域和 z 域框图。

(6) 掌握系统极零点的概念及其应用。

(7) 掌握系统的稳定性概念。

6.1　引　　言

在离散信号与系统的理论研究中，z 变换是一种重要的数学工具。它可以将离散系统的数学模型——差分方程转化为简单的代数方程，使其求解过程得以简化。其在离散系统中的作用类似于连续系统中的拉普拉斯变换。

本章讨论 z 变换的定义、性质以及它与拉普拉斯变换、傅里叶变换的联系进而研究离散时间系统的 z 域分析，给出离散系统的系统函数与频率响应的概念。类似于连续系统的 s 域分析，在离散系统的 z 域分析中，也可以利用系统函数在 z 平面零、极点分布特性来研究系统的时域特性、频域特性以及稳定性等特性。

首先回顾一下抽样定理章节所述内容，考察抽样信号的拉普拉斯变换。若连续因果信号 $x(t)$ 经均匀冲激抽样，则抽样信号 $X_s(t)$ 的表示式为

$$\begin{aligned} X_s(t) &= x(t)\delta_T(t) \\ &= \sum_{n=0}^{+\infty} x(nT)\delta(t-nT) \end{aligned}$$

式中 T 为抽样间隔。如果对上式取单边拉普拉斯变换，得到

$$X_s(s) = \int_0^{+\infty} X_s(t)\mathrm{e}^{-st}\,\mathrm{d}t = \int_0^{+\infty}\left[\sum_{n=0}^{+\infty} x(nT)\delta(t-nT)\right]\mathrm{e}^{-st}\,\mathrm{d}t$$

显然积分与求和次序可以对调，利用冲积函数的抽样特性，便可得到抽样信号的拉普拉斯变换

$$X_s(s) = \sum_{n=0}^{+\infty} x(nT)\mathrm{e}^{-snT} \tag{6-1}$$

此时，引入一个新的复变量 z，令

$$z = \mathrm{e}^{sT}$$

则式(6-1)变成了复变量 z 的函数式 $X(z)$

$$X(z)=\sum_{n=0}^{+\infty}x(nT)z^{-n} \tag{6-2}$$

令 $T=1$,则式(6-1)、式(6-2)变成

$$X(z)=\sum_{n=0}^{+\infty}x(n)z^{-n}$$

$$z=\mathrm{e}^{s}$$

这个变换式就是我们本章所要研究的 z 变换。

6.2　z 变换定义、典型序列的 z 变换

与拉普拉斯变换的定义类似,z 变换也有单边和双边之分。序列 $x(n)$的单边 z 变换定义为

$$\begin{aligned}X(z)&=Z[x(n)]\\&=x(0)+\frac{x(1)}{z}+\frac{x(2)}{z^{2}}+\cdots\\&=\sum_{n=0}^{+\infty}x(n)z^{-n}\end{aligned} \tag{6-3}$$

其中符号 Z 表示取 z 变换,z 是复变量。

对于一切 n 值都有定义的双边序列 $x(n)$,也可以定义双边 z 变换为

$$X(z)=Z[x(n)]=\sum_{n=-\infty}^{+\infty}x(n)z^{-n} \tag{6-4}$$

显然,若 $x(n)$为因果序列,则双边 z 变换与单边 z 变换是等同的。式(6-3)、式(6-4)表明,序列的 z 变换是复变量 z^{-1}的幂级数,其系数是序列 $x(n)$值。显然这里 $x(z)$是一个关于复变量 z 的连续函数。

z 变换的逆变换表达式和有关求解方法将在 6.5 节专门讨论。下面举例给出一些典型序列的 z 变换。

1. 单位样值函数

单位样值函数 $\delta(n)$定义为

$$\delta(n)=\begin{cases}1, & n=0\\0, & n\neq 0\end{cases}$$

如图 6-1 所示。

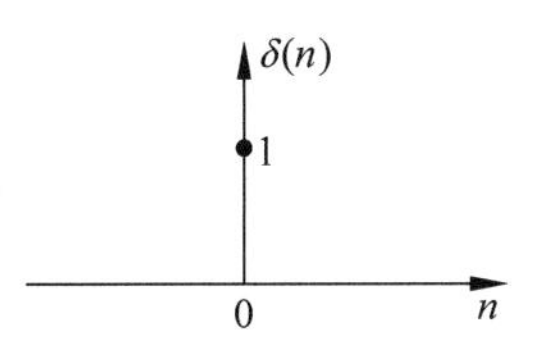

图 6-1　单位样值函数

取其 z 变换,得到

$$Z[\delta(n)]=\sum_{n=0}^{+\infty}\delta(n)z^{-n}=1 \tag{6-5}$$

可见,与连续时间系统单位冲激函数 $\delta(t)$ 的拉普拉斯变换类似,单位样值函数 $\delta(n)$ 的 z 变换等于 1。

2. **单位阶跃序列**

单位阶跃序列 $u(n)$ 定义为

$$u(n)=\begin{cases}1, & n\geqslant 0\\ 0, & n<0\end{cases}$$

如图 6-2 所示。

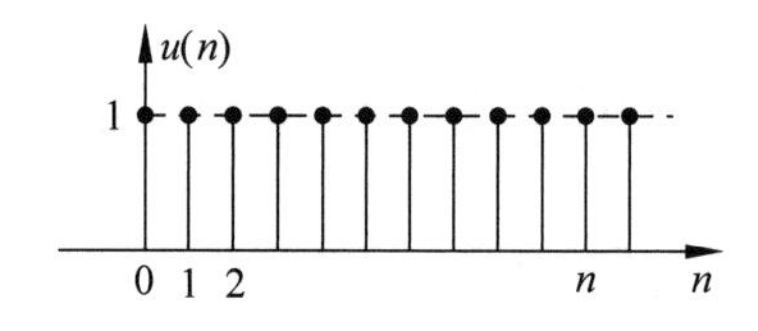

图 6-2　单位阶跃序列

取其 z 变换得到

$$Z[u(n)]=\sum_{n=0}^{+\infty}u(n)z^{-n}=\sum_{n=0}^{+\infty}z^{-n}$$

若 $|z|>1$,该几何级数收敛,它等于

$$Z[u(n)]=\frac{z}{z-1}=\frac{1}{1-z^{-1}} \tag{6-6}$$

3. **斜变序列**

斜变序列为

$$x(n)=nu(n)$$

如图 6-3 所示。

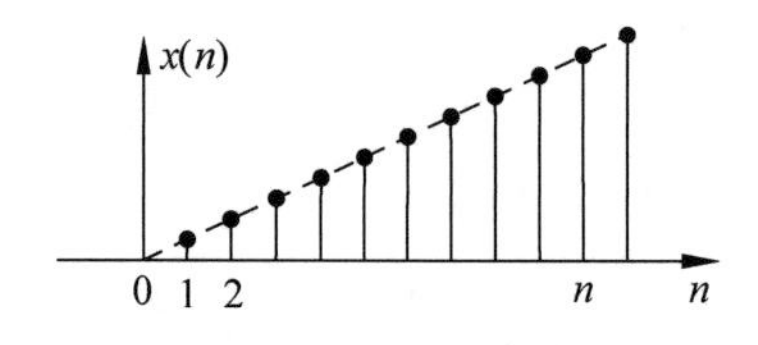

图 6-3　斜边序列

其 z 变换为

$$Z[x(n)]=\sum_{n=0}^{+\infty}nz^{-n}$$

该 z 变换可以用下面方法求得。

由式(6-6),已知

$$\sum_{n=0}^{+\infty}z^{-n}=\frac{1}{1-z^{-1}},\quad |z|>1$$

将上式两边分别对 z^{-1} 求导,得到

$$\sum_{n=0}^{+\infty}n(z^{-1})^{n-1}=\frac{1}{(1-z^{-1})^{2}}$$

两边各乘 z^{-1}，便得到了斜变序列的 z 变换，它等于

$$Z[nu(n)]=\sum_{n=0}^{+\infty}nz^{-n}=\frac{z}{(z-1)^2},\quad |z|>1 \tag{6-7}$$

同样，若式(6-7)两边再对 z^{-1} 取导数，还可得到

$$Z[n^2u(n)]=\frac{z(z+1)}{(z-1)^3} \tag{6-8}$$

$$Z[n^3u(n)]=\frac{z(z^2+4z+1)}{(z-1)^4} \tag{6-9}$$

也可以利用 z 变换的性质来求解斜边函数的 z 变换，这个我们在后续章节中再介绍。

4. 指数序列

单边指数序列的表示式为

$$x(n)=a^nu(n)$$

如图 6-4 所示。由式(6-4)可求出它的 z 变换为

$$Z[a^nu(n)]=\sum_{n=0}^{+\infty}a^nz^{-n}=\sum_{n=0}^{+\infty}(az^{-1})^n$$

显然，对此级数若满足 $|z|>|a|$，则可收敛为

$$Z[a^nu(n)]=\frac{1}{1-(az^{-1})}=\frac{z}{z-a},\quad |z|>|a| \tag{6-10}$$

若令 $a=\mathrm{e}^b$，当 $|z|>|\mathrm{e}^b|$，则

$$Z[\mathrm{e}^{bn}u(n)]=\frac{z}{z-\mathrm{e}^b}$$

同样，若将式(6-10)两边对 z^{-1} 求导，可以推出

$$Z[na^nu(n)]=\frac{az^{-1}}{(1-az^{-1})^2}=\frac{az}{(z-a)^2} \tag{6-11}$$

$$Z[n^2a^nu(n)]=\frac{az(z+a)}{(z-a)^3} \tag{6-12}$$

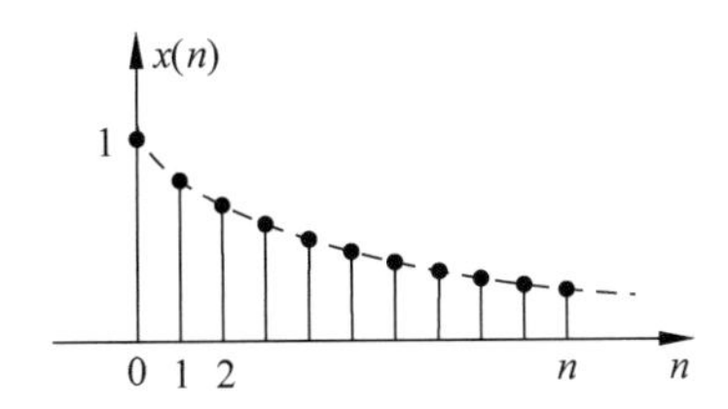

图 6-4　单边指数序列

表 6-1 给出一些典型序列的单边 z 变换。

表 6-1　一些典型序列的单边 z 变换

序　　号	序　　列	单边 z 变换	收　敛　域
	$x(n)$	$x(z)=\sum_{n=0}^{+\infty}x(n)z^{-n}$	$\|z\|>R$
1	$\delta(n)$	1	$\|z\|\geqslant 0$
2	$\delta(n-m)(m>0)$	z^{-m}	$\|z\|>0$

续表

序　　号	序　　列	单边 z 变换	收　敛　域
3	$u(n)$	$\frac{z}{z-1}$	$\lvert z\rvert>1$
4	n	$\frac{z}{(z-1)^2}$	$\lvert z\rvert>1$
5	n^2	$\frac{z(z+1)}{(z-1)^3}$	$\lvert z\rvert>1$
6	n^3	$\frac{z(z^2+4z+1)}{(z-1)^4}$	$\lvert z\rvert>1$
7	a^n	$\frac{z}{z-a}$	$\lvert z\rvert>\lvert a\rvert$
8	na^n	$\frac{az}{(z-a)^2}$	$\lvert z\rvert>\lvert a\rvert$
9	n^2a^n	$\frac{az(z+a)}{(z-a)^3}$	$\lvert z\rvert>\lvert a\rvert$
10	n^3a^n	$\frac{az(z^2+4az+a^2)}{(z-a)^4}$	$\lvert z\rvert>\lvert a\rvert$
11	$(n+1)a^n$	$\frac{z^2}{(z-a)^2}$	$\lvert z\rvert>\lvert a\rvert$
12	$\frac{(n+1)\cdots(n+m)a^n}{m!}$，　$m\geqslant 1$	$\frac{z^{m+1}}{(z-a)^{m+1}}$	$\lvert z\rvert>\lvert a\rvert$
13	e^{bn}	$\frac{z}{z-\mathrm{e}^b}$	$\lvert z\rvert>\lvert \mathrm{e}^b\rvert$
14	$\mathrm{e}^{\mathrm{j}n\omega_0}$	$\frac{z}{z-\mathrm{e}^{\mathrm{j}\sigma\omega_0}}$	$\lvert z\rvert>1$
15	$\sin(n\omega_0)$	$\frac{z\sin\omega_0}{z^2-2z\cos\omega_0+1}$	$\lvert z\rvert>1$
16	$\cos(n\omega_0)$	$\frac{z(z-\cos\omega_0)}{z^2-2z\cos\omega_0+1}$	$\lvert z\rvert>1$
17	$\beta^n\sin(n\omega_0)$	$\frac{\beta z\sin\omega_0}{z^2-2\beta z\cos\omega_0+\beta^2}$	$\lvert z\rvert>\lvert\beta\rvert$
18	$\beta^n\cos(n\omega_0)$	$\frac{z(z-\beta\cos\omega_0)}{z^2-2\beta z\cos\omega_0+\beta^2}$	$\lvert z\rvert>\lvert\beta\rvert$
19	$\sin(n\omega_0+\theta)$	$\frac{z[z\sin\theta+\sin(\omega_0-\theta)]}{z^2-2z\cos\omega_0+1}$	$\lvert z\rvert>1$
20	$\cos(n\omega_0+\theta)$	$\frac{z[z\cos\theta-\cos(\omega_0-\theta)]}{z^2-2z\cos\omega_0+1}$	$\lvert z\rvert>1$
21	$na^n\sin(n\omega_0)$	$\frac{z(z-a)(z+a)a\sin\theta_0}{(z^2-2az\cos\omega_0+a^2)^2}$	
22	$na^n\cos(n\omega_0)$	$\frac{az[z^2\cos\omega_0-2az+a^2\cos\omega_0]}{(z^2-2az\cos\omega_0+a^2)^2}$	
23	$\frac{a^n}{n!}$	$\mathrm{e}^{\frac{a}{z}}$	

续表

序　号	序　列	单边 z 变换	收　敛　域
24	$\frac{(\ln a)^n}{n!}$	$a^{\frac{1}{z}}$	
25	$\frac{1}{n}(n=1,2,\cdots)$	$\ln\left(\frac{z}{z-1}\right)$	
26	$\frac{n(n-1)}{2!}$	$\frac{z}{(z-1)^3}$	
27	$\frac{n(n-1)\cdots(n-m+1)}{m!}$	$\frac{z}{(z-1)^{m+1}}$	

6.3　z 变换的收敛域

由上节求解各序列 z 变换的过程可以看到，只有当级数收敛时，z 变换才有意义。对于任意给定的有界序列 $x(n)$，使 z 变换定义式级数收敛的所有 z 值的集合，称为 z 变换 $X(z)$ 的收敛域(Region of Convergence，ROC)。

与拉普拉斯变换的情况类似，对于单边变换，序列与变换式唯一对应，同时也有唯一的收敛域。而在双边变换时，不同的序列在不同的收敛域条件下可能映射为同一个变换式。下面举例说明这种情况。

若两序列分别为

$$x_1(n) = a^n u(n)$$

$$x_2(n) = -a^n u(-n-1)$$

容易求得它们的 z 变换分别为

$$X_1(z) = Z[x_1(n)] = \sum_{n=0}^{+\infty} a^n z^{-n} = \frac{z}{z-a}, \quad |z| > |a| \tag{6-13}$$

$$X_2(z) = Z[x_2(n)] = \sum_{n=-\infty}^{-1} (-a^n) z^{-n} = -\sum_{n=0}^{+\infty} (a^{-1}z)^n + 1$$

对 $X_2(z)$ 而言，只有当($|z|<|a|$)时级数才收敛，于是有

$$X_2(z) = \frac{z}{z-a}, \quad |z| < |a| \tag{6-14}$$

上述结果说明，两个不同的序列由于收敛域不同，可能对应于相同的 z 变换。因此，为了单值地确定 z 变换所对应的序列，不仅要给出序列的 z 变换式，而且必须同时说明它的收敛域。

下面利用上述判定法讨论几类序列的 z 变换收敛域问题。

1. 右边序列

这类序列是有始无终的序列，即当 $n<n_1$ 时 $x(n)=0$。此时 z 变换为

$$X(z) = \sum_{n=n_1}^{+\infty} x(n) z^{-n}$$

由收敛条件知，若满足

$$|z| > R_{x1}$$

则该级数收敛。其中 R_{x1} 是级数的收敛半径。右边信号及收敛形式见图 6-5。可见,右边序列的收敛域是半径为 R_{x1} 的圆外部分。如果 $x(n)$ 是因果序列($n_1 \geqslant 0$),则收敛域包括 $z=+\infty$,即 $|z|>R_{x1}$;如果 $n_1<0$,则收敛域不包括 $z=+\infty$,即 $R_{x1}<|z|<+\infty$。显然,当 $n_1=0$ 时,右边序列变成因果序列,也就是说,因果序列是右边序列的一种特殊情况,它的收敛域是 $|z|>R_{x1}$。

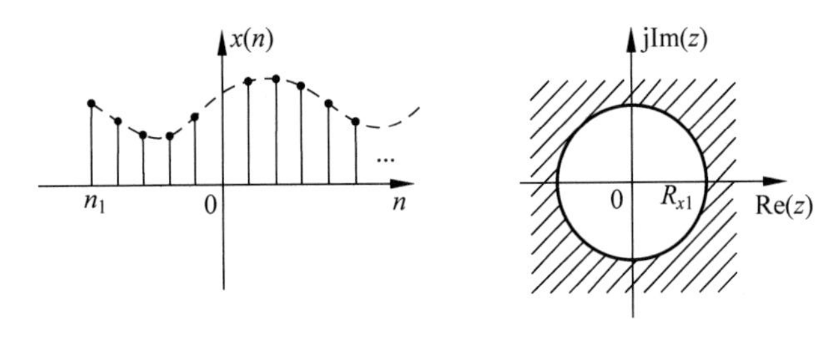

图 6-5 右边信号及收敛形式

2. 左边序列

这类序列是无始有终序列,即当 $n>n_2$ 时,$x(n)=0$。此时 z 变换为

$$X(z)=\sum_{n=-\infty}^{+\infty}x(n)z^{-n}$$

若令 $m=n$,上式变为

$$X(z)=\sum_{m=-n_2}^{+\infty}x(-m)z^{-n}$$

如果将变量 m 再改为 n,则

$$X(z)=\sum_{n=-n_2}^{+\infty}x(-n)z^{n}$$

由收敛条件知,若满足

$$|z|<R_{x2}$$

则该级数收敛。左边信号及收敛形式见图 6-6。可见,左边序列的收敛域是半径为 R_{x2} 的圆内部分。如果 $n_2>0$,则收敛域不包括 $z=0$,即 $0<|z|<R_{x2}$。如果 $n_2\leqslant 0$,则收敛域包括 $z=0$,即 $|z|<R_{x2}$。

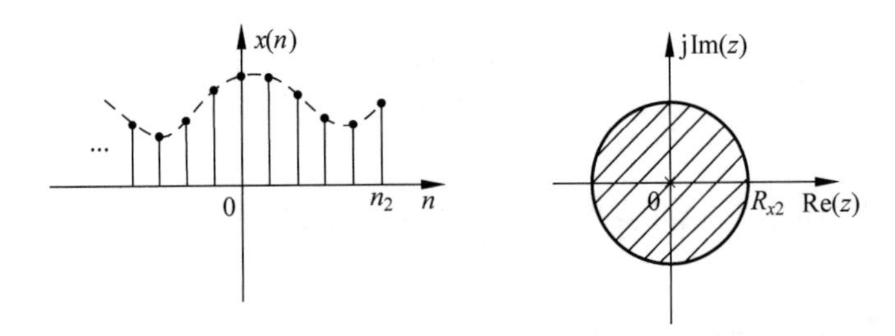

图 6-6 左边信号及收敛形式

3. 双边序列

双边序列是从 $n=-\infty$ 延伸到 $n=+\infty$ 的序列,一般可写作一个左边序列加上一个右边

序列的形式

$$X(z)=\sum_{n=-\infty}^{+\infty}x(n)z^{-n}=\sum_{n=0}^{+\infty}x(n)z^{-n}+\sum_{n=-\infty}^{-1}x(n)z^{-n}$$

显然，上式右边第一个级数是右边序列，其收敛域为$|z|>R_{x1}$；第二个级数是左边序列，收敛域为$|z|<R_{x2}$。双边信号及收敛形式见图6-7。如果$R_{x2}>R_{x1}$，则$X(z)$的收敛域是两个级数收敛域的重叠部分，即

$$R_{x1}<|z|<R_{x2}$$

其中$R_{x1}>0$，$R_{x2}<+\infty$。所以，双边序列的收敛域通常是环形。如果$R_{x1}>R_{x2}$，则两个级数不存在公共收敛域，此时$X(z)$不收敛。

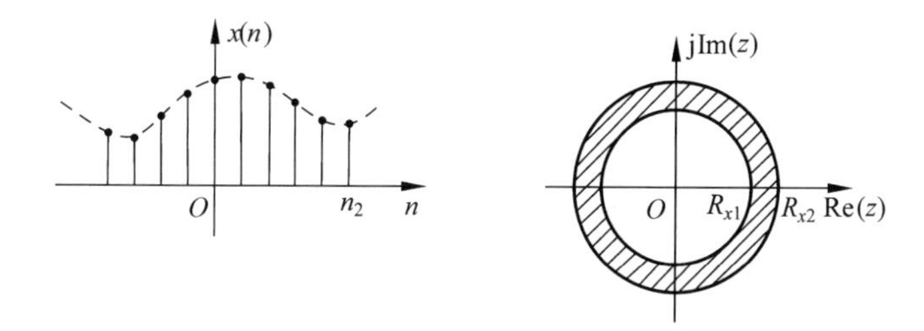

图6-7　双边信号及收敛形式

上面讨论了各种序列的双边z变换的收敛域，显然，收敛域取决于序列的形式。以下是对z变换的收敛域的几点总结：

(1) $X(z)$的收敛域是在z平面内以原点为中心的圆环；

(2) 收敛域内不包含任何极点；

(3) 如果$x(n)$是有限长序列，那么收敛域就是整个z平面，可能除去$z=0$和$z=+\infty$；

(4) 如果$x(n)$是一个右边序列，并且$|z|=R_{x1}$的圆位于收敛域内，那么$|z|>R_{x1}$的全部有限z值都一定在这个收敛域内；

(5) 如果$x(n)$是一个左边序列，并且$|z|=R_{x2}$的圆位于收敛域内，那么满足$0<|z|<R_{x2}$的全部z值都一定在这个收敛域内；

(6) 如果$x(n)$是一个双边序列，并且$|z|=R_{x1}$和$|z|=R_{x2}$的圆位于收敛域内，那么该收敛域一定是由包括$R_{x1}<|z|<R_{x2}$的圆环组成；

(7) 如果$x(n)$的z变换$X(z)$是有理的，那么它的收敛域就被极点所界定，或者延伸至无限远。

【例6-1】 求序列$x(n)=(-2)^n u(n)-3^n u(-n-1)$的$z$变换，并确定它的收敛域。

解：这是一个双边序列，假如求单边z变换，它等于

$$\begin{aligned}X(z)&=\sum_{n=0}^{+\infty}x(n)z^{-n}\\&=\sum_{n=0}^{+\infty}[(-2)^n u(n)-3^n u(-n-1)]z^{-n}\\&=\sum_{n=0}^{+\infty}(-2)^n z^{-n}\end{aligned}$$

如果$|z|>2$，则上面的级数收敛，这样得到

$$X(z)=\sum_{n=0}^{+\infty}(-2)^n z^{-n}=\frac{z}{z+2}$$

其零点位于 $z=0$,极点位于 $z=a$,收敛域为 $|z|>2$。

假若求序列的双边 z 变换,它等于

$$\begin{aligned}X(z)&=\sum_{n=-\infty}^{+\infty}x(n)z^{-n}\\&=\sum_{n=-\infty}^{+\infty}[(-2)^n u(n)-3^n u(-n-1)]z^{-n}\\&=\sum_{n=0}^{+\infty}(-2)^n z^{-n}-\sum_{n=-\infty}^{-1}3^n z^{-n}\\&=\sum_{n=0}^{+\infty}(-2)^n z^{-n}+1-\sum_{n=-\infty}^{0}3^n z^{-n}\\&=\sum_{n=0}^{+\infty}(-2)^n z^{-n}+1-\sum_{n=0}^{+\infty}3^{-n} z^{n}\end{aligned}$$

如果 $2<|z|<3$,则上面的级数收敛,得到

$$X(z)=\frac{z}{z+2}+1+\frac{3}{z-3}=\frac{z}{z+2}+\frac{z}{z-3}$$

显然,该序列的双边 z 变换的零点位于 $z=0$ 及 $z=2.5$,极点位于 $z=2$ 与 $z=3$,收敛域为 $2<|z|<3$,如图 6-8 所示。由该例可以看出,由于 $X(z)$在收敛域内是解析的,因此收敛域内不应该包括任何极点。通常,收敛域以极点为边界。对于多个极点的情况,右边序列的收敛域是从 $X(z)$最外面(最大值)有限极点向外延伸至 $z\to+\infty$(可能包括$+\infty$);左边序列之收敛域是从 $X(z)$最里边(最小值)非零极点向内延伸至 $z=0$(可能包括 $z=0$)。

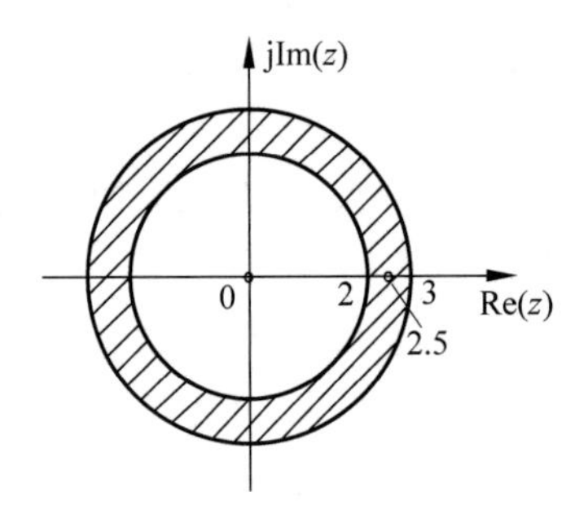

图 6-8　双边指数序列$(-2)^n u(n)-3^n u(-n-1)$的 z 变换零极点与收敛域

6.4　z 变换的基本性质

1. 线性

z 变换的线性表现在它的叠加性与均匀性,若

$$x(n)\overset{z}{\longleftrightarrow}X(z),\quad R_{x1}<|z|<R_{x2}$$

$$y(n)\overset{z}{\longleftrightarrow}Y(z),\quad R_{y1}<|z|<R_{y2}$$

则

$$\mathcal{Z}[ax(n)+by(n)]=aX(z)+bY(z),\quad R_1<|z|<R_2 \tag{6-15}$$

其中 a,b 为任意常数。

相加后序列的 z 变换收敛域一般为两个收敛域的重叠部分，即 R_1 取 R_{x1} 与 R_{y1} 中较大者，而 R_{x2} 取 R_{x2} 与 R_{y2} 中较小者，记作 $\max(R_{x1},R_{y1})<|z|<\min(R_{x2},R_{y2})$。然而，如果在这些线性组合中某些零点与极点相抵消，则收敛域可能扩大。

【例 6-2】 求单边正弦序列和单边余弦序列的 z 变换。

解：单边余弦序列 $\cos(\omega_0 n)$ 如图 6-9 所示。

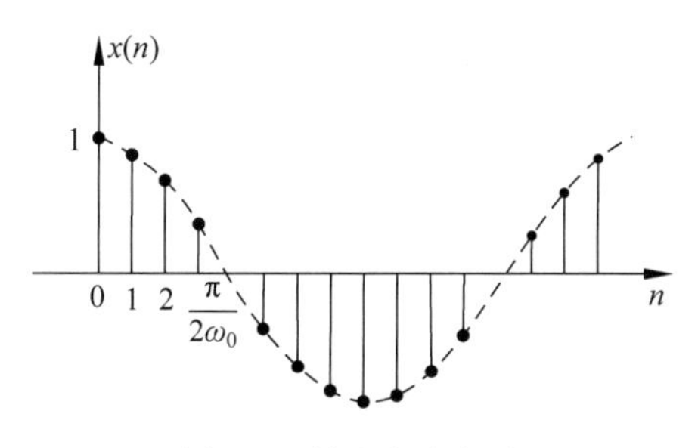

图 6-9 单边余弦序列

因

$$Z[e^{bn}u(n)]=\frac{z}{z-e^{b}},\quad |z|>|e^{b}|$$

令 $b=j\omega_0$，则当 $|z|>|e^{j\omega_0}|=1$ 时，得

$$Z[e^{j\omega_0 n}u(n)]=\frac{z}{z-e^{j\omega_0}}$$

同样，令 $b=-j\omega_0$，则得

$$Z[e^{-j\omega_0 n}u(n)]=\frac{z}{z-e^{-j\omega_0}}$$

将上两式相加，得

$$Z[e^{j\omega_0 n}u(n)]+Z[e^{-j\omega_0 n}u(n)]=\frac{z}{z-e^{j\omega_0}}+\frac{z}{z-e^{-j\omega_0}}$$

由 z 变换的定义可知，两序列之和的 z 变换等于各序列 z 变换的和。这样，根据欧拉公式，从上式可以直接得到余弦序列的 z 变换，即

$$\begin{aligned}Z[\cos(\omega_0 n)u(n)]&=\frac{1}{2}\left(\frac{z}{z-e^{j\omega_0}}+\frac{z}{z-e^{-j\omega_0}}\right)\\&=\frac{z\sin\omega_0}{z^2-2z\cos\omega_0+1}=\frac{z(z-\cos\omega_0)}{z^2-2z\cos\omega_0+1}\end{aligned} \tag{6-16}$$

同样可得正弦序列的 z 变换

$$Z[\sin(\omega_0 n)u(n)]=\frac{1}{2j}\left(\frac{z}{z-e^{j\omega_0}}-\frac{z}{z-e^{-j\omega_0}}\right)=\frac{z\sin\omega_0}{z^2-2z\cos\omega_0+1} \tag{6-17}$$

以上二式的收敛域都为 $|z|>1$。注意到 $\cos(\omega_0 n)u(n)$ 与 $\sin(\omega_0 n)u(n)$ 的 z 变换式分母相同。

2. **位移性(时移特性)**

位移性表示序列位移后的 z 变换与原序列 z 变换的关系。在实际中可能遇到序列的左移(超前)或右移(延迟)两种不同情况,所取的变换形式又可能有单边 z 变换与双边 z 变换,它们的位移性基本相同,但又各具不同的特点。下面分几种情况进行讨论。

1) 双边 z 变换

若序列 $x(n)$的双边 z 变换为

$$Z[x(n)] = X(z)$$

则序列右移后,它的双边 z 变换等于

$$Z[x(n-m)] = z^{-m}X(z)$$

证明:

根据双面 z 变换的定义,可得

$$\begin{aligned} Z[x(n-m)] &= \sum_{n=-\infty}^{+\infty} x(n-m)z^{-n} \\ &= z^{-m}\sum_{k=-\infty}^{+\infty} x(k)z^{-k} \\ &= z^{-m}X(z) \end{aligned} \tag{6-18}$$

同样,可得左移序列的双边 z 变换

$$Z[x(n+m)] = z^{m}X(z) \tag{6-19}$$

式中 m 为任意正整数。由式(6-18)和式(6-19)可以看出,序列位移只会使 z 变换在 $z=0$ 或 $z=+\infty$处的零极点情况发生变化。如果 $x(n)$是双边序列,$X(z)$的收敛域为环形区域(即$R_{x1}<|z|<R_{x2}$),在这种情况下序列位移并不会使 z 变换收敛域发生变化。

2) 单边 z 变换

若 $x(n)$是双边序列,其单边 z 变换为

$$Z[(-1)^n x(n)] = X(-z) R_{x1} < |z| < R_{x2} \quad \mathcal{L}[x(n)u(n)] = X(z)$$

则序列左移后,它的单边 z 变换等于

$$Z[x(n+m)u(n)] = z^{m}\left[X(z) - \sum_{k=0}^{m-1} x(k)z^{-k}\right] \tag{6-20}$$

证明 根据单边 z 变换的定义,可得

$$\begin{aligned} Z[x(n+m)u(n)] &= \sum_{n=0}^{+\infty} x(n+m)z^{-n} \\ &= \mathcal{Z}^{m}\sum_{n=0}^{+\infty} x(n+m)z^{-(n+m)} \\ &= \mathcal{Z}^{m}\sum_{k=m}^{+\infty} x(k)z^{-k} \\ &= \mathcal{Z}^{m}\left[\sum_{k=0}^{+\infty} x(k)z^{-k} - \sum_{k=0}^{+\infty} x(k)z^{-k}\right] \\ &= \mathcal{Z}^{m}\left[X(z) - \sum_{k=0}^{+\infty} x(k)z^{-k}\right] \end{aligned}$$

同样,可以得到右移序列的单边 z 变换

$$Z[x(n-m)u(n)] = z^{-m}\left[X(z)+\sum_{k=-m}^{-1}x(k)z^{-k}\right] \tag{6-21}$$

式中 m 为正整数。对于 $m=1,2$ 的情况,式(6-20)、式(6-21)可以写作

$$Z[x(n+1)u(n)] = zX(z) - zx(0)$$
$$Z[x(n+2)u(n)] = z^2X(z) - z^2x(0) - zx(1)$$
$$Z[x(n-1)u(n)] = z^{-1}X(z) + x(-1)$$
$$Z[x(n-2)u(n)] = z^{-2}X(z) + z^{-1}x(-1) + x(-2)$$

如果 $x(n)$ 是因果序列,则式(6-21)右边的 $\sum\limits_{k=-m}^{-1}x(k)z^{-k}$ 项都等于零。于是右移序列的单边 z 变换变为

$$Z[x(n-m)u(n)] = z^{-m}X(z) \tag{6-22}$$

而左移序列的单边 z 变换仍为

$$Z[x(n+m)u(n)] = z^{m}\left[X(z)-\sum_{k=0}^{m-1}x(k)z^{-k}\right] \tag{6-23}$$

【例 6-3】 已知差分方程表示式

$$y(n) - 0.3y(n-1) = 0.4u(n)$$

边界条件 $y(-1)=0$,用 z 变换方法求系统响应 $y(n)$。

解:对方程式两端分别取 z 变换,注意用到位移性定理。

$$Y(z) - 0.3z^{-1}Y(z) = \frac{z}{z-0.4}$$

$$Y(z) = \frac{z^2}{(z-0.3)(z-0.4)}$$

为求得逆变换,令

$$\frac{Y(z)}{z} = \frac{A_1}{z-0.3} + \frac{A_2}{z-0.4}$$

容易求得

$$A_1 = -3$$
$$A_2 = 4$$
$$Y(z) = \frac{-3z}{z-0.3} + \frac{4z}{z-0.4}$$
$$y(n) = [-3\times(0.3)^n + 4\times(0.4)^n]u(n)$$

本例初步说明如何用 z 变换方法求解差分方程。这里,只需利用 z 变换的两个性质,即线性和位移性。用 z 变换求解差分方程的详细讨论将在 6.6 节给出。

3. 序列线性加权(z 域微分)

若已知

$$X(z) = Z[x(n)]$$

则

$$Z[nx(n)] = -z\frac{\mathrm{d}}{\mathrm{d}z}X(z)$$

证明 因为

$$X(z)=\sum_{n=0}^{+\infty}x(n)z^{-n}$$

将上式两边对 z 求导数,得

$$\frac{\mathrm{d}X(z)}{\mathrm{d}z}=\frac{\mathrm{d}}{\mathrm{d}z}\sum_{n=0}^{+\infty}x(n)z^{-n} \tag{6-24}$$

交换求导与求和的次序,上式变为

$$\begin{aligned}\frac{\mathrm{d}X(z)}{\mathrm{d}z}&=\sum_{n=0}^{+\infty}x(n)\frac{\mathrm{d}}{\mathrm{d}z}(z^{-n})\\&=-z^{-1}\sum_{n=0}^{+\infty}nx(n)z^{-n}\\&=-z^{-1}Z[nx(n)]\end{aligned}$$

所以

$$Z[nx(n)]=-z\frac{\mathrm{d}X(z)}{\mathrm{d}z} \tag{6-25}$$

可见序列线性加权(乘 n)等效于其 z 变换取导数且乘以($-z$)。

如果将 $nx(n)$ 再乘以 n,利用式(6-25)可得

$$\begin{aligned}Z[n^2x(n)]&=Z[n\cdot nx(n)]\\&=-z\frac{\mathrm{d}}{\mathrm{d}z}\mathcal{L}[nx(n)]\\&=-z\frac{\mathrm{d}}{\mathrm{d}z}\left[-z\frac{\mathrm{d}}{\mathrm{d}z}X(z)\right]\end{aligned}$$

即

$$Z[n^2x(n)]=z^2\frac{\mathrm{d}^2X(z)}{\mathrm{d}z^2}+z\frac{\mathrm{d}X(z)}{\mathrm{d}z} \tag{6-26}$$

用同样的方法,可以得到

$$Z[n^mx(n)]=\left[-z\frac{\mathrm{d}}{\mathrm{d}z}\right]^mX(z) \tag{6-27}$$

式中符号$\left[-z\frac{\mathrm{d}}{\mathrm{d}z}\right]^m$表示

$$-z\frac{\mathrm{d}}{\mathrm{d}z}\left\{-z\frac{\mathrm{d}}{\mathrm{d}z}\left[-z\frac{\mathrm{d}}{\mathrm{d}z}\cdots\left(-z\frac{\mathrm{d}}{\mathrm{d}z}X(z)\right)\right]\right\}$$

共求导 m 次。

【例 6-4】 求 $na^nu(n)$的 z 变换 $X(z)$。

解:因为

$$Z[a^nu(n)]=\frac{z}{z-a},\quad |z|>|a|$$

由式(6-27)可得

$$\begin{aligned}Z[na^nu(n)]&=-z\frac{\mathrm{d}\left(\frac{z}{z-a}\right)}{\mathrm{d}z}=-z\frac{z-a-z}{(z-a)^2}=\frac{za}{(z-a)^2}\\&=-z\frac{\mathrm{d}}{\mathrm{d}z}\left(\frac{z}{z-1}\right)=\frac{-z}{(z-1)^2},\quad |z|>|a|\end{aligned}$$

显然与式(6-7)的结果完全一致。

4. 序列指数加权(z 域尺度变换)

若已知

$$X(z)=Z[x(n)],\quad R_{x1}<|z|<R_{x2}$$

则

$$Z[a^n x(n)]=X\left(\frac{z}{a}\right),\quad R_{x1}<\left|\frac{z}{a}\right|<R_{x2}$$

(a 为非零常数)

证明 因为

$$Z[a^n x(n)]=\sum_{n=0}^{+\infty}a^n x(n)z^{-n}=\sum_{n=0}^{+\infty}x(n)\left(\frac{z}{a}\right)^{-n}$$

所以

$$Z[a^n x(n)]=X\left(\frac{z}{a}\right)^{-n} \tag{6-28}$$

可见,$x(n)$乘以指数序列等效于 z 平面尺度展缩。同样可以得到下列关系

$$Z[a^{-n}x(n)]=X(az),\quad R_{x1}<|az|<R_{x2} \tag{6-29}$$

$$Z[(-1)^n x(n)]=X(-z),\quad R_{x1}<|z|<R_{x2} \tag{6-30}$$

例如,对于$(-1)^n u(n)$若取单边 z 变换应有

$$Z[(-1)^n u(n)]=\frac{z}{z+1},\quad |z|>1$$

【例 6-5】 若已知 $Z[\cos(n\omega_0)u(n)]$,求序列 $\beta^n\cos(n\omega_0)u(n)$的 z 变换。

解:由式(6-16)已知

$$Z[\cos(n\omega_0)u(n)]=\frac{z(z-\cos\omega_0)}{z^2-2z\cos\omega_0+1},\quad |z|>1$$

根据式(6-28)可以得到

$$Z[\beta^n\cos(n\omega_0)u(n)]=\frac{\frac{z}{\beta}\left(\frac{z}{\beta}-\cos\omega_0\right)}{\left(\frac{z}{\beta}\right)^2-2\frac{z}{\beta}\cos\omega_0+1}=\frac{1-\beta z^{-1}\cos\omega_0}{1-2\beta z^{-1}\cos\omega_0+\beta^2z^{-2}}$$

其收敛域为$\left|\frac{z}{\beta}\right|>1$,即$|z|>|\beta|$。

5. 初值定理

若 $x(n)$是因果序列,已知

$$X(z)=Z[x(n)]=\sum_{n=0}^{+\infty}x(n)z^{-n}$$

则

$$x(0)=\lim_{z\to+\infty}X(z) \tag{6-31}$$

证明 因为

$$X(z)=\sum_{n=0}^{+\infty}x(n)z^{-n}=x(0)+x(1)z^{-1}+x(2)z^{-2}+\cdots$$

当 $z \to +\infty$,在上式的级数中除了第一项 $x(0)$外,其他各项都趋近于零,所以

$$\lim_{z \to +\infty} X(z) = \lim_{z \to +\infty} \sum_{n=0}^{+\infty} x(n) z^{-n} = x(0)$$

6. **终值定理**

若 $x(n)$是因果序列,已知

$$X(z) = Z[x(n)] = \sum_{n=0}^{+\infty} x(n) z^{-n}$$

则

$$\lim_{n \to +\infty} x(n) = \lim_{z \to 1} [(z-1)X(z)] \tag{6-32}$$

证明 因为

$$Z[x(n+1) - x(n)] = zX(z) - zx(0) - X(z) = (z-1)X(z) - zx(0)$$

取极限得

$$\begin{aligned}\lim_{z \to 1}(z-1)X(z) &= x(0) + \lim_{z \to 1} \sum_{n=0}^{+\infty} [x(n+1) - x(n)] z^{-n} \\ &= x(0) + [x(1) - x(0)] + [x(2) - x(1)] + [x(3) - x(2)] + \cdots \\ &= x(0) - x(0) + x(+\infty)\end{aligned}$$

所以

$$\lim_{z \to 1}(z-1)X(z) = x(+\infty)$$

从推导中可以看出,终值定理只有当 $x \to +\infty$时 $x(n)$收敛才可应用,也就是说要求 $X(z)$的极点必须处在单位圆内(在单位圆上只能位于 $z=+1$ 点且是一阶极点)。

以上两个定理的应用类似于拉普拉斯变换,如果已知序列 $x(n)$的 z 变换 $X(z)$,在不求逆变换的情况下,可以利用这两个定理很方便地求出序列的初值 $x(0)$和终值 $x(+\infty)$。

7. **时域卷积定理**

已知两序列 $x(n)$,$h(n)$,其 z 变换为

$$X(z) = Z[x(n)], \quad R_{x1} < |z| < R_{x2}$$

$$H(z) = Z[h(n)], \quad R_{h1} < |z| < R_{h2}$$

则

$$Z[x(n) * h(n)] = X(z)H(z) \tag{6-33}$$

在一般情况下,其收敛域是 $X(z)$与 $H(z)$收敛域的重叠部分,即 $\max(R_{x1}, R_{h1}) < |z| < \min(R_{x2}, R_{h2})$。若位于某一 z 变换收敛域边缘上的极点被另一 z 变换的零点抵消,则收敛域将会扩大。

【例 6-6】 求下列两单边指数序列的卷积。

$$x(n) = 5^n u(n)$$

$$h(n) = 6^n u(n)$$

解:因为

$$X(z) = \frac{z}{z-5}, \quad |z| > 5$$

$$H(z) = \frac{z}{z-6}, \quad |z| > 6$$

由式(6-33)得

$$Y(z)=X(z)H(z)=\frac{z^2}{(z-5)(z-6)}$$

显然,其收敛域为$|z|>5$与$|z|>6$的重叠部分,如图6-10所示。

把$Y(z)$展成部分分式,得

$$Y(z)=-\left(\frac{5z}{z-5}-\frac{6z}{z-6}\right)$$

其逆变换为

$$y(n)=x(n)*h(n)=Z^{-1}[Y(z)]=-(5^{n+1}-6^{n+1})u(n)$$

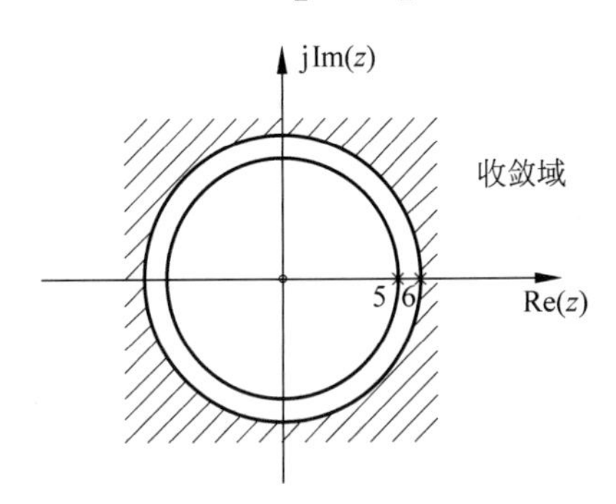

图6-10　$5^nu(n)*6^nu(n)$的z变换收敛域

【例6-7】 求下列两序列的卷积。

$$x(n)=u(n)$$
$$h(n)=a^nu(n)-a^{n-1}u(n-1)$$

解：已知

$$X(z)=\frac{z}{z-1},\quad |z|>1$$

由位移性知

$$H(z)=\frac{z}{z-a}-\frac{z}{z-a}\cdot z^{-1}=\frac{z-1}{z-a},\quad |z|>|a|$$

由式(6-33)

$$\begin{aligned}Y(z)&=X(z)H(z)\\&=\frac{z}{z-1}\cdot\frac{z-1}{z-a}=\frac{z}{z-a},\quad |z|>|a|\end{aligned}$$

其逆变换为

$$y(n)=x(n)*h(n)=Z^{-1}[Y(z)]=a^nu(n)$$

显然,$X(z)$的极点($z=1$)被$H(x)$的零点抵消,若$|a|<1$,$Y(z)$的收敛域比$X(z)$与$H(z)$的收敛域的重叠部分要大,如图6-11所示。

利用z变换的时域卷积定理容易计算解卷积(在6.7节用时域方法求解)。由卷积表达式对应的z域关系式$Y(z)=X(z)H(z)$可以看出,若已知$Y(z)$,$H(z)$求$X(z)$或已知$Y(z)$,$X(z)$求$H(z)$,都可利用z变换式相除的方法解得,然后再取$X(z)$或$H(z)$之逆变换即可得到时域表达式$x(n)$或$h(n)$。虽然,从理论上讲这是一种比较方便的计算解卷积方

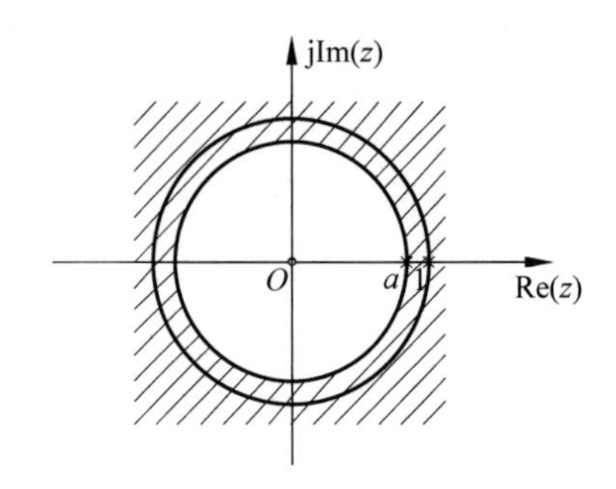

图 6-11 $[a^n u(n)-a^{n-1}u(n-1)]*u(n)$的 z 变换收敛域

法,然而在实际问题中却较少采用,这是因为当两个 z 变换式相除求得另一 z 变换式时,收敛域的分析将遇到麻烦。这时,处于分母的 z 变换式不能有位于单位圆之外的零点(即满足最小相移函数之要求),否则,所得结果将出现单位圆外的极点,对应时域不能保证当 $n\to+\infty$时函数收敛。

z 变换的一些主要性质(定理)列于表 6-2 中。

表 6-2 z 变换的主要性质(定理)

序 号	序 列	z 变换	收 敛 域
1	$x(n)$	$X(z)$	$R_{x1}<\lvert z\rvert<R_{x2}$
2	$h(n)$	$H(z)$	$R_{h1}<\lvert z\rvert<R_{h2}$
3	$ax(n)+bh(n)$	$aX(z)+bH(z)$	$\max(R_{x1},R_{h1})<\lvert z\rvert<\min(R_{x2},R_{h2})$
4	$x(-n)$	$X(z^{-1})$	$R_{x1}<\lvert z^{-1}\rvert<R_{x2}$
5	$a^n x(n)$	$X(a^{-1}z)$	$\lvert a\rvert R_{x1}<\lvert z\rvert<\lvert a\rvert R_{x2}$
6	$(-1)^n x(n)$	$X(-z)$	$R_{x1}<\lvert z\rvert<R_{x2}$
7	$nx(n)$	$-z\dfrac{\mathrm{d}X(z)}{\mathrm{d}z}$	$R_{x1}<\lvert z\rvert<R_{x2}$
8	$x(n-m)$	$z^{-m}X(z)$	$R_{x1}<\lvert z\rvert<R_{x2}$
9	$x(n)*h(n)$	$X(z)\cdot H(z)$	$\max(R_{x1},R_{h1})<\lvert z\rvert<\min(R_{x2},R_{h2})$

6.5 逆 z 变换

1. 部分分式展开法

在线性非时变系统的分析中,经常会遇到以 z^{-1}的有理函数形式来表示的 z 变换。令

$$X(z)=\frac{B(z)}{A(z)}=\frac{b_0+b_1z^{-1}+\cdots+b_Mz^{-M}}{a_0+a_1z^{-1}+\cdots+a_Nz^{-N}}$$

并假设式中 $M<N$,如果 $M\geqslant N$,那么可以用长除法来把 $X(z)$表示为

$$X(z)=\sum_{k=0}^{M-N}f_kz^{-k}+\frac{\widetilde{B}(z)}{A(z)}$$

此时式中分子多项式$\widetilde{B}(z)$的阶数比分母多项式的阶数小,于是可应用部分分式展开法

来求$\widetilde{B}(z)/A(z)$的逆 z 变换。在和式中,各项的逆 z 变换利用变换对 $1 \overset{z}{\longleftrightarrow} \delta(n)$和时移特性来求得。

序列的 z 变换通常是 z 的有理函数,可表示为有理分式形式。类似于拉普拉斯变换中部分分式展开法,在这里,也可以先将 $X(z)$展成一些简单而常见的部分分式之和,然后分别求出各部分分式的逆变换,把各逆变换相加即可得到 $x(n)$。

z 变换的基本形式为$\frac{z}{z-z_m}$,在利用 z 变换的部分分式展开法的时候,通常先将$\frac{X(z)}{z}$展开,然后每个分式乘以 z,这样对于一阶极点 $X(z)$便可展成$\frac{z}{z-z_m}$形式。

下面先给出一个简单的例题,然后讨论部分分式展开法的一般公式。

【例 6-8】 用部分分式展开法求逆 z 变换求以下信号的逆 z 变换

$$X(z) = \frac{1-z^{-1}+z^{-2}}{\left(1-\frac{1}{2}z^{-1}\right)(1-2z^{-1})(1-z^{-1})},\quad 收敛域是 1<|z|<2$$

解:利用部分分式展开法,可得

$$X(z) = \frac{A_1}{1-\frac{1}{2}z^{-1}} + \frac{A_2}{1-2z^{-1}} + \frac{A_3}{1-z^{-1}}$$

求出 A_1,A_2 和 A_3 的值,可得

$$X(z) = \frac{1}{1-\frac{1}{2}z^{-1}} + \frac{2}{1-2z^{-1}} - \frac{2}{1-z^{-1}}$$

现在求每一项的逆 z 变换,利用如图 6-12 所示的 $X(z)$的收敛域和极点位置之间的关系。图 6-12 中显示,对于第一项,收敛域半径大于极点 $z=\frac{1}{2}$,所以这一项的逆变换具有右边逆变换的形式:

$$\left(\frac{1}{2}\right)^n u(n) \overset{z}{\longleftrightarrow} \frac{1}{1-\frac{1}{2}z^{-1}}$$

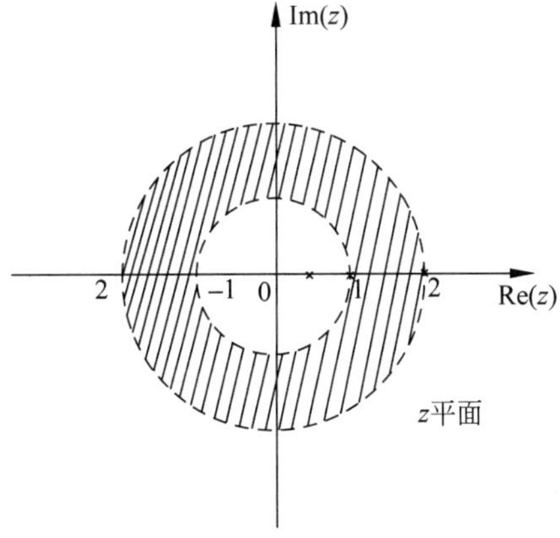

图 6-12　例 6-8 中的收敛域和极点位置

对于第二项，收敛域半径小于极点 $z=2$，所以这一项的逆变换具有左边逆变换的形式：

$$-2(2)^2u(-n-1)\overset{z}{\longleftrightarrow}\frac{2}{1-2z^{-1}}$$

对于最后一项，收敛半径大于极点 $z=1$，所以最后一项的逆变换具有右边逆 z 变换的形式：

$$-2u(n)\overset{z}{\longleftrightarrow}-\frac{2}{1-z^{-1}}$$

综合以上几项，可得

$$x(n)=\left(\frac{1}{2}\right)^n u(n)-2(2)^n u(-n-1)-2u(n)$$

2. 幂级数展开法

现在把 $X(z)$ 表示为 z^{-1} 或者 z 的幂级数形式，如式(6-3)所示，那么信号 $x(n)$ 的值可以通过与 z^{-n} 相联系的系数来表示。这种转换方法只适应于单边信号，即收敛域具有 $|z|<a$ 或者 $|z|>a$ 形式的离散时间信号。若收敛域是 $|z|>a$，那么把 $X(z)$ 表示为 z^{-1} 的幂级数的形式，于是可以得到一个右边信号。若收敛域 $|z|<a$，那么把 $X(z)$ 表示为 z 的幂级数的形式，于是可以得到一个左边信号。

【例 6-9】 用长除法求逆 z 变换利用幂级数展开法求以下信号的逆 z 变换

$$X(z)=\frac{2+z^{-1}}{1-\frac{1}{2}z^{-1}},\quad 收敛域是\ |z|>\frac{1}{2}$$

解：用长除法把 $X(z)$ 展开为 z^{-1} 的幂级数形式，由收敛域可知 $x(n)$ 是一个右边信号。有

$$\begin{array}{r|l}
 & 2+2z^{-1}+z^{-2}+\frac{1}{2}z^{-3}+\cdots \\
\hline
1-\frac{1}{2}z^{-1} & 2+z^{-1} \\
 & \underline{2-z^{-1}} \\
 & \quad 2z^{-1} \\
 & \quad \underline{2z^{-1}-z^{-2}} \\
 & \qquad z^{-2} \\
 & \qquad \underline{z^{-2}-\frac{1}{2}z^{-3}} \\
 & \qquad\quad \frac{1}{2}z^{-3}
\end{array}$$

即

$$X(z)=2+2z^{-1}+z^{-2}+\frac{1}{2}z^{-3}+\cdots$$

因此，把 $X(z)$ 与式(6-3)相比较，有

$$X(n)=2\delta(n)+2\delta(n-1)+\delta(n-2)+\frac{1}{2}\delta(n-3)+\cdots$$

表 6-3～表 6-5 给出了一些逆 z 变换。

表 6-3　逆 z 变换表(一)

z 变换($\|z\|>\|a\|$)	序　　列
$\dfrac{z}{(z-1)}$	$u(n)$
$\dfrac{z}{(z-a)}$	$a^n u(n)$
$\dfrac{z^2}{(z-a)^2}$	$(n+1)a^n u(n)$
$\dfrac{z^3}{(z-a)^3}$	$\dfrac{(n+1)(n+2)}{2!}a^n u(n)$
$\dfrac{z^4}{(z-a)^4}$	$\dfrac{(n+1)(n+2)(n+3)}{3!}a^n u(n)$
$\dfrac{z^{m+1}}{(z-a)^{m+1}}$	$\dfrac{(n+1)(n+2)\cdots(n+3)}{m!}a^n u(n)$

表 6-4　逆 z 变换表(二)

z 变换($\|z\|<\|a\|$)	序　　列
$\dfrac{z}{(z-1)}$	$-u(-n-1)$
$\dfrac{z}{(z-a)}$	$-a^n u(-n-1)$
$\dfrac{z^2}{(z-a)^2}$	$-(n+1)a^n u(-n-1)$
$\dfrac{z^3}{(z-a)^3}$	$-\dfrac{(n+1)(n+2)}{2!}a^n u(-n-1)$
$\dfrac{z^4}{(z-a)^4}$	$-\dfrac{(n+1)(n+2)(n+3)}{3!}a^n u(-n-1)$
$\dfrac{z^{m+1}}{(z-a)^{m+1}}$	$-\dfrac{(n+1)(n+2)\cdots(n+m)}{m!}a^n u(-n-1)$

表 6-5　逆 z 变换表(三)

z 变换($\|z\|>\|a\|$)	序　　列
$\dfrac{z}{(z-1)^2}$	$nu(n)$
$\dfrac{az}{(z-a)^2}$	$na^n u(n)$
$\dfrac{z^2}{(z-1)^3}$	$\dfrac{n(n-1)}{2!}u(n)$
$\dfrac{z^3}{(z-1)^4}$	$\dfrac{n(n-1)(n-2)}{3!}u(n)$
$\dfrac{z}{(z-1)^{m+1}}$	$\dfrac{n(n-1)\cdots(n-m+1)}{m!}u(n)$

6.6 利用 z 变换解差分方程

在 6.4 节例 6-3 已经给出利用 z 变换解差分方程的简单实例，本节给出一般规律。这种方法的原理是基于 z 变换的线性和位移性，把差分方程转化为代数方程，从而使求解过程简化。

线性时不变离散系统的差分方程一般形式是

$$\sum_{k=0}^{N} a_k y(n-k) = \sum_{r=0}^{M} b_r x(n-r) \tag{6-34}$$

将等式两边取单边 z 变换，并利用 z 变换的位移公式(6-21)可以得到

$$\sum_{k=0}^{N} a_k z^{-k}\left[Y(z) + \sum_{l=-k}^{-1} y(l) z^{-l}\right] = \sum_{r=0}^{M} b_r z^{-r}\left[X(z) + \sum_{m=-r}^{-1} x(m) z^{-m}\right] \tag{6-35}$$

若激励 $x(n)=0$，即系统处于零输入状态，此时差分方程(6-34)成为齐次方程

$$\sum_{k=0}^{N} a_k y(n-k) = 0$$

而式(6-35)变成

$$\sum_{k=0}^{N} a_k z^{-k}\left[Y(z) + \sum_{l=-k}^{-1} y(l) z^{-l}\right] = 0$$

于是

$$Y(z) = \frac{-\sum_{k=0}^{N}\left[a_k z^{-k} \cdot \sum_{l=-k}^{-1} y(l) z^{-l}\right]}{\sum_{k=0}^{N} a_k z^{-k}} \tag{6-36}$$

对应的响应序列是上式的逆变换，即

$$y(n) = Z^{-1}[Y(z)]$$

显然它是零输入响应，该响应由系统的起始状态 $y(l)\,(-N \leqslant l \leqslant -1)$ 而产生。

若系统的起始状态 $y(l)=0\,(-N \leqslant l \leqslant -1)$，即系统处于零起始状态，此时式(6-35)变成

$$\sum_{k=0}^{N} a_k z^{-k} Y(z) = \sum_{r=0}^{M} b_r z^{-r}\left[X(z) + \sum_{m=-r}^{-1} x(m) z^{-m}\right]$$

若 $x(n)$ 是一个因果序列，则

$$Y(z) = X(z) \cdot \frac{\sum_{r=0}^{M} b_r z^{-r}}{\sum_{k=0}^{N} a_k z^{-k}}$$

令

$$H(z) = \frac{\sum_{r=0}^{M} b_r z^{-r}}{\sum_{k=0}^{N} a_k z^{-k}} \tag{6-37}$$

则

$$Y(z)=X(z)H(z)$$

此时对应的序列为

$$y(n)=Z^{-1}[X(z)H(z)]$$

这样所得到的响应是系统的零状态响应，它完全是由激励 $x(n)$产生的。这里所引入的 z 变换式 $H(z)$是由系统的特性所决定，它就是下节将要讨论的离散系统的系统函数。综合上述两种情况，可以看出，离散系统的总响应等于零输入响应与零状态响应之和。

【例 6-10】 一个离散系统的差分方程为

$$y(n)-3y(n-1)=x(n)$$

若激励 $x(n)=2^n u(n)$，起始值 $y(-1)=0$，求响应 $y(n)$。

解：对差分方程两边取单边 z 变换，由位移公式(6-23)得到

$$Y(z)-3z^{-1}Y(z)-3y(-1)=X(z)$$

因为 $y(-1)=0$，所以

$$Y(z)-3z^{-1}Y(z)=X(z)$$

$$Y(z)=\frac{X(z)}{1-3z^{-1}}$$

已知 $x(n)=2^n u(n)$的 z 变换为

$$X(z)=\frac{z}{z-2},\quad |z|>2$$

于是

$$Y(z)=\frac{z^2}{(z-2)(z-3)}$$

其极点位于 $z=2$，及 $z=3$。将上式展成部分分式

$$Y(z)=\frac{3z}{z-3}-\frac{2z}{z-2}$$

进行逆变换，得到响应

$$y(n)=(3^{n+1}-2^{n+1})u(n)$$

由于该系统处于零状态，所以系统的完全响应就是零状态响应。

6.7　z 变换与拉普拉斯变换的关系

至此本书已经讨论了三种变换域方法，即傅里叶变换、拉普拉斯变换和 z 变换。这些变换并不是孤立的，它们之间有着密切的联系，在一定条件下可以互相转换。在第 4 章讨论过拉普拉斯变换与傅里叶变换的关系，现在研究 z 变换与拉普拉斯变换的关系。

本章 6.1 节已经给出了复变量 z 与 s 有下列关系：

$$z=e^{sT} \tag{6-38}$$

或

$$s=\frac{1}{T}\ln z$$

式中 T 是序列的时间间隔，重复频率 $\omega_s=\frac{2\pi}{T}$。

为了说明 s-z 的映射关系，将 s 表示成直角坐标形式，而把 z 表示成极坐标形式，即

$$s=\sigma+\mathrm{j}\omega \tag{6-39}$$

$$z=r\mathrm{e}^{\mathrm{j}\theta}$$

将式(6-39)代入式(6-38)

$$r\mathrm{e}^{\mathrm{j}\theta}=\mathrm{e}^{(\sigma+\mathrm{j}\omega)T}$$

于是，得到

$$r=\mathrm{e}^{\sigma t}=\mathrm{e}^{\frac{2\pi\sigma}{\omega_s}} \tag{6-40}$$

$$\theta=\omega t=2\pi\frac{\omega}{\omega_s}$$

由上式可以看出：s 平面的左半平面($\sigma<0$)映射到 z 平面的单位圆内部($|z|=\rho<1$)；s 平面的右半平面($\sigma>0$)映射到 z 平面的单位圆外部($|z|=\rho>1$)；s 平面 $\mathrm{j}\omega$ 轴($\sigma=0$)映射为 z 平面中的单位圆($|z|=\rho=1$)。其映射关系如图 6-13 所示。

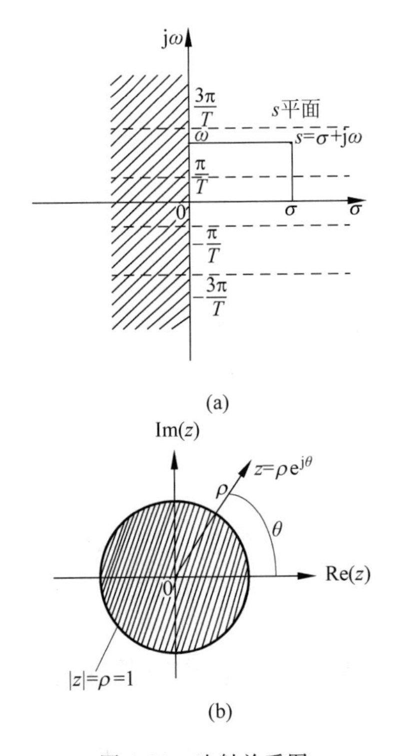

图 6-13　映射关系图

还可看出，s 平面的实轴($\omega=0$)映射为 z 平面的正实轴($\theta=0$)，而原点($\sigma=0,\omega=0$)映射为 z 平面上 $z=1$ 的点($\rho=1,\theta=0$)。s 平面上的任一点 s_0 映射到 z 平面上的点 $z=\mathrm{e}^{s_0T}$。

另外，由式(6-47)可知，当 ω 由 $-\frac{\pi}{T}$ 增长到 $\frac{\pi}{T}$ 时，z 平面上辐角由 $-\pi$ 增长到 π。也就是说，在 z 平面上，θ 每变化 2π 相应于 s 平面上 ω 变化 $\frac{2\pi}{T}$。因此，从 z 平面到 s 平面的映射是多值的。在 z 平面上的一点 $z=\rho\mathrm{e}^{\mathrm{j}\theta}$，映射到 s 平面将是无穷多点，即

$$s=\frac{1}{T}\ln z=\frac{1}{T}\ln\rho+\mathrm{j}\,\frac{\theta+2m\pi}{T},\quad m=0,\pm1,\pm2,\cdots \tag{6-41}$$

s-z 平面的映射关系如表 6-6 所示。

表 6-6　z 平面与 s 平面的映射关系

s 平面($s=\sigma+\mathrm{j}\omega$)		**z 平面($z=r\mathrm{e}^{\mathrm{j}\theta}$)**	
虚轴$\begin{pmatrix}\sigma=0\\ s=\mathrm{j}\omega\end{pmatrix}$	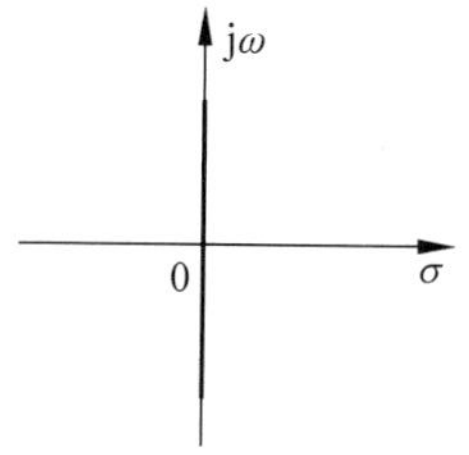	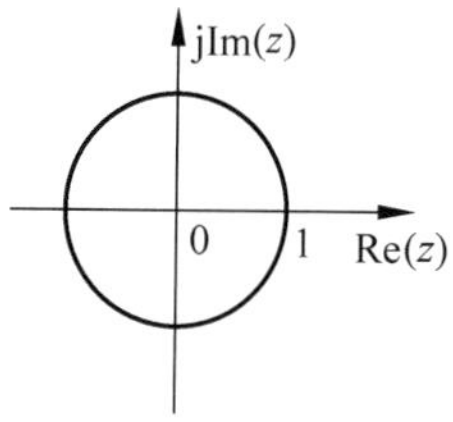	单位圆$\begin{pmatrix}r=1\\ \theta\text{任意}\end{pmatrix}$
左半平面($\sigma<0$)	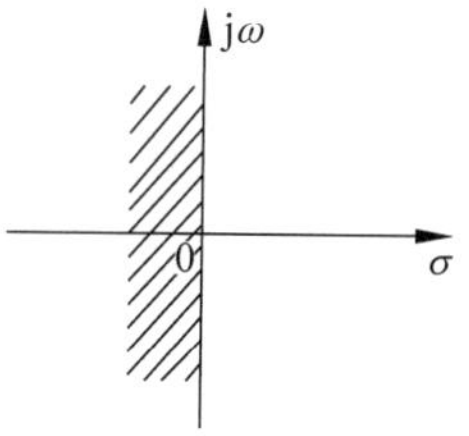	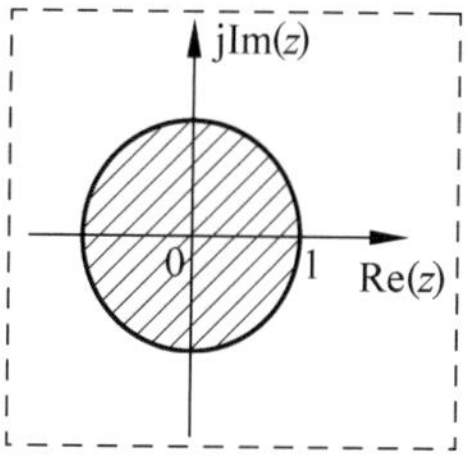	单位圆内$\begin{pmatrix}r<1\\ \theta\text{任意}\end{pmatrix}$
单位圆内($\sigma>0$)	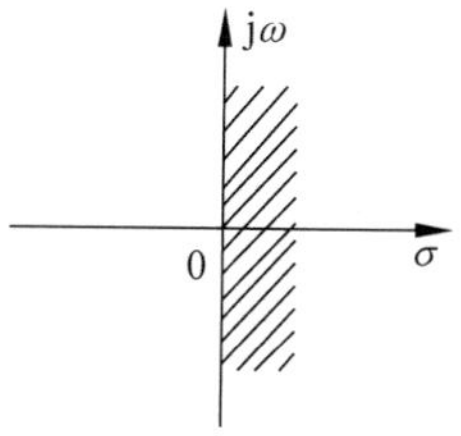	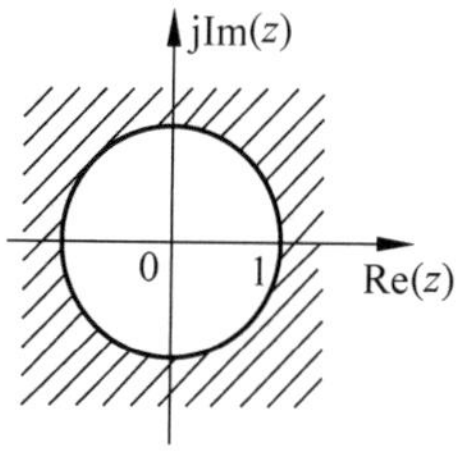	单位圆外$\begin{pmatrix}r>1\\ \theta\text{任意}\end{pmatrix}$

在连续时间系统分析中,我们熟知利用系统函数 s 域零、极点分布特性研究系统性能的方法。掌握了上述 s 平面与 z 平面映射规律之后,容易利用类似的方法研究离散时间系统函数 z 平面特性与系统时域特性、频响特性以及稳定性的关系,这将是后面的研究主题。

表 6-7 列出了常用连续信号的拉普拉斯变换 $X(s)$与抽样序列 z 变换的对应关系。

表 6-7　常用信号的拉普拉斯变换与 z 变换

	$X(s)$	**$x(t)$**	**$x(nT)$**	**$X(z)$**
1	1	$\delta(t)$	$\delta(nT)$	1
2	$\frac{1}{s}$	$u(t)$	$u(nT)$	$\frac{z}{z-1}$
3	$\frac{1}{s^2}$	t	nT	$\frac{zT}{(z-1)^2}$

续表

	$X(s)$	$x(t)$	$x(nT)$	$X(z)$
4	$\frac{1}{s+a}$	e^{-at}	e^{-anT}	$\frac{z}{z-e^{-aT}}$
5	$\frac{2}{s^3}$	t^2	$(nT)^2$	$\frac{T^2 z(z+1)}{(z-1)^3}$
6	$\frac{\omega_0}{s^2+\omega_0^2}$	$\sin(\omega_0 t)$	$\sin(n_0\omega_0 T)$	$\frac{z\sin(\omega_0 T)}{z^2-2z\cos(\omega_0 T)+1}$
7	$\frac{s}{s^2+\omega_0^2}$	$\cos(\omega_0 t)$	$\cos(n_0\omega_0 T)$	$\frac{z[z-\cos(\omega_0 T)]}{z^2-2z\cos(\omega_0 T)+1}$
8	$\frac{1}{(s+a)^2}$	te^{-at}	nTe^{-anT}	$\frac{Tze^{-aT}}{(z-e^{-aT})^2}$
9	$\frac{\omega_0}{(s+a)^2+\omega_0^2}$	$e^{-at}\sin(\omega_0 t)$	$e^{-anT}\sin(n\omega_0 T)$	$\frac{ze^{-aT}\sin(\omega_0 T)}{z^2-2ze^{-aT}\cos(\omega_0 T)+e^{-2aT}}$
10	$\frac{s+a}{(s+a)^2+\omega_0^2}$	$e^{-at}\cos(\omega_0 t)$	$e^{-anT}\cos(n\omega_0 T)$	$\frac{z^2-ze^{-aT}\cos(\omega_0 T)}{z^2-2ze^{-aT}\cos(\omega_0 T)+e^{-2aT}}$

6.8 离散系统的系统函数

1. 单位样值响应与系统函数

一个线性时不变离散系统在时域中可以用线性常系数差分方程来描述。6.6 节中式(6-34)已经给出了这种差分方程的一般形式为

$$\sum_{k=0}^{N} a_k y(n-k) = \sum_{r=0}^{M} b_r x(n-r)$$

若激励 $x(n)$是因果序列,且系统处于零状态,此时,由上式的 z 变换得到

$$Y(z)\cdot\sum_{k=0}^{N} a_k z^{-k} = X(z)\cdot\sum_{r=0}^{M} b_r z^{-r}$$

于是

$$H(z) = \frac{Y(z)}{X(z)} = \frac{\sum_{r=0}^{M} b_r z^{-r}}{\sum_{k=0}^{N} a_k z^{-k}} \tag{6-42}$$

$$Y(z) = H(z)X(z)$$

$H(z)$称为离散系统的系统函数,它表示系统的零状态响应 $Y(z)$与激励 $X(z)$的比值。

式(6-42)的分子与分母多项式经因式分解可以改写为

$$H(z) = G\frac{\prod_{r=1}^{M}(1-z_r z^{-1})}{\prod_{k=1}^{N}(1-p_k z^{-1})} \tag{6-43}$$

其中,z_r 是 $H(z)$的零点,p_k 是 $H(z)$的极点,它们由差分方程的系数 a_k 与 b_r 决定。

由第 5 章已经知道,系统的零状态响应也可以用激励 $x(n)$与单位样值响应 $h(n)$的卷积

表示，即

$$y(n)=x(n)*h(n)$$

由时域卷积定理，得到

$$Y(z)=X(z)H(z)$$

或

$$y(n)=Z^{-1}[X(z)H(z)]$$

其中

$$H(z)=Z[h(n)]=\sum_{n=0}^{+\infty}h(n)z^{-n} \tag{6-44}$$

可见，系统函数 $H(z)$与单位样值响应 $h(n)$是一对 z 变换。既可以利用卷积求系统的零状态响应，又可以借助系统函数与激励变换式乘积之逆 z 变换求此响应。

【例 6-11】 求下列差分方程所描述的离散系统的系统函数和单位样值响应：

$$y(n)-3y(n-1)=2x(n)$$

解：将差分方程两边取 z 变换，并利用位移特性，得到

$$\begin{cases}Y(z)-3z^{-1}Y(z)-3y(-1)=2X(z)\\ Y(z)(1-3z^{-1})=2X(z)+3y(-1)\end{cases} \tag{6-45}$$

如果系统处于零状态，即 $y(-1)=0$，则由式(6-42)可得

$$H(z)=\frac{2}{1-3z^{-1}}=\frac{2z}{z-3}$$

$$h(n)=2\cdot 3^n u(n)$$

2. 系统函数的零极点分布对系统特性的影响

1）由系统函数的零极点分布确定单位样值响应

与拉普拉斯变换在连续系统中的作用类似，在离散系统中，z 变换建立了时间函数$x(n)$与 z 域函数 $X(z)$之间一定的转换关系。因此，可以从 z 变换函数 $X(z)$的形式反映出时间函数 $x(n)$的内在性质。对于一个离散系统来说，如果它的系统函数 $H(z)$是有理函数，那么分子多项式和分母多项式都可分解为因子形式，它们的因子分别表示 $H(z)$的零点和极点的位置，如式(6-46)所示，即

$$H(z)=\frac{\sum_{r=0}^{M}b_r z^{-r}}{\sum_{k=0}^{N}a_k z^{-k}}=G\frac{\prod_{r=1}^{M}(1-z_r z^{-1})}{\prod_{k=1}^{N}(1-p_k z^{-1})} \tag{6-46}$$

由于系统函数 $H(z)$与单位样值响应 $h(n)$是一对 z 变换

$$H(z)=Z[h(n)] \tag{6-47}$$

$$h(n)=Z^{-1}[H(z)] \tag{6-48}$$

所以，完全可以从 $H(z)$的零极点的分布情况，确定单位样值响应 $h(n)$的性质。

如果把 $H(z)$展成部分分式，那么 $H(z)$每个极点将决定一项对应的时间序列。对于具有一阶极点 $p_1,p_2,\cdots,p_N$ 的系统函数，若 $N>M$ 则 $h(n)$可表示为

$$h(n)=Z^{-1}[H(z)]$$

$$= Z^{-1}\left[G\frac{\prod_{r=1}^{M}(1-z_r z^{-1})}{\prod_{k=1}^{N}(1-p_k z^{-1})}\right] \tag{6-49}$$

$$= Z^{-1}\left[\sum_{k=0}^{N}\frac{A_k z}{z-p_k}\right]$$

式中 $p_0=0$。这样,式(6-49)可表示成

$$h(n) = Z^{-1}\left[A_0+\sum_{k=1}^{N}\frac{A_k z}{z-p_k}\right] = A_0\delta(n)+\sum_{k=1}^{N}A_k(p_k)^n u(n) \tag{6-50}$$

这里,极点 p_k 可以是实数,但一般情况下,它是以成对的共轭复数形式出现。由式(6-50)可见,单位样值响应 $h(n)$的特性取决于 $H(z)$的极点,其幅值由系数 A_k 决定,而 A_k 与 $H(z)$的零点分布有关。与拉普拉斯变换类似,$H(z)$的极点决定 $h(n)$的波形特征,而零点只影响 $h(n)$的幅度与相位。

在 6.7 节已经讨论了 z 变换与拉普拉斯变换之间的联系,因此,在这里完全可以借助 z-s 平面的映射关系,将 s 域零极点分析的结论直接用于 z 域分析之中。

利用已知的 z-s 平面映射关系

$$z = e^{sT}$$

$$z = re^{j\theta}$$

$$s = \sigma + j\omega$$

$$r = e^{\sigma t}$$

$$\theta = \omega t$$

这样,表 4-4、表 4-5 所表示的 $H(s)$的极点分布与 $h(t)$形状的关系,可以直接对应为 $H(z)$的极点分布与 $h(n)$形状的关系。对于一阶极点的情况,这种关系如图 6-14 所示。其中×表示 $H(z)$的一阶单极点或共轭极点的位置。

2) 离散时间系统的稳定性和因果性

第 5 章从时域特性研究了离散时间系统的稳定性和因果性,现在从 z 域特征考察系统的稳定与因果特性。

离散时间系统稳定的充分必要条件是单位样值响应 $h(n)$绝对可和,即

$$\sum_{n=-\infty}^{+\infty}|h(n)| \leqslant M \tag{6-51}$$

式中 M 为有限正值,式(6-51)也可写作

$$\sum_{n=-\infty}^{+\infty}|h(n)| < +\infty \tag{6-52}$$

由 z 变换定义和系统函数定义可知

$$H(z) = \sum_{n=-\infty}^{+\infty}h(n)z^{-n} \tag{6-53}$$

当 $z=1$(在 z 平面单位圆上)

$$H(z) = \sum_{n=-\infty}^{+\infty}h(n)z^{-n} \tag{6-54}$$

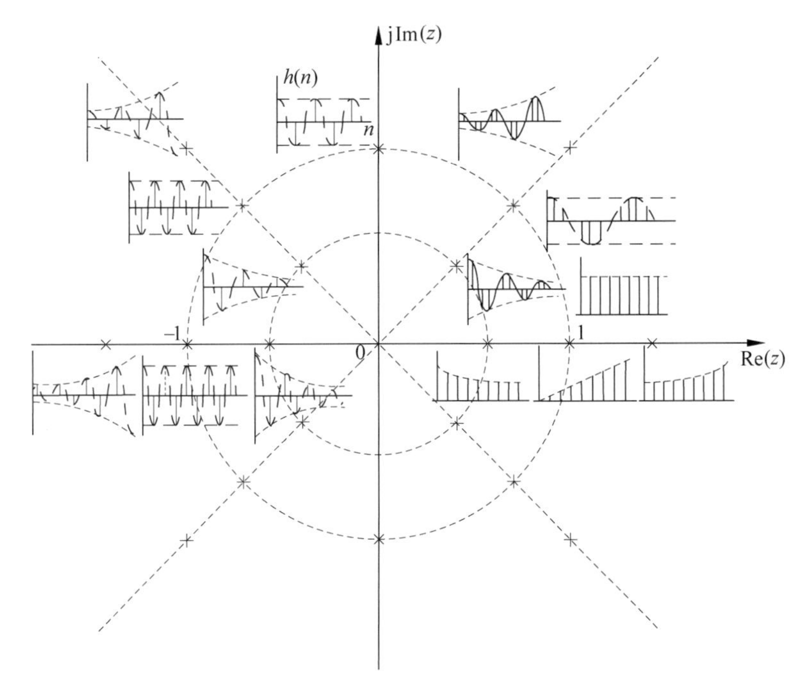

图 6-14　$H(z)$的极点位置与$h(n)$形状的关系

$$H(z)=\sum_{n=-\infty}^{+\infty}h(n)$$

为使系统稳定应满足

$$\sum_{n=-\infty}^{+\infty}h(n)<+\infty \tag{6-55}$$

这表明,对于稳定系统 $H(z)$的收敛域应包含单位圆在内。

对于因果系统,$h(n)=h(n)u(n)$为因果序列,它的 z 变换之收敛域包含$+\infty$点,通常收敛域表示为某圆外区 $a<|z|\leqslant+\infty$。

在实际问题中经常遇到的稳定因果系统应同时满足以上两方面的条件,也即

$$\begin{cases}a<|z|\leqslant+\infty\\a<1\end{cases} \tag{6-56}$$

这时,全部极点落在单位圆内。

【例 6-12】　表示某离散系统的差分方程为

$$y(n)+0.2y(n-1)-0.24y(n-2)=x(n)+x(n-1)$$

(1) 求系统函数 $H(z)$;

(2) 讨论此因果系统 $H(z)$的收敛域和稳定性;

(3) 求单位样值响应 $h(n)$;

(4) 当激励 $x(n)$为单位阶跃序列时,求零状态响应 $y(n)$。

解:

(1) 将差分方程两边取 z 变换,得

$$y(z)+a_2y(z)\cdot z^{-1}-0.24y(z)\cdot z^{-1}=x(z)+z^{-1}\cdot x(z)$$

于是

$$H(z)=\frac{Y(z)}{X(z)}=\frac{1+z^{-1}}{1+0.2z^{-1}-0.24z^{-2}}$$

也可写成

$$H(z)=\frac{z(z+1)}{(z-0.4)(z+0.6)}$$

(2) $H(z)$的两个极点分别位于0.4和−0.6,它们都在单位圆内,对此因果系统的收敛域为$|z|>0.6$,且包含$z=+\infty$点,是一个稳定的因果系统。

(3) 将$H(z)/z$展成部分分式,得到

$$H(z)=\frac{1.4z}{z-0.4}-\frac{0.4z}{z+0.6},\quad |z|>0.6$$

取逆变换,得到单位样值响应

$$h(n)=[1.4(0.4)^n-0.4(-0.6)^n]u(n)$$

(4) 若激励

$$x(n)=u(n)$$

则

$$X(z)=\frac{z}{z-1},\quad |z|>1$$

于是

$$Y(z)=H(z)X(z)=\frac{z^2(z+1)}{(z-1)(z-0.4)(z+0.6)}$$

将$Y(z)$展成部分分式,得到

$$Y(z)=\frac{2.08z}{z-1}-\frac{0.93z}{z-0.4}-\frac{0.15z}{z+0.6},\quad |z|>1$$

取逆变换后,得到$y(n)$为

$$y(n)=[2.08-0.93(0.4)^n-0.15(-0.6)^n]u(n)$$

6.9 离散时间系统的频率响应

与连续系统中频率响应的地位和作用类似,在离散系统中经常需要对输入信号的频谱进行处理,因此,有必要研究离散系统在正弦序列作用下的稳态响应,并说明离散系统频率响应的意义。

对于稳定的因果离散系统,令单位响应为$h(n)$,系统函数为$H(z)$。如果输入是正弦序列

$$x(n)=A\sin(n\omega),\quad n\geqslant 0$$

其z变换为

$$X(z)=\frac{Az\sin\omega}{z^2-2z\cos\omega+1}=\frac{Az\sin\omega}{(z-e^{j\omega})(z-e^{-j\omega})}$$

于是,系统响应的z变换$Y(z)$可写作

$$Y(z)=\frac{Az\sin\omega}{(z-e^{j\omega})(z-e^{-j\omega})}\cdot H(z)\tag{6-57}$$

因为系统是稳定的,$H(z)$的极点均位于单位圆之内,它们不会与$X(z)$的极点$e^{j\omega}$,$e^{-j\omega}$相重

合。这样，$Y(z)$可展成

$$Y(z)=\frac{az}{z-e^{j\omega}}+\frac{bz}{z-e^{-j\omega}}+\sum_{m=1}^{M}\frac{A_m z}{z-z_m} \tag{6-58}$$

式中，z_m 是$\frac{H(z)}{z}$的极点。系数 a，b 可以由式(6-57)、式(6-58)求出

$$a=\left[\frac{Y(z)}{z}(z-e^{j\omega})\right]_{z=e^{j\omega}}=A\frac{H(e^{j\omega})}{2j}$$

$$b=\left[\frac{Y(z)}{z}(z-e^{-j\omega})\right]_{z=e^{-j\omega}}=-A\frac{H(e^{-j\omega})}{2j}$$

注意到 $H(e^{j\omega})$与 $H(e^{-j\omega})$是复数共轭的，令

$$H(e^{j\omega})=|H(e^{j\omega})|e^{j\varphi}$$

$$H(e^{-j\omega})=|H(e^{j\omega})|e^{-j\varphi}$$

代入式(6-58)，得到

$$Y(z)=\frac{A|H(e^{j\omega})|}{2j}\left(\frac{ze^{j\varphi}}{z-e^{j\omega}}-\frac{ze^{-j\varphi}}{z-e^{-j\omega}}\right)+\sum_{m=1}^{M}\frac{A_m z}{z-z_m}$$

显然，$Y(z)$的逆变换为

$$y(n)=\frac{A|H(e^{j\omega})|}{2j}\left[e^{j(n\omega+\varphi)}-e^{-j(n\omega+\varphi)}\right]+\sum_{m=1}^{M}A_m(z_m)^n \tag{6-59}$$

对于稳定系统，其 $H(z)$的极点全部位于单位圆内，即 $z_m<1$。这样，当 $n\rightarrow+\infty$，由 $H(z)$的极点所对应的各指数衰减序列都趋于零。所以稳态响应 $y_{ss}(n)$就是式(6-59)中的第一项，即

$$y_{ss}(n)=\frac{A|H(e^{j\omega})|}{2j}\left[e^{j(n\omega+\varphi)}-e^{-j(n\omega+\varphi)}\right]=A|H(e^{j\omega})|\sin(n\omega+\varphi) \tag{6-60}$$

由式(6-60)可以看出，若输入是正弦序列，则系统的稳态响应也是正弦序列，如果令

$$x(n)=A\sin(n\omega-\theta_1)$$

$$y_{ss}(n)=B\sin(n\omega-\theta_2)$$

则

$$H(e^{j\omega})=\frac{B}{A}e^{j[-(\theta_2-\theta_1)]}$$

即

$$|H(e^{j\omega})|=\frac{B}{A}$$

$$\varphi=-(\theta_2-\theta_1)$$

其中，$H(e^{j\omega})$就是离散系统的频率响应，它表示输出序列的幅度和相位相对于输入序列的变化。显然 $H(e^{j\omega})$是正弦序列包络频率 ω 的连续函数，如图 6-15 所示。

通常 $H(e^{j\omega})$是复数，所以一般写成

$$H(e^{j\omega})=|H(e^{j\omega})|e^{j\varphi(\omega)}$$

式中$|H(e^{j\omega})|$是离散系统幅度响应，$\varphi(\omega)$(或记作 φ)是相位响应。由公式知

$$H(e^{j\omega})=\sum_{n=-\infty}^{+\infty}h(n)e^{-jn\omega} \tag{6-61}$$

因此，离散系统的频率响应 $H(e^{j\omega})$与单位样值响应 $h(n)$是一对傅里叶变换。

由式(6-61)可以看出，由于 $e^{j\omega}$是周期函数，因而离散系统的频率响应 $H(e^{j\omega})$必然也是

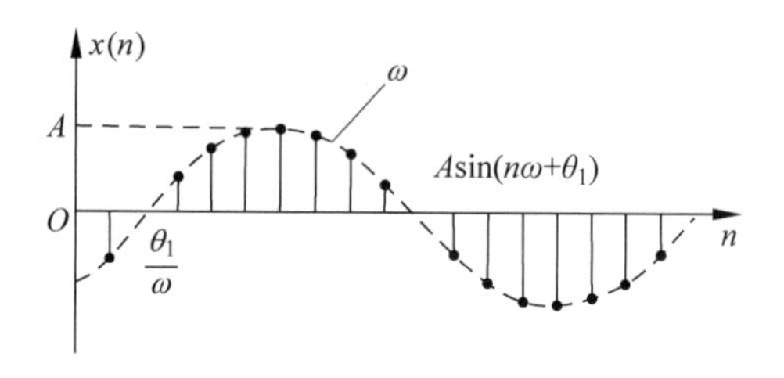

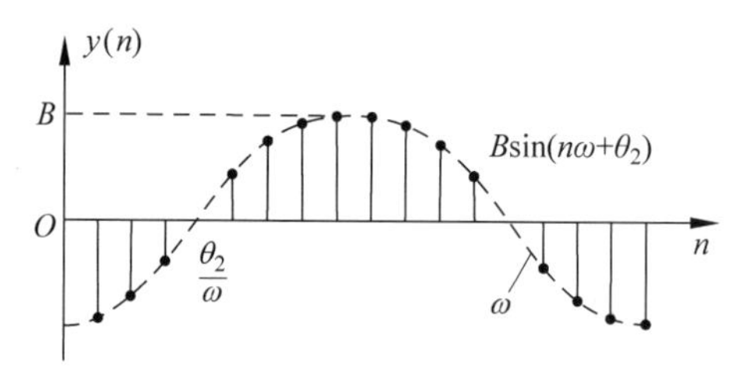

图 6-15　正弦输入与输出序列

周期函数,其周期为序列的重复频率$\left(\omega_s=\frac{2\pi}{T}\right.$,若令 $T=1$,则 $\left.\omega_s=2\pi\right)$,这是离散系统有别于连续系统的一个突出的特点。

6.10　离散时间系统 z 域分析的 MATLAB 实现

z 域分析是建立在与连续系统的拉普拉斯变换对应的 z 变换基础上的,是离散系统分析的重要内容。它借助 z 变换这一线性离散系统分析的有力工具,将描述离散系统时域的差分方程变为 z 域中的代数方程,从而使离散线性系统的各种问题求解变成可能。但对于高阶离散系统其手工求解有一定的难度,对其结果的分析又缺乏可视化的直观表现,影响了所得结果在数字信号处理中的实际应用。将 MATLAB 引入到 z 域系统分析中,把常用的分析法编制成 MATLAB 函数形式,供求解实际问题时直接调用,既可以避免烦琐的数学运算,简化问题的求解过程,又能通过其完备的图形处理功能实现分析结果的可视化。

【例 6-13】 计算

$$X(z)=\frac{1}{(1+0.2z^{-1})(1-0.2z^{-1})(1+0.6z^{-1})(1-0.6z^{-1})},\quad |z|>0.6$$

的 z 变换。

解:

[MATLAB 程序]

```
b = 1;
a = poly([ - 0.2 0.2  - 0.6 0.6]);
[R,P,K] = residuez(b,a)
```

[程序运行结果]

```
R =
    0.5625
```

```
     0.5625
    -0.0625
    -0.0625
P =
    -0.6000
     0.6000
    -0.2000
     0.2000
K =
    []
```

因此得到：

$$X(z)=\frac{0.5625}{1-0.6z^{-1}}+\frac{0.5625}{1+0.6z^{-1}}+\frac{0.0625}{1-0.2z^{-1}}+\frac{0.0625}{1+0.2z^{-1}}$$

相应的 z 反变换为

$$x(n)=[0.5625\,(0.6)^n+0.5625\,(-0.6)^n+0.0625\,(0.2)^n+0.0625\,(-0.2)^n]u(n)$$

【例 6-14】 序列 $x(n)$、$y(n)$分别为

$$x(n)=3\delta(n+2)+2\delta(n+1)+4\delta(n)+\delta(n-1)$$
$$y(n)=4\delta(n)+5\delta(n-1)+3\delta(n-2)+2\delta(n-3)$$

其相应的 z 变换分别为

$$X(z)=3z^2+2z+4+z^{-1}$$
$$Y(z)=4+5z^{-1}+3z^{-2}+2z^{-3}$$

试求 $X(z)Y(z)$。

解：

[MATLAB 程序]

```
x = [3 2 4 1];
n1 = -2:1;
y = [4 5 3 2];
n2 = 0:3;
ns = n1(1) + n2(1);
ne = n1(length(x)) + n2(length(y));
n = ns:ne;
z = conv(x,y)
```

[程序运行结果]

```
n =
    -2   -1    0    1    2   3    4
z =
    12   23   35   36   21   11    2
```

则：

$$X(z)Y(z)=12z^2+23z+35+36z^{-1}+21z^{-2}+11z^{-3}+2z^{-4}$$

【例 6-15】 令 $y(n)-2y(n-1)+3y(n-2)=u(n)+ux(n-1)+5u(n-2)-6u(n-3)$，初始条件为 $x(-1)=1$，$x(-2)=1$，$y(-1)=-1$，$y(-2)=1$。求 $y(n)$。

解：

[MATLAB程序]

```
b = [1 4 5 - 6];
a = [1 - 2 3];
x0 = [1 1];
y0 = [ - 1 1];
xic = filtic(b,a,y0,x0)
bxplus = 1;
axplus = [1 - 1];
ayplus = conv(a,axplus)
byplus = conv(b,bxplus) + conv(xic,axplus)
[R,P,K] = residuez(byplus,ayplus)
Mp = abs(P)
Ap = angle(P) * 180/pi
N = 100;
n = 0:N - 1;
xn = ones(1,N);
yn = filter(b,a,xn,xic);
plot(n,yn)
```

[程序运行结果]

```
xic =
     4     2    - 6
ayplus =
     1    - 3     5    - 3
byplus =
     5     2    - 3     0
R =
    1.5000 - 4.2426i
    1.5000 + 4.2426i
    2.0000 + 0.0000i
P =
    1.0000 + 1.4142i
    1.0000 - 1.4142i
    1.0000 + 0.0000i
K =
    0
Mp =
    1.7321
    1.7321
    1.0000
Ap =
    54.7356
    - 54.7356
    0
```

其单位阶跃响应曲线如图 6-16 所示。

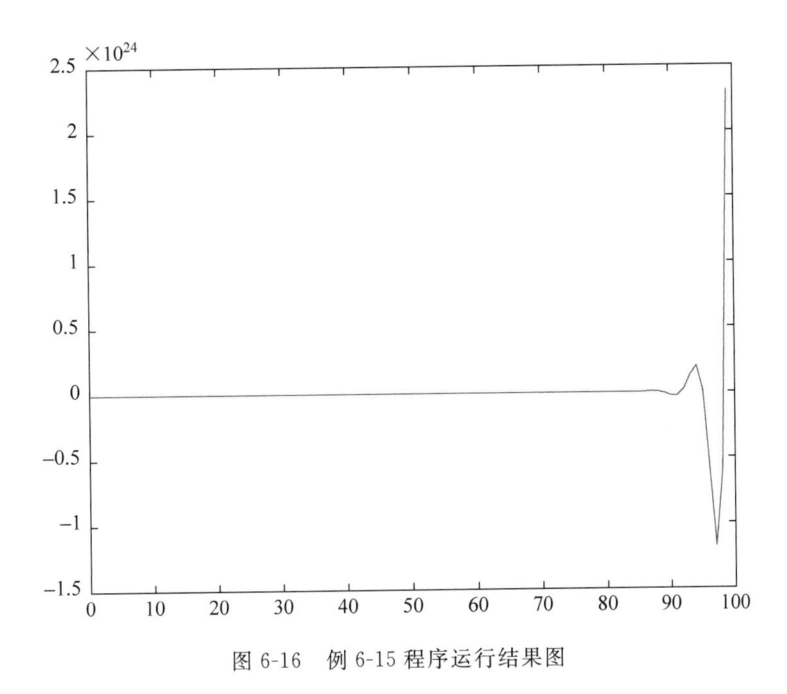

图 6-16 例 6-15 程序运行结果图

【例 6-16】 用 MATLAB 求简单极点

$$X(z)=\frac{z(z+1)}{(z-0.5)(z+0.5)}=\frac{(1+z^{-1})}{(1-0.5z^{-1})(1+0.5z^{-1})},\quad |z|>0.5$$

解：

[MATLAB 程序]

```
p1 = poly(0.5);p2 = poly( - 0.5);
a = conv(p1,p2)
z1 = poly(0);z2 = poly( - 1);
b = conv(z1,z2)
z = roots(b)
[r,p,k] = residuez(b,a)
zplane(b,a)
d = [1 zeros(1,99)];
x = filter(b,a,d);
n = 0:99;
x1 = r(1) * p(1).^n + r(2) * p(2).^n;
```

[程序运行结果]

运行结果如图 6-17 所示。

【本章小结】 本章主要介绍了 z 变换的定义、基本性质和计算方法，以及离散系统的 z 域分析。对比连续时间系统，掌握离散时间系统的 z 域框图以及离散时间系统响应的 z 变换分析方法。

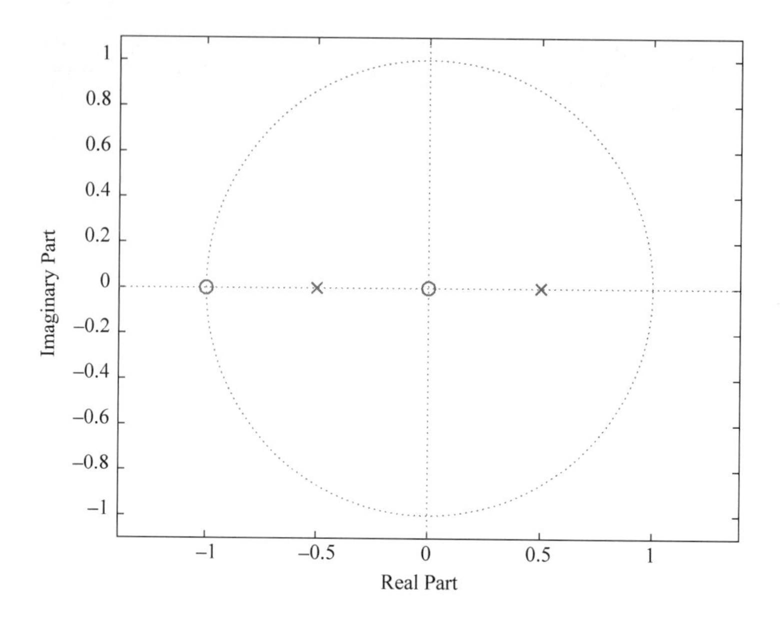

图 6-17　例 6-16 程序运行结果图

习　　题

6-1　求下列序列的 z 变换 $X(z)$,并标明收敛域。

(1) $\left(\frac{1}{3}\right)^n u(n)$

(2) $\left(-\frac{1}{5}\right)^{-n} u(n)$

(3) $-\left(\frac{1}{4}\right)^n u(-n-1)$

(4) $\delta(n+1)$

(5) $\delta(n)-\frac{1}{4}\delta(n-3)$

6-2　求信号 $X(z)=\dfrac{1-\frac{1}{2}z^{-1}}{\left(1+\frac{1}{3}z^{-1}\right)\left(1+\frac{1}{2}z^{-1}\right)}\quad |z|>\frac{1}{2}$ 的逆 z 变换。

6-3　已知因果序列的 z 变换 $X(z)=\dfrac{z^{-1}}{1-1.5z^{-1}+0.5z^{-2}}$,求序列的初值 $x(0)$ 与终值 $x(+\infty)$。

6-4　求下列 $X(z)$的逆变换 $x(n)$。

(1) $X(z)=\dfrac{10}{(1-0.5z^{-1})(1-0.25z^{-1})},\quad |z|>0.5$

(2) $X(z)=\dfrac{10z^2}{(z-1)(z+1)}(|z|>1)$

6-5 已知 $X(z)=\dfrac{z^2+2z}{z^3+0.5z^2-z+7}$，求 $x(0)$，$x(1)$。

6-6 已知因果序列的 z 变换 $X(z)$，求序列的初值 $x(0)$ 与终值 $x(+\infty)$。

(1) $X(z)=\dfrac{1+z^{-1}+z^{-2}}{(1-z^{-1})(1-2z^{-1})}$

(2) $X(z)=\dfrac{1}{(1-0.5z^{-1})(1+0.5z^{-1})}$

6-7 因果系统的系统函数 $H(z)$ 如下所示，试说明这些系统是否稳定。

(1) $\dfrac{z+2}{8z^2-2z-3}$

(2) $\dfrac{2z-4}{2z^2+z-1}$

6-8 已知 $x(n)=3^n u(n)$，$h(n)=2^n u(n)$，求 $y(n)=x(n)*h(n)$。

6-9 已知系统的差分方程表达式为

$$y(n)-0.9y(n-1)=0.05u(n)$$

若边界条件 $y(-1)=1$，求系统的完全响应。

6-10 求下列系统函数在 $10<|z|\leqslant+\infty$ 及 $0.5<|z|<10$ 两种收敛域情况下系统的单位样值响应，并说明系统的稳定性与因果性。

$$H(z)=\frac{9.5z}{(z-0.5)(10-z)}$$

6-11 已知离散系统差分方程表达式

$$y(n)-\frac{3}{4}y(n-1)+\frac{1}{8}y(n-2)=x(n)+\frac{1}{3}x(n-1)$$

(1) 求系统函数和单位样值响应；

(2) 画系统函数的零、极点分布图；

(3) 粗略画出幅频响应特性曲线；

(4) 画系统的结构框图。

6-12 已知一阶因果离散系统的差分方程为

$$y(n)+3y(n-1)=x(n)$$

试求：

(1) 系统的单位样值响应 $h(n)$；

(2) 当激励 $x(n)$ 为单位阶跃系列时，求零状态响应 $y(n)$。

6-13 写出如图 6-18 所示的因果离散系统的差分方程，并求系统函数 $H(z)$ 及单位样值响应。

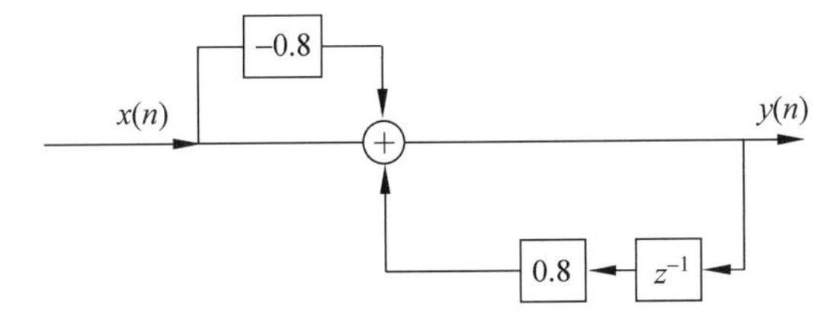

图 6-18　题 6-13 图

6-14 系统函数为 $H(z)=\dfrac{9.5z}{(z-0.5)(10-z)}$

(1) 当 $10<|z|<+\infty$ 时,求系统的单位样值响应,说明系统的稳定性与因果性。

(2) 当 $0.5<|z|<10$ 时,求系统的单位样值响应,说明系统的稳定性与因果性。

6-15 写出图 6-19 所示离散系统的差分方程,并求系统函数 $H(z)$ 及单位样值响应。

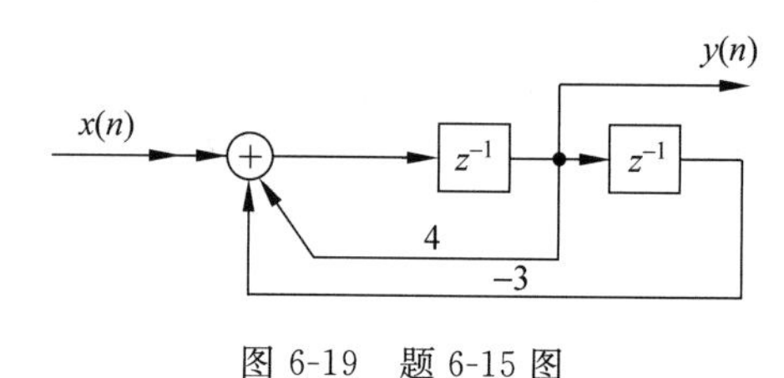

图 6-19　题 6-15 图

习 题 答 案

6-1 (1) $\dfrac{3z}{3z-1}\left(|z|>\dfrac{1}{3}\right)$

(2) $\dfrac{5z}{5z+1}\left(|z|>\dfrac{1}{5}\right)$

(3) $\dfrac{4z}{4z-1}\left(|z|<\dfrac{1}{4}\right)$

(4) $z(|z|<+\infty)$

(5) $1-\dfrac{1}{4}z^{-3}$, $|z|>0$

6-2 $x(n)=\left[6\left(-\dfrac{1}{2}\right)^n-5\left(-\dfrac{1}{4}\right)^n\right]u(n)$

6-3 $x(0)=0$, $x(+\infty)=2$

6-4 (1) $x(n)=[8\times(0.5)^n-4\times(0.25)^n]u(n)$

(2) $x(n)=5[1+(-1)^n]u(n)$

6-5 $x(0)=0$, $x(1)=1$

6-6 (1) $x(0)=1$, $x(+\infty)$不存在

(2) $x(0)=1$, $x(+\infty)=0$

6-7 (1) 此系统是稳定的

(2) 此系统临界稳定

6-8 $y(n)=(3^{n+1}-2^{n+1})u(n)$

6-9 $y(n)=0.5u(n)+0.45(0.9)^n u(n)$

6-10 (1) 当 $10\leqslant|z|\leqslant+\infty$ 时,系统为因果系统,则 $h(n)=Z^{-1}[H(z)]=(0.5^n-10^n)u(n)$。系统是不稳定的

(2) 当 $0.5\leqslant|z|\leqslant10$ 时,系统不是因果系统。系统是稳定系统

6-11 (1) $h(n)=Z^{-1}[H(z)]=\left[\dfrac{10}{3}\left(\dfrac{1}{2}\right)^n-\dfrac{7}{3}\left(\dfrac{1}{4}\right)^n\right]u(n)$

(2) $H(z)==\dfrac{z\left(z+\dfrac{1}{3}\right)}{\left(z-\dfrac{1}{2}\right)\left(z-\dfrac{1}{4}\right)}$零极点分布图见图 6-20(a)

(3) 系统幅频响应见图 6-20(b)

(4) 系统结构框图如图 6-20(c)所示

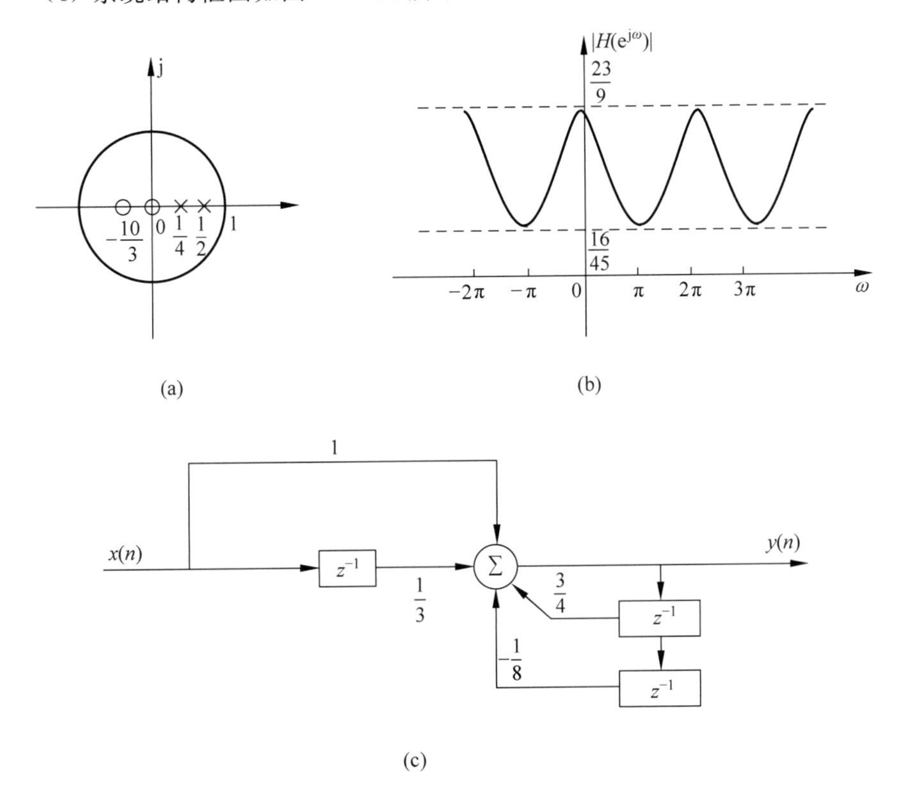

图 6-20　题 6-11 图

6-12　(1) $h(n)=(-3)^n u(n)$

(2) $y(n)=\frac{1}{4}u(n)+\frac{3}{4}(-3)^n u(n)$

6-13　$H(z)=\dfrac{Y(z)}{X(z)}=\dfrac{0.2}{1-0.8z^{-1}}=\dfrac{0.2z}{z-0.8}$, $h(n)=0.2\,(0.8)^n u(n)$

6-14　(1) $10<|z|<\infty$时，$h(n)=(0.5)^n u(n)-(10)^n u(n)$，系统为因果系统，不是稳定的。

(2) $0.5<|z|<10$ 时，$h(n)=(0.5)^n u(n)+(10)^n u(-n-1)$，系统不是因果系统，是稳定的。

6-15　$H(z)=\dfrac{1}{2}\left[\dfrac{z}{z-3}-\dfrac{z}{z-1}\right]$, $h(n)=\dfrac{1}{2}(3)^n u(n)-\dfrac{1}{2}u(n)$

参考文献

[1] 郑君里,应启珩,杨为理. 信号与系统[M]. 3版. 北京:高等教育出版社,2011.

[2] 王玉洁,田秀华,杨会玉. 信号与系统[M]. 长春:吉林大学出版社,2012.

[3] 奥本海姆,等. 信号与系统[M]. 刘树棠,译. 2版. 北京:电子工业出版社,2013.

[4] 张小虹. 信号与系统[M]. 西安:西安电子科技大学出版社,2004.

[5] 吴大正. 信号与线性系统分析[M]. 4版. 北京:高等教育出版社,2008.

[6] 于慧敏. 信号与系统[M]. 北京:化学工业出版社,2002.

[7] 周昌雄. 信号与系统[M]. 3版. 西安:西安电子科技大学出版社,2008.

[8] 苏新红,张海燕. 信号与系统简明教程[M]. 北京:北京邮电大学出版社,2010.

[9] 潘文城,徐宏飞,李津蓉. 信号与系统分析基础[M]. 北京:机械工业出版社,2011.

[10] 彭军,李宏. 信号与信息处理[M]. 北京:中国铁道出版社,2009.

[11] 刘卫东. 信号与系统分析基础[M]. 北京:清华大学出版社,2008.

[12] 卡门. 信号与系统基础教程[M]. 北京:电子工业出版社,2007.

[13] 张卫钢,张维峰. 信号与系统教程[M]. 北京:清华大学出版社,2012.

[14] 菲利普斯. 信号、系统与变换[M]. 北京:机械工业出版社,2006.

[15] 余成波,张莲,邓力. 信号与系统[M]. 北京:清华大学出版社,2004.

[16] 沈元隆,周井泉. 信号与系统[M]. 2版. 北京:人民邮电出版社,2009.

[17] 管致中,夏恭恪,孟桥. 信号与线性系统[M]. 北京:高等教育出版社,2011.

[18] Haykin S, Veen B V. Signals and Systems(Second Edition)[M]. 北京:电子工业出版社,2012.

[19] 张登奇,周婷,梁莺. 离散时间系统分析及MATLAB实现[J]. 湖南理工学院学报(自然科学版),2009,3:32-36.

[20] 郝保明,许海峰,唐永刚,等. 时域离散系统的系统特性分析[J]. 科技信息,2012,19:10,43.

[21] 潘文诚,徐鸿飞,李津蓉,等. 信号类课程教学中连续与离散的类比性[J]. 浙江科技学院学报,2012,4:323-328.

[22] 徐伟业,李小平,洪梅. 基于移序特性的z变换分析三步法[J]. 中国科技信息,2010,10:48-50.

[23] 包伯成,杨平,马正华,等. 电路参数宽范围变化时电流控制开关变换器的动力学研究[J]. 物理学报,2012,22:92-105.

[24] 丹梅,冯德军,刘忠,等. 信号与系统课程教材内容比较及分析探讨[A]. 教育部中南地区高等学校电子电气基础课教学研究会. 教育部中南地区高等学校电子电气基础课教学研究会第二十届学术年会会议论文集(上册)[C]. 教育部中南地区高等学校电子电气基础课教学研究会,2010.

[25] 梁虹,梁洁,陈跃斌. 信号与系统分析及MATLAB实现[M]. 北京:电子工业出版社,2002.

[26] 马金龙,胡建萍,王宛平,等. 信号与系统[M]. 2版. 北京:科学出版社,2010.

[27] 李强,明艳,陈前斌,等. 基于MATLAB的数字信号处理实验仿真系统的实现[J]. 实验技术与管理,2006,5.

[28] 闻绍飞. 基于MATLAB下的数字信号处理与仿真[J]. 数字技术与应用,2015(11).

[29] Orfanidis S J. Introduction to Signal Processing[M]. Prentice-Hall Inc. ,1996.

[30] 吴麒. 自动控制原理(上册、下册)[M]. 北京:清华大学出版社,1992.

[31] 张谨,赫慈辉. 信号与系统[M]. 北京:人民邮电出版社,1987.

[32] 柳重堪. 信号处理的数学方法[M]. 南京:东南大学出版社,1992.

[33] 郑大钟. 线性系统理论[M]. 北京:清华大学出版社,1990.

[34] 邹谋炎. 反卷积和信号复原[M]. 北京:国防工业出版社,2000.

图书资源支持

感谢您一直以来对清华大学出版社图书的支持和爱护。为了配合本书的使用，本书提供配套的资源，有需求的读者请扫描下方的“书圈”微信公众号二维码，在图书专区下载，也可以拨打电话或发送电子邮件咨询。

如果您在使用本书的过程中遇到了什么问题，或者有相关图书出版计划，也请您发邮件告诉我们，以便我们更好地为您服务。

我们的联系方式：

地　　址：北京市海淀区双清路学研大厦 A 座 701

邮　　编：100084

电　　话：010-83470236　010-83470237

资源下载：http://www.tup.com.cn

客服邮箱：tupjsj@vip.163.com

QQ：2301891038（请写明您的单位和姓名）

科技传播・新书资讯

电子电气科技荟

资料下载・样书申请

书圈

用微信扫一扫右边的二维码，即可关注清华大学出版社公众号。